encostas

José Antonio Urroz Lopes

2ª edição

evolução, equilíbrio e condições de ocupação

oficina de textos

Copyright © 2024 Oficina de Textos

Grafia atualizada conforme o Acordo Ortográfico da Língua Portuguesa de 1990, em vigor no Brasil desde 2009.

CONSELHO EDITORIAL Aluízio Borém; Arthur Pinto Chaves; Cylon Gonçalves da Silva; Doris C. C. K. Kowaltowski; José Galizia Tundisi; Luis Enrique Sánchez; Paulo Helene; Rosely Ferreira dos Santos; Teresa Gallotti Florenzano

CAPA E PROJETO GRÁFICO Malu Vallim
DIAGRAMAÇÃO Luciana Di Iorio
PREPARAÇÃO DE TEXTOS Hélio Hideki Iraha
REVISÃO DE TEXTOS Joelma Santos
IMPRESSÃO E ACABAMENTO Mundial gráfica

Dados Internacionais de Catalogação na Publicação (CIP)
(Câmara Brasileira do Livro, SP, Brasil)

Lopes, José Antonio Urroz
  Encostas : evolução, equílibrio e condições de ocupação / José Antonio Urroz Lopes. -- 2. ed. -- São Paulo : Oficina de Textos, 2024.

Bibliografia.
ISBN 978-85-7975-383-1

  1. Geologia ambiental 2. Geologia de engenharia 3. Geomorfologia - Aspectos ambientais 4. Geotecnia 5. Rochas - Propriedades 6. Solos - Formação I. Título.

24-225600   CDD-553

Índices para catálogo sistemático:
1. Geologia e meio ambiente 553
Aline Graziele Benitez - Bibliotecária - CRB-1/3129

Todos os direitos reservados à Editora Oficina de Textos
Rua Cubatão, 798
CEP 04013-003 São Paulo SP
tel. (11) 3085-7933
www.ofitexto.com.br   atendimento@ofitexto.com.br

A todos aqueles que na ciência e na vida
ousaram contrariar o estabelecido.

"Vede como murcha vossa terra; os mares se retraem e secam; a concha sobre a montanha vos mostra o quanto já secaram; o fogo, desde já, destrói vosso mundo, que, no fim, se esvairá em vapor e fumo. Mas sempre, de novo, voltará a edificar-se um tal mundo de inconstância [...]"
Anaximandro de Mileto, ±610-547 a.C.

"[...] é impossível descobrir as mais remotas e profundas partes de qualquer ciência quando se está ao nível dessa ciência [...]"
Francis Bacon, 1605

"[...] nenhum conhecimento nos chega antes da experiência [...] mas [...] a própria experiência é um tipo de conhecimento que necessita de entendimento [...]"
Immanuel Kant, 1787

"[...] o homem inteligente não considerará acidental a fé que ele tem em seu interior. A mais grave verdade que ele viu, ele deverá dizê-la sem medo; sabendo que o resultado pode ser qualquer um, ele estará representando o seu correto papel no mundo; sabendo que ele poderá fazer a mudança que ele tem em mente, muito bem, se não, igualmente bem [...] mas não tão bem [...]"
Herbert Spencer, 1862

"[...] todas as verdades não expressas tornam-se venenosas [...]"
Friedrich Nietzsche, 1883

O autor agradece às empresas que patrocinaram a primeira edição deste livro – LQ Geoambiental, Engemin e Datageo – e às pessoas que o auxiliaram na elaboração dessa mesma edição: Camila Lopes Pereira, que realizou pesquisas e auxiliou na confecção de algumas das figuras deste livro; Angela Lucia da Silva, que estabeleceu a conformação final de algumas das figuras; e Joana Augusta Pereira de Queiroz, que elaborou a capa dessa edição e melhorou o acabamento de algumas figuras.

O autor agradece à Editora Oficina de Textos por ter assumido esta reedição e, particularmente, a Hélio Hideki Iraha, que foi mais que um revisor, mas um colaborador muito importante, e a Joana Augusta Pereira de Queiroz, que auxiliou sobremaneira o autor na retomada dos trabalhos.

prefácio à guisa de introdução ao assunto
(da edição original)

Do ponto de vista teórico, o estudo do tema "encostas" – origens, processos, evolução etc. – pertence, em primeira mão, ao campo das ciências geológicas e, dentre elas, especificamente, ao da Geomorfologia. Já os aspectos de aplicação prática desses conhecimentos têm sido objeto da Geotecnia, que engloba a Geologia de Engenharia, a Mecânica dos Solos e a das Rochas. Aproveitamento e ocupação de encostas têm sido enfocados também pela Geologia Ambiental e por ciências urbanísticas, sociais e jurídicas.

A Geomorfologia, que teve seus primórdios, junto com as outras ciências geológicas, em meados do século XVIII (embora só tenha se individualizado mais tarde), desenvolveu uma metodologia fundamentalmente observacional e dedutiva e, por bastante tempo, em termos puramente qualitativos. Sua preocupação básica tem sido com a origem e a evolução das encostas, considerando fundamentalmente o comportamento do arcabouço geológico sob a ação do clima, em termos de processos superficiais: intemperismo, erosão, transporte e acumulação. Só mais recentemente tem se voltado para uma análise do comportamento mecânico das partículas de que são constituídas as encostas, utilizando para isso elementos e raciocínios desenvolvidos pelas ciências de Engenharia.

A Mecânica dos Solos é uma ciência mais jovem, pois data do início do século XX (ainda que algumas teorias, ainda utilizadas, sejam dos séculos XVIII e XIX), e a Mecânica das Rochas, de período ainda mais recente, da segunda metade desse século (década de 1960). Essas ciências seguiram basicamente outro caminho metodológico – o da experimentação e quantificação –, uma vez que seu objetivo é mais prático e imediato: a utilização desses conhecimentos na construção de obras de engenharia e prevenção de "desastres". Por isso mesmo, não desenvolveram maiores considerações com respeito à origem e à evolução das encostas, mas preocupam-se com sua situação de estabilidade "aqui e agora".

A Geologia de Engenharia só se tornou importante como ramo da Geologia a partir de meados do século XX, com o advento das grandes obras civis, enquanto a Geologia Ambiental só se individualizou a partir da década de 1970. A primeira dessas especialidades busca a aplicação dos conhecimentos desenvolvidos nas ciências geológicas para a melhoria da tecnologia de construção das obras de engenharia, enquanto a segunda, com esses mesmos conhecimentos, busca uma melhoria na utilização e conservação dos recursos do meio ambiente e na interação entre as obras de engenharia e este último.

Como as ciências-mães – Geologia e Geomorfologia – que estudam materiais e processos como registros e agentes da História da Terra, a Geologia de Engenharia usa, como método de trabalho, a observação do comportamento, inter-relações e evolução dos materiais (solos, rochas e regolitos) como parte do processo evolutivo das encostas, com o fito de aplicar esses conhecimentos ao planejamento de obras de engenharia mais adequadas. Os modelos naturais usados pela Geologia de Engenharia são, dominantemente, relacionados a processos e, consequentemente, "evolucionários" e, tanto quanto possível, "holísticos". "A ideia básica é se chegar à compreensão de um determinado fenômeno [...] não pela análise particular de cada parâmetro envolvido, mas sim pelo entendimento desse fenômeno como um todo, ou seja, como resultante da interação de um quadro geológico, definido pelo conjunto de todos os parâmetros intrínsecos ao material, com o tipo de solicitação a que esteja submetido [...]" (Santos, 1976, p. 182).

A Mecânica dos Solos e a das Rochas, coerentemente com suas origens e propósitos, são conectadas metodologicamente com a observação do comportamento das obras de engenharia; com o desenvolvimento de testes para os materiais onde elas são assentadas; para os materiais utilizados etc. Os modelos desenvolvidos são dominantemente baseados na Física (estática e mecânica dos materiais) – forças/resistências; tensões/deformações etc. – e de tipo "estacionários", representando uma situação particular. Muitos desses modelos, em sua origem, refletem o estágio do conhecimento então disponível e, para esse estágio e para a evolução do conhecimento e aplicações práticas, eles foram muito importantes. Infelizmente, entretanto, muitos deles permanecem sem atualizações, mesmo após o avanço do conhecimento, em razão de sua simplicidade, hábito de uso ou, simplesmente, porque ninguém os contestou e/ou propôs um novo modelo. No entanto, modelos são aproximações e simplificações da natureza e, por isso, eles são tanto mais válidos quanto mais se aproximam do comportamento dela, motivo pelo qual necessitam ser sempre atualizados.

Enquanto, por exemplo, as ciências de Engenharia classificam encostas como "estáveis" ou "instáveis" (próximo ou longe do "equilíbrio-limite" entre tensões e resistências em um corpo de solo ou rocha), a Geologia de Engenharia considera que todas as encostas estão em um determinado estágio de evolução, uma vez que a face da Terra muda constantemente em resposta a processos geológicos de origem interna e externa. Assim, a mesma encosta pode sofrer influências simultâneas ou em tempos sucessivos e/ou alternados desses processos e evoluir de maneira suave ou repentina (catastrófica). Utilizando-se a terminologia de Vargas (2015, p. 174), seria possível dizer que as primeiras partiram da utilização de métodos empíricos, desenvolvendo, em sequência, métodos racionais e experimentais, enquanto a segunda buscou expandir métodos empíricos, ainda que utilizando eventualmente, também, métodos experimentais e racionais.

Do ponto de vista prático, como anteriormente referido, a maior preocupação com a questão "encostas" está ligada ao seu "relacionamento" com a espécie humana, seja pela maneira como aquelas podem ser "seccionadas" por vias terrestres ou outras obras de engenharia, seja principalmente pela sua ocupação (ou de suas proximidades) pelas populações e os problemas dela decorrentes.

O ano de 2011 foi pródigo em exemplos desse tipo de problema: toda a comunidade geotécnica brasileira foi instada e desafiada a dar uma resposta às consequências de "desastres" resultantes de instabilidades de encostas naturais que ceifaram vidas e destruíram propriedades. Não que eles não tivessem ocorrido anteriormente, apenas que não possuíam o destaque na mídia de que hoje desfrutam, até porque a mídia era bastante modesta em sua capacidade de (super)informar e porque geralmente afetavam áreas não densamente ocupadas ou ainda porque, quando afetavam áreas desse tipo, as ocupações eram usualmente de gente pobre: favelas, invasões etc.

Nestes últimos tempos, entretanto, residências e pessoas de classe média e rica têm sido afetadas, o que tornou esses eventos tão "midiáticos". Assim é que mesmo a última grande catástrofe que atingiu a região serrana do Rio de Janeiro, em janeiro de 2011, apresentou proporções mais modestas e vítimas em menor quantidade que outros eventos anteriores, como o da Serra das Araras em 1966 e o de Caraguatatuba em 1967, que não mereceram igual destaque.

O foco da mídia é, também, muito guiado pelo apelo simbólico/turístico dos locais onde ocorrem os eventos: simultaneamente às ocorrências do Rio de Janeiro, Santa Catarina foi também afetada por fenômenos similares que nem de longe tiveram a mesma repercussão, não mais que um mês depois foi a vez do litoral do Paraná ser fortemente atingido por eventos semelhantes sem, também, a mesma repercussão.

Entretanto, após toda a "explosão" de imagens, entrevistas, sobrevoos, pronunciamentos políticos, promessas etc., as águas retornaram, como sempre o fazem, às suas coleções e pouco se passou a falar do assunto. Grande parte das obras então propostas continuaram em execução por um largo tempo ou nem chegaram a iniciar-se, e muito do dinheiro a elas destinado teve destinos ignorados, perdendo-se nos escaninhos da burocracia ou, pior ainda, da corrupção institucionalizada. Entretanto, as associações representativas e a comunidade da área geotécnica continuam a preocupar-se com esses eventos e em como enfrentá-los (ou, pelo menos, minimizar seus estragos) no futuro, quando eles, inexoravelmente, voltarão a manifestar-se, independentemente de nossa modesta potência como agente geológico.

Felizmente, hoje tornou-se consenso (ao contrário de anos atrás, quando alguns geomorfólogos e outros cientistas da área atribuíam à humanidade a "degradação" e a consequente desestabilização das encostas) que esses tipos de eventos são fenômenos naturais que correspondem a paroxismos no processo de evolução das encostas naturais e que as ações humanas são, apenas, desencadeadoras imediatas ou nada mais que um mecanismo gatilho (triggering mechanism), juntamente com as chuvas, os terremotos, o degelo etc. Por outro lado, como podemos ser (e o somos muitas vezes, como antes mostrado) pacientes das consequências desses mesmos fenômenos, é uma questão de bom senso e inteligência estarmos preparados para conviver com eles e planejarmos a ocupação do solo, particularmente o urbano, para evitar a agressão desnecessária ao meio (o que significa atuarmos de acordo com os ditames da boa Geotécnica) e manter as pessoas e as construções prudentemente afastadas dos locais mais suscetíveis a tais eventos. Para tal, entretanto, precisamos inicialmente conhecer, com um mínimo de precisão, esses locais e cartografá-los. Mas, para essa atividade, são necessários critérios de mapeamento que atualmente se resumem, basicamente, aos de caráter histórico e/ou geológico/geomorfológico/geotécnico/ambiental. No primeiro caso trabalha-se com estatísticas de eventos e, no segundo, com elementos "predisponentes", que, por sua vez, são selecionados com base em informações empíricas e/ou no conhecimento da evolução geomorfológica das encostas.

Dentro do amplo campo da Geotecnia, uma espécie de estado da arte no que tange a mapeamentos de suscetibilidades a escorregamentos de encostas naturais (instrumento básico para planejamento territorial, como antes referido) foi publicada, recentemente (2008), pelo Technical Committee on Landslide and Engineered Slopes (JTC-1), constituído por representantes da International Society of Soil Mechanics and Geotechnical Engineering (ISSMGE), da International Association of Engineering Geology (IAEG) e da International Society of Rock Mechanics (ISRM), sob a forma dos *Guidelines for landslide susceptibility, hazard and risk zoning for land use planning*.

Segundo esses *Guidelines*, os critérios metodológicos atualmente utilizados para a execução de mapeamentos de suscetibilidades a escorregamentos, baseados em dados de caráter "histórico" (ocorrências anteriores do fenômeno) ou "elementos predisponentes" (geológico/topográfico/geomorfológico/pedológicos), apresentam diversos senões: os baseados em dados históricos não garantem a não ocorrência do evento em locais diversos dos considerados e os baseados em elementos predisponentes são excessivamente subjetivos e não transportáveis para condições ambientais diferentes, além de fornecerem valores apenas conceituais e não numéricos. Por outro lado, os *Guidelines* descartam o emprego de métodos baseados em cálculos usuais da Mecânica dos Solos que levam a valores numéricos de "fatores de segurança", por sua não praticidade para emprego em grandes áreas, dada a necessidade de dados básicos como parâmetros de resistência, condições de fluxo de águas subterrâneas etc. para cada uma das encostas consideradas.

Desse modo, ainda que o termo "encosta", *lato sensu*, inclua "qualquer forma de terreno não nivelada" – ou seja, à exceção das feições absolutamente planas e das linhas de divisor e de talvegue, todas as demais são encostas –, no dizer de Carson e Kirkby, "as encostas constituem as feições geomórficas mais comuns e as menos estudadas", isso "provavelmente em razão de sua ubiquidade, que leva os geomorfólogos a preferirem feições únicas e restritas", bem como em razão "de sua variação lenta, particularmente se comparada com os rios" (Carson; Kirkby, 1975, p. 1). Essa lentidão da evolução das formas leva a que, "uma vez que não dispõem de dados, os geomorfólogos necessitam fazer hipóteses sobre coisas assumidas, antes do que sobre evidências reais" (Small; Clark, 1982, p. 5).

Em que pese esse quase decepcionante nível de conhecimento que delas e de seu comportamento (particularmente no que concerne à previsão no curto prazo) tenhamos, as encostas são entidades dinâmicas naturais, com histórico, características e propriedades que lhes são inerentes e independentes dos enfoques particulares de qualquer ramo da ciência, e elas estão aí, no dia a dia das sociedades humanas, sendo ocupadas e eventualmente causando transtornos, desastres e mortes, seja como efeito de sua evolução natural, seja pela inadequação das ocupações, seja pela combinação dessas duas causas.

Como a segunda parte dessa equação não pode ser rapidamente modificada, resta-nos tentar uma visão mais global (ou "holística") sobre o assunto, que inclua todo o conjunto de observações e conhecimentos adquiridos em cada um dos ramos envolvidos, e, uma vez que a CIÊNCIA é uma só, constituir com eles um todo coerente que avance um pouco além do tradicional.

Foi o que motivou o autor ao compilar o presente livro.

José Antonio Urroz Lopes

prefácio à guisa de introdução ao assunto (da 2ª edição)

O prefácio da edição original (2017) discutia brevemente as ciências básicas envolvidas na questão da origem, evolução e comportamento das encostas, dando ênfase ao relacionamento fundamental entre a Geomorfologia e a Geotecnia para a obtenção de um razoável conhecimento do assunto. Uma vez estabelecida essa relação íntima, torna-se viável a pesquisa de seu comportamento dinâmico, que, do ponto de vista prático, pode permitir uma razoavelmente segura atuação em termos do relacionamento da espécie humana com essas mesmas encostas.

Naquele mesmo prefácio, é citado o ano de 2011 como exemplar em termos de dificuldades enfrentadas pela sociedade brasileira em face de desastres naturais envolvendo encostas. Neste momento, é impossível deixar de citar o ano de 2022 como um dos mais representativos dessa problemática. Segundo um estudo da Confederação Nacional dos Municípios (CNM), praticamente todo o País foi fortemente afetado por eventos que envolveram grandes chuvas e seus efeitos no ano de 2022, com destaque para a região Sul, mas todas as demais tiveram seu quinhão de desastres: em janeiro, no Estado do Espírito Santo; em março, no Estado do Rio de Janeiro (Petrópolis); em maio, em Santa Catarina; em maio/junho, em Pernambuco e Alagoas; em agosto, novamente em Santa Catarina; em outubro, no Paraná e em Goiás; e, em novembro, em Minas Gerais, Sergipe, Paraná e Santa Catarina. Segundo o mesmo estudo, a região Sul sofreu os maiores prejuízos, e a região Centro-Oeste, os menores, sendo que 78% dos municípios brasileiros foram afetados. Conclui o estudo da CNM que os prejuízos poderiam ter sido menores se tivessem sido desenvolvidas políticas de gestão urbana, habitação e prevenção de riscos de desastres. Na realidade, todo o período 2013-2024 foi bastante conturbado em termos de desastres ambientais. O Rio Grande do Sul, em 2024, sofreu a maior tragédia ambiental de sua história (cujos dados finais ainda não estão disponíveis), depois de ter passado por grandes eventos em anos imediatamente anteriores.

Inicialmente, o autor pensou em acrescentar os eventos ocorrentes nesse período à seção 7.2.1, onde são citados os eventos registrados no século XX e descritos os ocorrentes entre 1995 e 2014, com detalhamento de alguns deles, entretanto optou por não realizar esse acréscimo, uma vez que a descrição original desses eventos tinha como finalidade fornecer subsídios claros sobre os mecanismos atuantes na reesculturação das encostas e firmar a ideia de que, ao contrário do que defendiam alguns geomorfólogos, ela independe de alternâncias climáticas úmido/seco: reesculturações ocorrem em pleno clima úmido atual, com acelerações em períodos de maiores chuvas. Assim sendo, esses exemplos parecem suficientes para a finalidade a que se destinam, além do que um período de 20 anos constitui um acervo de dados satisfatório para um estudo estatístico confiável, e, por isso, esse acréscimo pareceu desnecessário. No que tange a bibliografias técnicas relevantes sobre o assunto em tela surgidas nesse mesmo período e a que o autor teve acesso, entretanto, o tratamento foi diferente: elas foram devidamente acrescentadas ao texto original e comentadas.

No prefácio original, é dito, também, que esses eventos climáticos radicais são fenômenos naturais e que a ação humana direta sobre as encostas é apenas desencadeadora, e não causa, isto é, um mecanismo gatilho à semelhança de chuvas, degelos, terremotos etc. que coloca em movimento eventos representativos de ciclos constituintes do mecanismo de evolução das encostas. No entanto, a tão falada ação humana sobre a natureza em seu aspecto global, particularmente sobre a atmosfera (que levou muitos geólogos a criarem o "Antropoceno" como o período geológico influenciado pela humanidade no tempo pós-industrial), da qual resultaria o famoso aquecimento global, cujos efeitos parecem estar começando a mostrar-se, leva-nos a pensar não em uma modificação na sequência dos processos naturais, mas em uma aceleração dessa sequência e no consequente aumento da violência de seus efeitos catastróficos para as espécies viventes. Assim sendo, seria importante executar essa tarefa (o acréscimo de eventos mais recentes) em período adequado, isto é, incluindo os próximos 10 anos, a fim de permitir uma comparação com os 20 anteriores.

Por outro lado, com a finalidade de adaptar a nova versão às condições atuais, mantendo-a com número de páginas não muito diferente do da versão original, optou-se, de comum acordo com a Editora, por transformar o livro em "híbrido", isto é, o conteúdo essencial continua presente na versão impressa, mas um conteúdo complementar – a seção 9.8, "Legislação brasileira disciplinadora da ocupação de encostas urbanas", constante da edição original e bastante extensa – foi substituído por uma versão simplificada na atual versão do livro impresso. Essa seção, em sua versão original, está disponível digitalmente na página do livro no site da Editora.

sumário

1. Origem e tipos de encostas 17
2. Processos naturais atuantes sobre as encostas 22
   - 2.1 Intemperismo e transporte 22
   - 2.2 Fatores intervenientes 23
   - 2.3 Água e processos químicos 24
   - 2.4 Transporte superficial pela água 25
   - 2.5 Efeito da cobertura vegetal 28
   - 2.6 Agentes transportadores característicos de zonas especiais: vento e gelo 30
   - 2.7 Transporte pela gravidade: movimentos de massa 30
3. Sistema de forças e resistências que rege o comportamento das encostas 33
   - 3.1 Generalidades 33
   - 3.2 Comportamento dos materiais puramente atritivos 34
   - 3.3 Comportamento dos materiais coesivos/atritivos 40
   - 3.4 Distribuição de tensões nas massas de solos e rochas e critérios de ruptura adotados pela Geotecnia 44
   - 3.5 Épura de Culmann 47
   - 3.6 Papel da água na resistência ao cisalhamento dos materiais das encostas 48
4. Evolução das encostas de acordo com a literatura geomorfológica 52
   - 4.1 Generalidades 52
   - 4.2 Teorias clássicas 55
   - 4.3 Escola climática 61

- 4.4 Algumas observações da literatura técnica sobre as teorias geomorfológicas de evolução das vertentes 65
- 4.5 Aproximação atual de Carson e Kirkby.................... 66
- 4.6 Bases das teorias clássicas e avanço dos conhecimentos na área............ 68
- 4.7 Passos do intemperismo/pedogênese e geoformas resultantes em algumas formações geológicas do Sul e do Sudeste do Brasil................70

5 Intemperismo e degradação da resistência ao cisalhamento dos materiais componentes das encostas 79
- 5.1 Valores de c e ϕ de materiais naturais constantes da literatura técnica......79
- 5.2 Perfis de transição solo/rocha e evolução da resistência mecânica............81

6 Consequência geomorfológica da degradação dos parâmetros de resistência dos materiais das encostas pelo intemperismo: movimentos de massa...89
- 6.1 Balanço alteração das rochas/remoção do regolito e sequência evolutiva das encostas 89
- 6.2 Forma teórica das massas instabilizadas e das consequentes cicatrizes deixadas no terreno 91
- 6.3 Forma real dos sólidos rompidos e das cicatrizes resultantes 97
- 6.4 Campo de estabilidade das encostas e sua evolução com o tempo........... 104
- 6.5 Movimentos lentos e terracetes... 108

7 Eventos deflagradores dos movimentos de massa: processos gatilho ..117
- 7.1 Generalidades... 117
- 7.2 Movimentos de taludes desencadeados por grandes chuvas 118
- 7.3 Escorregamentos provocados por movimentos sísmicos 205
- 7.4 Desestabilização de encostas por avanços e recuos do gelo 208
- 7.5 Outros agentes desencadeadores de instabilizações............................210
- 7.6 Importância relativa dos diferentes tipos de processos gatilho.................219

8 Algumas alterações e complementações às teorias clássicas da Geomorfologia que, à luz dos conhecimentos atuais, se impõem 221
- 8.1 Confrontação do observado com as teorias clássicas da Geomorfologia..221
- 8.2 Elementos básicos para um modelo atualizado de evolução de encostas em regiões tropicais e subtropicais úmidas 224
- 8.3 Um exemplo ilustrativo... 232
- 8.4 Elementos básicos para um modelo atualizado de evolução de encostas em outras condições climáticas 235
- 8.5 Resumo geral... 239

9	**Ocupação das encostas**	**244**
	9.1 Generalidades	244
	9.2 Estimativas de estabilidade de encostas em curto prazo	246
	9.3 O papel da cartografia temática envolvendo o meio físico na ocupação de encostas	278
	9.4 *Guidelines for landslide susceptibility, hazard and risk zoning for land use planning*	281
	9.5 Projeto *EU FP7 Safeland*	285
	9.6 Utilização da metodologia anteriormente exposta para a obtenção de insumos para a cartografia geotécnica e de riscos	287
	9.7 Métodos corretivos/preventivos utilizados pela Geotecnia na (re)estabilização de encostas	291
	9.8 Legislação brasileira disciplinadora da ocupação de encostas urbanas ...	299
10	**Considerações finais**	**304**
	Referências bibliográficas	**308**

um

Origem e tipos de encostas

Se apenas a força da gravidade atuasse sobre as massas de materiais naturais constituintes da Terra, ela teria uma superfície arredondada, sem ressaltos e rebaixamentos, a não ser as deformações normais devidas a seu próprio giro e à atração gravitacional de outros astros. Entretanto, tal não é o caso: na porção emersa da Terra (e também na imersa), as encostas (isto é, as superfícies inclinadas) dominam amplamente, e apenas em regiões onde há deposição de materiais sedimentares a partir de corpos hídricos – planícies de deposição lagunar/marinha e de inundação fluvial – ocorrem superfícies realmente planas. Por que isso ocorre? Porque todas essas encostas tiveram, em sua origem, a ação de algum mecanismo de geração de desigualdades que se contrapôs à simples atuação da gravidade e que assim se mantiveram (ou mantêm) porque nos materiais que as constituem há resistências internas que se opõem à modificação posterior dessa condição adquirida.

Em termos "genéticos", dois tipos de encostas podem ser distinguidos. O primeiro tipo genético são as *encostas de agradação*, bastante raras e formadas pela deposição e acumulação de materiais, sendo usualmente dependentes de processos originados na superfície da crosta, tais como os depósitos eólicos tipo dunas e os depósitos fluviotorrenciais tipo cones de detritos, embora existam também encostas de agradação dependentes da atuação de processos oriundos do interior da Terra: as encostas de vulcões.

O segundo tipo genético é formado pelas *encostas de degradação*, isto é, das quais são retirados materiais. Esse tipo é brutalmente dominante, pois constitui as feições mais comuns da superfície da Terra, recobrindo-a em sua quase totalidade. Para estas últimas, os mecanismos capazes de gerar as desigualdades se originam predominantemente no interior da Terra (*processos de origem interna*) e se refletem na superfície. Esses processos estão ligados à manutenção do calor no interior do planeta, que o configura numa estrutura em "camadas", sendo sólida apenas a mais superficial, subdividida em placas articuladas que sobrenadam o material derretido. Da movimentação dessas placas constituintes da crosta sobre o material plástico que as subjaz resultam soerguimentos e rebaixamentos. Esses processos podem ser geologicamente rápidos e afetar faixas relativamente estreitas e alongadas (contatos entre placas), sendo conhecidos como processos de geração de montanhas ou de *orogênese*, que incluem dobramentos e falhamentos (rompimentos) de tratos de terra, ou então como *epirogenéticos*, de atuação mais lenta, que costumam afetar largos tratos continentais, elevando-os ou rebaixando-os. A dinâmica dos corpos d'água muitas vezes escava seus próprios depósitos aluviais, que são planícies de agradação, fazendo surgir neles vertentes de degradação.

Outro conjunto de processos, esses de origem extraterrestre, que resulta na geração de desigualdades sobre a superfície da Terra é o impacto de corpos celestes. Embora relativamente rara (e de menor importância em termos geomorfológicos globais se comparada aos processos anteriormente discutidos), a queda de um desses corpos, na dependência de seu porte e velocidade de impacto, provoca a geração de uma cratera maior ou menor, pelo aprofundamento do material dele constituinte na crosta da Terra e, ao mesmo tempo, pelo derretimento das rochas locais decorrente do calor oriundo do impacto, resultando numa espécie de onda que eleva os bordos da área de impacto, gerando uma cicatriz circular fechada. Esse tipo de cratera, embora mais facilmente observável na Lua em razão da inexistência, nesse satélite, de processos que "apaguem" suas cicatrizes, é encontrado em muitos locais da Terra. As mais conhecidas crateras oriundas desses processos são a de Morokweng, no deserto do Kalahari, na África do Sul, na qual fragmentos do asteroide foram encontrados a 770 m de profundidade e que data de cerca de 145 milhões de anos (limite Jurássico/Cretáceo), e a de Chicxulub, na península de Yucatán, no México, a cujo evento formador se atribui a extinção dos dinossauros no fim do Período Cretáceo, isto é, há 65,5 milhões de anos.

No Brasil são conhecidas, pelo menos, seis crateras oriundas de impactos de meteoritos, cujas idades variam entre o Cretáceo e o Pré-Cambriano e cujos diâmetros situam-se entre 3,6 km e 40 km: são as crateras de Araguainha (MT),

Serra da Cangalha (TO), Vargeão (SC), Riachão (MA), Vista Alegre (PR) e Colônia (SP), às quais deverão ser acrescentadas as de outros locais, atualmente em estudos, sendo uma das mais notáveis o denominado Cerro do Jarau (em linguagem indígena, *Iara-ú*, "senhor da escuridão"), em razão das circunstâncias em que se encontra – em meio à imensidão do pampa gaúcho (uma topografia extremamente plana; ver seção 4.7) –, constituindo um conjunto montanhoso em forma de ferradura com 135 km de diâmetro e cerca de 160 m de altura (Fig. 1.1) que é visível a grandes distâncias e, por isso mesmo, tem gerado, desde tempos bem antigos, muitas estórias e lendas.

FIG. 1.1 *Vista geral da "cratera" de Cerro do Jarau, gerada pelo impacto meteorítico*
Fonte: Google Earth.

O círculo montanhoso de Cerro do Jarau é formado por arenitos da Formação Botucatu (Triássico) silicificados sobrepassando centrifugamente os derrames basálticos circundantes e mais jovens (Fig. 1.2) e foi gerado, pelo que mostra o formato da "cratera" e da drenagem, por um impacto ocorrido de sul para norte.

A esse conjunto de forças e processos opõem-se aqueles que buscam manter nivelada a superfície da crosta: os chamados *processos de origem externa*, por se originarem na atmosfera terrestre. Esses processos atuam pelo rebaixamento das porções altas e pelo preenchimento das baixas, com o material retirado daquelas. Entre eles costumam-se individualizar (de modo, até certo ponto, artificial, visto que o processo é contínuo) o intemperismo, a erosão, o transporte e a deposição.

FIG. 1.2 *Elevações areníticas (Formação Botucatu) que circundam a "cratera" de Cerro do Jarau*
Fonte: Crósta (*apud* Nogueira, 2010).

Incluindo fenômenos de natureza física, química e biológica, o *intemperismo* resulta na alteração das rochas, isto é, na transformação do material coerente e rígido que as constitui, em um agregado de partículas com ligações muito mais fracas entre si, o que facilita sua remoção e transporte. O termo *erosão* é, geralmente, entendido como o "arrancamento" e o transporte a curta distância de partículas individualizadas, reservando-se o termo *transporte* para processos de maior alcance, efetuados usualmente por meios fluidos (águas e vento), o que não significa que outros meios não sejam também efetivos nesse trabalho: a gravidade pode transportar partículas individuais (quedas de blocos) ou tratos de terra (escorregamentos, solifluxão) do alto para a base das encostas e o gelo pode carrear partículas de todas as bitolas e naturezas a distâncias as mais variadas.

O processo de *erosão linear* ou *erosão de talvegue*, ainda que seja de origem externa e busque, em última análise, o aplainamento da crosta, pode resultar em acentuação local de desnível: uma vez gerado o declive principal por ação tectônica, a tendência é instalar(em)-se curso(s) d'água na(s) linha(s) de maior declive e essa(s) instalação(ões) levar(em) ao rebaixamento ao longo dessa(s) mesma(s) linha(s), gerando-se desníveis laterais (vertentes) ao longo do(s) talvegue(s).

Outro processo importante nesse balanço entre processos aplainadores e processos mantenedores de desigualdades é conhecido, em Geologia, como *isostasia*, que corresponde a um equilíbrio geral da crosta, mantido, ao que se supõe, pela fluência do material não sólido, sob as massas sólidas, pela ação das tensões gravitacionais derivadas de diferenças de densidades e acúmulos (elevações) entre essas mesmas massas.

Graças à luta eterna desses dois grupos de fatores, a Terra pôde dar origem à vida e mantê-la: a vitória do segundo grupo eliminaria a terra emersa e consequentemente a vida sobre ela, e a do primeiro eliminaria a camada mais superficial da terra – o solo – e a vida que ela mantém, bem como o fornecimento de nutrientes aos oceanos.

No que respeita aos tipos comumente considerados, as encostas ainda podem ser classificadas:

- quanto ao processo dominante em sua esculturação, como: controladas pelo intemperismo ou controladas pelo transporte;
- quanto à forma, como: côncavas; convexas; côncavo-convexas; retilíneas; irregulares; ou com formas particulares (*hog-backs*, *cuestas*, mesas etc.);
- quanto ao material que as constitui e/ou recobre superficialmente, como: rochosas; recobertas por solos e/ou regolito; mistas (parcialmente rochosas e parcialmente recobertas por solos); com abundância de matacões aflorantes etc.;
- quanto à cobertura vegetal, como: florestadas; nuas; recobertas por vegetação rasteira; recobertas por vegetação mista etc.;
- quanto à inclinação, como: suaves; íngremes; muito íngremes (penhascos – *cliffs*) etc.;
- quanto à extensão, como: longas; curtas etc.;
- quanto à estabilidade a curto prazo, como: estáveis ou instáveis; a longo prazo são sempre instáveis.

Processos naturais atuantes sobre as encostas

2.1 Intemperismo e transporte

Os conjuntos de minerais que constituem as rochas são os registros das condições de equilíbrio encontradas pelos diferentes grupos de elementos químicos presentes no interior da crosta terrestre, em face das condições ambientais particulares ali vigentes (basicamente temperatura e pressões). Esses minerais, ao serem colocados em contato com a atmosfera, evoluem em busca de novas estruturas compatíveis com as condições vigentes nessa situação, sendo que essa evolução é efetuada através de conjuntos de processos que recebem o nome de intemperismo (ver Cap. 1). Alguns dos processos que compõem o intemperismo não provocam nenhuma modificação essencial no conteúdo de minerais da rocha – são os processos físicos ou mecânicos –, mas outros provocam a alteração desses minerais – são os processos químicos e bioquímicos. O processo de alteração dos minerais inclui, muitas vezes, a liberação e a retirada de determinados elementos ou radicais, que são transportados em solução e redepositados no interior do próprio material em alteração ou levados para longe. Essa retirada de elementos, radicais ou minerais implica uma redução de volumes que, em alguns casos, especialmente nas regiões tropicais, "pode chegar a 50% do volume da rocha" (Garner, 1974, p. 179, tradução nossa) e "pode exceder [em efetividade] a todos os outros processos juntos" (Carson; Kirkby, 1975, p. 237-238, tradução nossa). Muitas vezes, concomitantemente com a destruição de minerais e a liberação de elementos, há uma reconstituição *in situ* de estruturas cristalinas compatíveis com as condições ambientais vigentes: desse processo resultam novos minerais, como argilas e óxidos diversos. A desagregação e a alteração das rochas permitem, por outro lado, que as partículas liberadas sejam carreadas por agentes como as águas superficiais e os ventos.

Todos esses processos levam a modificações nos volumes envolvidos de material e, consequentemente, no aspecto externo da superfície dos terrenos. Qualquer separação em seus campos de atuação é, na realidade, arbitrária, pois os processos físicos e os químicos do intemperismo atuam concomitantemente e auxiliam-se mutuamente no processo de transformação, do mesmo modo como o transporte é, até certo ponto, parte integrante do mesmo fenômeno. Do ponto de vista didático, entretanto, é interessante reunir os processos que atuam no modelado das encostas em dois grandes conjuntos:

- o intemperismo, que transforma os corpos rochosos de um material consistente, coerente e compacto em um manto particulado, inconsistente e friável – o *regolito* –, na porção superficial do qual é gerado o solo, pelos processos pedogenéticos;
- o transporte superficial do material incoerente, que inclui processos como a erosão superficial, o rastejo (*creep*) e os movimentos coletivos dos solos; o transporte inclui ainda a retirada de materiais em solução, que pode ser superficial ou subsuperficial.

2.2 Fatores intervenientes

O modo como uma rocha se intemperiza é função do clima, mas principalmente da natureza dessa própria rocha e do nível de "defeitos" que ela apresenta, em escala microscópica e macroscópica. Entre esses "defeitos", é de maior importância o grau de fraturamento: rochas bastante fraturadas transformam-se inicialmente em um "manto" solto de fragmentos, que vão sendo progressivamente reduzidos até atingirem o tamanho e a natureza de minerais constituintes dos solos, sejam eles os que já se encontravam na rocha-mãe, como é o caso do quartzo, sejam de neoformação, como é usualmente o caso das argilas. Rochas pouco fraturadas não costumam passar pelo estágio de geração de um "manto de *debris*", mas são transformadas diretamente em regolito, com diâmetro e natureza compatíveis com o solo. A natureza da rocha é importante porque da presença ou da ausência nela de minerais resistentes como o quartzo vai depender a presença desses mesmos minerais no regolito e no solo gerado; do mesmo modo, as composições química e mineralógica da rocha-mãe nortearão, até certo ponto, as do regolito e do solo gerado.

O clima tem maior importância na velocidade do processo e no balanço de atuação entre os fatores físicos e os químicos do intemperismo: climas quentes e úmidos são propícios ao predomínio dos processos químicos, enquanto climas frios e secos favorecem os físicos; em climas quentes e úmidos, o processo de alteração é mais rápido que em climas frios e secos; e, em climas quentes e úmidos, os processos de solubilização de certos elementos são também muito mais fortes que em climas frios e secos. Como consequência, os produtos finais do intemperismo refletirão não só a natureza da rocha-mãe, como também o clima em que esta foi intemperizada.

2.3 Água e processos químicos

Em regiões de climas tropicais úmidos, a água constitui-se, talvez, no mais importante dos agentes intempéricos, mormente quando auxiliada, como no caso, pela alta temperatura e mais ainda quando sua movimentação no interior da crosta é facilitada por condicionamentos físicos das rochas, que as tornam porosas e/ou permeáveis, tais como espaços vazios intergranulares, descontinuidades de camadas, fissuras e fraturas. Em sua movimentação, a água provoca inúmeras reações químicas: dissoluções, hidratações, hidrólises, substituições, carbonatações, oxidações e reduções.

De acordo com Garner (1974, p. 185, tradução nossa), "as dissoluções são o ponto de início usual do intemperismo químico. Elas preparam as estruturas e as superfícies dos cristais para outras reações". Não há, a rigor, minerais insolúveis, embora variem a taxa, a velocidade e as condições em que cada um se solubiliza. O carbonato de cálcio necessita que haja gás carbônico dissolvido na água para formar o bicarbonato solúvel, numa reação chamada carbonatação. "Mesmo o quartzo, considerado um resistato, é lentamente dissolvido e, se submetido à ação de águas levemente alcalinas, alcança solubilidade de muitas partes por bilhão (ppb), especialmente em altas temperaturas" (Garner, 1974, p. 185, tradução nossa). Ao solubilizar elementos presentes em minerais, as águas desequilibram as estruturas e desbalanceiam as cargas, facilitando a ocorrência de outros tipos de reações. A presença de valências livres nas bordas dos cristais atrai moléculas de água, que são dipolares, provocando hidratações. Moléculas de água dissociadas têm seus íons hidrogênio e/ou hidroxilas atraídos, respectivamente, por íons oxigênio e/ou cátions diversos, gerando-se reações de hidrólise. Tal é o caso, por exemplo, da alteração dos feldspatos, cujos produtos de transformação podem ser alternativamente montmorillonitas, ilita ou caulinita, na dependência do grau de lixiviação das bases liberadas durante o processo, podendo, em casos extremos, chegar à gibbsita. A biotita, em presença de água, hidrata-se, transformando-se em hidrobiotita, vermiculita, clorita e, finalmente, caulinita. A dissociação da água, por outro lado, libera íons hidrogênio, que, mercê de seu pequeno raio iônico e alta energia, são ativos na substituição de outros elementos nas estruturas cristalinas, ao mesmo tempo que criam reação ácida (baixo pH) nos solos. "Tem sido sugerido que, nos trópicos úmidos, a água nos capilares do solo se apresenta dissociada e atua como um ácido" (Garner, 1974, p. 187, tradução nossa). Segundo esse mesmo autor, a acidez é também ajudada pelas raízes das plantas, sendo as das mais primitivas, como os liquens, as mais ativas na destruição das rochas, em razão de possuírem o mais elevado nível de íons H^+, somando-se a isso o fato de que a presença de íons orgânicos favorece a transformação de caulinita em gibbsita. Oxidações ocorrem em solos bem drenados e aerados, enquanto reduções, ao contrário, acontecem em condições anaeróbicas, isto é, abaixo do nível d'água.

Segundo Mohr e Van Baren (1959 *apud* Garner, 1974), em regiões tropicais os sais solúveis de Ca, K e Na são os primeiros a serem lixiviados. O FeO é oxidado a Fe_2O_3 e o MnO, a MnO_2. Quando a drenagem é boa, é gerada caulinita, e, quando não, montmorillonita. A remoção das bases resulta na concentração de Al_2O_3 nos horizontes superficiais e a sílica é precipitada próximo ao *front* da alteração, logo acima da rocha-mãe. Nas regiões tropicais, o produto final são as lateritas e as bauxitas, enquanto os produtos lixiviados são depositados no próprio perfil ou em outro local.

Papel importante nas regiões tropicais é reservado também a alguns animais, como as térmitas, que, segundo Nye (1955) e Williams (1968), citados por Garner (1974), podem mover 0,45 m³ de solo por hectare por ano.

2.4 Transporte superficial pela água

Os processos que envolvem o transporte dos materiais intemperizados são basicamente de dois grupos: aqueles em que as partículas são separadas e transportadas individualmente, como é o caso dos processos erosivos (e/ou abrasivos) e do transporte em solução, e aqueles em que as partículas são movidas em conjunto, os chamados *movimentos de massa*, como o rastejo e os escorregamentos. No primeiro caso, o agente fundamental da movimentação é a água (não obstante possam ser agentes também, em condições especiais, o vento ou o gelo); no segundo, basicamente a gravidade, embora possa ter o auxílio eventual de outros agentes.

A erosão aquosa se inicia pela queda de uma gota de chuva sobre o solo desnudo. Ao impactá-lo, a gota transfere-lhe toda a energia de que vem dotada, criando uma pequena cratera e projetando partículas de solo em todas as direções. Ao atingir uma superfície inclinada, a força do impacto se torna assimétrica e cria um sentido nítido de movimento: para baixo. Esse processo é conhecido como *erosão pluvial* ou *rainsplash*. Ele é mais eficiente no início da chuva, quando não há água sobre o solo, pois, à medida que se forma sobre ele um lençol d'água, parte da energia é gasta criando turbulência, ainda que esta, por sua vez, aumente o potencial erosivo do fluxo superficial. O impacto da chuva move partículas de até 1 cm de diâmetro, mas pode mover, indiretamente, partículas muito maiores, minando-lhes a sustentação.

Com o prosseguimento da chuva e na dependência de sua intensidade e da capacidade de absorção do solo, duas coisas podem acontecer:

* se a intensidade da chuva for menor que a capacidade de absorção do solo, a totalidade da água irá infiltrar-se até um horizonte menos permeável em subsuperfície, a partir do qual tenderá a ascender, saturando progressivamente o solo de baixo para cima, e, se a chuva durar o suficiente, irá aflorar e correr em superfície, em direção aos baixos topográficos;
* se, ao contrário, a primeira for maior que a segunda, haverá uma rápida saturação superficial e a água fluirá sobre a superfície, ao mesmo tempo que um *front* de infiltração penetrará lentamente *per descensum* no solo, até atingir uma camada menos permeável, comportando-se, a partir daí, do mesmo modo que no caso anterior.

No primeiro caso, há um crescimento linear da descarga com a distância, a partir dos divisores; no segundo, tal linearidade não existe, uma vez que a saturação fica a cargo da maior ou menor impermeabilidade dos solos, de sua espessura e da forma das vertentes.

A movimentação da água em superfície se inicia pela coalescência das gotas, que se transformam progressivamente em um lençol d'água que se move descendo a encosta (*slope wash*). Como o fluxo perfeitamente laminar só é possível em superfícies lisas e quando a velocidade é baixa – e como as superfícies naturais nunca são absolutamente regulares –, nos locais em que a superfície se torna rugosa ou a velocidade cresce (por acentuação do gradiente ou simples posicionamento mais a jusante) o fluxo torna-se progressivamente turbilhonar e a capacidade erosiva cresce. Localmente, esses turbilhões erodem canalículos que se movem lateralmente, em razão de sua baixa profundidade e do crescimento da compacidade do solo com a profundidade, rebaixando, desse modo, toda a encosta, em um processo conhecido como *rill wash*. Após algum tempo, alguns desses canais, originalmente paralelos, crescem mais do que os outros e acabam por capturar os vizinhos, mudando-se o padrão geral, que de paralelo se torna cruzado e depois dendrítico, com consequente aprofundamento dos canais mestres, que se tornam sulcos, ravinas e mesmo pequenos vales, podendo vir a dar origem a um novo rio, entrando-se, então, no campo dos processos de erosão fluvial estudados pela Geomorfologia Fluvial e pela Hidrologia e fora do escopo do presente livro. A passagem da fase de movimentação de canais transitórios para a fase de canal fixo, segundo Dietrich *et al.* (1993, p. 259 e 275, tradução nossa), corresponde a um limiar "controlado pela combinação de instabilidades de taludes e erosão por fluxos superficiais, em condição de saturação do subsolo".

A capacidade de transporte de sedimentos durante o fluxo tipo *slope wash*, de acordo com Carson e Kirkby (1975), obedece às mesmas leis que nos canais, mas com algumas diferenças importantes:

* as profundidades dos fluxos são usualmente pequenas, o que faz com que a rugosidade se torne alta, havendo mesmo o sobrepasse de algumas partículas acima do fluxo;
* os fluxos acontecem, usualmente, só durante as tempestades, quando os impactos das gotas perturbam o solo e, ao mesmo tempo, auxiliam na suspensão de materiais;
* os fluxos são efêmeros, havendo logo fixação de estruturas de canal.

Além do impacto das gotas de chuva, nessa fase as partículas do solo são removidas por forças hidráulicas cisalhantes que atuam sobre a superfície dos elementos: pela abrasão provocada pelas partículas em suspensão e pela redução da resistência coesiva, devida à molhagem. Nos canais, o fluxo é proporcional ao componente do peso da água no sentido de jusante e inversamente proporcional ao atrito contra o fundo e os lados. A força de atrito é, por sua vez, ligada à velocidade, por uma relação exponencial cujo expoente cresce à medida que cresce a turbulência do fluxo, aumentando conjuntamente a capacidade erosiva e de transporte de materiais. As partículas sobre as quais ocorre o fluxo sofrem o efeito dinâmico das pressões desiguais que se exercem em suas duas extremidades – contra e no sentido da corrente –, provocado pela velocidade do líquido. Sofrem também um levantamento hidrodinâmico devido à diferença de velocidade do fluxo que atinge seu topo e sua base, além do efeito das correntes de turbulência, que tendem a jogá-las no fluxo. Essas forças são resistidas pelo atrito entre as partículas, pelo empacotamento (*packing*) entre elas e pela coesão (ver seções 3.2 e 3.3), se ainda estiverem fixas no solo. Quando no fluxo, as forças de levantamento são balanceadas pelo peso das partículas, que tende a assentá-las; ao se aproximarem do leito, novamente colidem entre si, criando-se uma nova força dispersora.

Na seção 7.5 são sumariamente discutidos os fenômenos de erosão acelerada conhecidos como voçorocas, típicos de regiões tropicais e subtropicais, onde pequenos sulcos são rapidamente fixados e transformados em vales alcantilados – em V – que progridem até atingir um fundo rochoso ou, pelo menos, compacto e que, a partir daí, vão sendo progressivamente alargados, transformando-se em vales em U e ramificados, resultando num rejuvenescimento agressivo e violento do relevo.

2.5 Efeito da cobertura vegetal

O efeito da cobertura vegetal se exerce sempre no sentido contrário ao da ação erosiva da água: as copas das árvores interceptam as gotas, reduzindo seu impacto; os caules das árvores, a vegetação rasteira e a cobertura de folhas mortas reduzem a velocidade do fluxo e "aprisionam" as partículas, evitando seu arranque, quer pelas gotas de chuva, quer por fluxo superficial de qualquer tipo. A presença de uma camada de *liter* (serapilheira) sobre o solo cria um fluxo subsuperficial entre a camada de restos orgânicos, mais porosa e permeável, e o solo propriamente dito, que o é menos, o que reduz o fluxo superficial, causador de erosão.

Durlo e Sutili (2005) fornecem o Quadro 2.1, elencando os efeitos da vegetação sobre a estabilidade das encostas.

No entender do autor, o último item dos efeitos hidrológicos referentes às raízes deveria ser "criam pressões neutras negativas nos poros, aumentando a coesão do solo" e, no penúltimo item dos efeitos mecânicos referentes às raízes, deveria ser substituída a palavra "ancoram" por "tendem a abrir" e, consequentemente, "B" por "A", visto que o efeito observado das raízes, em fraturas, é muito mais de afastamento das faces delas do que de sua ancoragem.

De qualquer modo, nesse quadro é possível observar a ampla superioridade dos efeitos benéficos da vegetação, tanto na questão da proteção contra a ação erosiva como na ação estabilizadora das encostas.

Quadro 2.1 Efeitos da vegetação sobre a estabilidade das encostas

Efeitos hidrológicos		Efeitos mecânicos	
Copas			
Retêm (evaporam) parte do volume de água, reduzindo a precipitação efetiva	B	Aumentam a força normal, pelo peso da copa e do tronco	A/B
Reduzem a força de impacto das gotas de chuva e, em consequência, da erosão	B	Protegem o solo da ação direta dos raios solares e do vento	A/B
Aumentam o tamanho das gotas, o que resulta em maior impacto localizado	A	Captam as forças dinâmicas do vento e as transmitem ao talude pelo tronco e pelo sistema radicular	A
Reduzem a infiltração efetiva no talude, devido à evapotranspiração	A	Evitam a elevação do nível d'água	B
Serapilheira			
Aumenta a velocidade e a capacidade do armazenamento de água	A/B	Absorve, em parte, o impacto mecânico que resulta do gotejamento e do trânsito de máquinas e animais	B
Torna irregular e reduz a velocidade de escoamento superficial da água	B	Protege o solo de outras forças erosivas, como vento, temperatura etc.	B
Raízes			
Melhoram a infiltração superficial da água no solo	A/B	Auxiliam na criação de agregados do solo, por ação física e biológica	B
Com o aumento da porosidade do solo, elevam sua permeabilidade	A/B	Aumentam substancialmente a resistência do solo ao cisalhamento	B
Retiram parte da água infiltrada, que será transformada ou evapotranspirada	B	Redistribuem as tensões formadas nos pontos críticos	B
		Ancoram as linhas de fratura	B
Criam pressões neutras nos poros, aumentando a coesão do solo	A/B	Restringem os movimentos e ajudam a suportar o peso do talude	B

A = efeito adverso da vegetação; B = efeito benéfico da vegetação.
Fonte: Durlo e Sutili (2005).

2.6 Agentes transportadores característicos de zonas especiais: vento e gelo

Em todos os locais pode haver contribuição dos ventos ao transporte de materiais sobre a superfície da Terra. Entretanto, é em locais de clima seco ou sazonal com períodos secos, ou mesmo em épocas de pouca precipitação pluvial em outras condições climáticas, que o vento, na dependência de sua velocidade, pode ter capacidade de erguer e transportar poeiras finas como argilas e siltes (ou outros materiais, como óxidos de Fe, em regiões constituídas por solos lateríticos, a exemplo da porção central do Brasil), desde que não haja cobertura vegetal, ela seja pouco significativa ou se encontre seca ou danificada. Em regiões desérticas, mesmo areias finas podem ser elevadas e transportadas a grandes distâncias, como acontece no deserto de Gobi, na China. Essas areias finas podem atravessar mares e oceanos e, mesmo, atingir outros continentes, como tem ocorrido recentemente.

Em regiões glaciais, geleiras transportam materiais de qualquer natureza e granulação (desde argilas até grandes matacões) sob a forma de morainas frontais, laterais e basais, depositando-as nos períodos e em locais de degelo. Materiais assim transportados são, muitas vezes, carreados por rios, incluídos em *icebergs*, até lagos e mares e ali depositados como materiais e seixos "pingados".

Durante o transporte e em razão da energia de que são dotados pelo meio transportador, os materiais transportados podem provocar erosão (na realidade, abrasão) sobre encostas, fundos de vale etc. por onde transitam. Exemplos desse tipo de feição – abrasão sob a forma de sulcos em rochas – são observáveis na região da Colônia Witmarsum, no Paraná, sobre litotipos areníticos da Formação Itararé, de idade permocarbonífera.

2.7 Transporte pela gravidade: movimentos de massa

O transporte de materiais do topo para o sopé das encostas pode ser feito também diretamente pela gravidade, seja sob a forma de partículas individuais (quedas de blocos), seja sob a forma de conjuntos de partículas (movimentos de massa), dos quais podem ser individualizados três tipos básicos:

* os "movimentos verticais" (*heaves*), devidos a processos de contração e expansão (por exemplo, por molhagem e secagem); esses movimentos não transportam materiais diretamente, mas fornecem o mecanismo básico para outros, como o rastejo;

- os escorregamentos (*slides*), caracterizados por uma superfície nítida, acima da qual o solo se move como uma massa e abaixo da qual o material permanece *in situ*, sem maiores perturbações;
- os fluxos (*flows*), onde não há uma superfície nítida de ruptura, mas o cisalhamento é distribuído por toda a massa.

Na realidade, não são comuns os movimentos "puros" de quaisquer desses tipos: usualmente há uma mistura deles, com variável dose de importância relativa entre uns e outros e ainda uma passagem gradacional em tempo e/ou espaço de uns para outros (ver seção "Os acidentes na região norte de Santa Catarina e as reesculturações das encostas do vale do rio Iguaçu (PR) em 1983 e 1992", p. 175). Carson e Kirkby (1975) fornecem o esquema ilustrativo apresentado na Fig. 2.1, que é bastante claro.

Diversas classificações de movimentos de massa encontram-se disponíveis na literatura técnica. Guidicini e Nieble (1976) citam as seguintes: Baltzer (1875), Heim (1882), Penck (1894), Molitor (1894), Braun (1904), Howe (1909), Almagià (1910), Stini (1910), Terzaghi (1925), Pollack (1925), Ladd (1935), Hennes (1936), Sharpe (1938), Terzaghi (1950), Varnes (1958), Penta (1960), Freire (1965), Ter-Stepanian (1966) e Skempton e Hutchinson (1969), às quais poderia ser acrescentada a de Mougin (1973).

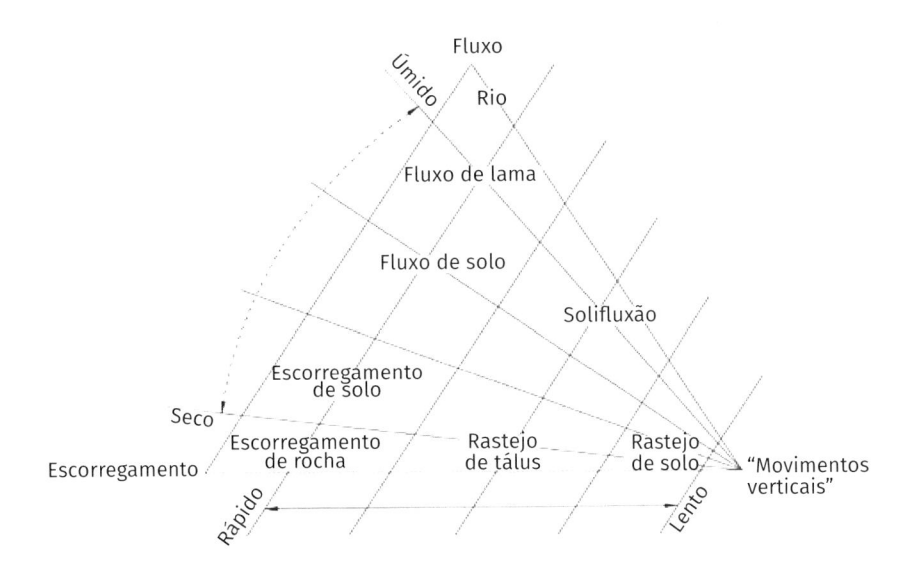

FIG. 2.1 *Esquema dos movimentos coletivos básicos dos solos: "verticais", escorregamentos e fluxos*
Fonte: adaptado de Carson e Kirkby (1975).

Do mesmo modo que Guidicini e Nieble (1976), o autor considera a classificação de Freire (1965) extremamente feliz, e por isso são transcritos a seguir os critérios básicos que a norteiam. Ela reúne os movimentos de talude em cinco grandes grupos:

- escoamentos, que englobam todas as deformações ou movimentos contínuos, com ou sem definição da superfície de ruptura, sendo distinguidos dois subgrupos: corridas e rastejos;
- escorregamentos, que possuem caráter definido em tempo e espaço e superfície nítida de ruptura, sendo individualizados dois subgrupos: escorregamentos rotacionais e translacionais;
- subsidências, que podem ser contínuas ou finitas e possuem sentido vertical de movimento, sendo estabelecidos três subgrupos: subsidências propriamente ditas, recalques e desabamentos;
- formas de transição ou termos de passagem entre os movimentos anteriores;
- movimentos de massa complexos, que são combinações das formas anteriores.

A distinção principal entre as corridas e os rastejos liga-se ao teor de água presente: as primeiras apresentam elevado teor de umidade (são escoamentos líquidos), enquanto os últimos apresentam teor de umidade menor e movimentam-se plasticamente.

Os escorregamentos rotacionais distinguem-se dos translacionais pela forma da superfície de ruptura: "semicircular" no primeiro caso e planar no segundo.

As subsidências propriamente ditas devem-se a fenômenos como carreamentos de grãos, dissolução de camadas, deformações de estratos etc., enquanto os recalques se devem à consolidação de camadas naturais ou construídas, e os desabamentos, a roturas de camadas, retirada de suporte lateral e outros processos.

O quadro original que resume a classificação encontra-se em Freire (1965) e é transcrito com pequena modificação em Guidicini e Nieble (1976).

Sistema de forças e resistências que rege o comportamento das encostas

3.1 Generalidades

A força dominante a agir sobre as encostas é a gravidade, seja atuando diretamente sobre as partículas sólidas que as constituem, puxando-as em direção ao centro da Terra, seja sobre a água que preenche parte (ou, em alguns casos, a totalidade) dos vazios existentes entre essas mesmas partículas, causando sua movimentação no mesmo sentido (centro da Terra), mas que, no detalhe, segue os caminhos possíveis: as ligações entre os espaços vazios, no interior da massa sólida. A água, como líquido que é, possui algumas particularidades, tais como:

* a pressão hidráulica (que, no caso, é derivada da ação da gravidade sobre ela), que se exerce em todos os sentidos com igual intensidade e, consequentemente, sobre as partículas, tendendo a separá-las;
* a capilaridade, que tende a movimentá-la em sentido oposto ao da gravidade, quando o diâmetro dos canalículos resultantes da ligação entre os vazios é suficientemente delgado para tornar efetiva sua atuação.

A água pode movimentar-se no solo, ainda, sob a forma de vapor, através dos espaços vazios, e, em regiões de clima frio, pode congelar, expandir-se e causar alterações à estrutura dos solos (seções 2.3, 3.6, 6.5.2 e 7.2).

Nas regiões mais frias do Sul do Brasil, o autor observou, mais de uma vez, após a passagem de frentes frias causadoras de chuvas torrenciais que arrastam, atrás de si, fortes massas de ar polar, o surgimento de "cogumelos" de gelo dentro do solo, erguendo-se de vazios alargados pela gelivação.

As resistências à ação da gravidade, nas encostas, são devidas basicamente a:
* atrito entre partículas de todos os tipos;
* *interlocking*, isto é, o intertravamento entre partículas de tamanhos diversos (geralmente incluído como componente do atrito);
* *coesão* entre partículas, que pode ser:
  - de natureza *argilosa*, desenvolvida entre partículas lamelares de pequeno tamanho de grão capazes de adsorver água e cátions, denominadas *minerais argilosos*, e que, na realidade, corresponde a um complexo de forças de natureza eletrostática, química e capilar;
  - devida à *cementação*, usualmente oriunda da deposição interparticular de material impregnante a partir de soluções aquosas, que pode ser de naturezas várias – ferruginosa, silicosa etc. – e que é capaz de unir partículas de qualquer tipo, tais como areias, pedregulhos, seixos, matacões e outros, gerando rochas e solos impregnados;
  - de natureza *químico-mineralógica*, desenvolvida entre minerais e/ou partículas a partir da solidificação (representada pela cristalização, quando há tempo para tal) de materiais fundidos pela ação de elevadas temperaturas, assim como ocorre no caso de processos que geram rochas ígneas e a partir de materiais "plastificados" e mineralogicamente evoluídos, pela ação de elevadas pressões e temperaturas (além de, eventualmente, por aportes de elementos e/ou substâncias químicas externas), em rochas metamórficas.

3.2 Comportamento dos materiais puramente atritivos

Os materiais particulados que constituem o regolito e os solos podem acumular-se, gerando uma superfície superior, não plana, limitada por taludes inclinados, ao contrário dos líquidos, em razão de possuírem resistência ao cisalhamento. Ao verter-se areia seca (que pode ser considerada o constituinte mais simples de regolitos e solos), ela não se espalha, mas forma um cone que, independentemente de sua altura, mantém sempre um talude cujo ângulo é constante (Fig. 3.1A). Esse ângulo é conhecido como *ângulo de repouso* e seu valor é geralmente próximo a 33°, que é o mesmo que adota a vertente frontal de uma duna, que é o protótipo desse tipo de vertente de agradação (Fig. 3.1B e Cap. 1). Se for tentada a execução de um sulco no monte de areia, esta escorrerá para dentro do sulco, mantendo taludes constantes e iguais em inclinação, em ambos os lados, independentemente das alturas; o mesmo ocorreria se uma hipotética camada de areia fosse seccionada por um rio (Fig. 3.1C).

Esse comportamento da areia pura, que é composta essencialmente de grãos de quartzo – que são, mineralogicamente, tectossilicatos e, morfologicamente, razoavelmente isométricos –, é explicado pela Física com base na teoria do atrito. As areias (e outros materiais similares, como seixos) têm sua resistência ao cisalhamento garantida unicamente por forças dessa natureza, que se desenvolvem a partir da existência de uma pressão devida ao peso próprio dos grãos e das características das superfícies de contato entre eles: cada grão transmite, aos que lhe estão abaixo, uma pressão proporcional a seu peso próprio e ao peso dos que lhe estão acima. Essa pressão é resistida pela estrutura dos grãos e pelo atrito que se desenvolve nas interfaces (Fig. 3.1D). Quando esse atrito não é suficiente, o grão rola ou escorrega até atingir uma posição em que se equilibram as componentes tangenciais cisalhantes devidas à força de gravidade e a resistência representada pelo atrito grão a grão.

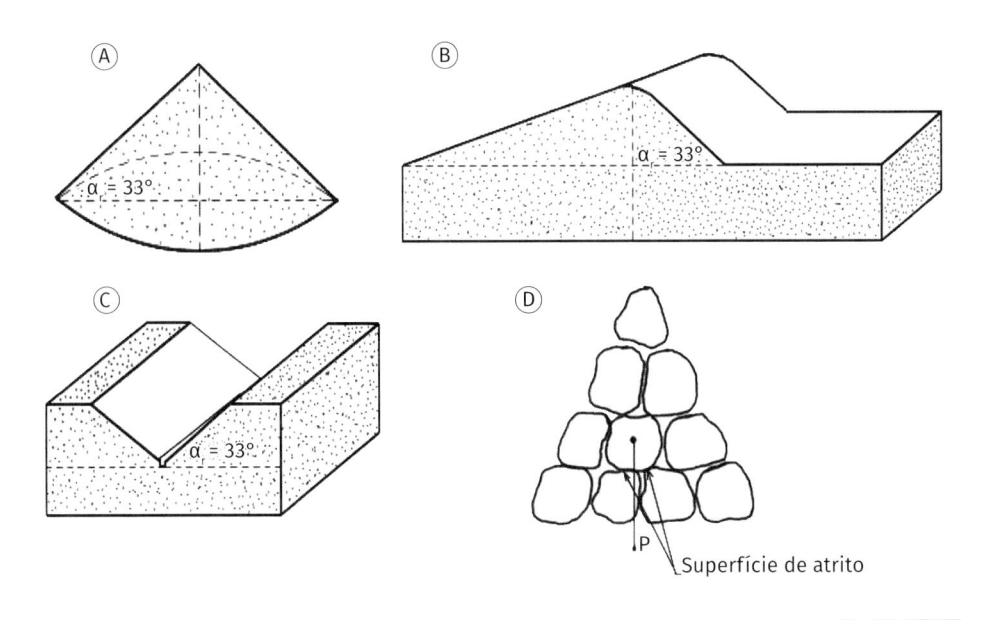

FIG. 3.1 *Taludes e encostas em areia: (A) ângulo de repouso; (B) duna; (C) vale em areia; (D) atrito em nível granular*
Fonte: Lopes (1995).

O valor da força de atrito pode ser determinado pela observação da Fig. 3.2, em que um corpo em repouso é tracionado por uma força F, horizontal. A experiência mostra que o movimento só se inicia a partir de um determinado valor de F, quando ocorre um equilíbrio entre a força de atrito e a força de tração. Com base nessa mesma figura, é fácil verificar que a força de atrito, nesse instante, é dada por P tg ϕ, sendo P o peso próprio do corpo e ϕ o chamado *ângulo de atrito* entre os dois materiais, isto é, o ângulo formado entre a resultante (Res) da reação à força normal aplicada (R) e a força de atrito disponível, com essa mesma força normal. Nessa expressão, tg ϕ pode ser representada por f, o chamado *coeficiente de atrito*.

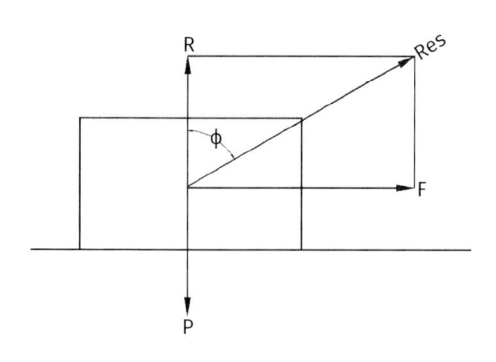

FIG. 3.2 *Dedução do valor da força de atrito*
Fonte: Lopes (1995).

Na Fig. 3.3, um corpo repousa sobre uma superfície horizontal. A força P_n, representada pelo peso próprio do corpo (ou peso do corpo mais forças externas de compressão com mesma direção e sentido), constitui a totalidade das forças verticais que agem sobre o corpo. Essa força sofre uma reação igual e contrária P_r que gera, entre o corpo e o plano, uma força de atrito disponível P_f, cuja expressão é:

$$P_f = P_n \, tg \, \phi = P_n f \qquad (3.1)$$

O ângulo de atrito interno ϕ e, como consequência, o coeficiente de atrito f são características próprias dos materiais e mantêm-se constantes para a maior parte deles, independendo das forças que atuem. A força P_f, entretanto, só atua se for solicitada. No caso da Fig. 3.3A, ela não entra em ação, pois nenhuma força horizontal está atuando.

Na Fig. 3.3B, uma pequena força horizontal P'_s é aplicada sobre o corpo. A resultante P' faz um ângulo α com a normal à interface plano/corpo. O ângulo α é chamado *ângulo de obliquidade* da força e depende das forças, e não dos materiais. Para resistir à força P', uma porção da força atritiva P_f disponível é posta em ação. Essa força é representada pela seta P'_f. Como $P'_f < P_f$, pois $\alpha < \phi$, o corpo não se movimenta.

3 Sistema de forças e resistências que rege o comportamento das encostas | 37

Nas Figs. 3.3C,D, o ângulo de obliquidade $\alpha = \phi$ e, como consequência, $P_s = P_f$. Nessa situação, o corpo encontra-se na condição-limite de sua imobilidade: qualquer aumento em P_s o fará mover-se. Conclui-se, pois, que o equilíbrio depende da obliquidade da força aplicada: se $\alpha > \phi$, há movimento; se $\alpha < \phi$, não há. A situação $\alpha = \phi$ representa o limite entre essas duas condições.

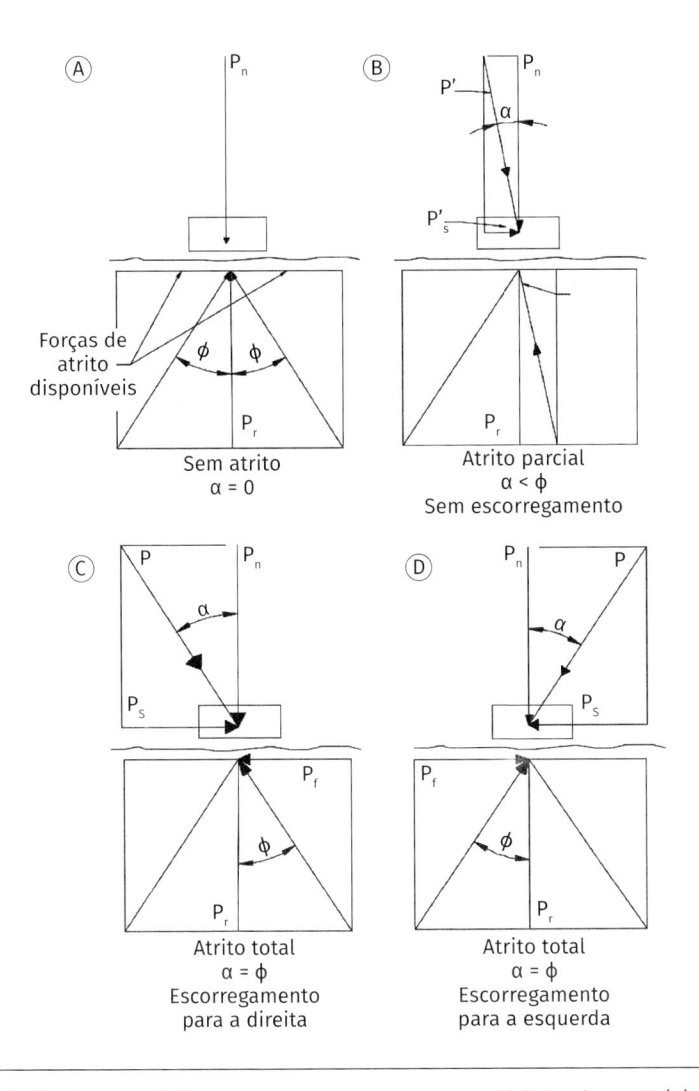

FIG. 3.3 *Atrito desenvolvido entre um corpo e uma superfície horizontal: (A) não há aparecimento de atrito, pois não há atuação de força horizontal; (B) pequena força horizontal P's aplicada sobre o corpo gera força de atrito resistente; (C, D) equilíbrio-limite: a força desviadora é exatamente igual ao atrito disponível*
Fonte: adaptado de Taylor (1966).

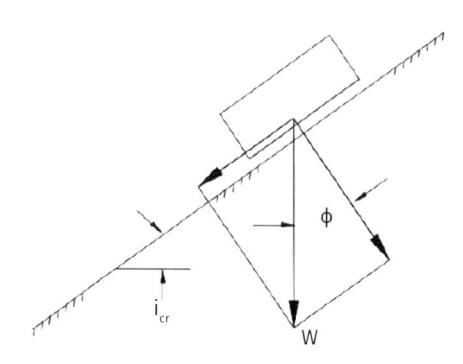

Fig. 3.4 *Atrito em plano inclinado*
Fonte: Taylor (1966).

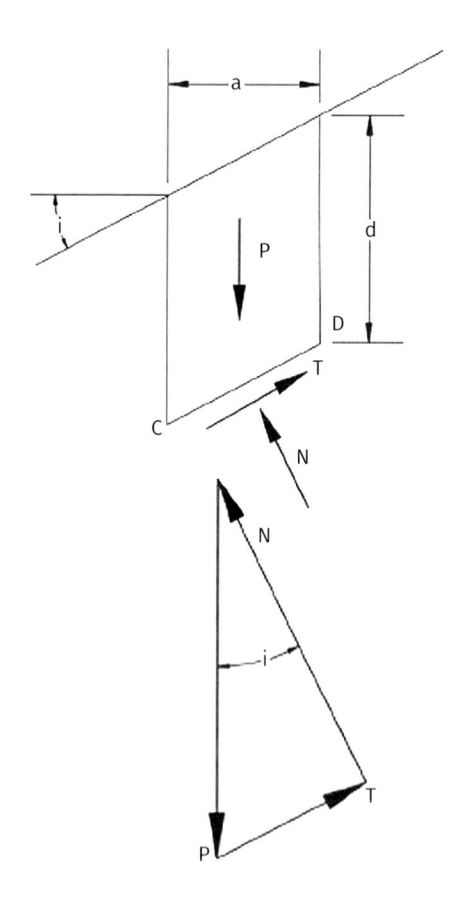

Fig. 3.5 *Fatia de solo em talude infinito*
Fonte: Lambe e Whitman (1979).

A Fig. 3.4 mostra um corpo com peso W repousando sobre um plano inclinado e, nesse caso, é fácil verificar que o movimento estará para iniciar-se no instante em que o ângulo i de inclinação do plano se tornar igual ao ângulo de atrito entre o corpo e o plano inclinado, isto é, $i = \phi$ (i_{cr}).

A partir da Fig. 3.5, pode-se demonstrar que, do mesmo modo, um talude de areia só será estável quando $i < \phi$.

O elemento de solo mostrado nessa figura, considerando-se uma espessura unitária, possui uma força peso P representada por:

$$P = a\, d\, \gamma \qquad (3.2)$$

em que:
d = altura do corpo;
a = largura do corpo;
γ = peso específico aparente do material.

Essa força P pode ser decomposta em uma componente normal à superfície do terreno e outra paralela a ela. A componente normal é dada por:

$$N = P \cos i \qquad (3.3)$$

e a tangencial, por:

$$T = P \,\text{sen}\, i \qquad (3.4)$$

donde resulta que a tangencial pode ser expressa por:

$$T = N \,\text{sen}\, i/\cos i \text{ ou } N\, \text{tg}\, i \qquad (3.5)$$

Na condição de equilíbrio-limite, toda a resistência ao cisalhamento do solo, dada por N tg ϕ, é mobilizada, igualando-se à força tangencial N tg i, logo:

$$\text{tg } i = \text{tg } \phi \tag{3.6}$$

e

$$i = \phi \tag{3.7}$$

Segue-se, pois, que qualquer talude em areia seca pura (ou outro material particulado similar) terá como inclinação máxima o valor de seu ângulo de atrito interno, independentemente de sua altura.

Assim, a areia seca vertida permanecer com um ângulo de talude no entorno de 33° deve-se ao fato de que seu ângulo de atrito interno é próximo desse valor. Não é, entretanto, exatamente igual, visto que, no caso do vertimento, o atrito desenvolvido envolve rolamento, e não só escorregamento, como no caso do plano inclinado (Fig. 3.4) ou da fatia de solo em talude infinito (Fig. 3.5). Pode-se demonstrar que o ângulo de repouso é algo menor que o de atrito interno a partir do vertimento de areia sobre uma superfície horizontal que for sendo inclinada progressivamente: verifica-se, nesse caso, que a areia permanece estável até um certo grau de inclinação de sua base, o que corresponde a um aumento de seu ângulo de talude.

Resumindo, conclui-se que, na condição-limite, os taludes em areia (ou outros materiais similares, como seixos) são constantes, retilíneos, com ângulo de inclinação máximo igual ao ângulo de atrito interno, independentemente de sua altura, e que a resistência ao cisalhamento das areias pode ser dada pela expressão estabelecida em 1773 por Coulomb:

$$\theta = N \text{ tg } \phi \text{ ou } \theta = \sigma \text{ tg } \phi \tag{3.8}$$

em que:
θ = resistência ao cisalhamento;
N ou σ = tensão de compressão normal;
ϕ = ângulo de atrito interno.

A representação gráfica dessa resistência ao cisalhamento é uma reta que passa pela origem (Fig. 3.6).

É importante ter em mente que esse comportamento puramente atritivo de materiais como as areias só ocorre quando não há qualquer tipo de contaminante

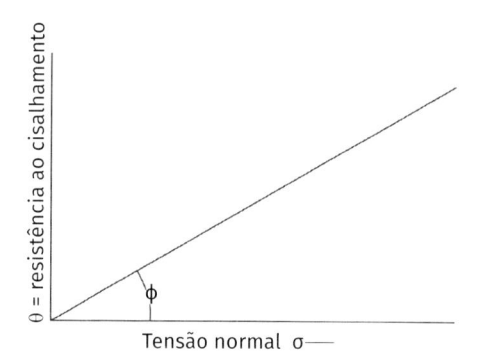

FIG. 3.6 *Representação gráfica da resistência ao cisalhamento de um material granular*
Fonte: Lopes (1995).

(impurezas) e a areia é absolutamente limpa e seca, uma vez que a presença de água cria uma "falsa coesão" representada por meniscos capilares que produzem adesão entre os grãos (ver seção 3.6).

3.3 Comportamento dos materiais coesivos/atritivos

Os solos argilosos têm constituintes e comportamento completamente diversos das areias. As argilas são compostas basicamente de minerais argilosos, que são filossilicatos, isto é, possuem estrutura atômica em folhas de octaedros Al-O e tetraedros Si-O, que se resolvem macroscopicamente em forma plana (de lamela), apresentando diminuto tamanho de grão e outras propriedades particulares (devidas, em grande parte, a essas mesmas características das partículas), quais sejam: a capacidade de adsorção de água e cátions, a plasticidade, a "coesão" dos grãos etc. Do ponto de vista de resistência ao cisalhamento, esta última propriedade, a "coesão" (na realidade, um complexo de forças de natureza eletrostática, química e capilar, como já comentado), tem importância fundamental, pois permite que as partículas se apresentem como que "soldadas entre si", sem necessidade da atuação de uma força externa.

Essa mesma propriedade – a coesão –, que existe em materiais argilosos ou arenoargilosos em que houve tempo para que ela se desenvolvesse (argilas pré-adensadas ou sobreadensadas), ocorre, em grau crescente, no caso de rochas sedimentares litificadas pelo tempo e pela pressão de carregamento (como os argilitos) ou cementadas (como os arenitos ferruginosos ou silicificados) ou, ainda, que passaram por processos de plastificação ou fusão (como os gnaisses e os granitos). Todos esses materiais são caracteristicamente coesivos/atritivos e têm como expressão de sua resistência ao cisalhamento:

$$\theta = c + N \: tg \: \phi \text{ ou } c + \sigma \: tg \: \phi \qquad (3.9)$$

em que:
θ = resistência ao cisalhamento;

3 Sistema de forças e resistências que rege o comportamento das encostas | 41

c = intercepto de coesão;
N ou σ = tensão normal de compressão;
ϕ = ângulo de atrito interno.

A representação gráfica da resistência ao cisalhamento, nesse caso, é uma reta que corta o eixo das ordenadas (Fig. 3.7), embora, na realidade, os "envelopes" de ruptura observados em ensaios não sejam exatamente retos, mas curvas convexas suaves.

Materiais puramente coesivos não existem. Entretanto, em condições muito especiais, tais como em depósitos de partículas argilosas com ou sem contribuição orgânica (lamas) a partir de pseudossoluções aquosas que não tiveram tempo suficiente para adensamento e que costumam apresentar-se com uma estrutura extremamente vacuolar (estrutura floculenta ou *honeycomb structure*) onde os contatos entre grãos são reduzidos ao extremo, o comportamento se aproxima dessa condição e, por essa razão, ao serem solicitados por um esforço rápido, comportam-se como tal (ver seção "Metodologias das ciências de Engenharia", p. 250).

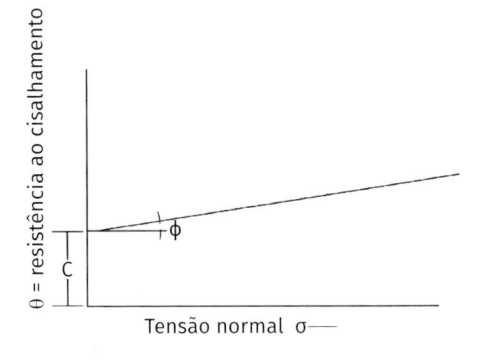

FIG. 3.7 *Representação gráfica da resistência ao cisalhamento de materiais coesivos/atritivos*
Fonte: Lopes (1995).

Em razão da existência das forças coesivas, é possível haver, nas argilas e em outros materiais coesivos/atritivos, taludes com inclinações maiores que seus ângulos de atrito interno. É possível mesmo existirem taludes verticais estáveis. Há, porém, uma limitação de altura. Isto é, a estabilidade dos taludes com ângulos de inclinação maiores que o ângulo de atrito interno é dependente, também, da altura: quanto mais íngreme um talude, menor a altura estável possível de existir. Quando, entretanto, a inclinação do talude se igualar à do ângulo de atrito interno, a altura possível se torna infinita, como nas areias e em outros materiais similares.

A estimativa dos pares altura máxima do talude/ângulo do talude possíveis de existirem para um determinado material coesivo/atritivo seco pode ser efetuada através de:

$$H_{cr} = (4c/\gamma)\{(\operatorname{sen} i \cos \phi)/[1 - \cos(i - \phi)]\} \quad (3.10)$$

em que:

H_{cr} = altura crítica (altura máxima estável);

c = coesão do material;

i = ângulo de inclinação da encosta;

ϕ = ângulo de atrito interno do material;

γ = densidade aparente natural do material.

Essa expressão é atribuída a Culmann, que a publicou em 1866, mas, de acordo com Golder (*apud* Spangler; Handy, 1973), ela é devida a Francaise (1820) e pode ser deduzida da Fig. 3.8 considerando-se uma espessura unitária, isto é,

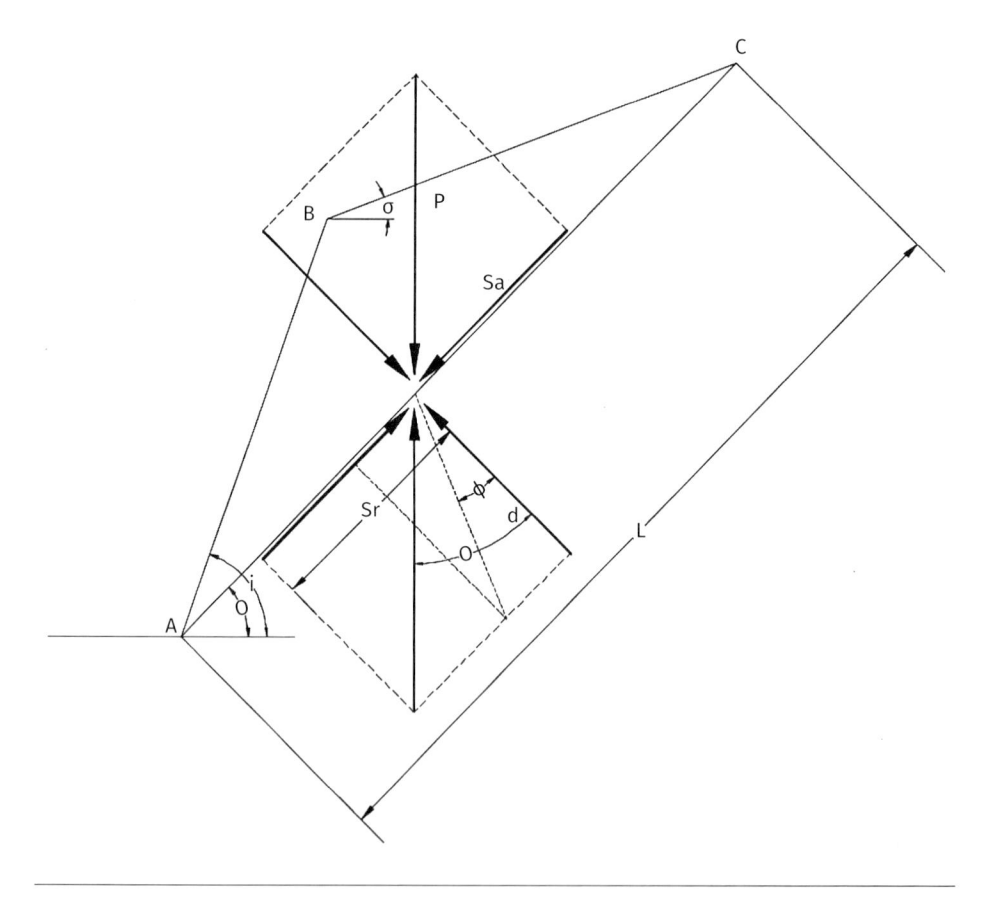

Fig. 3.8 *Esquema de equilíbrio de uma cunha de solo separada do maciço por uma superfície potencial de ruptura retilínea*
Fonte: Spangler e Handy (1973).

uma condição bidimensional. Essa dedução completa encontra-se, por exemplo, em Fiori e Carmignani (2001).

Nos maciços rochosos, que apesar de serem, como as argilas, materiais coesivos, dada sua rigidez, costumam ocorrer, com maior ou menor densidade, diaclases que modificam as condicionantes do problema: usualmente não é a "massa" da rocha (e consequentemente suas características mecânicas intrínsecas: ângulo de atrito interno e coesão), mas as características (densidade, inclinação, rugosidade, estado de alteração etc.) das diaclases o "caminho crítico" da estabilidade do conjunto. Assim sendo, o material presente costuma ter um comportamento que varia entre o puramente atritivo/intertravado (blocos superpostos, de tamanhos e formas diversos, que se atritam e desenvolvem entre si algo que se poderia chamar *ângulo de atrito aparente*) e um comportamento de material coesivo típico, quando o grau de alteração (argilização) ao longo das juntas é suficiente para isolar completamente os matacões remanescentes da massa original.

Esse quadro é significativamente complicado quando, em vez de rochas homogêneas, as encostas são constituídas por camadas e/ou lentes de materiais diferentes, superpostas ou interdigitadas, como argilitos/arenitos (caso da Formação Rio do Rasto) ou arenitos/folhelhos (Formação Irati), e/ou ainda dobradas, como filitos/calcários (caso de algumas formações do Grupo Açungui), filitos/conglomerados (Formação Camarinha) etc. Nesses casos, a distribuição dos "caminhos críticos" das resistências (e consequentemente a resistência do conjunto) será dependente do comportamento reológico dos materiais envolvidos – rochas pelíticas (argilitos, folhelhos etc.) tendem a deformar-se plasticamente, enquanto rochas competentes como arenitos, calcários etc. tendem a sofrer rupturas frágeis, comandadas pelos tipos e graus de alteração dos contatos (concordantes/discordantes mais ou menos alterados) e/ou pelas atitudes (posições espaciais relativas) dos planos de estratificação/xistosidade/lineações etc., além dos efeitos do diaclasamento.

Aydan e Horiuchi (2019) estudaram o comportamento de taludes constituídos por maciços rochosos estratificados, com camadas contínuas e/ou segmentadas em blocos, com diferentes atitudes e afetados pela escavação dos pés por eventos como erosão marinha e atmosférica (geração de lapas), e concluíram que as resistências à tração e à compressão crescem com o aumento da densidade e se reduzem com o aumento da porosidade (o que é espectável). Esses autores chegaram, também, à importante conclusão de que a resistência *in situ* dos materiais rochosos situa-se entre 0,06 e 0,25 vez a obtida em provas de laboratório, o que milita fortemente a favor do emprego de *estudos de regressão* nos projetos de estabilidade de taludes rochosos (ver seção "Metodologias das ciências de Engenharia", subseção ii, p. 262).

Seguindo essa linha de raciocínio, o autor elaborou um estudo de regressão utilizando dados de campo para a reestabilização de um talude da rodovia PRC-466, próximo a União da Vitória, no Paraná, onde a queda de blocos rochosos provocava danos, que foi apresentado sob a forma de resumo expandido no XVII Congresso Brasileiro de Geologia de Engenharia e Ambiental (CBGE) (Vieira; Lopes, 2022).

Um excelente relato teórico/prático da situação, em termos de estado da arte do comportamento de maciços rochosos no que concerne à sua resistência ao cisalhamento, bem como às implicações desse comportamento na estabilidade das encostas naturais e dos projetos de engenharia que as afetam, pode ser encontrado em Hoek (1998). Castro (1998) apresenta, também, uma interessante contribuição ao assunto, na forma de um critério de ruptura em três estágios, alternativo e mais simples que o de Hoek-Brown, discutido em Hoek (1998).

3.4 Distribuição de tensões nas massas de solos e rochas e critérios de ruptura adotados pela Geotecnia

3.4.1 Critérios básicos da teoria de Mohr/Coulomb

De acordo com os critérios utilizados pela Geotecnia, todo sistema de pressões agente sobre uma massa de solo ou rocha provoca, em seu interior, o surgimento de tensões que se distribuem espacialmente sob a forma de um elipsoide caracterizado por três eixos (tensões) principais: tensão principal maior σ_1, tensão principal menor σ_3 e tensão principal intermediária σ_2. Excepcionalmente, caso as pressões externas tenham distribuições mais igualitárias, o elipsoide pode transformar-se em outro, a dois eixos, ou mesmo em uma esfera, no caso de pressões absolutamente iguais (hidrostáticas). No caso de massas de solo ou rocha situadas na (ou próximas da) superfície, em regiões tectonicamente estáveis, como é a atual condição do Brasil, σ_1 é vertical e σ_2 e σ_3, horizontais.

Os critérios de ruptura utilizados baseiam-se na teoria de Mohr (1943 *apud* Taylor, 1966), bem como no chamado *círculo* ou *diagrama de Mohr*, que a sumariza. Taylor (1966) assegura que todas as relações importantes entre *stresses* podem ser derivadas desse diagrama, e por isso o autor se remete a ele para as explicações e as justificativas inerentes. Detalhes podem ser encontrados, também, em outros autores da Mecânica dos Solos, como Vargas (1981) e Fiori e Carmignani (2001), para ficar nos brasileiros, bem como em Timoshenko (1967). A questão da distribuição de tensões em três dimensões (elipsoide de deformação) é, também, abordada em Hasui e Mioto (1992) e em Hasui, Salamuni e Morales (2019) em nível de crosta terrestre.

De maneira sintética, o diagrama de Mohr consiste na construção de um gráfico planar, tendo em abcissas as tensões normais e em ordenadas as tensões cisalhantes. Plotando-se, sobre o eixo das abcissas, um círculo cuja distância menor ao eixo do sistema represente o valor da tensão normal menor σ_3 e cuja distância maior represente o valor da tensão normal maior σ_1, todos os pontos desse círculo representarão valores das coordenadas σ/θ (tensão normal/tensão cisalhante) de todos os planos perpendiculares ao papel possíveis. O centro desse círculo, obviamente, terá como abcissa $\sigma_1 - \sigma_3$, e seu raio será $(\sigma_1 - \sigma_3)/2$. Do exame desse gráfico, entre outras relações, podem-se retirar algumas, de interesse imediato:

* o máximo valor possível de θ (tensão cisalhante principal) corresponde a $(\sigma_1 - \sigma_3)/2$ (metade da diferença entre as tensões principais maior e menor);
* o valor máximo de θ (tensão cisalhante principal) situa-se a 45° das tensões normais principais σ_1 e σ_3 (por questão construtiva, o ângulo medido no interior do círculo corresponde a duas vezes o ângulo formado pelo plano considerado com o eixo das abcissas, e, assim, no gráfico, ele corresponde ao ponto mais alto do círculo);
* o ângulo máximo de obliquidade corresponde à reta que, partindo da origem, tangencia o círculo; é a esse ângulo (45° ± $\phi/2$) que corresponde o plano mais provável de ruptura.

Traçando-se, a partir de ensaios (por exemplo, de compressão triaxial) em amostras (ou *in situ*) de solos, regolitos e rochas, valores diferentes de tensões confinantes σ_3, obtêm-se valores também diferentes de σ_1 na ruptura. Esses pares de valores permitem traçar círculos de Mohr desses materiais em diferentes condições de solicitação que, lançados sobre um mesmo gráfico e tangenciados por uma reta, fornecem o chamado *envelope de Mohr* ou *envelope de ruptura*, que é a condição de estabilidade do material: abaixo dele as condições são de estabilidade, enquanto acima as condições tensionais são incompatíveis com as características geotécnicas dos materiais (Figs. 3.6 e 3.7).

3.4.2 Avaliação da teoria à luz das observações

Apesar da elegância e da grande utilidade prática dos modelos de Mohr/Coulomb, aos quais se costuma adicionar Rankine (que, segundo a literatura técnica, chegou à mesma expressão de Coulomb, em 1857, mas por caminho diferente e que é muito utilizado no cálculo de empuxos sobre estruturas de contenção), eles estão longe de corresponder à realidade observada. No caso de rupturas em grandes massas de solos, sua não consistência com a realidade é facilmente demonstrada pela própria forma da curva de ruptura (ver seção 6.2), que, de acordo com a teoria, deveria ser uma reta inclinada de $(45 + \phi/2)°$. Do mesmo modo, o cálculo do empuxo sobre estruturas de contenção deveria atender a maciços limitados por retas com inclinação de $(45 - \phi/2)°$ no caso passivo e $(45 + \phi/2)°$ no caso ativo, o que definitivamente não ocorre, a não ser que excepcionalmente alguma estrutura planar natural ocupe esse posicionamento espacial. Graux (1967) chama a teoria de *approximation de Coulomb* e representa os empuxos como curvas, e não retas inclinadas. Uma alternativa ao cálculo clássico de empuxos é apresentada por Lopes (1995) com base na forma por ele deduzida da cicatriz de escorregamentos naturais em solos homogêneos, transcrita na seção 6.2 deste livro.

No caso de rupturas de corpos de prova, em laboratório, as evidências coligidas por diversos autores (por exemplo, Duncan, 1969; Vargas, 1951; Trollope *apud* Stagg; Zienkiewicz, 1970; Liang et al., 2016) mostram que apenas em poucas situações a teoria apresenta dados condizentes com a realidade.

Segundo Duncan (1969), em testes de compressão uniaxial (sem confinamento), rochas duras apresentam ruptura paralela ao eixo de atuação de σ_1, contrariando a teoria; esse autor atribui tal comportamento à indução de tensões de tração na rocha pelo esforço de compressão axial. Liang *et al.* (2016) apresentam diversas fotografias de corpos de prova de um granito a grão grosso submetidos a ensaios de compressão simples, onde fica claro que a forma das rupturas varia enormemente, na dependência da taxa de deformação e da relação comprimento/diâmetro. Segundo esses autores (Liang *et al.*, 2016, p. 1679, tradução nossa), "fraturas de divisão (*splitting*) dominam no caso dos espécimes mais curtos, e fraturas de cisalhamento, nos mais longos", para o caso de taxas de deformação mais rápidas ($< 10^{-3}$ s^{-1}), e "fraturas em forma de cone predominam no caso de espécimes curtos, e fraturas de cisalhamento, no caso dos maiores", para taxas mais lentas ($\geq 10^{-3}$ s^{-1}). Lambe e Whitman (1979, p. 141, tradução nossa) assim se expressam sobre a equação de Coulomb: "não existe, talvez, na Mecânica dos Solos, equação mais conhecida e controvertida que essa, sendo seu valor aproximativo, inegável, oriundo da própria definição que se faz de c e ϕ a partir da envoltória de Mohr-Coulomb".

Lopes (2022b, p. 7), discutindo algumas discrepâncias observadas pelos autores mencionados e por ele próprio entre as previsões de comportamento dos materiais (solos e rochas) em rupturas em laboratório e na natureza com os modelos de Mohr/Coulomb/Rankine, concluiu que

> ainda que extremamente engenhosos, do ponto de vista físico/matemático, os modelos de Mohr/Coulomb/Rankine não conseguem ajustar-se, a não ser em poucos casos, à realidade de rochas e solos, seja no caso de rupturas em laboratório, seja no de grandes massas expostas [...] Assim sendo [...] não resta alternativa a não ser o aperfeiçoamento dos modelos em voga ou a geração de uma nova hipótese mais adequada e que considere não apenas a distribuição idealizada de tensões nos corpos rochosos, mas as evidências empíricas consistentes disponíveis.

3.5 Épura de Culmann

Fixando-se, na expressão de Culmann (Eq. 3.10), valores para c, ϕ e γ e fazendo-se i variar entre $90°$ e $\phi°$, verifica-se que Hcr cresce a partir de um determinado valor inicial dado por $(4c/\phi)[\cos\phi/1 - \cos(90 - \phi)]$ até tornar-se infinita, quando $i = \phi$. Traçando-se, então, um gráfico com distâncias nas abcissas e alturas máximas estáveis nas ordenadas, obtém-se uma curva semelhante à mostrada na Fig. 3.9, que se inicia por uma porção retilínea vertical, torna-se curva e se vai suavizando paulatinamente até tornar-se novamente reta, quando $i = \phi$. Essa curva, conhecida como épura de Culmann, é, na verdade, a *curva-limite de estabilidade superior* para taludes em materiais coesivos/atritivos. É uma curva convexa que se aproxima das formas usualmente desenvolvidas no terreno em regiões de climas úmidos.

A partir dessa expressão, pode-se também concluir que materiais cujo comportamento se aproxime do puramente coesivo (caso dos depósitos sedimentares argilosos com ou sem matéria orgânica, desenvolvidos sob condições de nível freático elevado e não adensados por carga superposta e/ou tempo decorrido) podem manter uma altura vertical máxima estável igual a $4c/\gamma$.

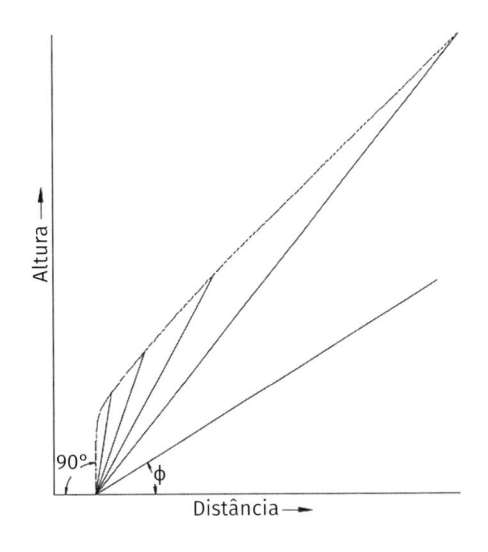

Fig. 3.9 *Épura de Culmann*

A Mecânica dos Solos costuma distinguir a resistência ao cisalhamento em dois tipos, correspondentes a duas situações diferentes:

* *de pico* ou *máxima*, que corresponde à desenvolvida durante a ruptura;
* *residual* ou *última*, que corresponde ao valor conservado pelo solo após a ruptura e que mantém a estabilidade do material escorregado e, consequentemente, da nova conformação da encosta, valor esse que tende a crescer com o tempo, dado o desenvolvimento de ligações valenciais (coesão) entre as partículas.

3.6 Papel da água na resistência ao cisalhamento dos materiais das encostas

A água, basicamente sob a forma líquida, mas também sob a forma de vapor ou, ainda, de gelo, possui decisivo papel no comportamento dos materiais sólidos constituintes das encostas. Para entender o comportamento da água líquida, há que, inicialmente, conceituar dois entes fundamentais estabelecidos por Karl Terzaghi no início do século XX e adotados pela Mecânica dos Solos:

* pressão neutra;
* pressão efetiva.

Pressão efetiva é a que é transmitida grão a grão e que permite o desenvolvimento do atrito, do qual depende parte (ou a totalidade, no caso das areias) da resistência ao cisalhamento dos solos. *Pressão neutra* ou intersticial é a pressão que é carreada pela água, presente no interior do solo e cujo efeito pode ser negativo ou positivo em termos de resistência ao cisalhamento do conjunto. O modelo original de Coulomb, para a resistência ao cisalhamento dos solos saturados, em termos de pressões totais, é dado por:

$$\theta = c + (\sigma - u)\,\text{tg}\,\varphi \tag{3.11}$$

em que:
θ = resistência ao cisalhamento;
c = coesão do material;
σ = pressão efetiva;
u = pressão neutra;
φ = ângulo de atrito interno do solo.

Da análise dessa expressão, fica claro que, se u estiver na condição de pressão zero (admitida como tal a atmosférica), ela não terá influência; se tiver valor positivo, será subtraída da pressão efetiva, reduzindo o valor de σ a tal ponto que, se $\sigma = u$, θ ficará reduzida a c. Por outro lado, se u tiver um valor negativo (tensão de sucção ou capilar), ela se somará à pressão efetiva.

A expressão de Coulomb pode, também, ser escrita em termos de pressões efetivas, na seguinte forma:

$$\theta = c' + \sigma' \, tg \, \phi' \qquad (3.12)$$

em que:
c' = coesão efetiva do solo;
σ' = pressão efetiva no solo;
ϕ' = ângulo de atrito efetivo do solo.

Embora esse modelo (cuja expressão gráfica é dada, também, pela Fig. 3.7) tenha sido estabelecido para a condição saturada, tem sido utilizado comumente para solos na condição subsaturada. Entretanto, expressões tipicamente desenvolvidas para solos subsaturados existem atualmente.

Bishop (1960 apud Das, 1985) propôs, para as tensões efetivas, no caso de solos não saturados, a seguinte expressão:

$$\sigma' = (\sigma - u_a) + \chi(u_a - u_w) \qquad (3.13)$$

em que:
σ' = tensão efetiva;
σ = tensão total;
χ = fração da seção unitária do solo ocupada pela água;
u_a = pressão do ar nos poros do solo;
u_w = pressão da água nos poros do solo.

A partir dessa expressão, Fredlund et al. (1978 apud Fredlund; Rahardjo, 1985) propuseram um novo modelo para a resistência ao cisalhamento dos solos subsaturados, dado por:

$$\theta = c' + (u_a - u_w) tg \, \phi_b + (\sigma_n - u_a) tg \, \phi' \qquad (3.14)$$

em que:
θ = resistência ao cisalhamento do solo;
c' = coesão efetiva do solo;

ϕ_b = ângulo de crescimento da resistência ao cisalhamento com o crescimento de $(u_a - u_w)$;
σ_n = tensão normal total;
ϕ' = ângulo efetivo de atrito interno;
u_a = pressão do ar nos poros do solo;
u_w = pressão da água nos poros do solo.

Nesse modelo, representado graficamente na Fig. 3.10, a resistência ao cisalhamento é constituída por três partes: uma *coesão efetiva*, isto é, resultante de fenômenos eletroquímicos; uma *parcela coesiva*, representada pela tensão de sucção, inversamente proporcional à pressão da água nos poros; e uma terceira diretamente proporcional à pressão efetiva e ao ângulo de atrito interno efetivo do material. É fácil verificar que, quando a pressão na água se torna igual à pressão atmosférica, o segundo termo desaparece e obtém-se a expressão de Coulomb, que se torna o caso particular da resistência dos solos saturados.

Posteriormente, Fredlund et al. (1987 apud Jesus, 2008) concluíram pela não linearidade do parâmetro ϕ_b, que decresceria com a sucção.

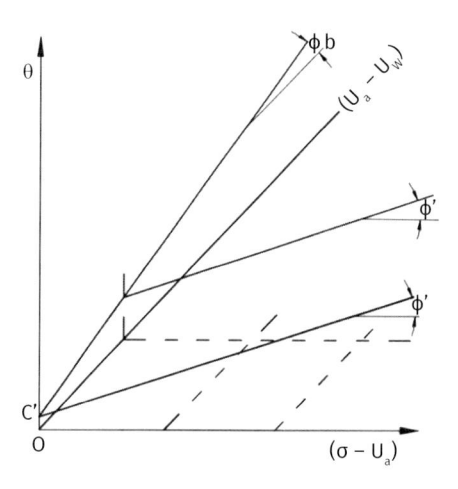

FIG. 3.10 *Representação gráfica do modelo de resistência ao cisalhamento de solos subsaturados*
Fonte: adaptado de Fredlund e Rahardjo (1985).

O modelo desenvolvido por Wolle e Carvalho (1989), similarmente ao de Fredlund et al. (1978 apud Fredlund; Rahardjo, 1985), compõe-se das mesmas três parcelas resistentes, mas a expressão é do tipo exponencial:

$$\theta = c + (\sigma - u_a)tg\,\phi + k(u_a - u_w)x \qquad (3.15)$$

em que k e x são constantes locais.

Abramento e Pinto (1993), ensaiando solos coluviais da Serra do Mar Paulista, concluíram que a resistência ao cisalhamento é uma função da sucção matricial que nem sempre é linear como proposto por Fredlund et al. (1978 apud Fredlund; Rahardjo, 1985), e sugerem modificar a equação para:

3 Sistema de forças e resistências que rege o comportamento das encostas

$$\theta = c' + (\sigma_n - u_a)tg\ \phi' + f(u_a - u_w) \quad (3.16)$$

Villar (2006 *apud* Jesus, 2008) propôs uma relação hiperbólica entre a coesão aparente e a sucção definida pela equação:

$$c = c' + [\psi/(a + b\ \psi)] \quad (3.17)$$

e, consequentemente,

$$\theta = c' + [\psi/(a + b\ \psi)] + (\sigma - u_a)tg\ \phi' \quad (3.18)$$

em que:
c = intercepto de coesão do material;
c' = coesão efetiva para a condição de saturação;
a e b = coeficientes de ajustamento;
ψ = sucção do solo.

Evolução das encostas de acordo com a literatura geomorfológica

4.1 Generalidades

Teoricamente, a curto termo, uma encosta pode ser caracterizada como *estável* (isto é, sofrendo apenas efeitos de processos lentos de reesculturação) ou *instável* (isto é, sujeita a uma reesculturação violenta e rápida) e seu equilíbrio pode ser estimado "aos limites" utilizando-se um cômputo de forças ativas e resistentes distribuídas ao longo de superfícies potenciais de ruptura, nos moldes do que é feito pela Mecânica dos Solos e das Rochas (ver seção 9.2), mas, em longo prazo, não existem encostas "estáveis", uma vez que elas evoluem continuamente e os equilíbrios são sempre dinâmicos, como postula a Geomorfologia. Desde os primórdios, esta última ciência desenvolveu a noção de *evolução* antes da de *equilíbrio*, ao contrário das ciências de Engenharia, e dois conceitos se impuseram, no que respeita aos tipos de encostas:

* encostas cuja evolução é *limitada pelo intemperismo*, isto é, aquelas em que a capacidade de remoção do material "gerado" pelo intemperismo é maior do que a de geração deste último, resultando, na condição-limite, em encostas sem regolito;
* encostas cuja evolução é *limitada pelo transporte*, isto é, aquelas em que a capacidade dos agentes transportadores na retirada do material "gerado" pelo intemperismo é menor do que a de geração deste último, resultando em encostas com grandes espessuras de regolito.

4 Evolução das encostas de acordo com a literatura geomorfológica

Para explicar o fato de que não há uma transformação total das rochas em material incoerente – que seria a situação-limite nesta última condição –, é admitido que, à medida que o solo se espessa, o intemperismo perde progressivamente sua capacidade de transformação, tornando-se a espessura, como consequência, praticamente constante.

Na realidade, ainda que verdadeira, essa não é a única maneira por que se processa a limitação das espessuras de regolito, mas esse tipo de linha de pensamento tem se mantido por três motivos básicos.

a] A preferência pelos mecanismos de ação lenta – como a erosão e o *creep* – como dominantes na evolução das encostas, em oposição aos mecanismos ditos catastróficos, como os movimentos coletivos rápidos de solo, tipo escorregamento, em acordância com a "moda" no pensamento geológico, que durante muito tempo deu vitória ao *uniformitarismo* em oposição ao *catastrofismo* (ver seção 4.6).

A questão da evolução das encostas permeia toda a história da ciência geológica, desde a clássica guerra que opôs, de um lado, os uniformitaristas – corrente de pensamento encabeçada por James Hutton (1726-1797) que atribuía a evolução geológica a mudanças lentas por ação de processos similares aos atuais – e, de outro, os catastrofistas, que, seguindo o modo de pensar de Georges Cuvier (1769-1832), atribuíam essas mesmas mudanças a eventos catastróficos periódicos.

Apesar de, como em (quase) todos os casos na ciência, parte da verdade se encontrar em ambos os lados, o *uniformitarismo radical*, baseado numa exagerada interpretação do princípio de Hutton – "o presente é a chave do passado" –, venceu, atribuindo essas mudanças, sempre, a eventos lentos e contínuos (Gould, 1991). Essa vitória foi tão arrasadora que apenas em meados do século XX os geomorfologistas passaram a dar importância aos movimentos coletivos do solo na evolução do relevo, e apenas no final desse século encontram-se, na literatura, referências a um *neocatastrofismo*.

Em acordância com esse estado da arte e com base em observações inicialmente efetuadas em climas temperados e frios e, depois, em climas semiáridos, as teorias de evolução da paisagem elegeram a erosão como o principal mecanismo de remoção dos materiais soltos e, consequentemente, da escultura dos terrenos, e a expressão "limitada pelo transporte" passou a ser encarada como mais ou menos sinônima de "limitada pela erosão".

Como consequência, no pensamento geomorfológico dominante, escorregamentos (*landslides*) e outros tipos de movimentos de massa (isto é, o transporte de partículas agrupadas, com ou sem água e/ou gelo) continuam, ainda hoje, na maioria dos casos, a serem vistos como um fenômeno acessório na evolução das geoformas. Exemplo desse tipo de pensamento é o exposto por Gerrard (1994, p. 222, tradução nossa): "*landslides* são apenas um elemento na denudação da paisagem, apesar de, em áreas de montanhas ativas, como os Himalaias, eles serem, muitas vezes, um processo dominante".

Um dos mais importantes trabalhos sobre esculturação do relevo, talvez o mais completo do final do século XIX e até hoje válido em muitas de suas concepções, devido a G. K. Gilbert, cita como "transporte pela gravidade" apenas o caso de quedas de blocos em despenhadeiros (*cliffs*) sapados pela erosão de pé (Gilbert, 1877).

> **b]** O fato de que apenas nos últimos tempos (meados do século XX) as regiões tropicais e subtropicais têm sido estudadas sob o ponto de vista geomorfológico, mas ainda assim de maneira incipiente e, muitas vezes, por técnicos oriundos ou formados nas escolas de países com climas temperados e frios ou por elas fortemente influenciados e que utilizam raciocínios desenvolvidos a partir de observações efetuadas para aquelas condições climáticas.

Exemplo desse tipo de estudo é o de De Martonne (1943 *apud* Lehmann, 1960), onde até uma "glaciação diluvial" foi arbitrada na região sudoeste do Brasil para explicar feições devidas a processos típicos de escorregamentos de encostas, o que é de fácil entendimento, dado que "anfiteatros de escorregamentos" desenvolvidos em regiões tropicais se assemelham muito aos "circos glaciais" com os quais o autor estava acostumado, até porque têm origem similar: no primeiro caso, escorregamentos de coberturas de solo/regolíticas e, no segundo, de coberturas glaciais (ver seções 8.4 e 8.5).

> **c]** O fato de que, de forma geral, a Geomorfologia tem se preocupado com o arcabouço geológico-pedológico dos terrenos de modo global e com a ação do clima sobre eles, e apenas nos últimos tempos e por alguns poucos autores tem seguido uma linha de trabalho que leva em consideração as propriedades mecânicas dos materiais que constituem as encostas.

Entre esses autores, podem ser citados Strahler (1950 apud Sack, 1992), Cruz (1974) e Carson e Kirkby (1975), mas a eles fazem eco outros, nomeadamente da área de Geologia de Engenharia, como Deere e Patton (1970).

As observações, entretanto, têm mostrado que nas regiões de climas tropicais e subtropicais úmidos, mesmo em condições topograficamente acidentadas, como as da Serra do Mar ou da Mantiqueira, podem ser geradas e mantidas grandes espessuras de regolito, mercê da presença de coberturas vegetais densas e de grande porte que, de um lado, auxiliam no processo de intemperismo profundo das rochas e, de outro, protegem o material intemperizado da erosão superficial, permitindo sua acumulação, isto é, fazendo com que elas se comportem como vertentes "limitadas pelo transporte".

Tem sido observado, contudo, que a capacidade de acumulação de regolito, nesses casos, não é infinita, mesmo contando com a cobertura florestal e com a ação de suas raízes, que "estruturam" o solo, dando-lhe maior unidade e aumentando-lhe a resistência ao cisalhamento, especialmente em termos de resistência à tração, do mesmo modo como age a armadura metálica no concreto (ver seção 2.5). A um determinado nível, o "pacote" se torna instável e busca o reequilíbrio através de movimentos coletivos rápidos, conforme pode ser constatado no histórico permanente desse tipo de eventos em toda a zona tropical e subtropical (ver seções 7.2, 7.6, 8.1 e 8.5). Esses eventos paroxísticos, que são responsáveis pela interrupção do espessamento do regolito, ao mesmo tempo provocam uma modificação, parcial ou total, na forma das vertentes, que de convexas passam a côncavas, contrariando as clássicas concepções da Geomorfologia segundo as quais vertentes convexas são características de climas úmidos, e vertentes côncavas, de climas áridos.

4.2 Teorias clássicas

As teorias geomorfológicas clássicas a respeito da evolução das vertentes devem-se a William Morris Davis, Walther Penck e Lester C. King e são denominadas, respectivamente, suavização dos taludes (*slope decline*), substituição dos taludes (*slope replacement*) e recuo paralelo (*parallel retreat*).

4.2.1 Sistema de William Morris Davis

Toda a teoria de Davis, desenvolvida em escritos que cobrem o período de 1892 a 1938, apoia-se sobre o ciclo de erosão, estando a evolução das encostas inserida nesse contexto: o material elaborado pelo intemperismo é transportado no sentido do sopé das encostas e daí, via sistemas fluviais, para o mar, resultando numa mudança de forma à medida que o ciclo avança.

O sistema proposto parte da ascensão, via tectonismo, de uma massa de terra acima do nível do mar suficientemente rápida para que a ação dos processos denudacionais praticamente não tenha efeito durante o processo de soerguimento. A ação destes últimos se iniciaria, entretanto, logo após a estabilização do terreno, por uma incisão fluvial e pelo desenvolvimento concomitante de um vale estreito. Essa incisão se aprofundaria até que fosse atingido o equilíbrio em termos do nível de base – no caso, o nível do mar –, que é considerado constante durante o processo. Uma vez atingido esse equilíbrio, progressivamente, da foz para montante, o aprofundamento do vale cessaria e a esculturação das encostas se iniciaria e progrediria independentemente do rio e ao longo de toda a sua extensão.

A obtenção do equilíbrio pelo rio seria feita pelo atingimento de um perfil denominado *graded* (regulado), que corresponderia a uma curva côncava, com gradiente progressivamente reduzido de montante para jusante. A palavra *graded*, apropriada por Davis dos engenheiros rodoviários, tem o sentido de que um rio criaria para si um caminho com a menor resistência ao transporte de materiais, via erosão e sedimentação, do mesmo modo que os engenheiros, por corte e aterro, criam o leito de uma rodovia. O rio seria nada mais do que um caminho para transporte do material gerado pelo intemperismo, que vai sendo otimizado com o tempo. Um rio *graded* seria aquele cuja capacidade de transportar é exatamente igual ao transporte de material que tem de ser feito.

Por analogia com o sistema fluvial, Davis concluiu que o trabalho da erosão pela água, nas encostas, deve decrescer no sentido da base, o que resultaria num perfil também côncavo. Como, entretanto, a porção mais alta, próxima aos divisores, tem, as mais das vezes, forma convexa, Davis a atribuiu à ação do rastejo, e, ao observar que essa porção é proeminente em climas úmidos, deduziu que, nesse tipo de clima, a ação desse mecanismo tem maior efetividade do que a da erosão pela água.

Ainda por analogia com o perfil dos rios – partindo do pressuposto de que rios e encostas são misturas de água e solo em movimento, mesmo que em diferentes proporções –, Davis estabeleceu a noção de perfil de encosta *graded*, onde haveria "uma camada de material intemperizado com capacidade para executar trabalho igual ao trabalho que teria de ser feito" (Davis, 1899 *apud* Young, 1978, p. 26, tradução nossa).

No estágio jovem, penhascos rochosos e encostas que ainda não teriam atingido o estágio *graded* e que se sobrepusessem a encostas *graded* teriam seu regolito retirado mais rapidamente do que o intemperismo local o gerasse e/ou do que seria fornecido por pontos topograficamente ainda mais elevados, permanecendo nus. A condição *graded* se iniciaria pela base e ascenderia para o topo, do mesmo modo que nos rios se inicia pela foz. Ao passar da maturidade avançada para a senilidade, as saliências desapareceriam, coalescendo tudo em um manto de regolito em lento rastejo. De todos os pontos dessa superfície, uma encosta *graded* levaria o material alterado para as drenagens, e, em todos os pontos, os agentes de transporte possuiriam a exata capacidade para transportar o material ali intemperizado e o que proviesse de mais acima.

A partir dessa concepção, Davis, ainda por analogia com o comportamento por ele previsto para os rios, concluiu pela suavização progressiva das encostas: "do mesmo modo como os rios *graded* lentamente rebaixam seu perfil após o término do período de máximo transporte, as camadas de regolito *graded* tornam-se mais e mais suaves" (Davis, 1899 apud Young, 1978, p. 26, tradução nossa). "O recuo das paredes dos vales é, usualmente, acompanhado por uma redução em sua inclinação, bem como pelo desenvolvimento de um perfil convexo na porção superior e côncavo na inferior" (Davis, 1932 apud Young, 1978, p. 26, tradução nossa).

Com o avanço do ciclo, a concavidade e a convexidade seriam ampliadas e os raios de curvatura de ambas, aumentados. A cobertura pedológica e a presença da vegetação reduziriam a retirada de solo da base, enquanto a erosão aquosa, na porção alta, propiciaria sua acumulação na porção baixa, e essa acumulação reduziria gradativamente a velocidade do intemperismo no sopé. Dessa conjugação de processos resultaria uma redução da inclinação dos taludes, até porque os materiais grosseiros presentes nas porções superiores, que exigiriam ângulos fortes para serem movimentados, iriam sendo reduzidos no sentido do sopé da encosta, fato que permitiria sua movimentação, mesmo nessa condição de inclinação mais suave. A culminação do processo resultaria no aplainamento progressivo da região, gerando-se o que Davis denominou *peneplano*.

4.2.2 Concepção de Walther Penck

A concepção de Walther Penck foi estabelecida mais ou menos ao mesmo tempo da de Davis (seu escrito principal é de 1924 e sua abordagem se contrapôs fortemente à de Davis, a ponto de ter sido gerada uma polêmica que se estendeu até 1932) e tinha em sua base a ideia da concomitância entre erosão e soerguimento, sendo, portanto, oposta à deste último nesse quesito. Segundo ela, ao ocorrer o entalhamento do terreno por um curso d'água, a cada período infinitesimal de tempo geológico, seria criado um talude com um determinado gradiente, que dependeria da taxa de incisão do rio e da taxa de denudação da encosta e que seria constante se o material fosse homogêneo. Como resultado, em períodos em que a incisão fosse mais rápida, os taludes seriam mais íngremes, e, consequentemente, se o entalhe do rio fosse crescente, o talude resultante seria convexo; se fosse constante, seria retilíneo e com ângulo proporcional à taxa de erosão, e, se fosse decrescente, seria côncavo. Após a formação, o talude recuaria paralelamente a si mesmo, ao mesmo tempo que teria rebaixada sua porção basal da maneira assim descrita por Penck:

> Na unidade de tempo, uma camada superficial de rocha de uma espessura constante é alterada e removida por tombamento. Para que isso aconteça, é necessário um determinado gradiente que existe para todas as porções da face rochosa, menos para a última, na base. Como consequência, há um recuo paralelo de toda a face da encosta, à exceção de sua porção inferior. Esse processo é repetido num segundo período de tempo, mas então há, na base, a porção não tombada anteriormente e que permaneceu *in situ*. Como consequência do processo, a nova porção, que não possui condições de ser mobilizada por tombamento, apresenta-se recuada em relação ao talude original. Esse processo continua, e a cada estágio uma nova porção basal da encosta permanece sem recuar por não poder tombar. Nessas condições, após algum tempo, considerando-se espessuras muito delgadas de rocha afetada, é desenvolvido um novo talude de gradiente uniforme, mais suave, denominado *talude basal*. [Desse processo, resulta que] uma face íngreme de rocha, por si mesma, recua em direção ao divisor, mantendo seu gradiente original, e um talude basal de menor inclinação se desenvolve às suas expensas (Penck, 1924 *apud* Young, 1978, p. 33, tradução nossa).

Penck estendeu esse modelo a encostas recobertas por fragmentos de rocha. Nesse caso, a redução se processaria ao longo do talude basal, até que, num determinado momento, todo o material apresentasse condições de ser mobilizado; esse grau de mobilidade deveria ser mais alto, porque o talude seria mais suave.

> Todas as partículas de rocha se movem para o sopé da escarpa, com exceção da última, que não possui gradiente para isso, pois está na altura do nível de base de denudação. A partir desse ponto, o talude recua mantendo a mesma inclinação. Esse processo é repetido até que, abaixo do talude basal, é cavado um novo, mais suave, que é, por sua vez, substituído por outro, ainda mais suave, e assim sucessivamente (Penck, 1924 *apud* Young, 1978, p. 33, tradução nossa).

A partir desse modelo, concluiu Penck (1924 *apud* Young, 1978, p. 33, tradução nossa) que o processo obedece à seguinte lei: "a suavização dos taludes se processa de baixo para cima".

Segundo Penck, durante o soerguimento do terreno, o gradiente em todos os pontos ao longo do rio é ajustado de tal modo que o entalhamento é igual e mantém uma taxa idêntica à de soerguimento. Carson e Kirkby (1975), para explicar essa assertiva, imaginaram um rio que entalhasse materiais homogêneos e cuja foz se mantivesse fixa durante o soerguimento e subdividiram-no em pequenos segmentos de comprimento constante, chamados sucessivamente $s_1, s_2 ... s_n$. Caso o entalhamento fosse mais rápido que o soerguimento no segmento s_1, e considerando que a foz do rio estaria horizontalmente fixa, esse comportamento resultaria numa redução do gradiente ao longo desse segmento. Essa redução de gradiente resultaria numa redução na taxa de entalhamento até ela ser compatível com a taxa de soerguimento. Caso a taxa de entalhamento fosse inicialmente menor que a de soerguimento, haveria um acréscimo no gradiente e uma aceleração na taxa de entalhamento até que ela se tornasse compatível com a de soerguimento. Uma vez tendo acontecido o equilíbrio no segmento s_1, seu ponto extremo superior estaria fixado. Mas o ponto extremo superior do segmento s_1 corresponde ao nível de base do segmento s_2, e, como ele teria sido soerguido ou rebaixado pelo ajustamento do segmento s_1, segue-se que ele forçaria um processo semelhante de ajustamento no segmento s_2. A partir daí o ajustamento se estenderia aos demais segmentos até todo o rio estar equilibrado.

4.2.3 Teoria de Lester C. King

A teoria de King sobre a evolução das encostas faz parte de um conjunto maior que inclui o ciclo dos rios, das encostas e dos terrenos (1951, 1953, 1957 e 1962). No que respeita aos rios, o ciclo de King é semelhante ao de Davis (Young, 1978), mas o ciclo das encostas é completamente diferente dos dois anteriores. King trabalhou no sul da África, em região de clima subtropical subúmido, por ele considerado como mais "normal" para o estudo da evolução de encostas do que o úmido temperado, no qual os estudos anteriores, inclusive o de Davis, tinham sido desenvolvidos, em razão de que estes últimos apresentariam muitas feições herdadas de climas periglaciais anteriores.

O esquema de King baseia-se na admissão da ocorrência de períodos intermitentes de soerguimento rápido, aos quais se seguiriam largos períodos de estabilidade, durante os quais predominaria a denudação. Logo após a elevação, as massas continentais seriam limitadas por encostas íngremes ao longo das margens oceânicas, e estas seriam atravessadas por cânions. A denudação ocorreria por recuo paralelo das costas e paredes dos cânions, fazendo surgir pedimentos basais que, por coalescência, resultariam em vastos *pediplanos*. O mecanismo de recuo é explicado a seguir.

Segundo King (1962 *apud* Young, 1978), uma *encosta-padrão* apresenta-se constituída por quatro porções:

- a crista (talude de lavagem), que constitui a porção mais elevada da encosta, possui usualmente forma convexa, devido principalmente à ação do intemperismo e do rastejo;
- a escarpa (face livre), que apresenta o afloramento da rocha-mãe na porção mais íngreme da encosta, seria a porção mais ativa em termos de recuo, que ocorreria por erosão em sulcos e escorregamentos;
- o talude de detritos (talude constante) é formado pelo material caído de cima; seu ângulo de inclinação seria o de repouso do material mais grosseiro, que iria sendo reduzido em diâmetro pelo intemperismo e carreado pela água sob a forma de canalículos ou fluxo torrencial;
- o pedimento (talude decrescente) é a grande concavidade que se estende desde a base das outras porções até a planície aluvial ou até o rio; ele seria uma feição de corte em rocha gerado dominantemente por lavagem superficial (embora às vezes possa se encontrar preenchido por detritos), sendo seu perfil próximo do de uma curva hidráulica.

De acordo com King, esse padrão é o produto "natural" da evolução das encostas, seja por fluxo de água, seja por movimentos de massa, seja por ambos. O desenvolvimento completo de todos esses elementos dependeria das condições locais, entre as quais predomina a presença de "uma rocha coerente" e de um "relevo adequado". Se algumas dessas condições estiverem ausentes, a escarpa poderá não se formar: o talude de detritos (*debris slope*) necessariamente estaria ausente e uma curva convexo-côncava decadente surgiria.

Durante a evolução, a escarpa recuaria paralela a ela mesma e controlaria a evolução de toda a encosta. O *debris slope* não cresceria o suficiente para encobri-la em razão da existência de um balanço entre fornecimento e retirada de material. Um balanço similar protegeria a forma e o tamanho da crista. O pedimento se estenderia pelo recuo dos demais elementos, ao mesmo tempo que seu ângulo iria sendo lenta, mas continuamente reduzido. Quando não houvesse escarpa, a evolução poderia seguir um caminho diferente, com declínio do ângulo máximo. Após um certo valor de denudação, seria ultrapassado um certo limiar (*threshold*) que faria com que a isostasia colocasse em ação movimentos compensatórios de soerguimento (ver Cap. 1), reiniciando-se o ciclo e gerando-se novas superfícies de aplainamento em cotas inferiores às do ciclo anterior.

Na África, King estabeleceu quatro superfícies de aplainamento: Gondwana, Pós-Gondwana, Africana, e das Quedas do Congo e Vitória. No Brasil, onde esteve em 1955, King (1956, p. 149) concluiu que o "segredo da compreensão da geomorfologia brasileira" reside na "concepção de um desenvolvimento ordenado por ciclos de erosão subsequentes" e reduziu toda a geomorfologia brasileira a cinco grandes aplainamentos processados em clima semiárido: as superfícies Gondwana (Cretáceo Inferior), Pós-Gondwana (Cretáceo Superior), Sul-Americana (Terciário Inferior), Velhas (Terciário Superior) e Paraguaçu (Pleistoceno). Segundo King (1956, p. 155 e 157),

> A paisagem brasileira, na extensa região estudada, mostra [...] que evoluiu, e evolui, pela regressão de escarpas e pedimentação, uma conclusão em concordância satisfatória com observações realizadas em outras regiões do globo terrestre [...] [e que] sob todos os aspectos [...] segue muito de perto os princípios estabelecidos como "Cânones da evolução das paisagens" [King, 1953].

King fez uma afirmação extremamente importante e que se opôs aos ditames da chamada Geomorfologia Climática, então em plena instalação: "Nossa tese é de que os controles físicos básicos da escultura dos terrenos são os mesmos em todos os climas, desde o glacial até o extremamente desértico" (King, 1957 *apud* Young, 1978, p. 37, tradução nossa).

4.3 Escola climática

A Geomorfologia Climática representou, até certo ponto, uma reação aos esquemas clássicos de evolução de vertentes, buscando ressaltar a importância do clima na ação dos processos morfogenéticos. Por outro lado, embora reconhecesse que os grandes domínios morfogenéticos coincidiam, em grandes traços, com elementos climáticos, Tricart e Cailleux (1965a, p. 150, tradução nossa), representantes importantes dessa escola, esclareceram que "a Geomorfologia Climática não é um simples decalque do clima".

Dois grandes tipos de sistemas morfogenéticos foram reconhecidos pela escola climática:
- os sistemas com predominância de fenômenos físicos;
- os sistemas com predominância de ações biológicas.

As zonas morfoclimáticas com predominância de fenômenos físicos seriam as que correspondem a "regiões frias ou áridas, ao nível do mar ou em altitudes, com cobertura vegetal escassa" (Tricart; Cailleux, 1965a, p. 150, tradução nossa). Nessas regiões, segundo esses autores, há uma ação direta do clima sobre o modelado do relevo. As baixas temperaturas e/ou a falta de água dificultam o intemperismo químico e o desenvolvimento da vida e, como consequência, as ações bioquímicas. Os solos resultantes são pouco profundos, lentamente elaborados e possuem pequena ação como anteparo da rocha-mãe. Os limites dessas zonas seriam comandados por um complexo ecológico: em grandes linhas, o clima, e, no detalhe, a natureza dos solos e os relictos paleogeográficos. Os processos modeladores do relevo seriam dependentes de um conjunto de fatores, entre os quais um costumaria ser predominante: em zonas periglaciais, a gelifração; em zonas polares, as geleiras; e, em zonas desérticas, as variações de temperatura e as enxurradas.

As zonas morfoclimáticas com predominância de ações biológicas e pedológicas seriam caracterizadas pela "presença de solos com influência orgânica, cuja geração resulta de uma profunda modificação da rocha-mãe" (Tricart; Cailleux, 1965a, p. 152, tradução nossa). Nessas regiões, segundo esses autores, há um evidente predomínio dos processos intempéricos de natureza química e bioquímica sobre os físicos. O rebaixamento das encostas é feito, em grande parte, pela dissolução de materiais, mais do que pela erosão. Os processos mecânicos, como a erosão das encostas pela água e o rastejo, são pouco eficientes e o ravinamento dos terrenos e o tombamento das árvores, juntamente com os escorregamentos de encostas, são muitas vezes os mais ativos dos processos de esculturação delas.

As regiões tipicamente representativas desse domínio seriam as zonas quentes, que se distribuem na faixa intertropical, embora nem toda essa faixa possa ser considerada como pertencente a essa zona morfoclimática. Por outro lado, processos típicos dessa zona poderiam ocorrer fora dela. O elemento definidor é, obviamente, a temperatura permanentemente elevada, embora haja importantes repercussões da umidade como fator morfogenético. A temperatura faz com que a atividade bioquímica tenha atuação extremamente forte, resultando na formação de abundante matéria orgânica pelas plantas, a partir dos minerais e da água dos solos, matéria essa que é fornecida ao solo sob a forma de restos vegetais e rapidamente mineralizada pela microfauna e pela microflora do solo, completando-se a reciclagem de água e matéria orgânica entre o solo e a atmosfera. A rápida decomposição da matéria orgânica, entretanto, não permitiria acúmulo de húmus e geraria, por outro lado, produtos ativos na alteração do subsolo.

Como resultado, segundo Tricart e Cailleux (1965b), praticamente não são encontrados afloramentos de rocha sob as florestas, e raramente nas savanas. Em contraste, ocorrem, como feições singulares, morrotes rochosos quase sem vegetação ("pães de açúcar", *inselbergs*), recobertos localmente por formas como *lapiez*, caneluras e "panelas" (*vasques*) ou cicatrizes de escamações. Ainda de acordo com Tricart e Cailleux (1965b), o primeiro desses grupos de formas se opõe ao segundo, em razão de no primeiro caso a esculturação ser lenta e progressiva e, no segundo, catastrófica, embora ambas tenham, em última análise, a mesma origem: fenômenos de corrosão dos feldspatos e geração de montmorillonita, no primeiro caso, pela presença de liquens sobre a superfície da rocha e, no segundo, pela migração de água ao longo das diaclases curvas.

A temperatura no interior dos solos seria mais elevada que a média ambiente anual, em razão da absorção das radiações solares e da decomposição da matéria orgânica. Sob floresta, haveria um elevado teor de CO_2 dissolvido, além de ácidos húmicos, que produziriam baixos valores de pH. Estes, aliados à presença constante de água, provocariam uma lixiviação dos elementos alcalinos e alcalinoterrosos (Na, K, Mg e Ca), elevando por pouco tempo o pH e gerando montmorillonita, que seria rapidamente transformada em caulinita. Essa ação da água seria facilitada quando ela permanecesse em contato constante com a rocha pela "ação de compressa" dos alteritos argilosos. A penetração se faria, de modo lento, na própria massa da rocha e, de forma rápida, através das fendas e diaclases.

Durante a fase inicial em que o pH se manteria elevado, o Fe retirado dos minerais ferromagnesianos entraria em suspensão coloidal e seria depositado ao redor desses mesmos minerais. Logo após, entretanto, com a redução do pH e em condições redutoras (nível freático elevado), ele seria evacuado, concentrando-se a seguir no sopé das escarpas sob a forma de concreções lateríticas. A sílica permaneceria *in situ*, recombinando-se com a alumina e gerando diretamente caulinita em condições de forte acidez. Em condições de acidez não muito elevada, poderia haver exportação de sílica e precipitação de alumina sob a forma de gibbsita.

Em região de savanas, com menos matéria orgânica e secagem sazonal, haveria migração de Fe na época das chuvas e oxidação e precipitação na seca, seguindo-se evaporação capilar e precipitação, que, quando levada a um clímax, resultaria na geração de couraças (crostas).

Nas regiões de florestas tropicais, a ação mecânica principal seria constituída pelos escorregamentos e rebaixamentos de vertentes, provocados por retirada de materiais em solução, quedas de árvores e solapamento das margens dos rios. A caulinização resultaria na acumulação de grandes espessuras de alteritos argilosos que favoreceriam a continuidade do processo de alteração, modificando completamente o comportamento geomórfico de rochas como granitos e gnaisses. No detalhe, a espessura daqueles seria uma função da umidade, da natureza da rocha e do vigor da dissecação. Em condições de alto teor de umidade, a hidrólise seria muito forte: a água penetraria na rocha através das microfissuras e dos contatos intercristalinos, bem como dos macroporos e das macrofissuras. Toda a rocha seria atacada, mas a uma velocidade que variaria com sua natureza e com o nível de "defeitos" apresentados por ela. Em condições mais secas, a velocidade de alteração seria diminuída e o ataque se faria mais ao longo de fendas e diaclases. Do mesmo modo, a topografia teria importância: em condições de forte energia de relevo, a água migraria rapidamente ao longo de fendas e diaclases isolando matacões, mas alterando pouco a massa da rocha. "Em regiões de vertentes muito íngremes, superiores a 30°-45°, sob floresta, os alteritos se tornam instáveis e podem ser brutalmente afetados por escorregamentos" (Tricart; Cailleux, 1965b, p. 52, tradução nossa).

Segundo Tricart e Cailleux (1965b), nas regiões subtropicais florestadas como as do Brasil Atlântico, os processos e as formas não diferem dos das zonas tropicais, a não ser em pequenas nuances. Assim, na região de Porto Alegre, a 30° S, o perfil de alteração, ainda que mais delgado, é semelhante ao do Rio de Janeiro, que se situa na zona intertropical, e o perfil de dissecação deste último local é em tudo similar ao de Santos, situado a sul do Capricórnio.

Bigarella, Mousinho e Silva (1965, p. 107), também adeptos dessa escola, ressaltaram a importância das mudanças climáticas na morfogênese dos terrenos: "[...] em oposição às ideias de muitos pesquisadores, consideramos o clima como fator primordial na evolução das vertentes". Esses autores ponderaram que, "apesar de os processos morfogenéticos obedecerem a leis físicas específicas", tal como considerava King, eles "têm sua intensidade e eficiência subordinada às condições climáticas", e, dessa forma, "a morfologia das vertentes tenderá a espelhar intensamente as variações climáticas" (Bigarella; Mousinho; Silva, 1965, p. 107). Suas ideias são sintetizadas na seguinte frase: "o mecanismo da evolução das vertentes consiste essencialmente em uma sutil interação entre profundas mudanças climáticas, variações dos níveis de base locais e deslocamentos crustais" (Bigarella; Mousinho; Silva, 1965, p. 86).

Partindo da concepção de que, em períodos úmidos, há formação de um espesso manto de regolito e desenvolvimento de coberturas florestais densas, e, em períodos secos, uma tendência para denudação das encostas, concluem que o período de transição climática é de extrema importância para a morfogênese. A partir da regressão da floresta na transição para os períodos secos, haveria uma retirada do regolito por processos de escoamento superficial e movimentos de massa e uma acumulação desses detritos em regiões baixas, e, na transição de seco para úmido, uma tendência ao reentalhamento dos depósitos de *bajada*.

Com base nessas premissas, Bigarella, Mousinho e Silva (1965) propuseram um esquema de evolução de encostas que se aplicaria às vertentes cristalinas do Brasil Sudeste e Meridional e que se constitui de múltiplas fases. O processo se iniciaria por um aplainamento intermontano, processado em clima semiárido, seguindo-se um reafeiçoamento dessa superfície por abaixamento do nível de base de erosão, provocado por variações climáticas em direção ao úmido, numa primeira fase. Após essa fase, ocorreria uma dissecação generalizada do aplainamento em condições úmidas e um alargamento, aluvionamento e coluviação dos vales, acelerados por flutuações climáticas na direção do seco, dentro da época úmida, e, posteriormente, degradação lateral e formação de uma superfície pedimentar dentro da época semiárida. Finalmente, numa terceira fase, haveria um reafeiçoamento do pedimento por ligeiro rebaixamento do nível de base local, em consequência de pequenas flutuações para o úmido, dentro da época semiárida, seguindo-se uma dissecação generalizada da topografia por nova época úmida e um alargamento e entulhamento dos vales, devidos a flutuações para condições secas.

Segundo Bigarella, Mousinho e Silva (1965), nos períodos úmidos, os movimentos de massa tornam-se efetivos nos locais de alta pluviosidade e declividade íngreme.

4.4 Algumas observações da literatura técnica sobre as teorias geomorfológicas de evolução das vertentes

O sistema de Davis sofreu, desde o início, fortes críticas, voltadas principalmente para dois condicionamentos assumidos:
* a não contemporaneidade entre elevação da massa de terra e ação erosiva;
* a necessidade de estabilização do soerguimento para que se desenvolvam os processos erosivos.

Isso porque é fato notório que muitas regiões permanecem em processo de soerguimento por largo tempo, concomitantemente com a atuação de processos erosivos. Na realidade, durante esse tempo, todas as combinações em termos de predominância das taxas relativas de soerguimento e erosão são teoricamente possíveis. Entretanto, alguns princípios fundamentais de seu sistema, como as noções de "ciclo de erosão" e de equilíbrio *graded*, continuam válidos, embora ambos devam ser considerados como uma tendência ou ideal que nunca será completamente atingido, em razão da ocorrência de modificações periódicas nas condições externas do sistema e porque o processo de aplainamento, tal como previsto por Davis, seria uma curva assintótica de duração infinita.

Apesar de teoricamente se adaptar melhor à realidade na questão erosão/soerguimento, o esquema de Penck sofreu também críticas, uma das quais diz respeito ao fato de que as inclinações dos taludes dos vales nunca podem ser maiores do que é permitido pelas características mecânicas de seus materiais componentes. Caso o entalhe fosse tão rápido que a inclinação resultante ultrapassasse esse valor-limite, os taludes se tornariam instáveis e evoluiriam, via escorregamentos, para taludes equilibrados, com inclinações compatíveis.

No que respeita à teoria de King, ainda que cálculos executados sobre os volumes de material retirado necessário ao desencadeamento do "gatilho" isostático tenham, segundo Carson e Kirkby (1975), apresentado uma certa coerência com as observações de campo, pelo menos no que se refere às superfícies superiores no oeste da África, há problemas quanto à admissão de que esses ciclos de elevação rápida e intermitente das terras sejam um fenômeno constantemente repetido.

Por outro lado, segundo ainda Carson e Kirkby (1975), o soerguimento das regiões orogênicas modernas apresenta valores médios da ordem de 7,5 m por mil anos, comparáveis às medidas de soerguimento das áreas deprimidas pelas camadas de gelo do Pleistoceno. Esses valores são significativamente maiores que os obtidos em termos de denudação de áreas de fortes relevos – 0,6-1 m por mil anos –, o que significa que, para efeitos práticos, apesar de sua simplicidade, o esquema de Davis se ajusta muito melhor aos fatos observados do que o de Penck.

4.5 Aproximação atual de Carson e Kirkby

Carson e Kirkby (1975) destacam, como uma questão estabelecida em termos de morfologia e processos de encostas, alguns pontos que representariam uma aproximação atual à questão.

A maioria (se não a totalidade) das encostas possuiria a porção superior convexa e separada do talvegue por um elemento côncavo raso: essas duas porções seriam produtos de processos essencialmente limitados pelo transporte. A porção superior resultaria de uma combinação de intemperismo, rastejo e erosão pluvial, e a porção basal, aparentemente, do recuo (não necessariamente sem mudança de ângulo) das paredes do vale, causado por erosão superficial e dissolução, podendo, entretanto, ser parcial ou totalmente uma feição deposicional.

A porção central do perfil da encosta (talude principal) seria um reflexo de processos limitados pelo intemperismo, particularmente movimentos de massa, mas também de erosão superficial em regiões semiáridas. Segundo Carson e Kirkby (1975), o talude principal regula todo o comportamento da encosta. No caso mais simples, ele é uma unidade singular que pode comportar-se de três maneiras: recuar, reduzir seu ângulo ou encurtar (Fig. 4.1).

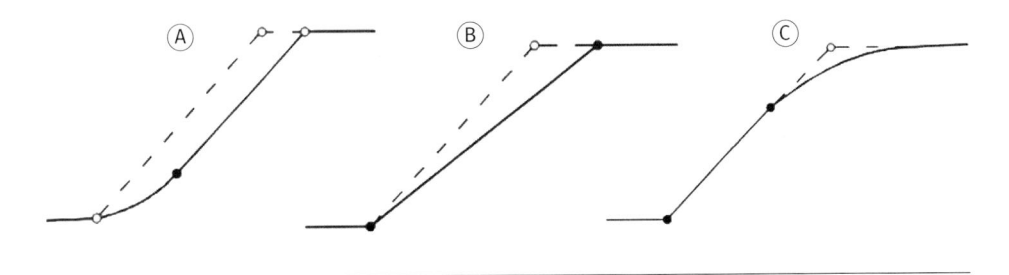

FIG. 4.1 *Três maneiras de comportamento do talude principal: (A) recuo; (B) suavização; (C) encurtamento*
Fonte: adaptado de Carson e Kirkby (1975).

O processo de recuo forneceria o mecanismo para a geração da concavidade basal, e o encurtamento seria devido ao alongamento da convexidade superior. A redução de ângulo, sozinha, nunca poderia gerar a concavidade da base ou a convexidade do topo. Em muitos casos, o talude principal seria composto de segmentos distintos, resultantes de diferenças litológicas ou de instabilizações sucessivas, que resultariam na substituição gradual do talude mais íngreme por outro mais suave.

Para entender o desenvolvimento de um perfil complexo, não bastaria saber se o perfil principal recua como um todo, mas seria preciso entender seu ajustamento interno. Como ele é, na verdade, uma sucessão de segmentos de taludes que recuam, é importante conhecer as velocidades relativas desses recuos. Quando não há diferenças de velocidade, não ocorrem modificações de forma e o talude poderia ser tratado como simples. Se, entretanto, a porção superior, mais íngreme, recuar mais rapidamente que a inferior, haverá uma modificação da forma e o desaparecimento gradual daquela.

Com base no exposto, Carson e Kirkby (1975) concluem que a evolução de qualquer talude pode ser estudada a partir de três pontos:
* a forma do talude principal, isto é, se ela é simples ou complexa;
* a alteração da geometria do talude principal, isto é, a verificação da ocorrência ou não de substituição de taludes;
* o comportamento geral do talude principal, isto é, se ele recua, declina, encurta ou combina mais de uma dessas modificações.

De acordo com Carson e Kirkby (1975, p. 383, tradução nossa), a feição importante dos perfis de encostas é sua forma e o ajustamento interno de sua geometria, que são, segundo eles, "uma função da sequência de instabilidades, que dependem de uma complexa interação entre o clima e a mecânica dos solos", ou seja, entre o clima e as propriedades mecânicas dos materiais de que são compostas as encostas. Embora considerem que as diretrizes gerais do comportamento dos taludes sejam semelhantes em qualquer condição climática, como argumentava King, "a importância relativa do recuo e do encurtamento [...] bem como do recuo e da substituição [...] depende muito das condições climáticas" (Carson; Kirkby, 1975, p. 384, tradução nossa). Assim sendo, a tendência moderna do estudo das encostas não pode prescindir dos conhecimentos e das metodologias desenvolvidos pelas ciências de Engenharia a par dos elementos da Geomorfologia tradicional.

Por outro lado, dada a complexidade do assunto, o enfoque moderno tende a considerar as encostas como um sistema aberto que mantém um equilíbrio dinâmico, isto é, responde às variações externas através de um mecanismo de retroalimentação, buscando a condição de mínima entropia. Os modelos desenvolvidos são dominantemente do tipo processo-resposta, que, em nível de processos, buscam relacionar as forças que tendem a transportar materiais com as resistências que se opõem a esse movimento e, em nível de formas, ligar as variações espaciais nas taxas de transporte às sequências de desenvolvimento de perfis.

4.6 Bases das teorias clássicas e avanço dos conhecimentos na área

Ainda na década de 1950, na esteira da teoria geral dos sistemas de Von Bertalanffy, críticas ferrenhas às antigas teorias vieram de outros autores, como Strahler (1950 apud Sack, 1992, p. 255, tradução nossa), que reclamava a necessidade de adotar "uma visão quantitativo-dinâmica, focada nos processos (força aplicada e resistência interna)", e de que "os fenômenos geomórficos deveriam ser estudados como vários tipos de respostas à gravitação e às tensões cisalhantes em nível molecular, atuantes em materiais que se comportam, caracteristicamente, como sólidos elásticos ou plásticos ou fluidos viscosos" (Strahler, 1950 *apud* Sack, 1992, p. 255, tradução nossa).

Infelizmente, em que pese essa posição de Strahler e todo o desenvolvimento de conhecimentos efetuado pela Mecânica dos Solos, à (grata) exceção de poucos autores, como Carson (1971) e Carson e Kirkby (1975), o pensamento dominante na área de Geomorfologia continuou a pautar-se pelas velhas teorias, com as geoformas sendo explicadas de maneira qualitativa ou "estocástica", como resultantes da dependência recíproca entre materiais naturais (rochas, regolitos e solos, com suas estruturas, texturas e "defeitos") como elementos passivos e o clima como elemento ativo. Mais ainda, os mecanismos básicos postulados para a mobilização de materiais particulados continuaram a centrar-se na erosão, apesar de a alteração e a queda de delgados blocos de rocha constituírem a base da teoria de Penck e de King incluir, em sua teoria, os movimentos de massa como mecanismos fundamentais do recuo dos taludes principais.

Aparentemente, isso ocorreu em razão de a ciência (notadamente a academia, que se considera sua guardiã oficial) ter, de modo geral, grande dificuldade em adaptar-se a novos paradigmas ou, no dizer de Freud (2010, p. 62), pela "repugnância por aprender qualquer coisa nova que é característica dos homens de ciência", ou porque estes "requerem uma considerável *expertise* em Física e outras ciências, como Geologia, Mecânica, Termodinâmica, Hidrologia, Matemática e Estatística" (Strahler, 1950 *apud* Sack, 1992, p. 225, tradução nossa).

Do mesmo modo, Carson e Kirkby (1975) estavam convictos de que a geometria e a evolução das encostas dependem de uma interação entre o clima e as propriedades mecânicas dos materiais de que são elas compostas.

Na visão do autor (Lopes, 2003), uma vez que clima (e, consequentemente, agentes e processos de alteração, transporte e deposição) e comportamento das rochas (incluindo suas próprias naturezas e particularidades) são variáveis, as teorias clássicas (incluindo a de King) foram, necessariamente, influenciadas pelas condições vigentes nas regiões onde foram desenvolvidas. Mas as rochas, os regolitos e os solos, em qualquer condição climática, estão sujeitos às leis físicas que comandam esforços e resistências, tal como postulado por Strahler, levando a que o mesmo ocorra, necessariamente, com as geoformas. Assim sendo, essas leis constituem o controle básico da estabilidade e da evolução das geoformas e, consequentemente, a correta base para uma teoria geral de evolução do relevo (ver seções 8.2, 8.4 e 8.5). Nesse sentido, ainda que algo reducionista, King estava certo, desde que sejam incluídas também as regiões extremamente áridas e/ou frígidas colocadas por ele como exceção e desde que se entenda a "tendência natural" por ele utilizada em seu texto como resultante das leis de forças/resistências.

4.7 Passos do intemperismo/pedogênese e geoformas resultantes em algumas formações geológicas do Sul e do Sudeste do Brasil

Embora a caracterização detalhada dos resultados da ação dos processos geológicos sobre as diferentes formações geológicas e as geoformas resultantes desse embate não sejam o objetivo do presente livro, que busca apenas oferecer uma visão global da evolução geológica/geomorfológica das encostas, algumas observações sobre esse assunto são apresentadas a seguir.

Inicialmente, parecem fundamentais, no modo como se intemperizam e consequentemente como evoluem as encostas rochosas em clima tropical e subtropical úmido (típicos do Sul e do Sudeste do Brasil), a textura, a estrutura e a composição química e mineralógica da rocha e a distribuição, a forma e a densidade de suas diaclases.

As rochas texturalmente constituídas por grãos mais finos são mais facilmente atacadas quimicamente, em virtude da maior relação área/volume dos grãos e da maior densidade de ligações intergranulares, que favorecem a penetração da água; do mesmo modo, "defeitos" texturais, como microporos, amígdalas e vesículas, e estruturais, como microfissuras, favorecem o processo.

A sequência de alteração dos minerais em superfície, conhecida como *série de Goldich*, é a inversa da sequência de cristalização de Bowen (Macedo; Lemos, 1961), o que é bastante lógico, e, consequentemente, as rochas ultramáficas são as mais suscetíveis ao processo, seguindo-se as básicas e posteriormente as ácidas; a presença de vidro leva a uma rápida alteração, em razão de sua baixa estabilidade.

Em termos de estrutura, todas as feições planares, como a estratificação, a xistosidade e, em menor grau, o bandeamento, têm marcante influência no processo. Assim, a espessura dos estratos, sua homogeneidade ou heterogeneidade, o modo como eles se alternam, sua atitude e a maneira como são seccionados pela topografia são muito importantes, do mesmo modo que as feições planares não originais da rocha, como falhamentos, dobramentos e intrusões de diques. Estratos com diferentes resistências ao intemperismo, quando empilhados alternadamente em atitude horizontal, tendem a produzir vales com vertentes em patamares, como é o caso das encostas constituídas por derrames basálticos superpostos (Formação Serra Geral), onde as "camadas" vesiculares/amigdaloides cumprem o papel de "estrato" mais suscetível, ou alternâncias de arenitos e siltitos, como no caso das encostas constituídas geologicamente pelas Formações Rio do Rasto ou Itararé. Estratos capeados por uma camada mais competente que as inferiores, a exemplo de arenitos, crostas lateríticas ou mesmo derrames basálticos espessos, quando horizontais, geram feições tipo mesa; quando pouco inclinados, *cuestas*; e, quando com maior inclinação, *hog-backs*. Rochas sedimentares competentes, finamente estratificadas e homogêneas, como folhelhos ou siltitos, ou ainda de baixo grau metamórfico, como filitos e xistos, quando inclinados em homoclinal, geram vales assimétricos. Quando, nessas sequências metamórficas, ocorrem intercalações por camadas e/ou lentes de calcários e quartzitos, como no Grupo Açungui, no Paraná, produzem-se cristas alongadas sobre as litologias mais resistentes (quartzitos) e usualmente depressões sobre os calcários. Sobre estes últimos, ao longo dos rios, são comuns planícies aluviais ocupando baixos topográficos produzidos por colapsos cársticos e preenchidos por sedimentos fluviais.

Arenitos espessos, como os da Formação Furnas, no Paraná, geram encostas íngremes e vales em cânion, separando colinas largas e de topo convexo suave; quando apresentam camadas de diferentes graus de resistência, ou intercaladas com conglomerados, podem criar feições peculiares, como as "guaritas", na Formação do mesmo nome, no Rio Grande do Sul, ou as conhecidas formas do Arenito Vila Velha, no Paraná. As mesmas combinações litológicas, quando inclinadas, criam *hog-backs* ou simplesmente patamares inclinados nas encostas. Resultados similares, em termos topográficos, são gerados pelas intrusões ígneas, como diques de diabásio ou de outras rochas mais ácidas, que podem apresentar-se como ressaltos topográficos, quando encaixados em rochas menos resistentes ao intemperismo, e produzirem rebaixos, em caso contrário; planos de falhamento comportam-se similarmente, na dependência de serem ou não silicificados.

No caso de rochas cristalinas e cristalofilianas homogêneas, como os granitos e os migmatitos homogêneos, a atuação da tectônica, o tipo de diaclasamento, a condição topográfica e a posição do nível de base de erosão comandam a sequência de evolução. Baixo neotectonismo e diaclases retilíneas e densas, associadas a topografia suave e a um nível de base pouco aprofundado, tendem a produzir um manto espesso e homogêneo de alteração e, consequentemente, uma topografia colinosa com vales recobertos por planícies aluviais, como ocorre, por exemplo, na região de Castrolanda (PR), sobre o Complexo Granítico Cunhaporanga. Nessa região, a elevação do nível de base – o rio Iapó – barrado, em primeira ação pela justaposição (por falhamento transcorrente, no limite da cidade de Castro) do Grupo Castro (efusivas ácidas e intermediárias e litotipos associados) e, em sequência, pela Escarpa Devoniana a oeste, conduziu ao esboço de um peneplano davisiano. Ao contrário, diaclasamento pouco denso em região de topografia agreste (encostas de vales profundos e escarpados), neotectonismo atuante e nível de base profundo tendem a produzir alteração ao longo das diaclases, isolando blocos e matacões ou, alternativamente, faces rochosas nuas, como ocorre em regiões graníticas e gnáissicas da Serra do Mar.

Sobre esses mesmos litotipos, em regiões onde predominam diaclases curvas (convexas) ou com formas aproximadamente troncocônicas, paralelas à superfície do terreno (geradas, ao que se crê, por alívio de tensões), a tendência é a formação de encostas nuas, rochosas, isolando morros tipo "pão de açúcar", dado que a água da chuva tem grande dificuldade em penetrar, pois as diaclases funcionam como condutoras e um verdadeiro teto protetor. A sequência de evolução, neste último caso, é constituída por um processo de alteração lenta ao longo dessas diaclases, com progressiva individualização das "cascas", acompanhada de uma concomitante redução da resistência atritiva ao longo das diaclases, culminando com o rompimento à tração e a queda por gravidade no sopé dos morros, seguindo-se alteração mais acelerada dessas mesmas "cascas" pela imbibição mais constante nessa nova situação. Em alguns casos, as "cascas" superficiais conseguem ser alteradas *in situ* e transformadas em regolito de pequena espessura até quase o topo da elevação, o que gera uma condição extremamente instável, como se viu, por exemplo, no caso dos eventos catastróficos de Teresópolis ocorridos em janeiro de 2011 (ver seção 7.2).

Topografia agreste (mas dominantemente em mesas e patamares) e solos rasos tendem a ocorrer em regiões basálticas fortemente tectonizadas e (por isso mesmo) profundamente dissecadas e com nível de base profundo, como ao longo do vale do rio Piquiri, no Paraná. Como contraponto, sobre esses mesmos litotipos, na região do extremo sudoeste gaúcho, no pampa (aproximadamente no triângulo formado entre São Borja, Alegrete e Barra do Quaraí), a topografia é inusualmente suave e, do mesmo modo que em Castrolanda, os cursos d'água são meandrantes e apresentam, praticamente sempre, largas planícies, configurando quase um pediplano do tipo proposto por King. A origem semidesértica para essa topografia é indicada pelos solos rasos, pela topografia extremamente suave, pela baixa densidade de drenagem, pela vegetação de savana, pelas matas ciliares delgadas e de pequena altura (quando não ausentes), pela presença de cactos (ou "tunas", como são chamados localmente), mas sobretudo pelos níveis carbonatados (caliches) pertencentes ou correlacionáveis à Formação Touro Passo, um dos quais atraiu a atenção do autor, ainda quando estudante, em um pequeno arroio ("sanga", como são conhecidos localmente) na localidade de Francisco Borges, no município de Barra do Quaraí.

Por outro lado, uma condição climática do tipo semiárido fortemente sazonal é a responsável pela enorme espessura de latossolos (conhecidos como "terras roxas" – tradução malfeita do italiano "*terra rossa*": terra vermelha) nas regiões norte e sudeste do Paraná (e em outras regiões basálticas do Sul e do Sudeste do Brasil). Em Cascavel, por exemplo, o horizonte B vermelho laterítico apresenta nada menos que 10 m de espessura sobre o horizonte C saprolítico claro, conforme detectado por trabalhos de sondagem executados para viadutos, na travessia da BR-277, pela cidade. No caso do Campo Experimental de Engenharia Geotécnica da Universidade Estadual de Londrina (CEEG/UEL), nessa cidade, essa cifra se eleva a no mínimo 12 m, de acordo com Miguel, Teixeira e Padilha (2006), mas pode chegar a 16 m, uma vez que esses autores caracterizaram como "laterítica" apenas a camada superior, e apenas como "vermelha" a que se lhe segue em profundidade (12 m a 16 m) e que apresenta, além da cor, outras características geotécnicas, como o limite de liquidez (LL) e o índice de plasticidade (IP), muito similares às daquela. Além da extraordinária espessura, esse horizonte, tanto neste como nos demais locais onde ocorre, possui outra característica intrigante: uma altíssima porosidade. No caso do CEEG/UEL, de acordo com Miguel *et al.* (2004 *apud* Miguel; Teixeira; Padilha, 2006), o valor do peso específico dos sólidos é de 30,6 kN/m³, e o natural, de 14 kN/m³, diferença essa devida a uma porosidade de 60%, ou seja, 60% do volume total do solo, em sua condição natural, é constituído por vazios. Os índices de vazios para oito amostras retiradas aos 4 m e 6 m de profundidade variaram entre 1,76 e 2,11 (Miguel; Teixeira; Padilha, 2006), isto é, para cada volume unitário de sólidos presentes no solo existiam entre 1,76 e 2,11 de vazios. Ainda mais notável, o valor da permeabilidade é relativamente elevado em todos os locais (3,2 × 10^{-5} m/s no caso em tela), o que indica conexão entre esses vazios, inédita em solos argilosos comuns, aproximando-se de valores obtidos para areias. Altas porosidades (mas baixíssimas permeabilidades) ocorrem em depósitos sedimentares argilosos/orgânicos, mas não costumam aparecer em solos residuais argilosos.

De acordo com a literatura técnica, horizontes lateríticos são formados por impregnação de óxidos de Fe/Al oriundos dos horizontes inferiores, por ascensão capilar de soluções aquosas, origem com que concordam os autores anteriormente citados. Entretanto, se tal processo estivesse na origem dos solos em questão, eles deveriam ter seus vazios progressivamente obturados por esses óxidos e, consequentemente, apresentar porosidades reduzidas. Além disso, há que considerar-se que espessuras das ordens antes referidas dificilmente chegariam a ser construídas sem que a impregnação fosse levada a seu ápice – a crustificação – e à consequente cessação do processo pela obliteração dos vazios a partir do topo. Miguel, Teixeira e Padilha (2006, p. 67) reportam ainda informação de Teixeira et al. (2004) acerca de outra característica importante, qual seja, que os "índices de vazios iniciais [são] decrescentes com a profundidade", quando deveria acontecer o contrário, visto que a evaporação e a deposição principal de óxidos se dão a partir da superfície do terreno. Além disso, é notório que as condições climáticas atuais da região não favorecem esse processo pedológico.

De todas essas digressões, segue-se que só há uma explicação para a formação desses solos: trata-se de solos gerados por descrustificação, isto é, por destruição de crostas anteriormente existentes.

Segundo Maignien (1966, p. 109, tradução nossa):

> Isso [a descrustificação] pode ocorrer quando as condições ambientais são modificadas, de modo que os solos em processo de endurecimento se desenvolvem em sentido reverso e os horizontes endurecidos começam a desaparecer *in situ*. O primeiro estágio é o desenvolvimento de vegetação herbácea, presa às menores fendas, onde uma pequena quantidade de material terroso é acumulada. Gradualmente um horizonte orgânico é construído, dissolvendo rapidamente o cemento. A crosta é amolecida na superfície e forma-se um solo juvenil, muitas vezes enriquecido por materiais terrosos trazidos pelas térmitas. Arbustos e depois árvores podem, em sequência, aparecer e desenvolver-se. As raízes das árvores completam o processo de desmantelamento e o horizonte de solo aprofunda-se. As novas condições ecológicas, especialmente a crescente umidade, produzem alteração química. Quanto mais finos são os fragmentos da crosta e mais em contato estão as misturas de materiais soltos e húmicos, mais ativo é esse processo químico. As soluções do solo contribuem para a dissolução primeiro dos sesquióxidos de Fe e depois dos de Al. O desaparecimento do cemento leva à formação de solos cascalhosos. A evolução regressiva das lateritas libera, consequentemente, os sesquióxidos, algumas vezes em grandes quantidades [...].

Tudo leva a crer, pois, que boa parte das regiões Norte, Centro-Oeste e Sul do Brasil, particularmente onde havia ocorrência de rochas basálticas (embora esse tipo de solo apareça, também, por exemplo, sobre o Arenito Caiuá, o que provavelmente indique que a ascensão capilar do material de origem basáltica conseguiu percolar pequenas espessuras de material residual dessa formação arenosa fina com matriz essencialmente caulínica), era recoberta por espessas crostas lateríticas, até que o soerguimento dos Andes durante o Mioceno – notadamente entre 10 Ma e 6 Ma (milhões de anos atrás) –, com possível ocorrência de um pico anterior próximo no fim do Oligoceno – 25 Ma (Garzione et al., 2008) –, máxime em razão da curvatura que exibem estes, na altura do Peru, provocou o desvio das correntes tropicais de ar que da África provinham (e continuam a vir) paralelamente ao Equador. Esse desvio "jogou" essas correntes, que passaram a ter elevada umidade, em razão da inversão de curso e do crescimento de possança do rio Amazonas, que despeja hoje, segundo Nobre (2014), 17 bilhões de toneladas de água no mar, e da instalação subsequente da Floresta Amazônica, que "joga" na atmosfera, de acordo com o mesmo autor, 20 bilhões de toneladas de água, boa parte da qual se dirige para o Sul e o Sudeste do Brasil. Esses fatos modificaram gradativamente o clima, que passou a ser cada vez mais úmido, mas teve menor efeito (por razões óbvias) nas regiões Centro-Oeste e Norte, onde as crostas continuam a existir. Na região da divisa de São Paulo com Mato Grosso do Sul, por exemplo, relictos delas podem ser encontrados sobre rochas basálticas.

A observação em fotos aéreas e/ou imagens de satélite indica que essas crostas, hoje encontradiças apenas nas regiões Centro-Oeste e Norte do Brasil, estendiam-se de maneira contínua, ao longo da "espinha dorsal" do País, pelo menos desde o leste do Pará (cabe lembrar que a jazida de Carajás foi descoberta graças à ocorrência de crostas lateríticas) até a metade norte do Rio Grande do Sul, onde seu limite se dava, ao que tudo indica, na vertente norte das bacias dos rios Jacuí, Ibicuí e Icamaquã, acompanhando, no primeiro caso, a atual escarpa basáltica até a região de Santa Maria, a oeste. A partir dessa cidade, a escarpa se vai esgarçando em direção a Santiago e, com ela, o limite provável das crostas, atravessando, inicialmente, o alto curso dos rios Toropi e Jaguari e, após, o baixo curso do rio Jaguarizinho, afluentes da margem direita do Ibicuí, até finalmente desaparecer na alta ramagem da bacia do rio Icamaquã. Percorrendo-se, por exemplo, a rodovia BR-472, no trecho situado entre São Borja e São Luiz Gonzaga, pode-se verificar a transição entre o domínio do pampa propriamente dito, caracterizado por solos escuros delgados e topografia extremamente suave, e a região dos latossolos vermelhos (antigas crostas): a topografia vai, lentamente, ganhando contornos mais arredondados e colinas mais altas, as matas ciliares vão crescendo em largura e altura, os cactos desaparecem e os solos adquirem a característica coloração vermelha e vão gradativamente aumentando suas espessuras.

O fato de que, ao contrário do resto do mundo nas mesmas situações geográficas, no Brasil não ocorram desertos – "estamos [hoje] em um quadrilátero da sorte – uma região que vai de Cuiabá a Buenos Aires no Sul [e de] São Paulo aos Andes [...] [visto que] na mesma latitude estão o deserto do Atacama [Chile], o Kalahari [África], o deserto da Namíbia [África] e o da Austrália" (Nobre, 2014) – fornece um argumento reforçador do que foi exposto. Particularmente, entretanto, é decisiva a ocorrência de relictos de cerrado na região de Campo Mourão (10 mil hectares, originalmente, segundo Denardi, 1996) e na de Jaguariaíva (ainda observáveis na faixa de domínio da rodovia PR-151, única área algo preservada na região), ambas no Paraná e a sul do Trópico de Capricórnio e, consequentemente, hoje em condições de clima subtropical. Segundo Barbosa (2014), o Cerrado é um ecossistema que se concretizou há 40 milhões de anos e, portanto, no período Terciário (Paleógeno), em pleno Eoceno.

Reinhardt Maack, que viveu no Paraná entre 1928 e 1969, período crítico de devastação e modificação fitofisionômica do Estado, já abordava esse fato em seu livro:

> A maior parte dos campos cerrados do Paraná se estende no curso superior do rio das Cinzas rumo nordeste até ao rio Itararé, abrangendo aproximadamente 1.740 km². [...] As cidades de Jaguariaíva e Sengés localizam-se no meio desses campos cerrados. [...] Na mata tropical-subtropical entre Sabáudia e Astorga estende-se uma área de 40 km² e em Campo Mourão 102 km² [...] como forma de relicto do Quaternário Antigo (Maack, 1968, p. 224).

Adiante, o mesmo autor afirma:

> Aqui os campos cerrados se apresentam como restos (ou relictos) de um período climático anterior [...] periodicamente seco (clima semiárido). Isto ressalta do grau de evolução dos solos até uma fase clímax representada por lateritos, limos lateríticos e incrustações antigas dos solos. A esta longa evolução dos solos até a fase final (laterito) correspondia o desenvolvimento da vegetação até a adaptação harmônica ao clima e solo como mato de água subterrânea [...] (Maack, 1968, p. 226).

Ou seja, na região, após a crustificação original derivada da condição semiárida, a mudança climática causou sua substituição gradativa pela mata tropical/subtropical, restando dela, ainda, pequenos relictos em fase de desaparecimento.

Discutindo a ação de eventos climáticos paroxísticos na Serra do Mar, no sudoeste do Brasil, Santos (2004) defende a tese de que apenas escorregamentos planares são "naturais" nessas condições. Esse autor afirma que "escorregamentos [planares] mobilizam quase que exclusivamente o horizonte superior dos solos superficiais" e "somente em sua 'raiz', ou seja, no local de sua origem/início, há, eventualmente, mobilização de materiais de horizonte imediatamente inferior de solo de alteração de rocha, saprolítico" (Santos, 2004, p. 40). Na sequência, Santos (2004) expõe sua visão do processo: inicialmente ocorreriam fendas de tração ao longo da quebra positiva do relevo (porção mais íngreme do talude, situada próximo ao topo) devido à diferença de intensidade de rastejo acima e abaixo dessa quebra, seguidas pela acumulação de água durante eventos de forte pluviosidade propiciada pela presença dessas mesmas fendas nos solos superficiais e saprolíticos, provocando desmonte hidráulico da porção acima da quebra de relevo e arrasto ou sobrecarregamento do material abaixo. À p. 38, esse autor apresenta, como contraste, a fotografia de uma encosta taludada pela rodovia Régis Bittencourt com cicatrizes de inúmeros escorregamentos semicirculares ocorridos no ano de 1967, à p. 52, outra mais geral dos arredores dessa mesma rodovia, também na Serra do Mar, com cicatrizes de escorregamentos planares do tipo por ele descrito e ocorridos após os mesmos eventos, e, às p. 24 e 44, duas outras fotos da região do vale do rio Mogi, também na Serra do Mar, com inúmeros escorregamentos planares ocorridos durante os eventos de janeiro de 1985.

A observação das fotos das p. 24, 44 e 52 do trabalho de Santos (2004) mostra, por outro lado, que todos os escorregamentos planares desenvolvidos nos citados eventos se situam no interior de feições geomórficas típicas de cicatrizes de escorregamentos semicirculares preexistentes, do tipo mostrado nas Figs. 6.11 a 6.13. Assim, a quebra positiva de declive corresponderia à porção verticalizada do início de antigas cicatrizes semicirculares e, por essa razão, apenas nessa porção haveria afetação de horizontes mais profundos (remanescentes), uma vez que, abaixo, eles já teriam sido removidos e substituídos por delgados solos de neoformação (em processo similar ao descrito na seção "Os desastres de Santa Catarina e do Paraná e o megadesastre do Rio de Janeiro em 2011", p. 180). Assim sendo, o mecanismo de ruptura sequencial descrito por Santos (2004) para o desenvolvimento das rupturas, por ocasião de eventos cataclísmicos, parece perfeitamente adequado, mas ele integra um processo mais complexo que faz com que as antigas cicatrizes semicirculares de escorregamento vão "subindo" as encostas, conforme descrito nas seções 6.2, 6.3 e 8.2 deste livro e resumido a seguir.

Por ocasião de grandes eventos pluviométricos, o *runoff* resultante em encostas com cicatrizes semicirculares tende, rapidamente, a concentrar-se em sulcos (ver seção 2.4), dada a forte inclinação inicial que segue as linhas de maior declive, isto é, os sulcos são convergentes para o interior dessas mesmas cicatrizes. Ao longo desses canais de fluxo, a velocidade torna-se extremamente elevada e produz ravinamentos e escorregamentos do tipo fluxo úmido que evoluem para rupturas planares, iniciando-se na porção mais íngreme (constituída por material menos resistente) e progredindo sobre materiais mais resistentes e com menor inclinação, resultando, finalmente, num conjunto que apresenta a típica forma de "pé de galinha", observável em todas as fotos das p. 24, 44 e 56 do trabalho de Santos (2004) e na Fig. 7.6 do presente livro.

No caso de encostas previamente violentadas por obras de engenharia, tal como a registrada em foto por Santos (2004, p. 38), as rupturas costumam ser as clássicas semicirculares, uma vez que, nesses casos, houve modificação total na distribuição de cargas e na movimentação superficial e profunda das águas e, consequentemente, nas tensões no interior das massas de solo, que as conduziram a uma situação muito próxima de $Fs = 1$. A partir desse ponto, a redução das tensões de sucção das massas de solo pelo evento pluviométrico intenso, associada eventualmente a outras causas, como o desmatamento pela poluição, arguido por Santos (2004), é suficiente para produzir rupturas semicirculares típicas (ver seções 3.6 e 7.5 do presente livro).

Intemperismo e degradação da resistência ao cisalhamento dos materiais componentes das encostas

5.1 Valores de c e ϕ de materiais naturais constantes da literatura técnica

Os valores de c e ϕ, no caso de rochas ígneas, metamórficas e mesmo de algumas sedimentares, são muito altos: segundo Hendron Júnior (*apud* Stagg; Zienkiewicz, 1970) e Deere e Patton (1970), os valores do intercepto de coesão c e do ângulo de atrito interno ϕ, em rochas graníticas e gnáissicas, são da ordem de 9.800 kN/m² $< c <$ 40.500 kN/m² e 41°$< \phi <$ 63°. De acordo com Deere e Patton (1970) e Vargas (1974), valores típicos para c em saprolitos de rochas gnáissicas e graníticas situam-se no intervalo de 40 kN/m² a 70 kN/m² e, para ϕ, no de 15° a 31°.

Hoek (1972) apresenta uma tabela de valores de coesão em diversos tipos de solos e rochas, onde os valores de c variam de 1,7 kN/m² (solo muito mole) a 10.000 kN/m² (rocha duríssima). Os valores de ϕ (resistência de pico) apresentados por esse autor situam-se entre 30° e 70° para diversos tipos de rocha, enquanto os valores residuais (após ruptura) situam-se entre 24° e 34°, e os da argila de preenchimento de juntas, entre 10° e 20°.

Ao comparar esses valores, pode-se, com clareza, verificar o extraordinário decaimento sofrido pelos parâmetros mecânicos c e ϕ ao passarem de rocha sã para regolito: esse fato significa um abaixamento progressivo dos envelopes de ruptura de Mohr/Coulomb, tal como ilustrado na Fig. 5.1 (ver seção 3.3).

A Fig. 5.2 mostra um exemplo de decaimento da resistência ao cisalhamento de uma rocha granítica, provocado pelo intemperismo. Do mesmo modo, outras rochas, como basalto ou mesmo rochas sedimentares, poderiam ser utilizadas para demonstrar esse fato, tal como indicado na Fig. 5.3, que apresenta o efeito do intemperismo sobre a resistência utilizando, como parâmetro comparativo, a percentagem de umidade de saturação de amostras de rochas vulcânicas vesiculares/amigdaloides, sãs e alteradas, submetidas a ensaios de compressão, e na Fig. 5.4, que ilustra o decaimento de resistência ao cisalhamento de rochas metacristalinas. Como rochas metacristalinas,

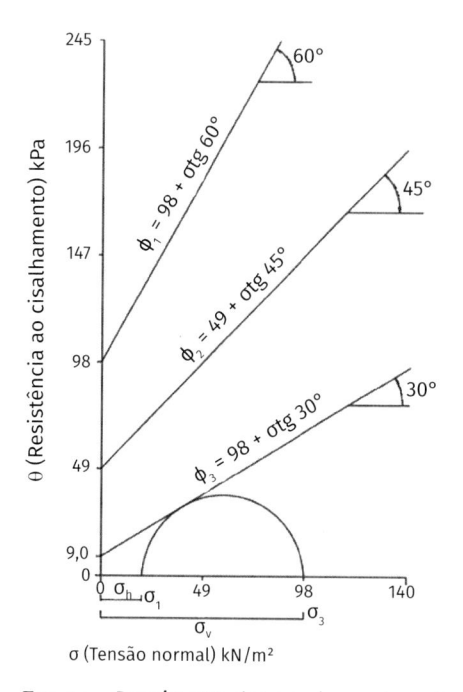

FIG. 5.1 Decaimento dos envelopes de ruptura de Mohr/Coulomb com o intemperismo
Fonte: Lopes (1988).

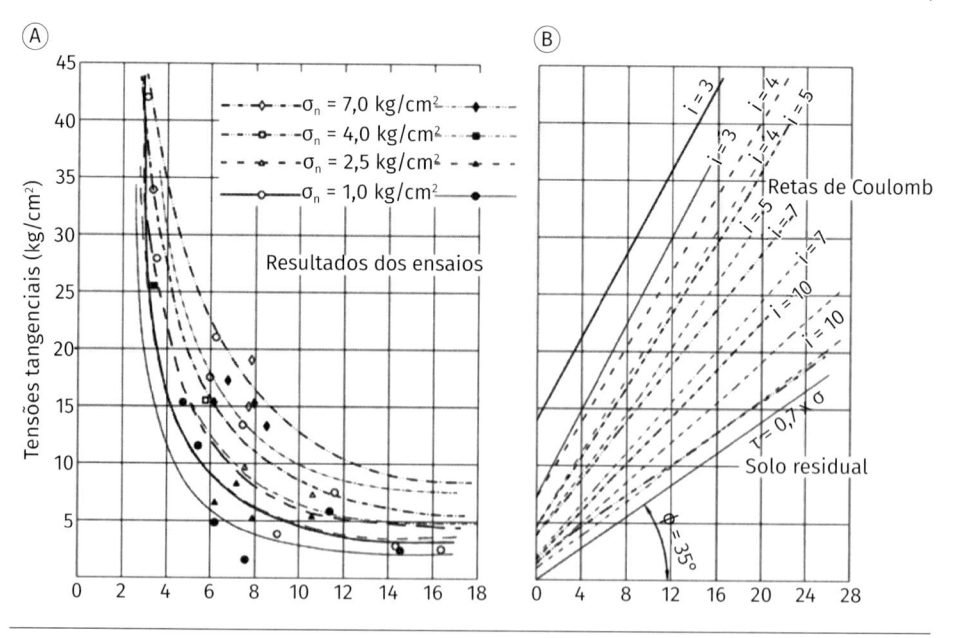

FIG. 5.2 Decaimento da resistência ao cisalhamento de uma rocha granítica: (A) critério de carga máxima; (B) critério de inversão de deslocamentos verticais
Fonte: Serafim (1965 apud Guidicini; Nieble, 1976).

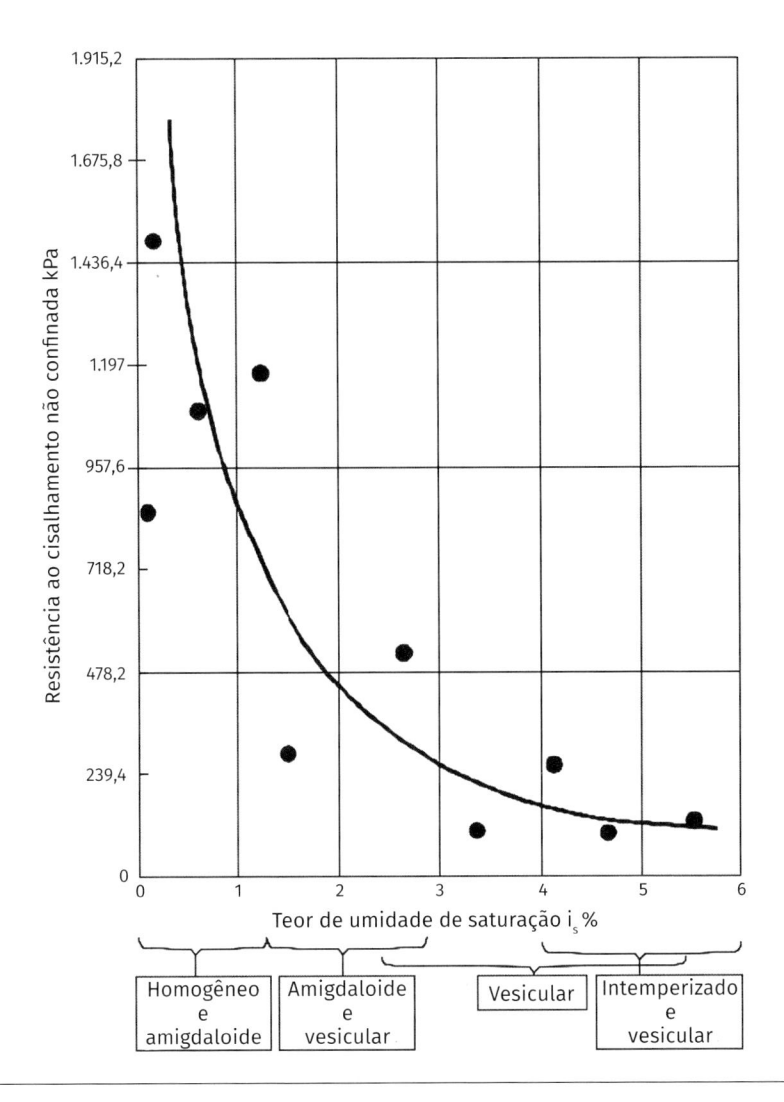

FIG. 5.3 *Decaimento da resistência ao cisalhamento de rochas vulcânicas*
Fonte: adaptado de Duncan (1969).

Kilic et al. (2014) incluem anfibolitos, biotita gnaisses, gnaisses miloníticos e granodioritos pórfiros do vale de Asarsuyu, em Bolu, na Turquia.

5.2 Perfis de transição solo/rocha e evolução da resistência mecânica

Do ponto de vista morfológico, mineralógico, textural e estrutural, estão disponíveis na literatura dados relativamente abundantes sobre os passos intermediários da transformação dos materiais rochosos em regolitos e solos.

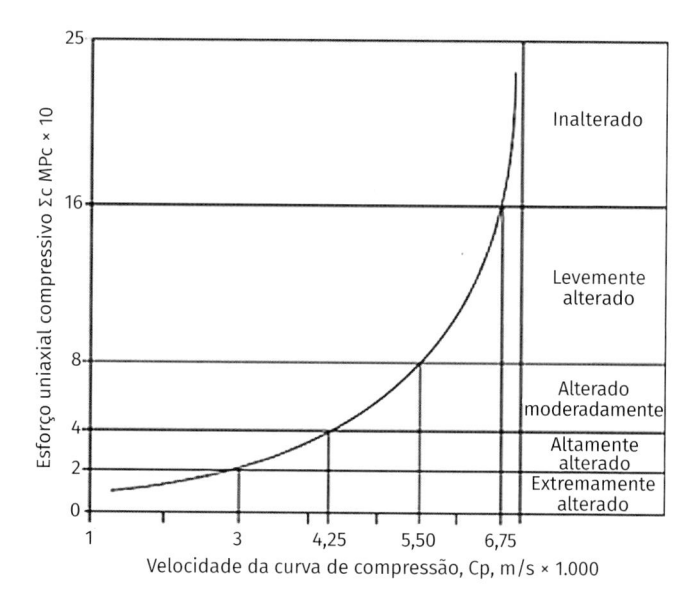

Fig. 5.4 Relações entre grau de alteração, resistência ao cisalhamento não confinado e velocidade sísmica (ondas de compressão)
Fonte: Kilic et al. (2014).

Perfis de solos tropicais oriundos de rochas graníticas podem ser encontrados, por exemplo, em Vargas (1974), Deere e Patton (1970) e Bigarella e Becker (1975), e de rochas basálticas, em Marques Filho et al. (1981) e Lopes (1995), além, evidentemente, dos inumeráveis perfis descritos na literatura pedológica. Só que, nesta última, de modo geral, eles se limitam aos horizontes pedológicos propriamente ditos, sendo desprezada a zona de transição rocha/solo, fato que levou diversos autores, como Deere e Patton (1970) e Vaz (1996), a proporem nomenclaturas especiais dos horizontes de solo a serem utilizadas pela Geologia de Engenharia, tal como mostram as Figs. 5.5 e 5.6. Jesus (2008) apresenta uma tabela com contribuições de outros autores para o assunto: Vargas (1953), Sowers (1963), Ruxxon e Berry (1969), Little (1969), Barata (1969) e Geological Society of London (1992).

Já do ponto de vista dos parâmetros de resistência mecânica nessa fase intermediária, há uma grande carência de dados, em que pese sua importância sob a perspectiva da evolução do relevo: a mais importante segundo Carson e Kirkby (1975). Isso se deve, de modo geral, à heterogeneidade que predomina nessa região e à dificuldade de amostrar e ensaiar materiais que incluem, muitas vezes, grandes fragmentos de rocha, misturados a partículas de granulometria fina e média.

De acordo com Carson e Kirkby (1975, p. 90, tradução nossa),

5 Intemperismo e degradação da resistência ao cisalhamento... | 83

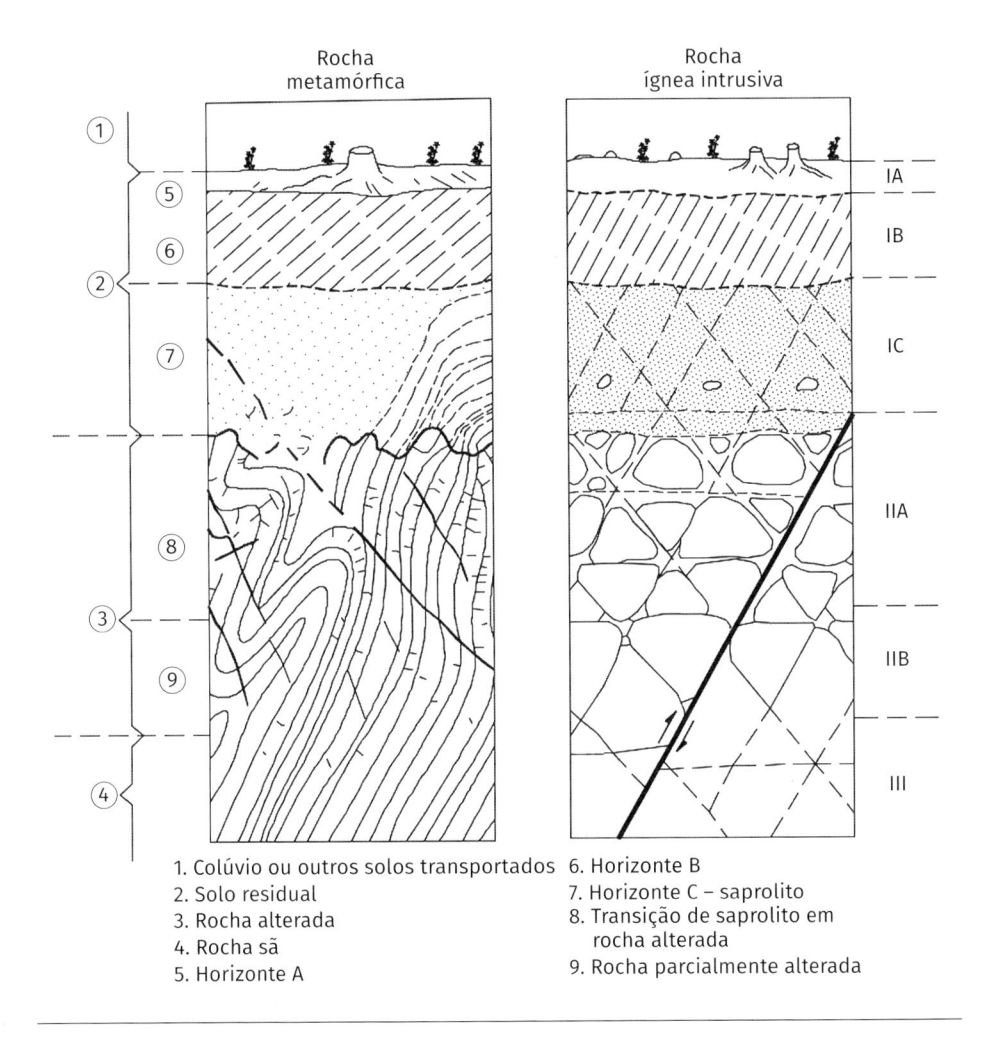

Fig. 5.5 *Perfis de solos residuais e sua nomenclatura*
Fonte: Deere e Patton (1970).

Legenda:
1. Colúvio ou outros solos transportados
2. Solo residual
3. Rocha alterada
4. Rocha sã
5. Horizonte A
6. Horizonte B
7. Horizonte C – saprolito
8. Transição de saprolito em rocha alterada
9. Rocha parcialmente alterada

o modo como uma rocha se desintegra é muito dependente do clima, porém muito mais do caráter do material que a compõe. O clima pode ditar a relativa importância dos agentes físicos e químicos, mas a natureza da rocha é provavelmente mais significativa na determinação dos caracteres dos fragmentos resultantes, em qualquer estágio da alteração.

Entre os caracteres relevantes nesse processo, segundo esses autores, as juntas têm um papel fundamental. "Uma massa de rocha com um sistema bem desenvolvido de juntas ou fraturas espaçadas a distâncias nem muito grandes, nem muito pequenas se alterará, de modo geral, em um manto (tálus)

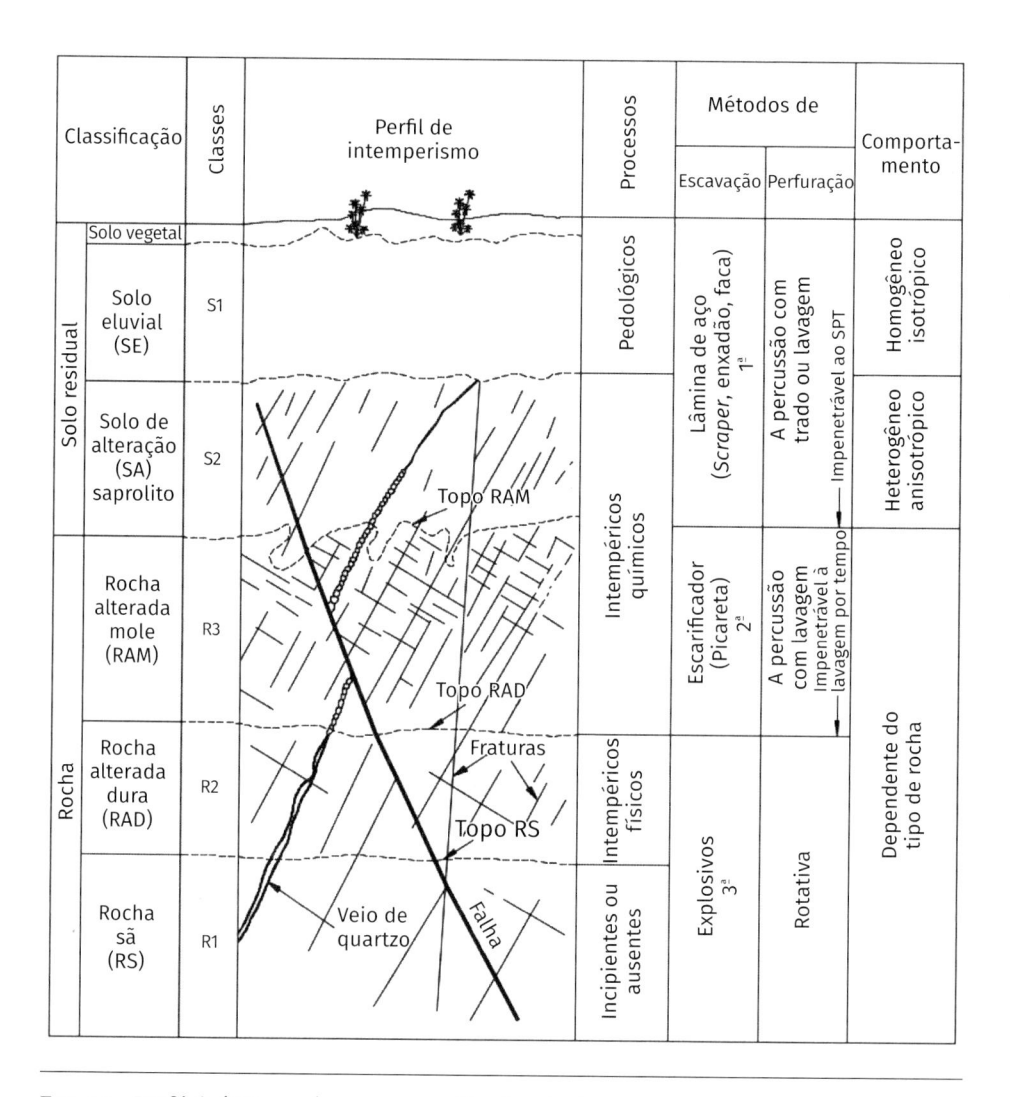

Classificação		Classes	Perfil de intemperismo	Processos	Métodos de		Comporta-mento
					Escavação	Perfuração	
Solo residual	Solo vegetal			Pedológicos	Lâmina de aço (Scraper, enxadão, faca) 1ª	A percussão com trado ou lavagem Impenetrável ao SPT	Homogêneo isotrópico
	Solo eluvial (SE)	S1					
	Solo de alteração (SA) saprolito	S2	Topo RAM	Intempéricos químicos			Heterogêneo anisotrópico
Rocha	Rocha alterada mole (RAM)	R3	Topo RAD		Escarificador (Picareta) 2ª	A percussão com lavagem Impenetrável à lavagem por tempo	Dependente do tipo de rocha
	Rocha alterada dura (RAD)	R2	Fraturas Topo RS	Intempéricos físicos			
	Rocha sã (RS)	R1	Veio de quartzo Falha	Incipientes ou ausentes	Explosivos 3ª	Rotativa	

Fig. 5.6 *Perfil de intemperismo para regiões tropicais*
Fonte: Vaz (1996).

constituído de fragmentos soltos" (Carson; Kirkby, 1975, p. 91, tradução nossa). A partir dessa assertiva, esses autores concluem que, ainda que a composição inicial desse colúvio e sua alteração subsequente dependam muito do clima, os estágios iniciais dessa sequência de alteração devem ser válidos em praticamente todos os climas. "Nos climas tropicais úmidos, a alteração esferoidal provavelmente domina: a água percola através dos planos das juntas, remove os materiais solúveis e eventualmente produz um manto de matacões em uma matriz de solo residual" (Carson; Kirkby, 1975, p. 91, tradução nossa). No caso de rochas sem juntas, para esses autores, a sequência do intemperismo seria muito diferente: em arenitos, por exemplo, ele consistiria apenas na remoção do material cementante, o que faria com que o solo residual fosse "construído" sem passar pela fase anteriormente descrita.

Parece importante esclarecer que a alteração esferoidal, isto é, a escultura, pelo intemperismo, de blocos com faces arredondadas a partir de blocos poliédricos com faces retilíneas, comumente observável no campo, é explicada considerando-se que o ataque químico sobre as faces do poliedro afeta apenas as direções perpendiculares a essas mesmas faces, enquanto as arestas sofrem ataques simultâneos das direções normais às duas faces convergentes e os vértices, das três, levando à geração gradual de uma forma mais estável em meio ao regolito, ou seja, sem arestas e vértices: o matacão arredondado.

Carson e Kirkby (1975, p. 92, tradução nossa) afirmam que "o efeito mais marcante na passagem rocha/tálus é a queda da coesão [que] é acompanhada, usualmente, por um crescimento no atrito interno". Os valores de pico de ϕ podem atingir números muito altos, embora os valores residuais se situem ao redor de 35° (ângulo de repouso). Ao passar dessa fase para a seguinte, chamada *talúvio* (mistura de tálus com colúvio), para Carson e Kirkby (1975, p. 92, tradução nossa), apesar da deficiência de dados, "há evidências de que comumente os valores de ϕ, em estado solto, aproximam-se de 43°-45°, enquanto a coesão irá, obviamente, depender do teor em argila presente". Ao passar para a fase de colúvio puro, a taxa relativa de importância do atrito e da coesão será função do teor em areia e argila nele contido. Carson e Kirkby (1975), citando experiências de Vucetic (1958) e Holtz (1960), concluem que a evolução da resistência ao cisalhamento durante o intemperismo não é contínua, mas se constitui de três fases, limitadas por saltos bruscos, nas passagens para tálus, talúvio e colúvio. Segundo os mesmos autores, outro fator inseparável do intemperismo, na questão da evolução da resistência ao cisalhamento, é o transporte, que, através da remoção seletiva de partículas, altera profundamente a sequência, pelo menos em climas úmidos. Mesmo sob floresta, que dificulta a remoção superficial de finos, a dissolução em subsuperfície "produz uma separação análoga do material grosseiro do fino. [...] a lixiviação cria um horizonte arenoso sob o coesivo [...] Essas mudanças de resistência ao cisalhamento no interior do regolito devem alterar a estabilidade dos taludes a longo termo" (Carson; Kirkby, 1975, p. 95, tradução nossa).

Shaorui et al. (2014, p. 125, tradução nossa), estudando taludes íngremes em tálus no sudoeste da China, com base em ensaios *in situ*, concluíram que "a magnitude do ângulo de atrito interno aumenta linearmente quando o conteúdo de componentes rochosos (25-70%) cresce; o valor da coesão decresce e sua razão de decrescimento cai gradualmente quando o teor de componentes rochosos é de 30%". Nesses ensaios, foram encontrados valores de coesão entre 11 kPa e 96,61 kPa e ângulos de atrito entre 20,3° e 43,8° (média de 35,3°) (Shaorui et al., 2014), mas esses autores concluíram que os valores obtidos são menores que os reais, em razão da destruição da habilidade de "autoestabilização" e desestruturação, bem como da remoção superficial do cemento calcário pelo intemperismo e do fato de que os fragmentos testados ficaram limitados aos tamanhos das amostras.

Utilizando modelo matemático e testes de laboratório e de campo, esses mesmos autores concluíram que: (i) a coesão variou entre 40 kPa e 70 kPa, e o ângulo de atrito, entre 35° e 39°; (ii) os parâmetros de resistência são similares aos do solo quando o teor de fragmentos rochosos foi < 20%; (iii) o ângulo de atrito torna-se maior em razão da presença de seixos quando o teor de material rochoso se situa entre 20% e 30%; (iv) a coesão e o atrito crescem com o aumento do teor em fragmentos rochosos quando estes se situaram entre 30% e 70%; (v) a partir de 70%, os parâmetros de resistência decresceram com o aumento do teor em fragmentos rochosos; (vi) os maiores valores atingidos pelos parâmetros de resistência ocorreram quando os tamanhos de grãos foram de 4 cm a 10 cm; (vii) o efeito dos tamanhos de grãos foi maior na coesão que no atrito e decresceu com o aumento do teor em fragmentos rochosos; (viii) com o mesmo teor em fragmentos rochosos, os parâmetros de resistência cresceram com a melhora da graduação; e (ix) os efeitos da graduação são maiores sobre o atrito que sobre a coesão (Shaorui et al., 2014). Shaorui et al. (2014, p. 127, tradução nossa) concluíram, ainda, que "existe uma pequena diferença entre o estado natural e o imerso, com uma coesão menor no estado natural", e que, de modo geral, "a mudança no teor de umidade tem um efeito menor em misturas solo/rocha".

Wolle (1980 *apud* Tatizana et al., 1987) apresenta alguns valores de resistência da sequência solo/rocha granito-gnáissica para as condições de umidade natural e de saturação. Os valores de c no solo coluvial com e sem raízes situam-se em 60 kN/m², subindo para 120 kN/m² no solo de alteração, na condição de umidade natural. Na condição saturada, os valores são de 10 kN/m², subindo para 40 kN/m² no solo de alteração. Os valores de ϕ variam de 34° no solo coluvial a 45° no solo de alteração e > 54° na zona de blocos, na condição de umidade natural. Na condição de saturação, os valores vão de 34° a 39° e 54°.

Skempton (1948 *apud* Terzaghi, 1967) mostrou que as argilas eocênicas de Londres sofrem uma rápida degradação de sua resistência ao cisalhamento: taludes verticais com 1 m de altura poderiam permanecer estáveis por algumas semanas; com inclinação de 1v:2h, sofreriam colapso após 10-20 anos; com inclinação de 1v:3h, após cerca de 50 anos, sendo que os taludes naturais ali existentes raramente ultrapassam 1v:6h. Essa resistência final corresponde à residual ou última.

Na realidade, em condições tropicais e subtropicais úmidas, algumas peculiaridades devem ser apontadas. Em primeiro lugar, não são apenas a presença e a densidade de juntas que condicionam uma geração de *debris* na fase inicial da alteração das rochas: a topografia "joga" também um papel importante, embora se possa argumentar, com justiça, que esta também depende, em muito, daquelas. Observações efetuadas em regiões basálticas mostram que perfis de solo situados no topo dos platôs apresentam uma passagem abrupta de solo para rocha em profundidade, sendo o limite desta última uma superfície razoavelmente regular, praticamente inexistindo fragmentos de rocha sã na base dos solos, ao passo que os mesmos derrames em encostas de escarpas apresentam passagem gradacional, em subsuperfície, de rocha para solo, segundo uma sequência que inclui matacões e argilas em proporções variadas, tal como mostram os perfis da Fig. 5.7. Não é impossível, entretanto, que, no primeiro caso, a passagem abrupta solo/rocha possa corresponder, também, à passagem abrupta entre dois derrames ou entre dois horizontes do mesmo derrame.

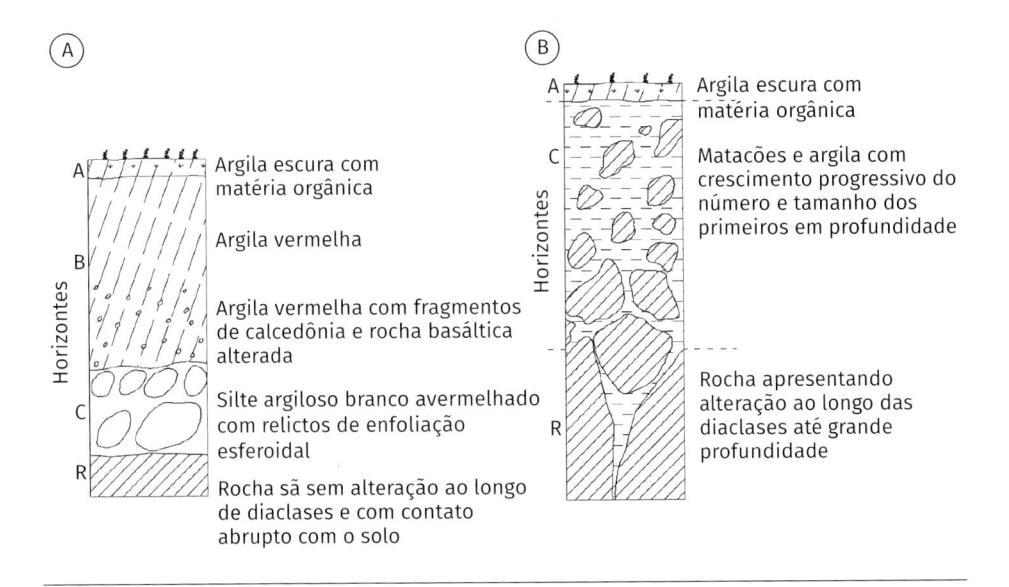

FIG. 5.7 *Perfis de solo de origem basáltica (A) no topo dos platôs e (B) em encostas*
Fonte: Lopes (1995).

Em segundo lugar, em condições de clima quente e úmido, muitas vezes praticamente inexiste a fase de tálus, tal como preconizado por Carson e Kirkby (1975), uma vez que a alteração química ao longo das juntas é tão rápida que, mesmo nas fases iniciais, há uma formação praticamente imediata de produtos de alteração argilosa entre os matacões, separando-os e reduzindo, consequentemente, o atrito entre eles. A esse fato, juntamente com as ocorrências frequentes de fortes precipitações pluviométricas, deve ser possivelmente creditada a facilidade de ocorrência de movimentos tipo solifluxão (*earth flows*), que, segundo os mesmos Carson e Kirkby (1975, p. 168, tradução nossa), "são ocorrências raras" no resto do mundo. Isso acontece porque a presença de argilas, além de reduzir o atrito entre matacões, impede a livre circulação da água entre eles, fazendo com que o material se sature e sejam criadas elevadas pressões neutras nas encostas.

seis

Consequência geomorfológica da degradação dos parâmetros de resistência dos materiais das encostas pelo intemperismo: movimentos de massa

6.1 Balanço alteração das rochas/remoção do regolito e sequência evolutiva das encostas

Sejam quais forem os passos intermediários e o caminho percorrido na alteração das rochas, é fácil imaginar que, quando ela for suficientemente lenta para que os processos de denudação se lhe sobreponham, isto é, quando as encostas forem do tipo limitado pelo intemperismo (ver seção 4.1), ou mesmo quando houver um equilíbrio dinâmico entre geração de regolito e sua retirada, o perfil desenvolvido buscará manter uma forma tal que a altura e o ângulo, nos diversos pontos da encosta, se combinem para manter o equilíbrio do conjunto (ver seção 3.3, Eq. 3.10, e seção 3.5). Dito de outra maneira, o perfil desse tipo de encosta (em princípio) tenderá a ser mantido, em todos os seus pontos, abaixo da curva-limite de estabilidade superior, mediante a retirada superficial de material pelos agentes erosivos e/ou a reconformação pelos de rastejo (Fig. 6.1).

Um exemplo clássico de vertente limitada pelo intemperismo é mostrado na Fig. 6.2, onde as camadas de arenito mantêm "paredes" verticais (conformadas pela queda de blocos e/ou "paredes") e as camadas pelíticas

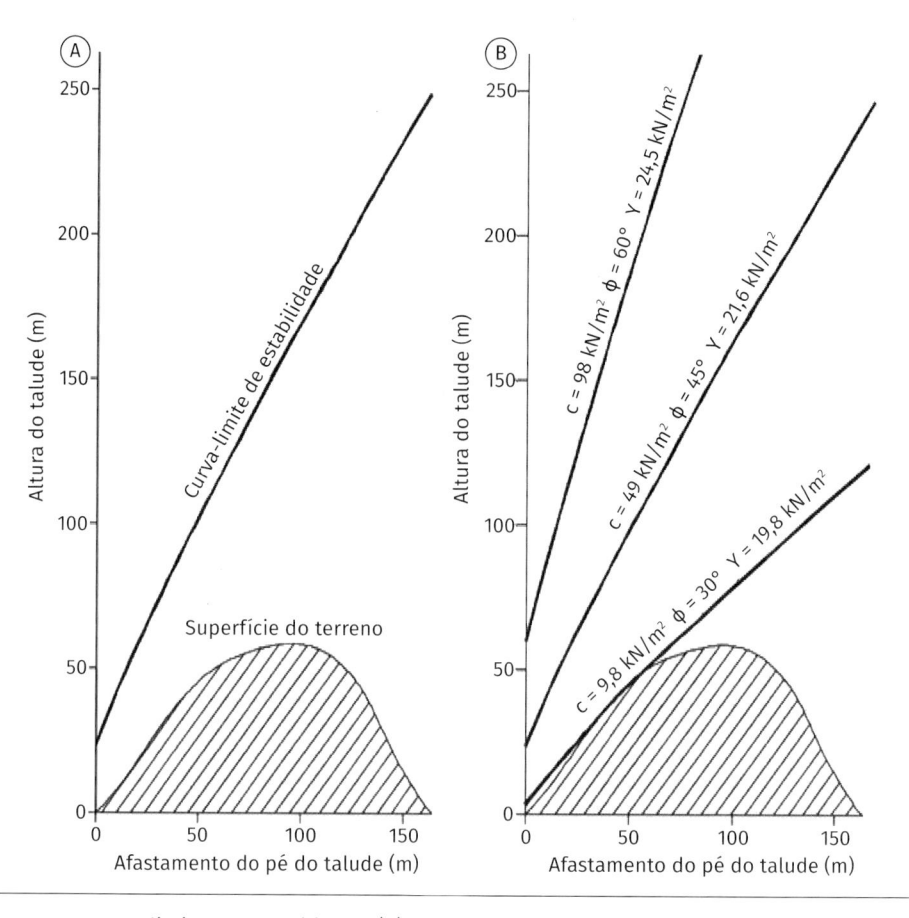

Fig. 6.1 Curva-limite de estabilidade (A) em vertente limitada pelo intemperismo e (B) em vertente limitada pelo transporte

Fig. 6.2 Grand Canyon do rio Colorado (EUA)
Fonte: adaptado de Tuxyso (CC BY-SA 3.0, https://w.wiki/B7SP).

conformam-se a uma curva estável, discutida nesta seção e nas subsequentes (seções 6.2 a 6.5).

No caso das vertentes limitadas pelo transporte, entretanto, o acúmulo de regolito fará com que, fatalmente, num dado momento, esse abaixamento leve a curva-limite de estabilidade a tangenciar a superfície do terreno e a sobrepassá-la em algum ponto P (Fig. 6.1B). A partir desse instante, esse ponto P tenderá a sofrer rebaixamento para que o equilíbrio do conjunto seja restabelecido. Essa reacomodação, contudo, não pode ser feita pela movimentação de partículas individuais, como no caso das vertentes limitadas pelo intemperismo: para movimentar-se, a partícula sobrepassante à condição-limite de equilíbrio precisará movimentar consigo o conjunto de partículas que lhe dão suporte, inferiormente. Em outras palavras, abaixo desse ponto, um processo de deformação da massa do regolito/solo se iniciará, o que, em termos usualmente utilizados pela Mecânica dos Solos, significa conduzir o regolito, nesse ponto e abaixo dele, à condição de empuxo ativo ou plastificação ou, ainda, que o estado tensional representado graficamente pelo círculo de Mohr atinge, nesse ponto, o envelope de ruptura, tal como apresentado na Fig. 5.1.

Uma análise atenta da Fig. 6.2 mostra que nela ocorrem algumas rupturas similares às ocorrentes no caso das controladas pelo transporte: observar, por exemplo, o lado esquerdo e o direito do primeiro plano da foto e comparar as cicatrizes ali existentes com as das Figs. 6.11 a 6.13, cujas formas serão discutidas nas seções subsequentes. A presença dessas cicatrizes mostra que, mesmo em condições controladas pelo intemperismo, este consegue – ainda que localmente e em um período mais dilatado de tempo – estabelecer o desequilíbrio de porções que se reestabilizam similarmente ao caso das controladas pelo transporte.

6.2 Forma teórica das massas instabilizadas e das consequentes cicatrizes deixadas no terreno

Como as observações de campo efetuadas desde o começo do século XX mostraram que as rupturas se apresentam curvilíneas, para permitir uma fácil "matematização" do fenômeno, os primeiros métodos de análise de estabilidade de taludes em solos homogêneos e espessos, desenvolvidos pela Mecânica dos Solos, tais como os de Fellenius (1936) e Bishop (1955), optaram por seções de ruptura semicirculares, mas Rendulic (1935 *apud* Vargas, 1981) utilizou uma espiral logarítmica (ver seção "Metodologias das ciências de Engenharia", p. 250). Observações cuidadosas, entretanto, indicam que, em regolitos espessos e razoavelmente homogêneos, as curvas desenvolvidas se aproximam muito mais do modelo de Rendulic, conforme exposto por Terzaghi e Peck (1966, p. 182, tradução nossa): "a curva [...] se assemelha ao arco de uma elipse".

Por outro lado, segundo a maioria dos autores clássicos da Mecânica dos Solos, como Terzaghi e Peck (1966), Taylor (1966), Spangler e Handy (1973) e Lambe e Whitman (1979), as rupturas experimentais atrás de estruturas de arrimo "constituem-se em curvas que culminam por uma porção vertical", fato esse já observado por Sir Benjamin Baker em 1881 (apud Spangler; Handy, 1973). Essa conclusão levou Terzaghi (apud Vargas, 1981) a desenvolver a chamada *teoria geral da cunha*, em que é proposta uma massa deslizante, atrás da estrutura, limitada, como a de Rendulic, por uma espiral logarítmica e que se inicia verticalmente.

Na realidade, a forma da seção principal da massa que entra em mobilização abaixo do ponto P e que sobrepassa a curva-limite de estabilidade superior (ver seção 6.1), bem como a da totalidade do corpo deslocado, será dada pela natureza e pelas características dos materiais que compõem o regolito, solo ou corpo de rocha. Assim:

* caso ele seja constituído por material puramente atritivo (areia pura ou rocha sã muito fragmentada), o corpo mobilizado deve ter a forma de uma cunha limitada inferiormente por uma reta inclinada de $\phi°$ com a horizontal, conforme exposto na seção 3.2;
* nos casos de encostas recobertas por consideráveis espessuras de materiais particulados (regolitos e solos coesivos/atritivos) com razoável homogeneidade (isto é, onde não restem relictos estruturais decisivos), que é a condição dominante nas regiões tropicais e subtropicais (mas não necessariamente ausente em outras condições climáticas), a forma observada da seção central (principal) da massa instabilizada e da cicatriz remanescente será a de uma curva que se inicia vertical ou muito próxima dessa condição e que irá se suavizando gradativamente em direção ao pé (Fig. 6.3);
* nos casos de encostas rochosas ou que tenham uma quantidade considerável de remanescentes rochosos (ou, pelo menos, de estruturas reliquiares dessas rochas), ainda que busquem se adequar o mais próximo possível ao modelo da Fig. 6.3, as feições estruturais dominarão o comportamento do conjunto e o aspecto da massa movimentada e da cicatriz remanescente poderá ter feições de cunhas ou outras bastante irregulares.

Para entender o porquê do desenvolvimento de uma curva (Fig. 6.3) com forma próxima da de uma espiral logarítmica quando da ruptura de uma encosta constituída por uma massa de material coesivo/atritivo, imagine-se que a encosta esteja contida por uma estrutura que vá sendo progressivamente rebaixada. Nesse caso, a cada situação-limite da altura/inclinação que cumpra a expressão de Culmann (Eq. 3.10), teoricamente, uma ruptura deveria ocorrer, sendo a primeira quando a altura livre ultrapassar (ainda que em um valor infinitesimal) a altura máxima estável para a inclinação de 90°, e, nesse caso, a ruptura teria uma face vertical com essa altura, seguida, em sua porção inferior, por uma extensão inclinada de $(90 - \Delta x)°$. A partir desse ponto, a cada rebaixamento, novas extensões cada vez maiores, correspondentes a inclinações cada vez menores, se sucederiam na composição da porção inferior da curva, enquanto sua porção superior iria sendo "enterrada" cada vez mais no maciço. Assim, cada ponto da superfície de ruptura atende à condição de estabilidade dada por sua distância/inclinação em relação ao topo do talude, e uma épura de Culmann (seção 3.5) invertida (a que se pode chamar *curva-limite de estabilidade inferior*) irá sendo traçada na encosta, tal como mostra a Fig. 6.3.

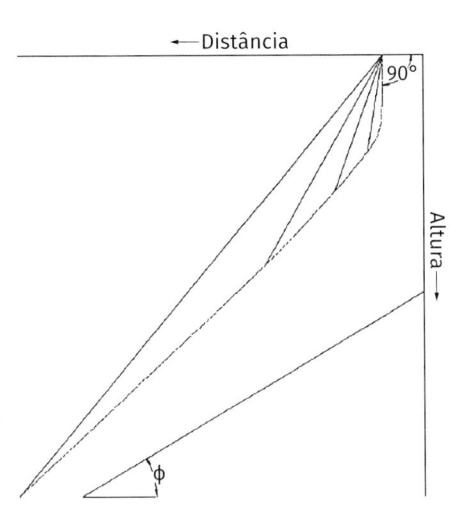

FIG. 6.3 *Forma deduzida da seção principal da superfície de ruptura*
Fonte: Lopes (1988).

A Fig. 6.4 apresenta uma série de curvas de ruptura (representadas em escala duplo-logarítmica por questão de espaço) variando-se o valor da coesão entre 0 e 19,8 kN/m² e mantendo-se o ângulo de atrito em 30°.

Não há, por outro lado, por que se imaginar que uma ruptura atrás de uma estrutura de arrimo tenha forma diferente da de uma ruptura de encosta livre. Neste último caso, entretanto, a ruptura ocorrerá por decadência progressiva dos parâmetros de resistência mecânica provocada pelo intemperismo e terá seu *déclanchement*, usualmente, pela ação de um evento gatilho (ver Caps. 5 e 7).

Se se imaginar, a duas dimensões, uma encosta com material coesivo/atritivo razoavelmente homogêneo, entrando na condição de estabilidade-limite, pode-se, a partir do anteriormente discutido, concluir que a seção principal da

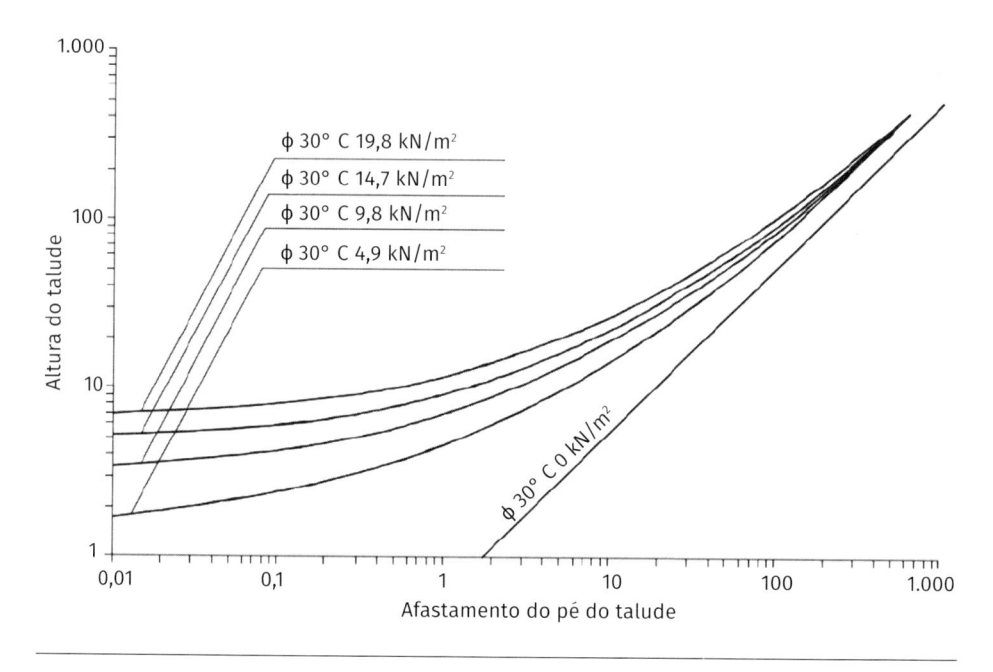

FIG. 6.4 *Curvas teóricas de ruptura para φ = 30° e diversos valores de C (escala duplo-logarítmica)*
Fonte: Lopes (1995).

superfície de ruptura deverá ser constituída, a partir do ponto P, por uma reta vertical que se estenda até a profundidade-limite da estabilidade do material remanescente $H = (4c/\gamma)\{(\cos \varphi)/[1 - \cos(90 - \varphi)]\}$, conforme exposto na seção 3.5, seguindo-se, a partir daí, segmentos de retas com extensões crescentes e inclinações progressivamente mais suaves, correspondentes às diversas condições-limites de estabilidade, até a condição-limite final, que corresponderia à reta inclinada de $\varphi°$. Em outras palavras, a superfície de ruptura deverá iniciar-se vertical e, a partir do limite da estabilidade dessa condição, suavizar-se progressivamente, gerando uma curva que se aproxima assintoticamente da reta cuja inclinação é igual à do ângulo de atrito interno, que possui extensão estável, infinita (Figs. 6.3 e 6.4). Em três dimensões, todas as seções ao redor do ponto P que sobrepassarem a curva deverão atender à condição prevista para a seção principal e, consequentemente, irão sendo gerados sólidos de ruptura cada vez maiores, à medida que a estrutura de contenção for sendo abaixada ou o material da encosta for sendo degradado.

Nas rupturas, o início do processo é observável, usualmente, pela materialização das chamadas *fendas de tração* (que limitam superiormente a massa deslocada), que se seguem a um primeiro intumescimento do pé, que corresponde, por sua vez, ao início da movimentação da massa. Como a superfície de ruptura é curva e progressivamente mais suave em direção ao pé, a massa que se desloca sofre, concomitantemente, uma rotação para acompanhar a forma dessa superfície, conforme ilustrado na Fig. 6.5.

Se o regolito é razoavelmente homogêneo, pode-se admitir que, no começo do procedimento, estando a estrutura de contenção em repouso e/ou a encosta em equilíbrio, atrás delas existem n sólidos potenciais de ruptura, tal como mostrado na Fig. 6.5, junto da qual, para efeitos comparativos, é postada a Fig. 6.6, retirada de Tschebotarioff (1978), que, por sua vez, a tomou de um ensaio com modelo efetuado por J. Brinch Hansen, e que caracteriza o movimento da areia atrás de um muro que gira no entorno do ponto O.

Assim sendo (e ainda que esteja fora do escopo do presente livro), não há como ignorar as consequências desse raciocínio em termos das estimativas de empuxos de terra sobre estruturas de contenção. Conforme consta da seção 3.4, o modelo de Rankine para empuxos de terra implica que as rupturas atrás de estruturas de contenção ocorreriam segundo retas com ângulos de inclinação em relação à

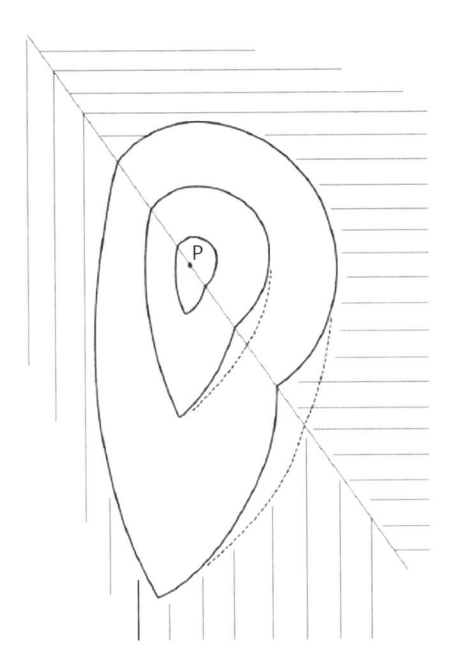

Fig. 6.5 *Sólidos resultantes do giro da curva-limite de estabilidade – superfícies potenciais de ruptura*

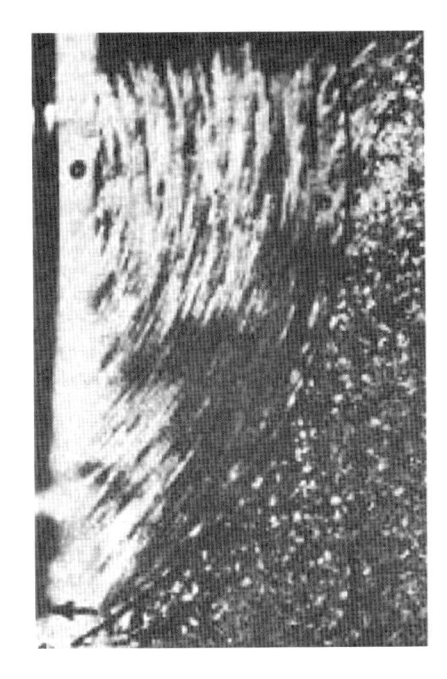

Fig. 6.6 *Ensaio mostrando superfície de ruptura atrás de uma estrutura de contenção*
Fonte: Tschebotarioff (1978).

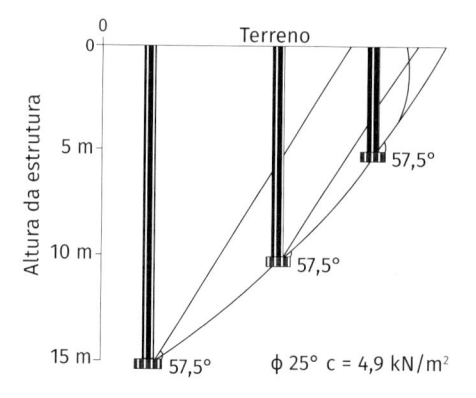

Fig. 6.7 *Valores da cunha de solo, que influencia estruturas de contenção de diversas alturas, obtidos da teoria de Rankine e da épura de Culmann invertida. Na figura, não foi considerada (como usualmente é feito nos cálculos) a influência da coesão na estimativa dos empuxos utilizando-se a teoria clássica*
Fonte: Lopes (1997).

horizontal de $45 + \phi/2°$, no caso de maciços com superfícies horizontais. Já no caso de maciços com superfícies inclinadas, as rupturas ocorreriam segundo curvas cujas formas dependeriam da relação entre os valores do ângulo de inclinação e do de atrito interno (Vargas, 1981). Na prática, entretanto, verifica-se que, em todos os casos em que se trata de solos homogêneos, a superfície de ruptura corresponde à de uma curva que se inicia vertical e se suaviza gradativamente, muito mais próxima à espiral logarítmica proposta por Terzaghi (1941 *apud* Vargas, 1981) em sua teoria geral da cunha para empuxos de terra ou ao modelo proposto e configurado na Fig. 6.7.

Essa figura mostra que, a duas dimensões, as estimativas efetuadas utilizando-se retas de ruptura (modelo de Rankine) resultam em valores pouco diferentes dos que se obteriam com o modelo proposto para estruturas no entorno de 10 m e que, no entanto, haveria forte superestimação para pequenas alturas (< 5 m) e subestimação sensível para grandes alturas (> 15 m). O fato de que a maioria das estruturas de contenção não atirantadas existentes possui alturas abaixo de 10 m pode explicar seu aparente sucesso.

Com base nesses fatos e no antes discutido, conclui-se que é possível a execução de estimativas de empuxos de terra sobre estruturas de contenção mais coerentes com a realidade observada e, consequentemente, com maior probabilidade de acerto utilizando-se como superfícies potenciais de rupturas, a duas dimensões, as curvas côncavas que resultam da instabilização de maciços terrosos, tal como mostrado ao longo deste capítulo. Por outro lado, valores de empuxos sobre estruturas, a três dimensões, teriam um modelo mais adequado na ação da força peso resultante de um sólido limitado por superfícies convexas, tal como esquematizado na Fig. 6.7.

A partir do modelo apresentado na Fig. 6.5, pode-se concluir que, ao serem observadas em fotos aéreas ou desenhadas em plantas topográficas, as cicatrizes resultantes dos escorregamentos deveriam ter formas ogivais, compostas de uma semicircunferência (cúpula) e limitadas, inferiormente, por um triângulo

6.3 Forma real dos sólidos rompidos e das cicatrizes resultantes

A Fig. 6.9 mostra uma representação a três dimensões de uma ruptura real.

Do mesmo modo, o mapa geológico/geomorfológico da Fig. 6.10 exibe diversos "anfiteatros" de ruptura, alguns dos quais – mais recentes – conservam em seu interior depósitos correlativos, e muitos mostram que os movimentos sofreram recorrências e retroalimentações, tendo, em alguns casos, atingido o topo da elevação e quase tocando "anfiteatros" situados no lado oposto.

A Fig. 6.11 mostra um escorregamento que atingiu a rodovia BR-116, na Serra do Azeite (SP), na década de 1970; nela é possível observar a forma da cicatriz ("anfiteatro") e o depósito correlativo jazendo em seu pé.

As Figs. 6.12 e 6.13 caracterizam, igualmente, casos reais de cicatrizes de escorregamentos. A Fig. 6.12, tomada em Minas Gerais, próximo à divisa com São Paulo, apresenta cicatrizes de pelo menos quatro idades diferentes: as mais antigas encontram-se preenchidas por vegetação florestal, a geração seguinte, por vegetação de campo cerrada, à qual se segue outra, com vegetação de campo rala, e, finalmente, as mais jovens, sem vegetação.

Em sua margem superior, próximo à cicatriz mais nova, pode-se observar nitidamente uma série de faces curvas: seriam semelhantes a um "balão" ou "pipa" ou "folha", próximo do mostrado na Fig. 6.8.

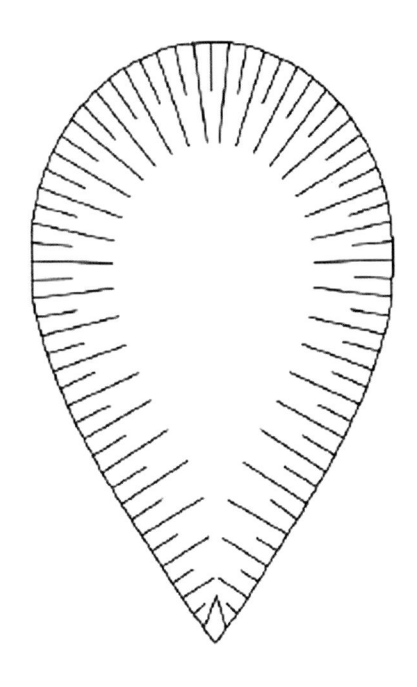

FIG. 6.8 *Cicatriz teórica de escorregamento vista em foto aérea e/ou carta topográfica*
Fonte: Lopes (1995).

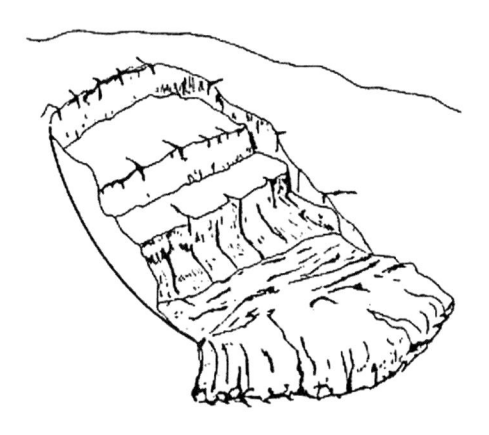

FIG. 6.9 *Representação a três dimensões de uma ruptura real*
Fonte: LCPC (1976).

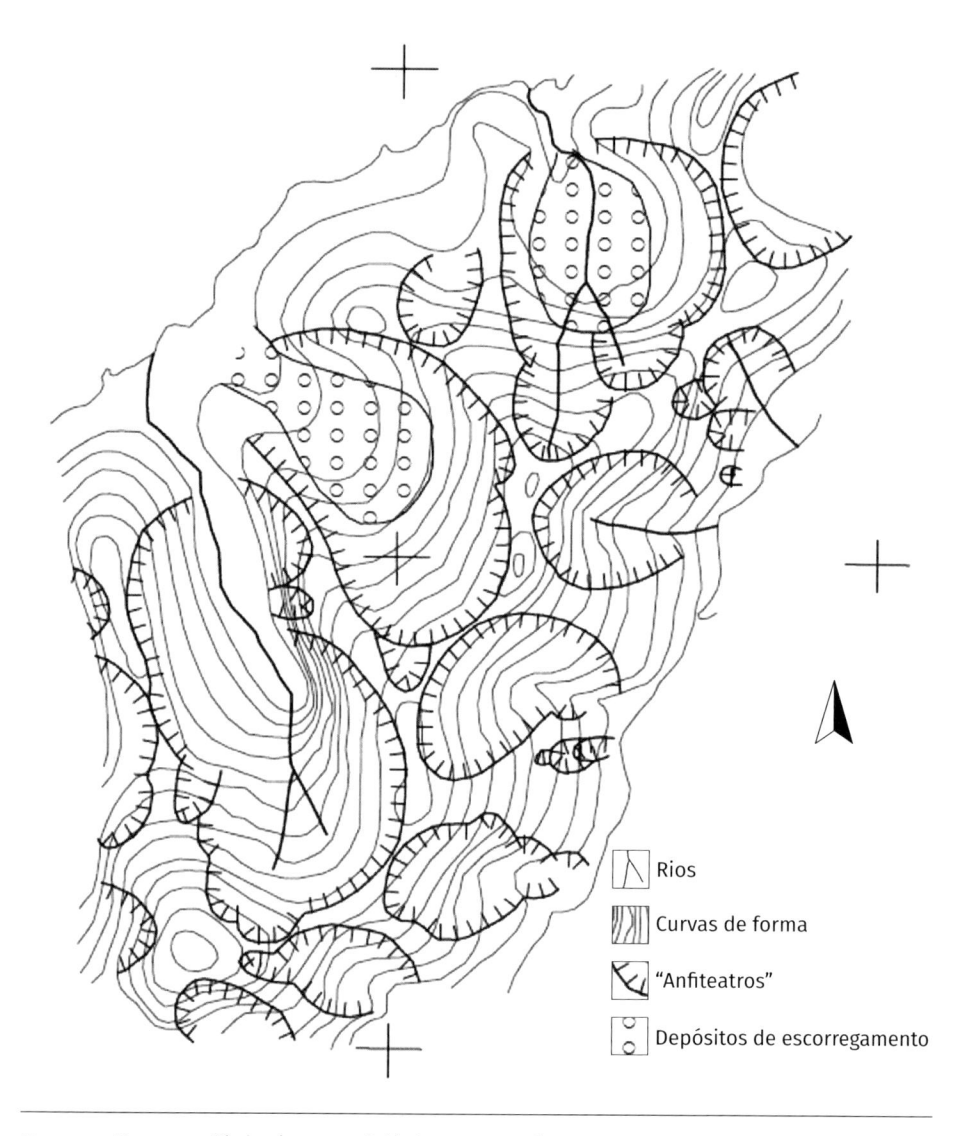

Fig. 6.10 *Mapa geológico/geomorfológico de uma área da Ferrovia do Aço próxima a Bom Jardim de Minas (MG)*
Fonte: Lopes (1995).

A observação dessas cicatrizes mostra que elas se aproximam muito da forma teórica, particularmente as mais jovens (menos desgastadas).

A Fig. 6.13, tomada em São Paulo, ao lado da rodovia Fernão Dias, exibe cicatrizes também de quatro idades diferentes: as mais antigas são recobertas por vegetação de porte; as da geração seguinte (pelo menos algumas) exibem, em seu interior ou em seu pé, depósitos correlativos; as de idade intermediária

6 Consequência geomorfológica da degradação dos parâmetros... | 99

Fig. 6.11 *"Anfiteatro" gerado por escorregamento em corte da rodovia BR-116, na Serra do Azeite (SP)*
Fonte: Lopes (1995).

Fig. 6.12 *Cicatrizes de escorregamentos de pelo menos quatro idades diferentes*
Fonte: José A. U. Lopes.

Fig. 6.13 *Cicatrizes de escorregamentos de pelo menos quatro idades diferentes*
Fonte: Álvaro R. dos Santos.

desenvolveram terracetes (ver seção 6.5); e as mais jovens apresentam-se sem vegetação. Pode-se verificar que todo o detalhe da conformação dos morros é comandado pela ocorrência dessas cicatrizes.

As Figs. 6.14 e 6.15, tomadas, respectivamente, das regiões de Machu Picchu, no Peru, e do Corcovado, no Rio de Janeiro, mostram que grandes maciços de rocha também sofrem escorregamentos que formam cicatrizes grosseiramente próximas do padrão discutido, ainda que apresentem desenvolvimento da porção superior (íngreme) muito mais conspícuo, em razão da grande coesão que possuem (ver seção 6.2), e mostrem faces angulosas representativas das diaclases existentes na rocha. No caso específico da Fig. 6.15, a porção inferior é constituída, também, por depósitos de materiais oriundos das porções mais altas.

A observação de todas essas figuras mostra que o padrão das cicatrizes reais em materiais particulados (solos e regolitos), ainda que em grandes traços se assemelhe à forma teórica descrita na seção 6.2, apresenta algumas diferenças em relação a ela, tais como:

Fig. 6.14 *Cicatrizes de escorregamentos conformando o maciço rochoso situado ao lado da cidade de Machu Picchu, no Peru*
Fonte: José A. U. Lopes.

6 Consequência geomorfológica da degradação dos parâmetros... | 101

FIG. 6.15 *Encosta do Corcovado virada para a cidade do Rio de Janeiro mostrando comportamento similar ao da encosta do maciço de Machu Picchu*
Fonte: beckstei (CC BY 3.0, https://w.wiki/Ajfg).

a] As cicatrizes, no campo, costumam ser mais curtas do que a teoria as prevê: normalmente, falta a porção inferior mais suave, aparecendo apenas a porção mais íngreme.

Esse fato pode ser explicado:
* Pela *altura exposta* disponível nas encostas – as encostas naturais têm alturas expostas limitadas e as rupturas só podem ocupar, no máximo, essas alturas. Assim, ao degradarem-se c e ϕ e ocorrer um processo gatilho, a ruptura será limitada por esse condicionamento.
* Pela forma dos sólidos potencialmente instáveis – as Figs. 6.5 e 6.6 e 6.11 a 6.13 permitem verificar que a forma dos sólidos potencialmente instáveis, bem como das cicatrizes de escorregamentos por eles deixadas nas encostas, é a de uma taça, muito próxima da de uma hemiesfera, isto é, de um sólido cujas relações superfície/volume decrescem rapidamente com o crescimento do volume. Por outro lado, como o peso do maciço de

solo isolado, que é o responsável pelo aparecimento dos esforços cisalhantes, é proporcional ao volume e como as forças resistentes coesivas são função da superfície, segue-se que há uma tendência de rapidamente ocorrer uma superação destas por aquelas.

* Pela distribuição desigual das forças resistentes de natureza atritiva, no sentido longitudinal da cicatriz, e das de natureza coesiva, transversalmente a ela – a utilização da técnica de análise bidimensional, dividindo-se em fatias uma massa potencialmente instável, empregada nos métodos tradicionais de análise de estabilidade de taludes pela Geotecnia (ver seção 9.2), permite uma aproximação a essa questão. Uma observação da Fig. 6.16 mostra que a relação entre as componentes normal (que atua no sentido resistente) e tangencial (que atua no sentido cisalhante) da força da gravidade, que é menor que 1 nas fatias superiores, vai crescendo nas inferiores. Assim, ao desenvolver-se gradativamente a curva teórica de ruptura, de cima para baixo, o peso do maciço isolado acima pelas fendas de tração resultantes desse processo cresce rapidamente, ao mesmo tempo que o aparecimento destas últimas faz desaparecer a resistência coesiva na porção superior, que já tem, como antes exposto, uma contribuição atritiva pequena, resultando em que ela praticamente atue só com seu peso, empurrando a porção inferior, sem contribuir para a resistência, e provocando a ocorrência de uma ruptura progressiva. Por outro lado, a resistência coesiva, que atinge seu máximo teórico na porção mais larga da cicatriz, reduz-se rapidamente a partir daí, e, consequentemente, uma vez ultrapassada essa área, a resistência coesiva global se torna muito pequena e a ruptura progride para baixo, devendo vencer apenas uma

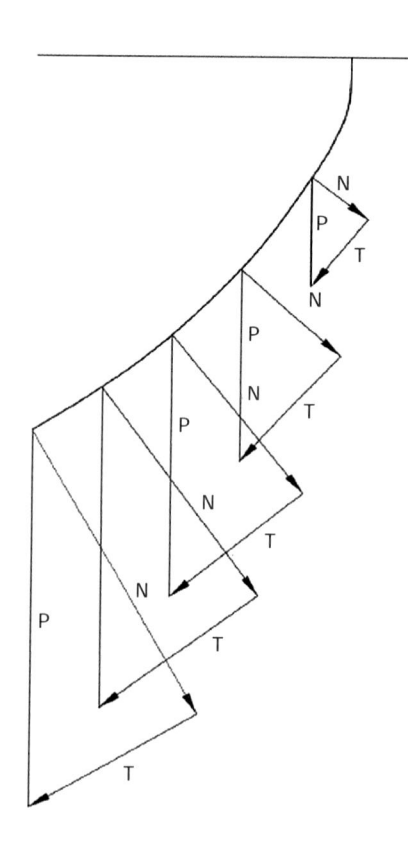

FIG. 6.16 *Seção principal de ruptura decomposta em fatias e forças peso delas representativas em componentes normais e tangenciais*
Fonte: Lopes (1995).

resistência que não consegue fazer frente à massa em deslocamento, sobrevindo a ruptura final, sem que seja necessária a exposição da totalidade do sólido.

b] As cicatrizes não são limitadas inferiormente por um ponto, mas por uma área alargada transversal à seção principal (Figs. 6.9 a 6.13).

A explicação desse fato liga-se parcialmente ao discutido anteriormente: como não chega a desenvolver-se a porção final da curva, não há, obviamente, um ponto-limite inferior, mas uma seção transversal perpendicular ao escorregamento, algo mais larga, correspondendo ao limite inferior do sólido realmente deslocado. Além disso, durante a movimentação, o efeito de arrasto provocado pelo solo em deslocamento alarga a "boca" da cicatriz para permitir a passagem do material. Esse fato é magnificado em razão de a porção inferior (pé do escorregamento) se deformar enormemente, perdendo estrutura e sofrendo cisalhamentos internos, aproximando-se de um fluxo que arrasta o material *in situ* destruindo sua estrutura e tornando-o consequentemente de fácil mobilização, tal como pode ser verificado em qualquer evento desse tipo e como é referido por diversos autores (por exemplo, USGS, [197-]; Meis; Silva, 1968; Mougin, 1973; Lopes, 1995).

c] As cicatrizes, as mais das vezes, não são limitadas superiormente por uma "parede" vertical, mas por um talude próximo da verticalidade.

Esse fato, reportado na literatura por alguns autores, como Mougin (1973), foi também observado pelo autor e pode ser explicado considerando-se que, durante os primeiros momentos de desenvolvimento das fendas de tração, há uma redução na resistência coesiva do solo, nessa porção, pela ação do desconfinamento, resultando em fendas de tração paralelas e retroinstabilizações progressivas, conforme pode ser constatado durante escorregamentos observados e em cicatrizes antigas (Fig. 6.10) e é, também, reportado por diversos autores, entre eles o próprio Mougin (1973), além de Meis e Silva (1968) e Bigarella e Becker (1975). Sun et al. (2016) mostraram que, em *loess* fraturados, a coesão se reduz rapidamente com a inclinação do plano de ruptura existente, sendo mínima quando esse plano forma 90° com o esforço aplicado, o que é perfeitamente compreensível, uma vez que a coesão é responsável, apenas, pela aderência ao longo do plano de ruptura.

Sobre esse ponto, cabe mencionar ainda o fato de que, como foi antes referido, nas rupturas atrás de estruturas de contenção, que costumam ser mais rápidas, tem-se cumprido a verticalidade inicial teórica, segundo relato dos autores clássicos da Mecânica dos Solos citados na seção 6.2. A observação da Fig. 6.6, entretanto, mostra que, mesmo nesse caso, atrás da porção vertical surge, imediatamente, uma "cunha" que a suaviza.

Os detalhes da altura e da largura relativa da porção triangular inferior e da semicircunferência superior dependem da forma da curva limitante, isto é, em última análise, de c, ϕ e γ; da distribuição das heterogeneidades no interior da massa; da presença, posição e pressões da água; da forma como o sólido desenhado pelo giro dessa curva secciona a superfície do terreno, ou seja, da inclinação da encosta (que raramente é vertical como no caso da estrutura de contenção) e de sua forma – retilínea, côncava, convexa ou irregular –; e ainda da posição em que o seccionamento ocorre: no topo, como mostra a Fig. 6.5, ou em qualquer outra posição na própria encosta (Figs. 6.11 a 6.13).

6.4 Campo de estabilidade das encostas e sua evolução com o tempo

A região delimitada entre a curva de estabilidade superior (épura de Culmann, Fig. 3.9), que pode ser considerada como o limite superior das encostas convexas – tidas como típicas de climas úmidos –, e a curva de estabilidade inferior (perfil desenhado pela superfície de ruptura, Fig. 6.3), que pode ser considerada como o limite das encostas côncavas – tidas como típicas de climas áridos e/ou glaciais –, foi denominada *campo de estabilidade* pelo autor (Lopes, 2003), e seus conceitos, origens e formas foram justificados na seção 6.3. Como ilustrado na Fig. 6.17, todos os taludes situados no interior dessa região (perfeitamente delimitada, em termos matemáticos, pelas curvas que a contêm) são estáveis e todos os locados fora são instáveis, ou seja, não podem existir na natureza. Os fatores de segurança crescem no sentido da porção central do campo de estabilidade, e o máximo fator possível para uma determinada condição corresponderia a uma encosta retilínea com traçado ocupando a porção central do campo.

Conforme mostrado na Fig. 6.18 e de acordo com o anteriormente exposto, quanto menor é o valor de coesão, mais rebaixada é a porção vertical inicial das curvas-limites de estabilidade, e, quanto menor é o ângulo de atrito interno do material, menor é o ângulo para o qual essas curvas se dirigem assintoticamente (Fig. 6.19). Em outras palavras, quanto maiores forem a coesão e o atrito, mais elevada será a curva-limite convexa (ou superior) e mais rebaixada

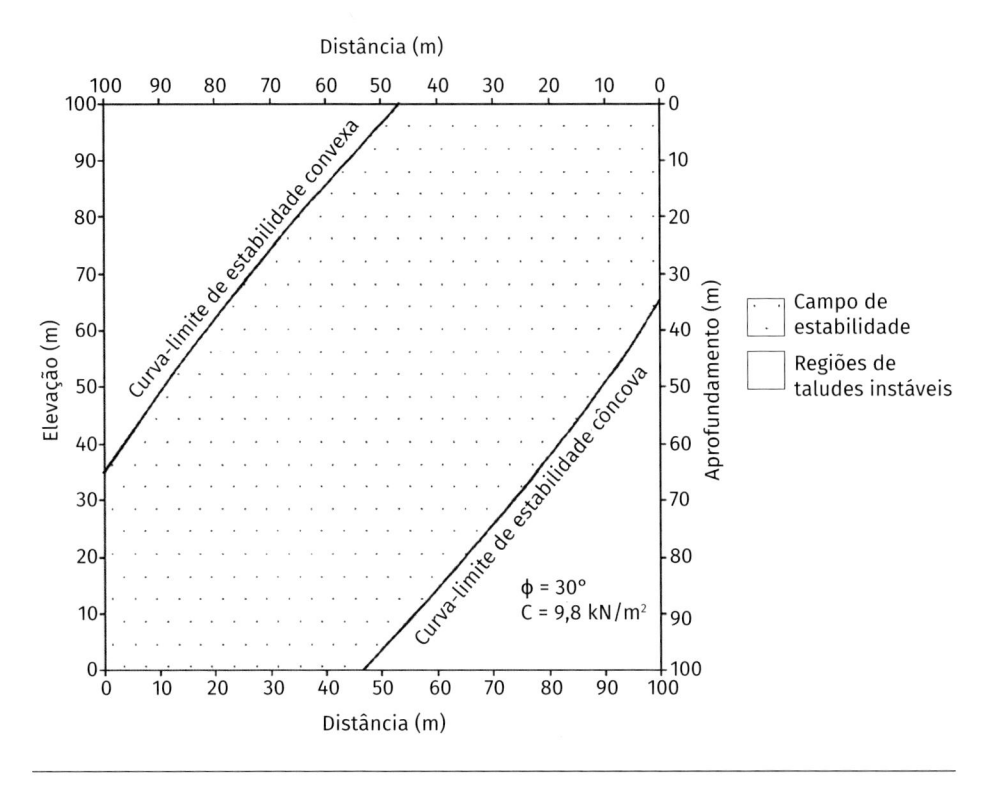

FIG. 6.17 *Campo de estabilidade para um material com φ = 30° e C = 9,8 kN/m²*
Fonte: Lopes (2003).

será a curva-limite côncava (ou inferior) e, como consequência, maior será o espaço existente entre elas, espaço esse que corresponde ao campo das situações estáveis.

Quando o ângulo de atrito e a coesão são reduzidos pela ação do intemperismo (ver Cap. 5), há um rebaixamento da curva convexa e uma redução do ângulo-limite para o qual essa mesma curva se dirige assintoticamente e uma relativa elevação da curva-limite côncava, ao mesmo tempo que seu ângulo-limite é, também, suavizado, ou seja, ocorre uma redução do campo de estabilidade. Para um material com φ = 30° e c = 9,8 kN/m², tem-se um campo relativamente amplo (área pintalgada na Fig. 6.17) que se reduz sensivelmente (porção hachurada) quando a coesão passa a ser de 5 kN/m² (Fig. 6.18), e mais ainda quando o atrito interno passa a 15° (Fig. 6.19). Obviamente, uma redução concomitante desses dois parâmetros – que é o que ocorre na natureza – resulta em um campo ainda mais reduzido.

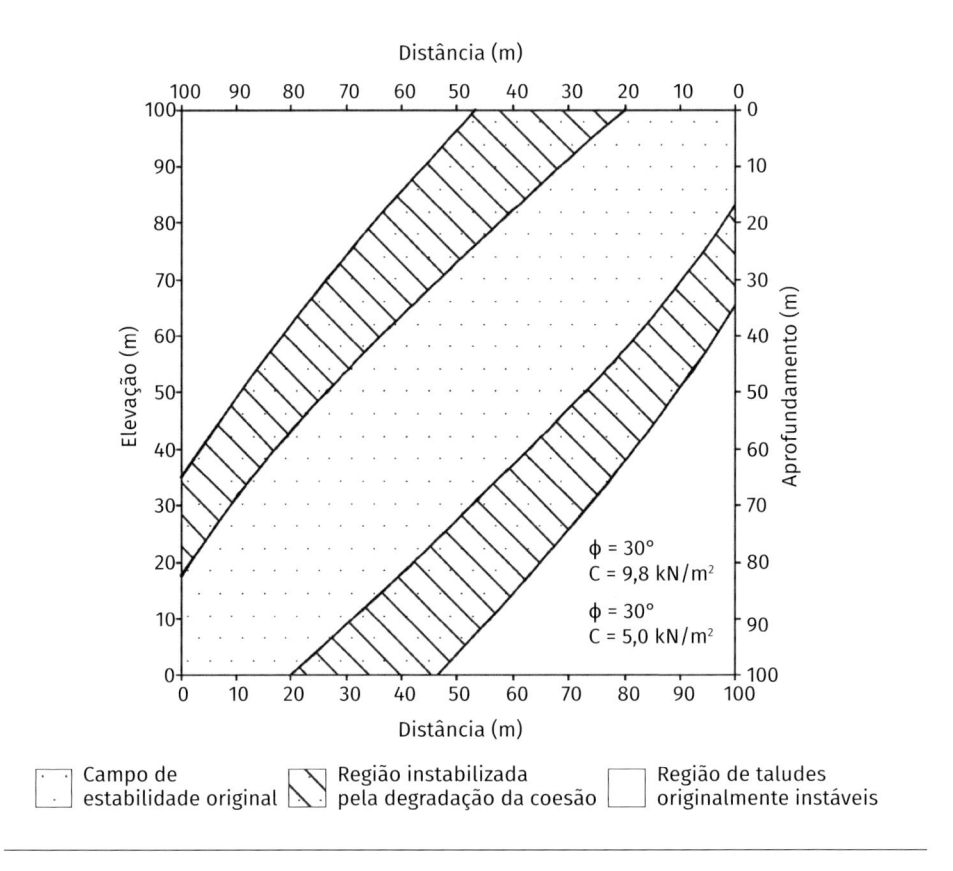

FIG. 6.18 *Campo de estabilidade para um material com ϕ = 30° e C = 5 kN/m²*
Fonte: Lopes (2003).

Os campos de estabilidade representados nas Figs. 6.17 a 6.19 são, na verdade, parciais (para a curva convexa, o eixo das abcissas e das ordenadas situa-se no canto inferior esquerdo, enquanto, para a côncava, ele se encontra no canto superior direito), uma vez que, como antes explicado, ambas essas curvas tendem ao infinito (são assintóticas à inclinação do ângulo de atrito interno do material) e o importante era mostrar seu comportamento com a variação de c e ϕ.

Desses fatos pode-se concluir que a sensibilidade das encostas a qualquer mudança ambiental é inversamente proporcional ao valor dos parâmetros de resistência iniciais de seus materiais constituintes e diretamente proporcional à agressividade e ao tempo de atuação do clima local. Essa conclusão explica por que penhascos rochosos (Figs. 6.14 e 6.15) permanecem relativamente estáveis por largo tempo, enquanto taludes argilosos suaves são rapidamente instabilizados quando submetidos às mesmas condições ambientais de contorno (como o caso das argilas de Londres citado na seção 5.2).

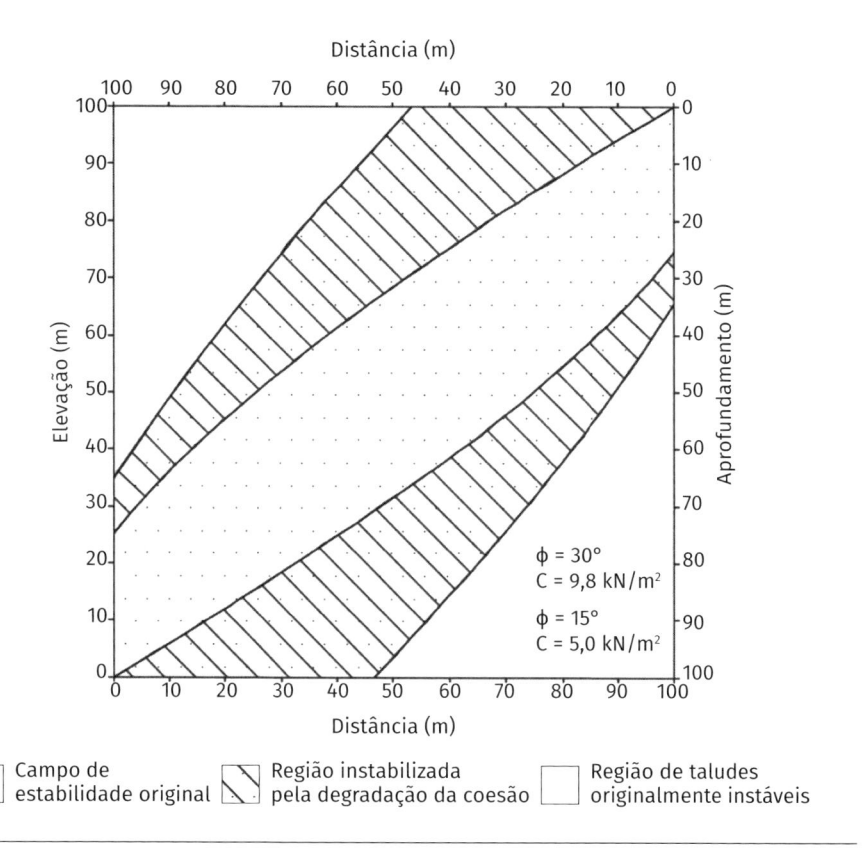

FIG. 6.19 *Campo de estabilidade para um material com φ = 15° e C = 9,8 kN/m²*
Fonte: Lopes (2003).

No caso em que um soerguimento tectônico cause uma elevação da altura do talude ou que seu ângulo seja acentuado ou, ainda, que um rio provoque uma incisão profunda e que os eventos elevação/acentuação de ângulo/incisão sejam suficientes, a encosta será colocada fora de seu campo de estabilidade e, como consequência, um movimento de massa reestabilizador do equilíbrio ocorrerá (Figs. 6.14 e 6.15).

Do mesmo modo, caso c e φ sejam suficientemente reduzidos, ainda que as demais variáveis permaneçam constantes, a situação de instabilidade será atingida pela redução dos limites do campo das situações estáveis possíveis (curvas convexa rebaixada e côncava elevada), pela ação do intemperismo (Figs. 6.11 a 6.13). É evidente que, na natureza, esses dois cenários ocorrem, as mais das vezes, associados.

Voltando-se à situação retratada na Fig. 6.2 e atentando-se para a dinâmica do processo tal como descrita nas seções 6.1 a 6.4, pode-se concluir que as vertentes ali mostradas se situam na (ou muito próximo da) curva-limite de estabilidade inferior, tanto globalmente como no caso de cada camada pelítica individualmente, e que, quando, em algum ponto, a curva-limite de estabilidade inferior é subpassada, o equilíbrio é restabelecido por quedas de blocos, quedas de "paredes" e/ou rupturas clássicas como as mostradas nessa foto.

6.5 Movimentos lentos e terracetes
6.5.1 Rastejo (*creep*)

A movimentação lenta dos solos, no sentido do sopé das encostas (± 2-3 mm por ano), conhecida na literatura como *rastejo* (*creep*) é devida a dois conjuntos de processos distintos: um constituído pela resultante da composição de movimentos individuais de partículas, com sentidos dominantemente de elevação e abaixamento (*heaves*) ou aleatórios, com a componente gravitacional (*rastejo sazonal* de Terzaghi, 1967), e o outro devido unicamente à força da gravidade (*rastejo contínuo* de Terzaghi, 1967). Segundo Kirkby (1967 apud Young, 1978), são causas do primeiro tipo de rastejo em regiões úmidas temperadas, em ordem decrescente de importância: a expansão e a contração por molhagem e secagem; a expansão e a contração por congelamento e degelo; a ação de minhocas e outros animais escavadores; as variações de temperatura; e a ação de raízes de plantas. Young (1978) considera que, nos trópicos úmidos, a ação da fauna possivelmente só perca em importância para a molhagem e a secagem, enquanto Mousinho e Bigarella (1965) atribuem importância desprezível aos efeitos da fauna e das raízes das plantas na atuação desse processo nessas mesmas regiões. Na realidade, molhagem/secagem, gelo/degelo e aquecimento/resfriamento são ações alternadas e diferem das outras, que são aleatórias. Todos esses processos, entretanto, só resultam em uma movimentação característica, a partir da atuação da componente gravitacional, que age paralelamente à inclinação da encosta e condiciona o sentido final do movimento resultante. Esse tipo de rastejo desaparece rapidamente com a profundidade: dificilmente vai além de 20-30 cm.

O rastejo contínuo está ligado às propriedades reológicas da argila e das "camadas" de água adsorvida e ocorre, em nível molecular, pela quebra das ligações fracas existentes entre arestas de cristais, pela atuação permanente da tensão gravitacional, sendo, consequentemente, mais efetivo sobre encostas de natureza argilosa. Terzaghi (1967) chamou a atenção para o fato de que o rastejo contínuo precede e sucede as rupturas progressivas, que representariam apenas acelerações momentâneas ou o clímax desse processo, tal como ilustra a Fig. 6.20. Esse fato foi posteriormente comprovado por outros autores, como Ackermann (1959) e Schumm e Chorley (1964), ambos citados por Young (1978), inobstante, segundo Kojan (1967 apud Carson; Kirkby, 1975), ele possa estender-se por bastante tempo e até profundidades de 10 m sem levar a rupturas. Variações locais de propriedades dos solos podem levar ao surgimento de trincas (crevasses), terracetes, fendas de tração e estruturas lobadas que transicionam para landslides. Teoricamente, esse tipo de rastejo pode atingir profundidades consideráveis, em razão de as tensões gravitacionais crescerem com a profundidade. Usualmente, entretanto, não ultrapassa 1 m (Carson; Kirkby, 1975), e é próximo à superfície que ele se soma ao outro tipo, sendo, consequentemente, mais efetivo. Segundo Skempton e Delory (1957 apud Carson; Kirkby, 1975), até encostas de baixos ângulos, como 9°, podem sofrer rastejo. Aparentemente, há

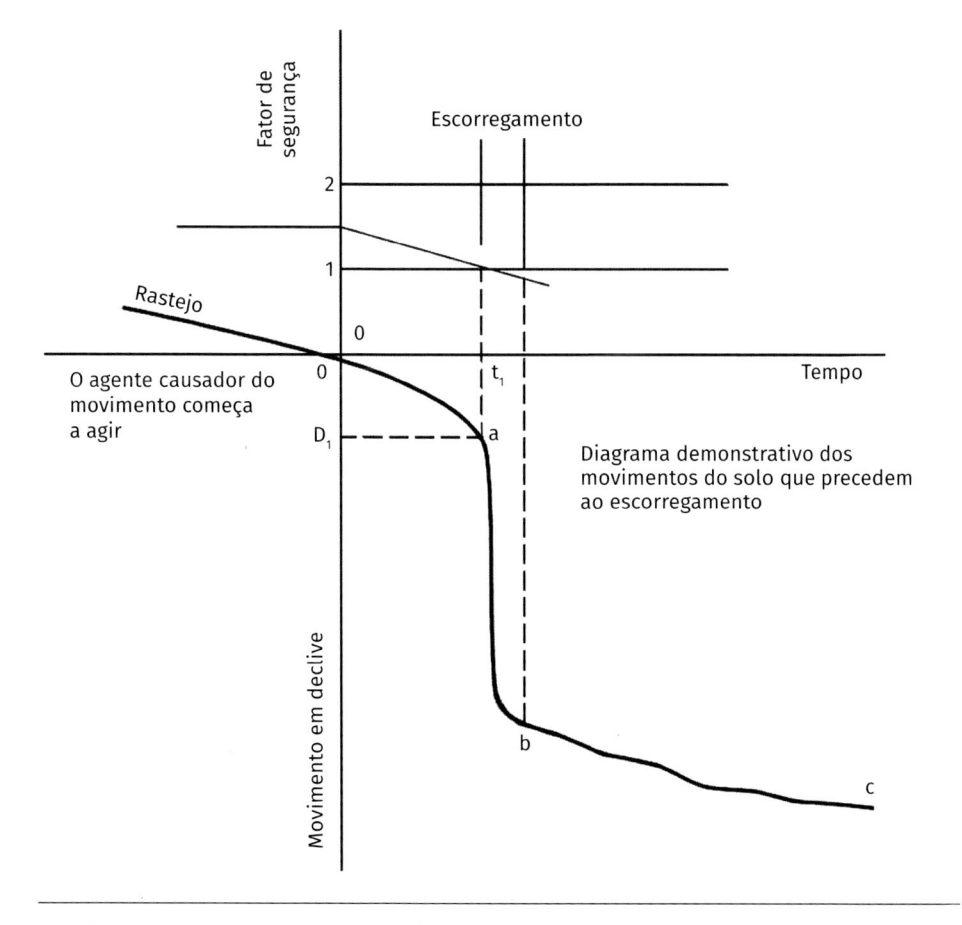

Fig. 6.20 *Esquema mostrando a sequência rastejo-escorregamento-rastejo*
Fonte: Terzaghi (1967).

uma relação entre a velocidade do movimento e o seno ou a tangente do ângulo de inclinação da encosta (Young, 1978).

Small e Clark (1982) apresentam o gráfico da Fig. 6.21, onde são comparadas as velocidades de diversos fenômenos, tais como escorregamentos, escoamentos, rastejo etc.

6.5.2 Solifluxão

Anderson (1906 apud Young, 1978, p. 59, tradução nossa) definiu *solifluxão* como o "fluxo lento de regolito saturado dos locais altos para os baixos". De acordo com Longwell (1944 apud Mousinho; Bigarella, 1965), a solifluxão é um tipo especial de rastejo ocorrente em regiões onde o solo congela até grandes profundidades (regiões periglaciais), e sua origem está ligada ao degelo da porção superior do *permafrost*. A zona degelada, saturada de umidade, flui lentamente, como um líquido viscoso, à velocidade de poucos centímetros por ano. Young (1978) estabelece, como limite dos efeitos da solifluxão, 1 m de profundidade, e 50 cm como

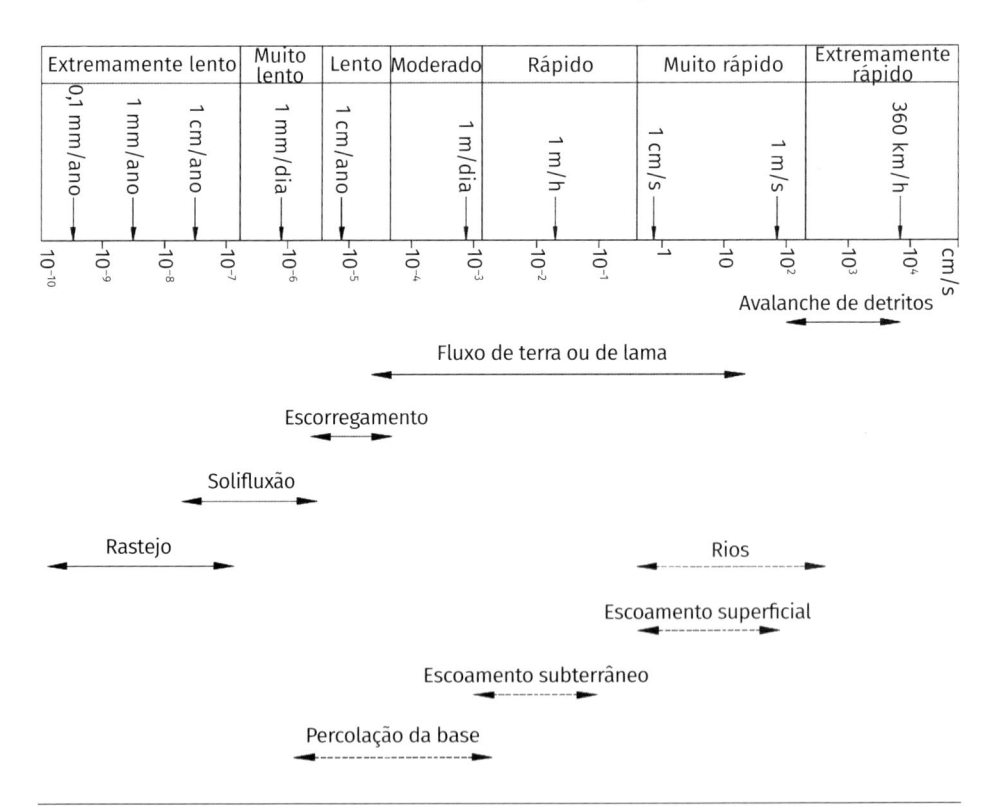

Fig. 6.21 *Velocidades relativas dos diversos tipos de movimentos de massa*
Fonte: adaptado de Small e Clark (1982).

a profundidade até onde os efeitos são sensíveis, crescendo daí para cima linearmente ou mais do que isso. Segundo Rudberg (1958, 1962 *apud* Young, 1978), uma marcante orientação de pedras, no sentido da encosta, tem sido observada em locais de solifluxão comprovada. A ordem de grandeza dos movimentos é de 0,5 cm a 5 cm por ano e não foi, até hoje, verificada nenhuma correlação importante entre o ângulo de inclinação da encosta e a velocidade de movimento. Transições entre solifluxão e rastejo ocorrem.

De acordo com Birot (1960 *apud* Mousinho; Bigarella, 1965), a solifluxão acontece sob as mais variadas condições climáticas, bastando que exista uma camada impermeável a baixa profundidade que impeça a infiltração da água e, como consequência, promova a saturação do material sobreposto. Mousinho e Bigarella (1965, p. 55) mencionam que, "como forma de movimento em massa lento, a solifluxão parece prevalecer em virtualmente todas as regiões climáticas" e a ela atribuem a grande massa de colúvios encontrada ao sopé de quase todas as encostas brasileiras. Segundo Bigarella e Becker (1975, p. 192), "a saturação pela água da camada superficial das encostas caracteriza a solifluxão em sentido amplo". Um aumento na velocidade do processo de solifluxão provoca a ocorrência de um movimento tipo *slump* ou fluxo (*flow*) (ver Fig. 2.1).

6.5.3 Microterraços ou terracetes

Uma feição comumente encontrada nas encostas temperadas, tropicais e subtropicais é a de microterraços, dispostos usualmente em sentido perpendicular à maior inclinação das vertentes: os terracetes. Young (1978) descreve dois tipos de terracetes. O primeiro é constituído de elementos aproximadamente paralelos, com trilhas aproximadamente em nível, com 10 cm a 50 cm de largura e cordões mais íngremes que a encosta. Esses terracetes ocorrem usualmente em vertentes com mais de 32° e dominantemente em áreas recobertas por grama, sobre regolitos delgados (< 30 cm), verificando-se algumas vezes arrancamento do horizonte orgânico da base e da face do cordão.

O segundo tipo, menos comum, segundo Young (1978), possui cordões verticais e sem vegetação e é menos alinhado no terreno. Estes últimos ocorrem em encostas íngremes recobertas por regolito profundo, por exemplo, sobre argila ou *loess*, geralmente quando há corte no sopé da encosta. Segundo esse mesmo autor, esse tipo de terracete é produzido por subsidência, com alguma rotação, ao longo de planos de falha verticais ou fortemente inclinados.

Young (1978) não aceita a origem proposta por Odum (1922), a seguir discutida, e considera que a origem mais provável desses terracetes é ligada à movimentação de animais, com base nas observações de Kerney (1964 *apud* Young, 1978) de que, em locais com grama e onde não existem animais, não ocorrem terracetes, do mesmo modo que eles não ocorrem em áreas florestadas, e de que os terracetes se formaram em Kent, na Inglaterra, após os desflorestamentos datados de 1000 a.C. O mecanismo de formação estaria ligado à escolha dos animais por trilhas rebaixadas, seguindo-se maior rebaixamento dessas trilhas pela ação do caminhar desses animais.

Carson e Kirkby (1975) apenas referem um tipo de terracete e descrevem-no como raramente possuindo mais do que 0,5 m de largura e profundidade, sendo 0,7 m, aparentemente, sua profundidade crítica. Segundo esses mesmos autores, "os terracetes antigamente eram tidos como produzidos pelo caminhar dos animais e não como resultado de qualquer processo de denudação" (Carson; Kirkby, 1975, p. 174, tradução nossa). Embora seja provável que eles sejam utilizados e consequentemente acentuados pelo andar dos animais, é certo que outros mecanismos devem atuar em sua geração, uma vez que ocorrem também em locais onde são raros os animais. Odum (1922 *apud* Carson; Kirkby, 1975) sugeriu que eles se devem a uma sucessão de pequenos escorregamentos rotacionais que atingem somente o manto de solo. Kirkby (1973 *apud* Carson; Kirkby, 1975) sugere que a ocorrência de terracetes se deve a escorregamentos situados logo abaixo do horizonte atingido pelas raízes, a partir do raciocínio de que a adesão das raízes com o solo é maior do que a coesão mútua entre as raízes, o que é espectável, tendo-se em vista que estas são verticais. Carson (1967 *apud* Carson; Kirby, 1975), com base em estudos efetuados na Inglaterra, concluiu que o desenvolvimento dos terracetes está ligado à espessura dos solos: em solos delgados eles ocorrem e em solos espessos são substituídos por verdadeiros escorregamentos. Isso se deveria a que, quando os solos são delgados, as raízes chegam até a rocha e impedem escorregamentos *stricto sensu*, o mesmo não ocorrendo em solos espessos, onde, entre o horizonte com raízes e a rocha, estende-se outro horizonte, menos resistente, que permite a instalação de superfícies de escorregamento. Segundo Carson e Kirkby (1975, p. 174, tradução nossa), "a impressão é de que os terracetes ocorrem onde a resistência ao cisalhamento do regolito é insuficiente para manter sua estabilidade em um determinado ângulo e que a pseudoestabilidade existente é devida à presença das raízes".

Guidicini e Nieble (1976), citando Scharpe (1938), apresentam quatro possibilidades de mecanismos para a ocorrência de terracetes: (i) remoção do pé do talude por curso d'água; (ii) escorregamentos rotacionais de pequena profundidade;

(iii) escorregamento de blocos ao longo de um plano de fraqueza; e (iv) movimento de escorregamento rotacional ao longo de uma superfície única.

Lara Neto, Bacellar e Sobreira (2013), trabalhando em microrregiões centrais de Minas Gerais, fizeram as seguintes observações:

- os terracetes nas regiões estudadas possuem ligação direta com a substituição da vegetação nativa por pastagens;
- são mais frequentes em vertentes com forma planar/convexa e convexa/convexa em planta e perfil com inclinações entre 30° e 50°;
- são mais comuns em solos pouco desenvolvidos e com finos abundantes;
- a ocorrência independe da elevação da área e, de modo geral, da orientação, embora haja uma aparente dominância no caso de vertentes orientadas para norte e sudeste;
- ocorrem dominantemente entre 0,5 e 1 por metro de encosta;
- a maioria possui amplitude entre bermas entre 0,4 m e 1 m e largura das bermas entre 0,1 m e 0,8 m.

Esses autores concluíram que os "estudos realizados ainda não foram totalmente conclusivos para entender sua gênese".

Os terracetes observados pelo autor (Lopes, 1995) em vertentes de regiões tropicais e subtropicais úmidas apresentam as seguintes características:

- são do tipo subparalelo, semelhantes aos descritos por Young, e de outro tipo, que, embora macroscopicamente pareçam contínuos e razoavelmente horizontais, no detalhe se aproximam e se afastam, constituindo ondulações com concavidade voltada para cima, à semelhança dos antigos *bandeaux* que coroavam cortinados e dosséis;
- em nenhum local foram observados terracetes com cordões verticais e completamente desnudos de vegetação;
- ocorrem em regolitos espessos, dominantemente argilosos, oriundos dos mais variados tipos de litologias – granitos, gnaisses, basaltos, filitos e rochas sedimentares –, em vertentes de forte inclinação (Fig. 6.22);
- ocorrem também em regiões de regolitos arenosos delgados, em vertentes também fortemente inclinadas (Fig. 6.23);
- ocorrem dominantemente, mas não unicamente, em áreas desmatadas e atualmente recobertas por pastagens;
- ocorrem, embora raramente, em áreas de matas secundárias ou que tiveram parte de suas árvores retirada;

- não foram observados em áreas de matas primárias preservadas, o que não significa, necessariamente, que não ocorram nesses locais, tendo-se em vista a dificuldade de detectá-los em tal caso;
- são encontradiços dentro de antigas cicatrizes de escorregamentos (Figs. 6.13 e 6.22);
- ocorrem coexistência e transições de terracetes para escorregamentos e vice-versa (Fig. 6.23).

Inobstante o fato apontado da facilidade crescente de detecção de terracetes à medida que diminui o porte da cobertura vegetal, com base nas observações anteriores, conclui-se que a retirada total da vegetação de porte favorece a ocorrência de terracetes e que a retirada seletiva, ainda que com menor intensidade, também favorece seu aparecimento. Esse efeito está certamente ligado à desestruturação profunda do solo pela morte das raízes das árvores de grande porte e sua redução a um horizonte mais superficial, o que está parcialmente de acordo com as observações de Kerney (1964 *apud* Young, 1978) e as proposições de Odum (1922 *apud* Carson; Kirkby, 1975) no que respeita à origem dos terracetes. Esse efeito de desestruturação do solo em razão da retirada da vegetação e da morte das raízes pode ser apreciado a partir da observação das curvas de Endo e Tsuruta (1969 *apud* Prandini *et al.*, 1976). Essas curvas, transcritas na Fig. 6.24, mostram claramente que há um aumento da resistência ao cisalhamento

FIG. 6.22 *Terracetes desenvolvidos em antigas cicatrizes de escorregamentos em encosta migmatítica à margem da rodovia SC-474, próxima à Vila Itoupava (SC)*
Fonte: José A. U. Lopes.

FIG. 6.23 *Terracetes desenvolvidos em encosta arenítica, transicionando para escorregamento, à margem da rodovia PR-446 entre União da Vitória (PR) e Porto União (SC)*
Fonte: José A. U. Lopes.

diretamente proporcional à densidade de raízes. Esse crescimento foi atribuído, pelos autores, ao crescimento da coesão aparente, uma vez que o ângulo de atrito foi pouco afetado.

A segunda conclusão importante é que o estabelecimento de uma vegetação à base de gramíneas cria, na porção superior do solo, uma camada que, dada sua pequena espessura e grande coerência, não chega a romper-se ao escorregar sobre a superfície da camada imediatamente inferior, mas é "enrugada" como um tapete sobre a encosta, movimentando-se desse modo, permanentemente, no sentido de seu pé. A terceira conclusão é que a camada sotoposta não precisa necessariamente ser de rocha, tal como proposto por Odum e Carson e Kirkby, mas impermeável o suficiente para que entre as duas se crie uma condição de permanência e percolação da água infiltrada da "camada" superior e se desenvolvam pressões neutras suficientes para que o atrito seja reduzido ao longo desse contato e a "camada" com raízes deslize, numa espécie de solifluxão, sobre o horizonte inferior. A presença de fortes inclinações – superiores a 32°, segundo Young (1978), e entre 30° e 50°, segundo Lara Neto, Bacellar e Sobreira (2013) – favorece a desestabilização, uma vez que 30°-33° representa o ângulo de atrito máximo da maioria dos materiais constituintes dos solos, o que significa que pressões neutras relativamente pequenas são suficientes para fazer escoar uma camada sobre outra, visto que a adesão entre camadas diferentes é usualmente baixa. A camada superficial, por ser

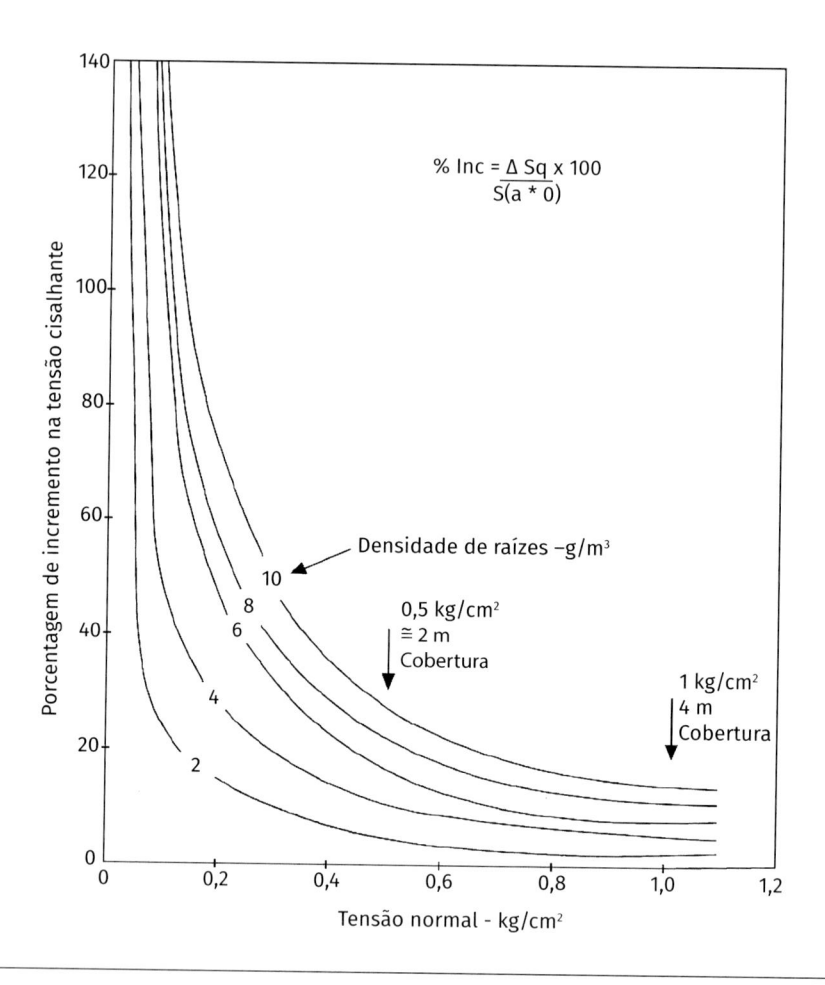

Fig. 6.24 *Curvas mostrando o crescimento da resistência ao cisalhamento com o aumento da densidade de raízes*
Fonte: Endo e Tsuruta (1969 apud Prandini et al., 1976).

delgada e possuir suficiente estruturação, não se rompe, podendo eventualmente esgarçar-se durante o movimento.

A geração dos terracetes é, pois, um processo intermediário entre o rastejo, a solifluxão e os verdadeiros escorregamentos, podendo passar-se de uns para outros na dependência das condições locais. Quanto à importância das passagens de animais na geração dos terracetes, é difícil dizer se elas funcionam como gatilho do processo, tal como o tráfego nas rodovias produz trilhas de roda, ou se se constituem apenas em um elemento solicitante adicional que acentua as formas desenvolvidas.

sete

Eventos deflagradores dos movimentos de massa: processos gatilho

7.1 Generalidades

Todo o processo de evolução dos materiais e decaimento consequente das propriedades mecânicas das partículas que constituem as encostas, como descrito nos Caps. 5 e 6, representa uma preparação das encostas limitadas pelo transporte para o clímax da instabilização e reesculturação rápida. Usualmente é necessário, entretanto, que um fenômeno qualquer funcione como gatilho para o desencadeamento final do processo. Esse fenômeno, mais comumente, é representado pela ação de chuvas fortes, embora possa ser de outras naturezas, como abalos sísmicos, avanços e recuos do gelo ou ainda modificações bruscas nas características geométricas das encostas ou em suas coberturas vegetais, causadas, estas últimas, por processos naturais ou ações antrópicas.

No entanto, em alguns casos – como uma árvore seca que desaba no meio da mata em dia de sol e sem vento porque a degradação da resistência dos materiais que a compõem fez com que fosse ultrapassado o limiar de sua estabilidade –, num dado momento uma encosta pode simplesmente desabar sem qualquer processo gatilho aparente. Um evento desse tipo ocorreu no dia 21 de abril de 2008 nos penhascos que margeiam a cachoeira Véu de Noiva, no Parque Nacional da Chapada dos Guimarães (MT), ferindo seis dos 30 turistas que ali se encontravam, um dos quais gravemente, em evento relatado pelo jornal Folha de S.Paulo datado de 22 de abril de 2008.

7.2 Movimentos de taludes desencadeados por grandes chuvas

As relações entre grandes chuvas e reesculturações de encostas são há muito conhecidas no mundo. No Brasil, desde os primeiros séculos após o Descobrimento, elas têm sido noticiadas. Pequenos eventos de escorregamentos localizados ocorrem diuturnamente. No século XX, diversas catástrofes naturais, representadas por sucessões de movimentos coletivos rápidos de solo, foram verificadas em território brasileiro, associadas a grandes eventos pluviométricos. Do mesmo modo, este início de século XXI tem sido pródigo em eventos desse gênero, alguns dos quais aconteceram em áreas afetadas anteriormente por eventos similares (recorrências) que foram relatados na literatura técnica.

De modo geral, entretanto, eventos desse tipo só costumam ser noticiados e tornar-se notórios quando atingem áreas populadas ou, ainda, quando provocam danos a benfeitorias como usinas e estradas, fato já assinalado por Pichler (1957), o que significa que, quando ocorrem em vastas áreas do território nacional não ou fracamente habitadas, eles são sequer percebidos. "Escorregamentos constituem fenômeno relativamente comum em área de clima tropical e subtropical. Quando ocorrem em áreas de menor importância, pouca atenção é dispensada ao acidente e alguns anos depois, a vegetação cobre de novo a área do escorregamento" (Pichler, 1957, p. 69).

7.2.1 Eventos importantes no Brasil

Guidicini e Nieble (1976) fornecem uma listagem de eventos importantes reportados na literatura técnica:
* março de 1928 e março de 1956, em monte Serrat, Baixada Santista (SP);
* julho de 1946 e março de 1947, na usina Henry Borden, em Cubatão (SP);
* junho de 1947, na rodovia Curitiba-Joinville (PR/SC);
* dezembro de 1948, no sul de Minas Gerais;
* diversas épocas, na via Anchieta, cota 95 (SP);
* julho de 1953, na usina Eloy Chaves, em Pinhal (SP);
* março de 1956, na encosta Caneleira, no morro da Penha, na ligação da via Anchieta com São Vicente (SP);
* diversas épocas, na rodovia BR-116 (SP);
* 1964 e anteriormente, na via Anchieta, cota 500 (SP);
* janeiro de 1966 e fevereiro de 1967, na área urbana do Rio de Janeiro (RJ);

- dezembro de 1966, em São Vicente (SP);
- janeiro de 1967, na Serra das Araras (RJ);
- março de 1967, na Serra de Caraguatatuba (SP);
- abril de 1974, na Serra de Maranguape (CE).

Guidicini e Iwasa (1977), estudando ocorrências de escorregamentos importantes relacionados a eventos de chuva, acrescentam os seguintes:
- 1912, na Serra de Maranguape (CE);
- março de 1974, no Vale do Tubarão (SC);
- abril de 1976, na Serra de Maranguape (CE);
- 1975 e 1976, na Rodovia dos Imigrantes (SP).

Cruz (1974), citando Felicíssimo Júnior e moradores da região de Caraguatatuba, além de observações próprias, coloca mais os seguintes:
- 1805, nos rios de Minas Gerais e no ribeirão Mandira (SP);
- 1942, 1943 e 1949, em Ubatuba (SP);
- 1952, nas escarpas de Massaguaçu, em São Sebastião (SP).

Ponçano, Stein e Pagotto (1976) reportam escorregamentos ocorridos em:
- 1878, 1909, 1957 e 1970, na região da Serra de Maranguape (CE).

Tatizana *et al.* (1987) discutem os escorregamentos ocorridos em:
- janeiro de 1985, na Serra do Mar, próximo a Cubatão (SP).

Almeida, Nakazawa e Tatizana (1993) relatam 1.131 ocorrências de escorregamentos:
- de 1938 a 1989, com eventos registrados em todas as décadas, desde a de 1940, em Petrópolis (RJ).

Lopes (1995) acrescenta os seguintes, alguns dos quais acompanhados de perto por ele:
- julho de 1983 e maio de 1992, em União da Vitória, General Carneiro e adjacências (PR/SC);
- diversas ocasiões, nas BRs-282, 101 e 470 (SC);
- janeiro de 1990, em Ortigueira (PR);
- outubro de 1991, em Palmeira (PR);
- 1992 e 1993, em Almirante Tamandaré (PR);

* janeiro de 1992, em Petrópolis (RJ);
* praticamente todos os anos, na área urbana do Rio de Janeiro (RJ).

Em Nogueira (2002) encontram-se mais os seguintes:
* janeiro/fevereiro de 1992, em Belo Horizonte (MG) e no Estado da Bahia;
* março de 1992, no Rio de Janeiro (RJ) e em Corumbá (MS), Salvador (BA) e Contagem (MG);
* dezembro de 1993, em Belo Horizonte (MG);
* março de 1994, em Petrópolis (RJ), Mangaratiba (RJ), Rio de Janeiro (RJ) e Camaragibe (PE);
* abril de 1994, em Salvador (BA);
* junho de 1994, em Recife (PE);
* fevereiro de 1995, em São Paulo (SP) e no Rio de Janeiro (RJ);
* junho de 1995, em Salvador (BA);
* dezembro de 1955, em Timbé do Sul e Siderópolis (SC);
* fevereiro de 1966, no Rio de Janeiro (RJ) e em Ubatuba (SP);
* abril de 1966, em Recife, Olinda e Camaragibe (PE);
* maio de 1966, em Salvador (BA);
* dezembro de 1966, em São Paulo (SP);
* janeiro de 1997, em Ouro Preto (MG);
* março de 1997, em Salvador (BA);
* novembro de 1998, em Camacã (BA);
* maio de 1999, em Salvador (BA);
* janeiro de 2000, no Rio de Janeiro (RJ) e em Campos do Jordão (SP);
* fevereiro de 2000, em São Paulo (SP) e no Estado de Minas Gerais;
* julho de 2000, em Recife (PE);
* dezembro de 2001 e janeiro de 2002, no Estado do Rio de Janeiro;
* janeiro de 2002, em Dom Joaquim (MG).

Uma pesquisa em órgãos da imprensa orientada pelo autor mostrou que, nos 20 anos que mediaram entre janeiro de 1995 e dezembro de 2014, ocorreram pelo menos os eventos de deslizamentos relacionados a chuvas a seguir relatados, alguns dos quais constam da lista de Nogueira (2002):
* Em janeiro de 1995, em Blumenau (SC), duas pessoas morreram em um deslizamento de terra no vale do rio Itajaí-Açu e duas outras morreram soterradas em Itaperuçu, na região metropolitana de Curitiba (PR), num deslizamento da encosta do morro do Caçador.

7 Eventos deflagradores dos movimentos de massa: processos gatilho

* Em fevereiro de 1995, deslizamentos ocorreram na Vila Gustavo, na zona norte de São Paulo (SP), e na favela Jardim de Abril, em Osasco (Grande São Paulo); no Jardim Jaraguá (zona norte de São Paulo), uma pessoa morreu soterrada; uma pedra caiu no Jardim Peri (zona norte) e deslizamentos ocorreram na Vila Mariana (zona sul) e na Penha (zona leste); quatro pessoas (mãe e três filhos) morreram soterradas em Itapevi (Grande São Paulo); em Ermelino Matarazzo (zona leste de São Paulo), três pessoas morreram soterradas; em Taboão da Serra (Grande São Paulo), um edifício no centro da cidade (rua José Maciel Neto) foi interditado por um deslizamento, e, no Jardim Maria Luiza e no Jardim Record, casas foram parcialmente destruídas; no Jardim Ibirapuera (Campo Limpo), na zona sul de São Paulo (SP), diversos deslizamentos destruíram casas e mataram três pessoas; na Estrada de Itapecerica, também em São Paulo (SP), um barraco foi soterrado; no Parque Bristol (zona sul), duas pessoas (avô e neto) morreram soterradas, além de duas meninas na favela Vila São José, em São Bernardo do Campo (Grande São Paulo); em Campos do Jordão (SP), 12 casas foram destruídas por deslizamentos; no Rio de Janeiro (RJ), no morro São João, em Engenho Novo, morreram três pessoas, e, em Juiz de Fora (MG), quatro crianças, todas por deslizamentos de encostas; em Petrópolis (RJ), na Vila Santa Rita, duas crianças morreram em um deslizamento, e outras duas em Guaratuba (PR), também em deslizamento, no morro do Pinto; nesse mesmo mês e ano houve danos (e interdições, em alguns casos) provocados por deslizamentos precipitados por chuvas em diversas rodovias, como a BR-376 Paraná/Santa Catarina (km 68 e 70), a BR-277/PR Curitiba/Paranaguá (km 47), a PR-410 Curitiba/Morretes (km 11 e 13), a BR-280/SC Joinville/São Bento do Sul, a SP-250 São Paulo/Ribeira (km 344 e 354), a BR-364/MT Cuiabá/Sul do País (km 23), a BR-040 Rio/Juiz de Fora (km 69) e a BR-101/RJ Rio/Santos (km 140).
* Em março de 1995, três crianças morreram soterradas em um deslizamento no bairro Japuí, em São Vicente (SP), e mais três em Ilhabela (SP), no bairro Itaquanduba, durante chuva de 217 mm em 13 h; deslizamentos ocorreram, também, no Parque Prainha, em São Vicente.
* Em maio de 1995, pelo menos 20 pessoas morreram em um deslizamento no bairro de Bojuá, na periferia de Salvador (BA).
* Em junho de 1995, um acumulado de chuva de 381,9 mm em nove dias (média de 324,8 mm para esse local e mês) provocou deslizamentos com mortes em Vila Canário, Novo Marotinho e São Gonçalo do Retiro (onde

a rua Rio Branco foi coberta por 2,5 m de terra), na periferia de Salvador (BA), num total de 30 vítimas.

* Em novembro de 1995, duas meninas morreram em um deslizamento no morro do Borel, na Tijuca, no Rio de Janeiro (RJ).
* Em dezembro de 1995, em Ouro Preto (MG), três pessoas morreram em um deslizamento de encostas; em Betim (Grande Belo Horizonte), 28 casas desabaram e duas pessoas morreram soterradas; em Ibirité (Grande Belo Horizonte), duas crianças morreram soterradas nos bairros Marilândia e Casimiro de Abreu; em Belo Horizonte (MG), no conjunto Felicidade, na zona norte da cidade, duas pessoas morreram, e mais uma no bairro Salgado Filho; foram parcialmente interditadas as rodovias BR-381 Belo Horizonte/São Paulo (km 426), BR-262 Belo Horizonte/Vitória, próximo a Ravena, em Sabará (MG), e BR-116/SP (km 521 e 522), próximo a Barra do Turvo (SP); um caminhão foi atingido por um deslizamento na BR-116/PR próximo a Campina Grande do Sul (PR).
* Em janeiro de 1996, em São José dos Campos (SP), um deslizamento matou seis pessoas na favela Santa Cruz, no centro da cidade; em Itapevi (Grande São Paulo), um menino morreu em um deslizamento no Jardim Marina; a rodovia Monteiro Lobato sofreu deslizamentos nos km 99 e 169; na rodovia dos Tamoios (São José dos Campos/Caraguatatuba), deslizamentos ocorreram nos km 19 e 20,9; na rodovia Floriano Rodrigues Pinheiro (Taubaté/Campos do Jordão), ocorreu deslizamento no km 43,6, e, na rodovia Dom Pedro I, no km 136; na rodovia Castello Branco (São Paulo/Espírito Santo do Turvo), um deslizamento ocorreu no km 22, e, na BR-116/SP – Régis Bittencourt, no km 521.
* Em fevereiro de 1996, no Rio de Janeiro (RJ), ocorreram seis mortes por deslizamentos de terra em uma expansão da favela da Rocinha denominada Vila Verde, sobre a Mata Atlântica; um deslizamento na favela Sítio Pai João, no Itanhangá (zona oeste do Rio de Janeiro), matou 19 pessoas; 12 pessoas morreram em Jacarepaguá, quatro na Rocinha, seis no Vidigal e mais 30 nas favelas Vila Cruzada e Invasão; oito pessoas morreram em um deslizamento em Cunha (SP), no bairro Paiolzinho, na Serra do Indaiá, na divisa SP/RJ; em São Luiz do Paraitinga (SP), morreu um menino soterrado por um deslizamento no bairro rural de Purubinha; deslizamentos interromperam a rodovia dos Tamoios nos km 73 e 77, em Caraguatatuba (SP); a rodovia Osvaldo Cruz (Taubaté/Ubatuba) foi interrompida por uma queda de blocos de rocha; a rodovia Rio/Santos (BR-101/SP) foi

interrompida por queda de encosta no km 94, entre Caraguatatuba e Ubatuba, no km 13, na Praia da Almada, e no km 3, próximo à divisa SP/RJ.

* Em março de 1996, durante uma chuva de 120 mm em 3 h, deslizamentos ocorreram nos morros de Santos (SP); em Florianópolis (SC), a rodovia SC-401, que dá acesso às praias do norte da ilha, foi interrompida por um deslizamento.
* Em abril de 1996, 26 pessoas morreram em deslizamentos em Salvador (BA) provocados por seis dias de chuvas; em Recife (PE), no bairro do Jordão Alto, uma criança morreu no mesmo período e circunstâncias.
* Em setembro de 1996, após chuvas de 220 mm em Santos (SP), ocorreram deslizamentos em morros; o deslizamento de uma encosta em Sete de Abril, na periferia de Salvador (BA), matou três crianças, e em Pernambués, na mesma periferia, ocorreram deslizamentos.
* Em novembro de 1996, uma menina morreu em um deslizamento no bairro do Açude 2, em Volta Redonda (RJ); ocorreram deslizamentos em Petrópolis (RJ), nos bairros Roseiral e Morin (seis pessoas de uma mesma família morreram), e em Teresópolis (RJ), no morro do Tiro e em Rosário; uma mulher morreu soterrada por deslizamento no Parque Fluminense, em Duque de Caxias (RJ); sete pessoas morreram em um deslizamento no bairro de Santa Luzia, em Aracruz (ES); uma criança morreu em um deslizamento na periferia de Aimorés (MG), na divisa com o Espírito Santo; a pista de subida da via Dutra (BR-116 RJ/SP), no km 222, em Piraí (RJ), na Serra das Araras, foi interditada por um escorregamento de talude e, após limpeza parcial, um novo escorregamento ocorreu, voltando a interditá-la; outra interrupção aconteceu no km 323, no município de Itatiaia (RJ); a rodovia Rio/Petrópolis foi atingida por um deslizamento na altura do km 87, em Duque de Caxias (RJ).
* Em dezembro de 1996, um deslizamento na rua Sargento Ermínio Aurélio Sampaio, em Sapopemba (zona leste de São Paulo), matou cinco crianças.
* Em janeiro de 1997, o morro da Queimada, na cidade de Ouro Preto (MG), deslizou, ameaçando obras importantes, como a Igreja de São Francisco de Assis e outros prédios históricos, e nos morros das cercanias da cidade morreram 12 pessoas em deslizamentos; em Betim (MG), seis pessoas de uma mesma família foram soterradas em um deslizamento; em Ewbank da Câmara (MG), duas mulheres morreram soterradas em um deslizamento, o mesmo tendo ocorrido em Ervália (MG) com duas meninas; em Cachoeiras de Macacu (RJ), duas pessoas morreram em deslizamentos

provocados por grande chuva; em Ferraz de Vasconcelos (Grande São Paulo), três pessoas morreram em desabamentos de encostas, e, na cidade de São Paulo (SP), no Jardim Grimaldi, uma criança morreu das mesmas causas e nas mesmas circunstâncias; cinco pessoas de uma mesma família foram soterradas, mas sobreviveram, na rua José Costa Pereira, no Jardim Guarani (zona oeste de São Paulo); 15 pessoas foram soterradas por um deslizamento em São José do Calçado (ES), mas todas escaparam com vida; um deslizamento ocupou toda a pista da BR-262/MG no município de Rio Casca (MG); a estrada de ferro Vitória/Minas foi interrompida em vários locais nas regiões central e leste de Minas Gerais; a via Dutra foi interrompida no km 19, em Lavrinhas (SP), na divisa SP/RJ, por 10.000 m³ de terra que, com 15 m de altura, recobriram a pista.

* Em novembro de 1997, em Campos do Jordão (SP), um deslizamento atingiu uma residência no bairro Brancas Nuvens, o mesmo tendo ocorrido no bairro São Roque, em Aparecida (SP); um deslizamento ocorreu também no bairro Gomeiral, em Guaratinguetá (SP); após 17 dias de chuva (135 mm), a rodovia Rio/Santos foi interditada por um deslizamento no km 69, e a SP-130, que corta Ilhabela (SP), foi também interrompida por deslizamento.

* Em dezembro de 1997, um deslizamento de encosta matou duas pessoas (mãe e filho) na zona leste de Belo Horizonte (MG); a MG-409, que liga a BR-381 a Novo Oriente de Minas (MG), foi interditada em três locais; um deslizamento de 60 t de terra soterrou parte da avenida Itaguaçu, em Aparecida (SP).

* Em fevereiro de 1998, ocorreram escorregamentos no Jardim Felicidade, no Jaçanã (morreram duas pessoas), no Jardim Hebron (uma pessoa) e no Jardim Fontalis (não houve vítimas), todos eles na zona norte de São Paulo (SP); no Rio de Janeiro (RJ), no morro da Formiga, na Tijuca (zona norte da cidade), um homem morreu num deslizamento; a BR-101 foi interrompida na altura de Conceição de Macabu (RJ).

* Em março de 1998, houve deslizamentos no Parque Arariba, na região do Campo Limpo (zona sul de São Paulo), onde três pessoas (mãe e dois filhos) morreram, e em Americanópolis (zona sul).

* Em maio de 1998, um rapaz morreu soterrado por deslizamento na favela do Jardim Cumbica, em Guarulhos (Grande São Paulo).

* Em julho de 1998, em Ceará-Mirim (RN), sete pessoas morreram em um deslizamento que atingiu 36 casas e uma escola (colégio Conceição

Marques) no vilarejo Rio dos Índios; um deslizamento interrompeu a rodovia BR-226/RN.
* Em agosto de 1998, a rodovia BR-101 Rio/Santos foi interrompida no km 95, entre os bairros Martim de Sá e Getuba, em Caraguatatuba (SP), por queda de encosta.
* Em setembro de 1998, em São José (SP), uma casa foi destruída por um deslizamento provocado por chuva.
* Em outubro de 1998, um deslizamento numa encosta de morro interditou 200 m da avenida Itaguaçu, um dos acessos ao Santuário Nacional de Aparecida (SP), de onde foram retirados 11.000 m³ de terra; na favela Rio das Pedras, em Jacarepaguá, no Rio de Janeiro (RJ), um deslizamento na Curva do Pinheiro forçou a retirada dos ocupantes.
* Em dezembro de 1998, três crianças morreram em Mucundu, no município de Rio Claro (RJ), em deslizamento provocado por chuva.
* Em janeiro de 1999, oito escorregamentos ocorreram em São José dos Campos (SP), nos bairros Vila Abel, São Judas Tadeu, Vila Albertina e Vila Santo Antônio, e um homem morreu em um deslizamento na Vila Nadir, num evento pluviométrico de 142,3 mm em uma semana (média de 220 mm para esse local e mês); em Serra Negra (SP), um menino morreu em um deslizamento; em Bananal (SP), foram registrados 11 escorregamentos; a avenida Itaguaçu, em Aparecida (SP), foi parcialmente interditada pelo escorregamento de um morro; deslizamentos ocorreram na zona rural de Piquete (SP); quatro deslizamentos ocorreram em Campinas (SP); em Jacareí (SP), 89 mm de chuva em uma noite provocaram escorregamentos na Vila Nova Esperança e interdição de casas; deslizamentos ocorreram nas encostas da Serra do Mar em Cubatão (SP) e em Ilhabela (SP), quando rodovias como a Estrada dos Castelhanos, que liga o bairro da Poça à baía dos Castelhanos, e a SP-131 foram afetadas (oito deslizamentos ocorreram na primeira delas); em Paraibuna (SP), uma chuva de 96,1 mm em uma noite provocou deslizamentos que derrubaram casas e interditaram a entrada principal da cidade; durante fortes chuvas que atingiram o Vale do Paraíba, um deslizamento de talude interditou a rodovia SP-52 próximo a Cruzeiro (SP); em São José (SP), ocorreram deslizamentos nas estradas rurais Alto das Tábuas, Alto do Turvo e Santo Agostinho; deslizamentos ocorreram na SP-50 Campos do Jordão/São José; em Americana (SP), um deslizamento interrompeu a linha férrea; a SP-08 Bragança Paulista/Socorro foi interditada

próximo a Pinhalzinho (SP), e o mesmo ocorreu na SP-101, no trevo de Hortolândia (SP).

* Em fevereiro de 1999, em São José dos Campos (SP), houve deslizamentos provocados pela chuva, particularmente no bairro Águas de Canindu; em Aparecida (SP), um homem morreu soterrado na rua Antonio Bittencourt da Costa; na rodovia SP-50, que liga essa cidade a Monteiro Lobato (SP), ocorreram nove deslizamentos de talude; deslizamentos afetaram a SP-55 São José/Monteiro Lobato: na primeira dessas cidades, no bairro Toque-Toque Grande; um deslizamento interditou o km 128 da rodovia Amparo/Morungaba (SP); em Jacareí (SP), ocorreu um deslizamento na antiga estrada São Paulo/Rio; em Cunha (SP), oito deslizamentos interditaram as estradas da Catioca, do Jericó, da Cachoeirinha, da Pontinha e do Paiolzinho, na zona rural da cidade.

* Em março de 1999, morreram três pessoas na Vila São Pedro, em São Bernardo do Campo (Grande São Paulo), e duas no distrito de Riacho Grande, na mesma cidade, em deslizamentos de encostas, além de um homem na rua Bela Vista, no Jardim Rosinha, em Diadema (Grande São Paulo); em Ribeirão Preto (SP), um deslizamento no bairro Adelino Simioni derrubou três casas; um homem morreu em um deslizamento no Jaçanã (zona norte de São Paulo); uma criança morreu em um deslizamento na Baixa do Lobato, na periferia de Salvador (BA), e, no Vale do Ogunjá, na mesma cidade, um deslizamento feriu uma pessoa e um bloco de rocha de 2 m de diâmetro atingiu um ônibus; após 101 mm de chuvas em 22 h, a Estrada dos Castelhanos, em Ilhabela (SP), sofreu vários deslizamentos de talude; a rodovia BR-116/SP foi interditada, por deslizamentos, no km 555, em Barra do Turvo (SP).

* Em abril de 1999, em Cotia (Grande São Paulo), uma criança morreu em um deslizamento.

* Em maio de 1999, em Salvador (BA), sete pessoas morreram em um deslizamento de 3.000 m³, no bairro de Lobato (periferia da cidade), que cobriu e destruiu, ainda, dois postes de iluminação, sete carros que estavam na avenida Suburbana e, parcialmente, uma madeireira durante uma forte chuva; duas pessoas morreram em deslizamentos em Candeias (BA), sendo uma no bairro Bela Vista, onde sete casas foram soterradas, e outra no Getúlio Vargas.

* Em junho de 1999, nove deslizamentos ocorreram na Grande Vitória (ES) provocados por 184,1 mm de chuvas em 24 h, que soterraram duas

crianças no morro da Capixaba, na região central de Vitória (ES); no bairro Ilhote, em Ilhabela (SP), ocorreu um deslizamento na estrada que contorna a cidade, provocado por fortes ondas do mar.

* Em novembro de 1999, um deslizamento de cerca de 200 m de um barranco de 10 m de altura sobre um porto fluvial em Manaus (AM), ao qual se seguiram outros, cobriu 12 balsas, cinco barcos, carros, caminhões e cargas diversas e deixou 24 pessoas desaparecidas (seis corpos foram resgatados); duas pessoas morreram em um deslizamento provocado por chuvas no Loteamento Jardim Real, em Nova Brasília, na periferia de Salvador (BA).

* Em dezembro de 1999, em Teresópolis (RJ), 22 deslizamentos ocorreram, um dos quais soterrou um homem; a pista sul da via Anchieta ficou interditada por um desmoronamento de encosta, na altura do km 42, após chuvas intensas; um deslizamento interditou a rodovia Parati/Cunha.

* Em janeiro de 2000, na Baixada Santista (SP), houve deslizamentos em morros de Santos, Guarujá e São Vicente; em Campos do Jordão (SP), um acumulado de chuvas de 476,5 mm em cinco dias (média de 321,6 mm para esse local e mês) provocou deslizamentos que mataram pelo menos dez pessoas nos bairros Santo Antonio, Britador e Vila Nadir e destruíram mais de 60 casas; em Poços de Caldas (MG), um deslizamento matou uma moça; no Rio de Janeiro (RJ), três pessoas morreram em um desabamento numa favela; em Teresópolis (RJ), quatro pessoas morreram em dois deslizamentos, e uma, em Petrópolis (RJ); uma menina morreu em um deslizamento no bairro Bondanza, em Guarulhos (Grande São Paulo), e 14 casas foram destruídas em Diadema (Grande São Paulo), na avenida Alda, zona sul, além de outras em Osasco (Grande São Paulo); um bloco de rocha desabou do Marapé, destruiu uma casa e matou uma pessoa em Santos (SP); uma estudante morreu soterrada em Bertioga (SP); em cinco rodovias do Vale do Paraíba, ocorreram quedas de taludes, sendo a mais prejudicada a BR-459 Lorena/Itajubá, na altura de Piquete (SP) (km 53); na via Dutra, houve interdições de meia pista no km 13, em Queluz (SP), e no km 17, em Lavrinhas (SP); na SP-213 (via Dutra/Campos do Jordão), houve queda de blocos de rocha; na SP-46 (Santo Antônio do Pinhal/São Bento do Sapucaí), ocorreram 17 deslizamentos; a rodovia Floriano Rodrigues Pinheiro (Taubaté/Campos do Jordão) foi interditada no km 43, e a Monteiro Lobato (São José dos Campos/Campos do Jordão), no km 152.

* Em fevereiro de 2000, uma criança morreu em um deslizamento no bairro Esperança, em Ipatinga (MG); deslizamentos ocorreram, também, em Coronel Fabriciano (Grande Belo Horizonte); uma criança morreu soterrada em Leopoldina (MG); na favela Getulio Vargas, em Campinas (SP), ocorreu um deslizamento; deslizamentos aconteceram, também, em Bonsucesso (zona norte do Rio de Janeiro) e um bloco de rocha caiu sobre várias casas em Ponta de Areia, no centro de Niterói (RJ); em Franca (SP), três casas foram destruídas por um desmoronamento provocado por voçorocamento e um deslizamento ocorreu no bairro Moreira Junior; em São Paulo (SP), na Vila Prudente, na favela do Iguaçu, um barraco foi destruído por um deslizamento, e 11 pessoas morreram soterradas na rua Caxuxa, no Campo Limpo (zona sul de São Paulo), e mais uma na rua dos Xamborés, no Parque do Lago, na mesma cidade; após uma chuva que, em Caraguatatuba (SP), foi de 99,8 mm em 24 h (média de 600 mm para esse local e mês), ocorreram deslizamentos na SP-55 Rio/Santos, nos km 115 e 175, respectivamente nas praias da Enseada e de Juqueí, em São Sebastião (SP); na Floriano Rodrigues Pinheiro (Taubaté/Campos do Jordão), um deslizamento interrompeu parcialmente a pista no km 32; a pista norte da rodovia Anchieta sofreu um deslizamento na altura do km 44, e a Mogi/Bertioga, no km 81; na rodovia Marechal Rondon, o deslizamento foi no km 633.

* Em março de 2000, na favela Capelinha, no Campo Limpo (zona sul de São Paulo), 14 pessoas morreram em deslizamentos após fortes chuvas; no Jardim Lozano, em Itaquaquecetuba (Grande São Paulo), um deslizamento de um aterro sanitário soterrou dois barracos e uma casa; 120 mm de chuva durante a madrugada provocaram um deslizamento no bairro Tabatinga, em Caraguatatuba (SP), que soterrou uma mulher, e, em São Sebastião (SP), escorregamentos destruíram casas e barracos; a BR-101 Rio/Santos foi interditada por um deslizamento no km 15, em Ubatuba (SP), e a via Dutra foi bloqueada parcialmente por um deslizamento no km 44; a SP-125 (Oswaldo Cruz) foi interditada no km 66, em Redenção da Serra (SP); em Ubatuba (SP), a estrada vicinal que dá acesso ao Estaleiro e a que leva à praia da Almada sofreram deslizamentos; na SP-55 (Rio/Santos), na altura de Praia Grande (São Sebastião), houve deslizamento e interdição da pista, e, na Monteiro Lobato (SP-50), ocorreram vários deslizamentos entre os km 110 e 113.

- Em abril de 2000, morreram três pessoas na zona norte de Recife (PE), soterradas por deslizamentos de morros; duas mulheres (mãe e filha) morreram em um deslizamento na favela de Quebras, na periferia de Maceió (AL).
- Em junho de 2000, duas crianças morreram soterradas por um deslizamento de encosta em Recife (PE) e houve deslizamentos no Alto de Dois Carneiros, na zona norte dessa cidade, e na vizinha Olinda (PE).
- Em agosto de 2000, nos bairros Água Comprida e Passarinho, na periferia de Olinda (PE), quatro pessoas morreram em deslizamentos de encostas e outras cinco na periferia de Recife (PE), no bairro Linha de Tiro e outros, durante um acumulado de chuvas de 125,9 mm em 48 h, quase um terço da média mensal; quatro pessoas morreram em deslizamentos em Jaboatão dos Guararapes (PE) e Água Preta (PE); morreram duas crianças soterradas em Maceió (AL), no bairro Bentes; as rodovias BR-101, 104 e 316 foram interditadas por deslizamentos, o que isolou Pernambuco de Alagoas.
- Em setembro de 2000, no bairro Boiçucanga, em São Sebastião (SP), houve deslizamentos em áreas de Mata Atlântica devastadas e parcialmente ocupadas; em Recife (PE), durante um acumulado de chuvas de 90 mm em 48 h (para uma média mensal de 123,6 mm), ocorreram 16 deslizamentos e, no bairro Belém de Maria, uma criança morreu soterrada.
- Em outubro de 2000, em Teutônia (RS), na localidade de Linha Harmonia, um deslizamento de encosta matou duas pessoas.
- Em novembro de 2000, uma chuva de 40 min causou deslizamentos na favela Santa Cruz, em São José dos Campos (SP); em São Sebastião (SP), ocorreram deslizamentos no bairro Camburi.
- Em dezembro de 2000, nos bairros de Guaianazes e Cangaíba, em São Paulo (SP), vários deslizamentos ocorreram; em São José dos Campos (SP), houve deslizamentos de encostas na Vila São Bento e em outros 19 locais; em Caraguatatuba (SP), no bairro Olaria, um deslizamento soterrou uma casa; no bairro Granjas Betânia, em Juiz de Fora (MG), quatro pessoas morreram em um deslizamento, o mesmo tendo ocorrido com três crianças em Teófilo Otoni (MG), no bairro Concórdia; houve quedas de blocos de rocha na rodovia SP-55 Rio/Santos entre as praias de Enseada e Cigarras, em São Sebastião (SP); um deslizamento de encosta na rodovia RS-122 São Vendelino/Farroupilha matou três pessoas.
- Em janeiro de 2001, em Niterói (RJ), um deslizamento destruiu uma casa, e, em Pendotiba, na mesma cidade, o condomínio Belo Vale teve igual

sorte; no bairro do Andaraí, no Rio de Janeiro (RJ), ocorreu um deslizamento no morro da Cruz; em Cidade Nova, periferia de Viçosa (MG), um deslizamento matou três pessoas; em Ilhabela (SP), uma pedra de 500 t escorregou e destruiu uma casa no bairro de Santa Tereza; um deslizamento ocorreu no Jardim Florence 1 e 2, em Campinas (SP), e outro em Valinhos (SP), na avenida dos Pinheiros; no km 90 da estrada Rio/Teresópolis, na região serrana do Rio de Janeiro, um deslizamento soterrou um carro e matou o motorista.

* Em março de 2001, um homem morreu por causa de um deslizamento em uma favela no Jardim Elba (zona leste de São Paulo), e, nessa mesma zona leste, em Itaquera, também ocorreram deslizamentos.
* Em julho de 2001, o rolamento de um bloco de rocha de 2 m de diâmetro interditou a BR-040 Rio/Juiz de Fora.
* Em outubro de 2001, em São José (SC), morreu uma pessoa soterrada por deslizamento de encosta, além de uma mulher em Rio do Sul (SC) e duas pessoas em Brusque (SC) nas mesmas circunstâncias; em Santo André, São Bernardo do Campo e Mauá (Grande São Paulo), ocorreram deslizamentos; em Campinas (SP), a maior chuva de que havia até então registro desde 1890 – 144 mm em menos de um dia – provocou deslizamentos; as rodovias na região de Rio do Sul (SC) sofreram sérios danos em razão de deslizamentos provocados por fortes chuvas.
* Em dezembro de 2001, 36 pessoas morreram soterradas por deslizamentos em Petrópolis (RJ), nos bairros Quitandinha, Contorno e Morin, e, no Rio de Janeiro (RJ), no morro do Turano e na favela da Rocinha, ocorreram deslizamentos provocados por chuvas; na rua Minas Gerais, no bairro Quitandinha, em Petrópolis (RJ), um deslizamento destruiu sete casas e matou 14 pessoas.
* Em janeiro de 2002, em Caieiras (Grande São Paulo), duas pessoas (mãe e filha) morreram em um desabamento de encosta, e, na favela da Mata Virgem, no Jardim Eldorado (zona sul de São Paulo), 13 barracos foram destruídos por um deslizamento; em Antônio Dias (MG) e Senhora do Porto (MG), seis pessoas morreram soterradas, além de mais uma na zona rural desta última cidade (no distrito de São Joaquim); em Rubim (MG), uma pessoa morreu soterrada; em Petrópolis (RJ), três pessoas morreram soterradas, e, em Teresópolis (RJ), uma pessoa; em Ilhéus (BA), uma pessoa morreu; em Salvador (BA) e periferia, ocorreram pelo menos 18 deslizamentos.

7 Eventos deflagradores dos movimentos de massa: processos gatilho

- Em fevereiro de 2002, um deslizamento de encosta na zona rural de Novo Cruzeiro (MG) matou nove pessoas (cinco crianças); um deslizamento de terras em Ermelino Matarazzo (zona leste de São Paulo) destruiu vários barracos.
- Em março de 2002, um deslizamento obstruiu o córrego Pirajuçara na região do Campo Limpo (zona sul de São Paulo); um deslizamento atingiu o bairro Rochdale, em Osasco (Grande São Paulo); um deslizamento soterrou parcialmente um homem na zona norte de São Paulo (SP); na Vila São Pedro, em São Bernardo do Campo (Grande São Paulo), ocorreu um deslizamento; um adolescente morreu soterrado em Recife (PE), no bairro de Três Carneiros; um deslizamento de terra provocou a interrupção de uma das pistas da rodovia Anchieta em virtude da forte chuva que atingiu a serra e a baixada.
- Em junho de 2002, ocorreram deslizamentos nos morros de Recife (PE) e Olinda (PE) após uma chuva de 82 mm em 6 h: em Água Comprida (Olinda), morreu uma pessoa; em Ibura (Recife) e em Jaboatão dos Guararapes (PE), ocorreram deslizamentos de morros que mataram três pessoas (mãe e dois filhos); na cidade de Sirinhaém (PE), um homem morreu soterrado em um deslizamento; duas pessoas morreram em um deslizamento de terras em Dias D'Ávila, na região metropolitana de Salvador (BA).
- Em outubro de 2002, em Manacapuru (AM), um deslizamento de barranco afundou um barco ancorado e matou um menino.
- Em novembro de 2002, no Rio de Janeiro (RJ), um deslizamento de terra interrompeu a avenida Niemeyer.
- Em dezembro de 2002, em Teresópolis (RJ), uma chuva de 140 mm em 4 h provocou 64 deslizamentos, dois dos quais, no morro do Perpétuo, mataram dez pessoas; três pessoas de uma mesma família morreram em um deslizamento no bairro Graminha, em Juiz de Fora (MG); deslizamentos ocorreram em Belo Horizonte (MG); no Jardim Zaíra, em Mauá (Grande São Paulo), duas pessoas (mãe e filha) foram soterradas em um deslizamento por ocasião de grandes chuvas (195,5 mm em 18 dias); em Angra dos Reis (RJ), pelo menos 34 pessoas morreram em deslizamentos, dos quais o pior ocorreu na Grande Japuíba, mas houve mortes, também, em Areal, Banqueta, Belém, Ribeira, Nova Angra e Parque Perequê; a rodovia Rio/Santos foi interditada em Angra dos Reis (RJ) e a Ferrovia do Aço, que passa acima desse local, sofreu danos.

- Em janeiro de 2003, um deslizamento destruiu uma casa em Jacarepaguá, na zona oeste do Rio de Janeiro (RJ); 13 pessoas morreram em um deslizamento em Petrópolis (RJ), na favela da Lavadeira, no bairro do Contorno, na altura do km 82 da BR-040 (Rio/Juiz de Fora), que ficou interditada; em Belo Horizonte (MG), nove crianças morreram soterradas em um deslizamento no morro das Pedras, uma pessoa no bairro Taquaril e quatro (casal e dois filhos) no morro do Cafezal, e, em Contagem (Grande Belo Horizonte), quatro pessoas morreram da mesma forma; na Zona da Mata, em Juiz de Fora (MG), duas crianças morreram soterradas em um deslizamento; em Valença (RJ), três pessoas (mãe e dois filhos) morreram em um deslizamento; em Franco da Rocha (Grande São Paulo), um deslizamento destruiu uma casa; em Jacarepaguá, no Rio de Janeiro (RJ), um homem morreu soterrado, o mesmo tendo ocorrido com um adolescente no bairro Recanto da Mônica, em Itaquaquecetuba (Grande São Paulo); sete pessoas da mesma família morreram em um deslizamento no Jardim São Judas, em Taboão da Serra (Grande São Paulo), e uma menina em Mauá (Grande São Paulo), onde ocorreram deslizamentos, também, no Jardim Itapark Novo e no Alto da Boa Vista e, ainda, em Embu (Grande São Paulo); em Niterói (RJ), duas pessoas (pai e filha) morreram em um deslizamento, e, em Miguel Pereira (RJ), uma mulher; em Paulo de Frontin (RJ), três pessoas morreram nas mesmas circunstâncias; a estrada da Grota Funda (zona urbana do Rio de Janeiro) foi interditada por 17 deslizamentos, e a BR-277/PR, por deslizamentos entre Curitiba (PR) e Paranaguá (PR).
- Em fevereiro de 2003, na Grande São Paulo, uma chuva equivalente a um terço do esperado para o mês em 10 h 30 min provocou deslizamento; dois irmãos morreram em um deslizamento de morro em Jacupiranga (SP) durante uma chuva de 7 h.
- Em março de 2003, um menino morreu em um deslizamento em Água Fria, na zona norte de Recife (PE), durante um forte evento pluviométrico.
- Em junho de 2003, seis pessoas (três crianças) morreram atingidas por blocos de rocha de 150 t deslizados do morro do Pires, no bairro da Engenhoca, em Niterói (RJ); pelo menos 16 deslizamentos ocorreram em Olinda (PE), num dos quais uma pessoa morreu; um acumulado de chuvas de 340 mm em 16 dias (para um esperado mensal de 390 mm) provocou 135 deslizamentos de encostas de morros em Recife (PE), e uma casa foi destruída no bairro Ibura; em Olinda (PE), uma mulher morreu

soterrada em um deslizamento no bairro de Águas Compridas, e, em Jaboatão dos Guararapes (PE), uma casa foi destruída.
* Em agosto de 2003, um deslizamento na favela Itioca, em Niterói (RJ), feriu três pessoas.
* Em novembro de 2003, um homem morreu em um deslizamento que soterrou duas casas numa vila de pescadores na região de Picinguaba, em Ubatuba (SP); em São João de Meriti (RJ), uma mulher morreu soterrada, em Duque de Caxias (RJ), quatro pessoas morreram nas mesmas circunstâncias, e, em Magé (RJ), mais duas (mãe e filho); a rodovia Rio/Santos foi interditada no km 2, em Ubatuba (SP).
* Em dezembro de 2003, um deslizamento soterrou parcialmente um homem em Nova Lima, na região metropolitana de Belo Horizonte (MG); uma chuva de granizo de 15 min provocou o deslizamento de um morro em Rio Grande da Serra (Grande São Paulo), matando duas mulheres (mãe e filha); em Cachoeiro de Itapemirim (ES), um deslizamento atingiu duas casas e matou três pessoas, e outras três morreram da mesma forma em Rio Novo do Sul (ES).
* Em janeiro de 2004, três pessoas morreram em um deslizamento em Itapetininga (SP); um deslizamento provocado por 133 mm de chuva interrompeu quatro adutoras de água em Sorocaba (SP); em Periquito (MG), um deslizamento interditou a estrada que liga a cidade ao distrito de São Sebastião do Baixio.
* Em fevereiro de 2004, em Cabo de Santo Agostinho, na região metropolitana de Recife (PE), morreram duas meninas em um deslizamento, o mesmo tendo ocorrido em Quixaba (PE) com um homem.
* Em março de 2004, duas pessoas morreram em um deslizamento que derrubou uma laje de um prédio em construção em Salvador (BA).
* Em maio de 2004, oito pessoas morreram soterradas em um deslizamento que atingiu um bar em Colatina (ES).
* Em junho de 2004, 15 deslizamentos provocados por uma chuva de 110 mm em 16 h ocorreram em Maceió (AL), um dos quais soterrou 12 pessoas; uma chuva de 238,4 mm em 48 h matou cinco pessoas no bairro Chã da Junqueira, em Rio do Sul (SC); deslizamentos ocorreram em Recife (PE) e Olinda (PE); 23 casas e uma adutora foram destruídas por um deslizamento no morro do Teixeira, na periferia de Fortaleza (CE).
* Em julho de 2004, duas crianças morreram em um deslizamento em Paulista, na região metropolitana de Recife (PE), em consequência de um

deslizamento; um deslizamento matou três crianças em São Bernardo do Campo (Grande São Paulo); um acumulado de chuvas de 405 mm em quatro dias (para uma previsão de 800 mm em um ano) no Rio de Janeiro (RJ) provocou a interrupção da avenida Niemeyer (Leblon/São Conrado) e da estrada Grajaú/Jacarepaguá.

* Em novembro de 2004, em Laranjeiras, na zona sul do Rio de Janeiro (RJ), um deslizamento atingiu um edifício; em cinco bairros de Petrópolis (RJ), houve deslizamentos, e a rodovia Rio/Teresópolis foi bloqueada por um evento similar.

* Em dezembro de 2004, ocorreram deslizamentos na cidade de Petrópolis (RJ); em Santos (SP), evento similar aconteceu no morro Nova Cintra; em Belo Horizonte (MG), encostas foram afetadas por fenômenos similares, e, em Cachoeiro de Itapemirim (ES), deslizamentos soterraram três pessoas; a rodovia BR-116/SP – Régis Bittencourt foi interrompida na altura de Miracatu (SP).

* Em janeiro de 2005, nove pessoas (oito crianças) morreram soterradas em um deslizamento no Jardim Silvina, em São Bernardo do Campo (Grande São Paulo), e mais uma na favela da Vila Esperança; sete deslizamentos ocorreram no Guarujá (SP), nos morros da Vila Baiana, do Engenho e do Vale da Morte e nos bairros Vila Edna e Cachoeira; em Santos (SP), uma casa foi destruída por um deslizamento no monte Cabrão; um deslizamento soterrou uma casa na rua Batista Malatesta, no Jardim Guarujá (zona sul de São Paulo); deslizamentos de encostas ocorreram também em Cascadura (zona norte do Rio de Janeiro); no bairro de Santa Teresa, no Rio de Janeiro (RJ), um deslizamento destruiu parcialmente uma casa, e outra foi destruída pelo rolamento de um bloco de rocha em São Gonçalo (Grande Rio); em São João Nepomuceno (MG), duas pessoas morreram soterradas em um deslizamento de encosta; a rodovia Rio/Santos foi interditada próximo às praias do Félix, de Picinguaba e de Ubatumirim por deslizamentos, e a rodovia Mesquita/Joanésia (MG), em um local.

* Em fevereiro de 2005, uma pessoa morreu soterrada em um deslizamento em Itarana (ES); deslizamentos de encostas de morros ocorreram em São Pedro (SP) ocasionados por uma chuva de 142 mm em 3 h, quase o total esperado para o mês; um deslizamento bloqueou a rodovia Fernão Dias na altura de Mairiporã (Grande São Paulo) e outro, a Régis Bittencourt, em Miracatu (SP).

- Em março de 2005, no bairro Mariano de Abreu, em Belo Horizonte (MG), um deslizamento destruiu uma casa; uma menina morreu atingida por um deslizamento em Franco da Rocha (Grande São Paulo); deslizamentos ocorreram em Salvador (BA), no bairro do Rio Vermelho (orla da cidade) e em Engenho Velho da Federação, no centro, onde duas pessoas morreram.
- Em abril de 2005, uma mulher morreu em um deslizamento de encosta da Serra do Mar em Natividade da Serra (SP); em Manaus (AM), um menino morreu soterrado em um deslizamento; em Salvador (BA), duas mulheres (avó e neta) morreram em um deslizamento no bairro São Marcos (região central), e no bairro Mouraria ocorreu outro deslizamento; a rodovia Oswaldo Cruz (Taubaté/Ubatuba) foi interditada por deslizamento.
- Em maio de 2005, deslizamentos ocorreram em Recife (PE) e Olinda (PE), bem como nos bairros Jardim Irene e Sítio dos Vianas, em Santo André (Grande São Paulo); no morro da Vila Baiana, no Guarujá (SP), duas meninas morreram em um deslizamento; em Santos (SP), pequenos deslizamentos ocorreram nos bairros Nova Cintra, Caneleira, Saboó e Monte Serrat, e, em Cubatão (SP), no bairro do Grotão.
- Em julho de 2005, um deslizamento de encosta colocou em risco uma barragem de rejeito de chumbo no Parque Turístico do Alto da Ribeira (Petar), em Iporanga (SP).
- Em outubro de 2005, uma mulher morreu em um deslizamento em uma favela no Jardim Ismênia, na Vila Brasilândia (zona norte de São Paulo).
- Em novembro de 2005, ocorreram deslizamentos em Caraguatatuba (SP), após uma chuva de 90 mm em três dias, e em Ubatuba (SP), após 203 mm de chuva em nove dias; no morro do Juramento, no Rio de Janeiro (RJ), dois meninos morreram soterrados em um deslizamento provocado por uma chuva de 24 h correspondente a 40% do esperado para o mês; deslizamentos ocorreram, também, em Niterói (RJ) e Petrópolis (RJ); dois blocos de rocha de 3 m × 5 m, pesando cerca de 100 t cada um, caíram no km 466 da rodovia Rio/Santos (altura da praia da Almada), interrompendo-a temporariamente, e no km 13 um grande deslizamento, incluindo matacões também de 3 m × 5 m, interrompeu a rodovia por 4 h.
- Em dezembro de 2005, sete deslizamentos ocorreram em Recife (PE); no bairro Paraitinga, em Niterói (RJ), a estrada da Cacheira e a estrada Velha de Itaipu foram interrompidas por deslizamentos, e perto dali uma menina morreu soterrada em um deslizamento; em Cachoeiras do

Macacu (RJ), duas pessoas morreram soterradas em um deslizamento, e, em Maricá (RJ), uma mulher.

* Em janeiro de 2006, em Francisco Morato (Grande São Paulo), duas mulheres (mãe e filha) morreram em um deslizamento, e o mesmo ocorreu em Vargem Grande Paulista (Grande São Paulo); em São Paulo (SP), choveu 190 mm em cinco dias (média histórica de 239 mm para o mês), provocando deslizamentos no Jardim Lapena (zona norte) e afetando um prédio no Horto Florestal, também na zona norte; deslizamentos também ocorreram no Butantã (zona oeste), na mesma cidade; a rodovia Anhanguera foi interrompida na região de Jaraguá (zona norte) por um deslizamento, assim como a Raposo Tavares, na região de Osasco (Grande São Paulo); após uma chuva de 206,6 mm em cinco dias (para uma média histórica mensal de 240,3 mm), metade da população de Sorocaba (SP) ficou sem água pelo rompimento de uma adutora provocado por um deslizamento.

* Em fevereiro de 2006, em Itaquaquecetuba (Grande São Paulo), uma menina morreu atingida por um deslizamento; em Mairiporã (Grande São Paulo), duas pessoas (um casal) morreram soterradas em um deslizamento; pelo menos dez deslizamentos ocorreram na rodovia Oswaldo Cruz (Taubaté/Ubatuba).

* Em março de 2006, três pessoas (mãe e duas filhas) morreram em um deslizamento no bairro Vila Paulista Popular, em Campos do Jordão (SP); deslizamentos de blocos de rocha ocorreram nos morros de Santos; em Barueri (Grande São Paulo), um deslizamento provocou a ruptura de uma adutora de água na rua Piracema; um trecho da linha A (Francisco Morato/Jundiaí) da Companhia Paulista de Trens Metropolitanos (CPTM) foi interrompido por deslizamento.

* Em abril de 2006, uma mulher morreu soterrada por um deslizamento de encosta em Teresópolis (RJ); no Alto da Boa Vista, no Rio de Janeiro (RJ), um deslizamento interrompeu a Estrada Velha da Tijuca.

* Em maio de 2006, ocorreram pelo menos quatro deslizamentos em Recife (PE), dois dos quais com vítimas – um bebê e uma mulher; em Jaboatão dos Guararapes, na região metropolitana de Recife (PE), ocorreram 21 deslizamentos; em Maceió (AL), 11 deslizamentos de encostas ocorreram, um dos quais matou uma mulher.

* Em novembro de 2006, seis pessoas morreram soterradas em um deslizamento em Novo Cruzeiro (MG).

* Em dezembro de 2006, em Teresópolis (RJ), duas pessoas morreram soterradas por um deslizamento; em Vitória (ES), uma chuva de 97 mm (a média histórica do mês é de 240 mm) matou por soterramento, pelo menos, um homem; em Ecoporanga (ES), deslizamentos isolaram oito distritos e destruíram 50 casas; em Água Doce do Norte (ES), três pessoas (pais e filha) morreram em um deslizamento; dois homens morreram em um deslizamento em Carlos Chagas (MG), e um homem, em Padre Paraíso (MG); duas pessoas (um casal) morreram em um deslizamento em Cantagalo (MG); um trecho da ES-381 São Mateus/Nova Venécia foi totalmente destruído, e, em Minas Gerais, várias foram danificadas.
* Em janeiro de 2007, no loteamento Floresta, em Nova Friburgo (RJ), duas crianças morreram em um dos muitos deslizamentos que ocorreram na cidade, o mesmo tendo acontecido com duas pessoas (um casal) no bairro São Geraldo e uma pessoa no bairro Jardinlândia; um menino morreu em um deslizamento em Jundiaí (SP); deslizamentos destruíram casas no Butantã, no Jaçanã e no Tremembé e nas ruas Capri e Cachoeira Vida Nova, em São Paulo (SP); em Matias Barbosa (MG), três pessoas foram soterradas em um deslizamento.
* Em fevereiro de 2007, quatro pessoas (pais e dois filhos) morreram em Teresina (PI) em um deslizamento.
* Em março de 2007, uma onda gigante atribuída inicialmente a um deslizamento e posteriormente a um evento tectônico recorrente (1973, 1994 e 1997), seguido de deslizamentos de cerca de 297.600 m² (altura da encosta de 3 m a 7 m) em aluviões do rio Amazonas, atingiu a localidade ribeirinha de Costa da Águia, situada na margem direita desse rio.
* Em maio de 2007, deslizamentos ocorreram nos bairros de Nova Descoberta e Ibura (Jardim Monteverde), em Recife (PE), sendo que neste último duas pessoas morreram soterradas; em Paulista, na região metropolitana de Recife (PE), três pessoas morreram soterradas; deslizamentos ocorreram, também, no Rio de Janeiro (RJ); um deslizamento de encosta matou duas crianças em Manaus (AM).
* Em setembro de 2007, diversas rodovias no Rio Grande do Sul ficaram parcial ou totalmente interditadas por deslizamentos provocados por fortes chuvas, entre elas a RS-431 (Dois Lajeados/Bento Gonçalves), a RSC-453 em Caxias do Sul e entre Bento Gonçalves e Farroupilha, a RS-122 em São Vendelino, a RS-486 entre os viadutos da Cascada e da Reversão e a RS-484 em Barra do Ouro.

* Em outubro de 2007, em Guaratinguetá (SP), no bairro Pedreira, morreram três pessoas em um deslizamento ocorrido após uma semana de chuvas; no Rio de Janeiro (RJ), choveu 229 mm em 24 h (para uma média mensal de 283 mm) no morro do Sumaré, causando um deslizamento de 3.000 t na favela do Cerro Corá que interditou o túnel Rebouças, e deslizamentos ocorreram, também, no morro do Vidigal e na favela Nova Brasília (onde três crianças morreram soterradas), bem como no complexo do Alemão; a BR-101 Rio/Santos foi interrompida na altura do km 149, próximo a Angra-1 e 2, por deslizamento.
* Em novembro de 2007, em Ribeirão Preto (SP), houve um deslizamento na avenida Camamu durante uma forte chuva; um deslizamento no km 314 da rodovia BR-376/PR (Mauá da Serra) matou duas pessoas.
* Em dezembro de 2007, em Petrópolis (RJ), na rua Luiz Winter, na comunidade de São Jorge, após uma chuva de 300 mm, a ruptura de um talude da rodovia BR-040 Petrópolis/Juiz de Fora matou duas pessoas e feriu quatro; em Niterói (RJ), três pessoas (pais e filho) morreram em um deslizamento de encosta no morro da Igrejinha.
* Em janeiro de 2008, no bairro Tremembé (zona norte de São Paulo), uma menina morreu em um deslizamento provocado por 32,5 mm de chuva, e duas casas foram destruídas na estrada do M'Boi Mirim (zona sul) tendo como causa um evento de 30,5 mm; um deslizamento interrompeu a rodovia BR-116/PR na altura do km 22, em Antonina (PR).
* Em fevereiro de 2008, no distrito de Itaipava, em Petrópolis (RJ), morreram nove pessoas em pelo menos cem deslizamentos de encostas após uma chuva de 135 mm em menos de 1 h que se seguiu a três semanas de chuvas mais fracas; ocorreram deslizamentos, também, em Barra Mansa (RJ) e Volta Redonda (RJ); na Vila Germinal (zona norte de São Paulo), uma menina morreu soterrada por um deslizamento de encosta; duas pessoas (um casal) foram soterradas em Belo Horizonte (MG), no bairro Juliana (zona norte da cidade); uma menina morreu em um deslizamento em Materlândia (MG), e duas pessoas (mãe e filha), em Coroaci (MG); na praia de Vila do Conde, distrito de Barcarena (PA), um menino morreu soterrado em um deslizamento; deslizamentos ocorreram em Franco da Rocha (Grande São Paulo); a rodovia BR-495/RJ foi interrompida no km 28 por escorregamento de talude, o mesmo tendo ocorrido na estrada do Gentio (Teresópolis/Itaipava) em vários pontos; na via Dutra (Rio/São Paulo), ocorreram deslizamentos na altura de Barra Mansa (RJ).

- Em março de 2008, ocorreram deslizamentos de encostas nas cidades de Boqueirão, Cabaceiras, Carrapateiras e Queimadas, no sertão da Paraíba; Cabaceiras, que é conhecida como a cidade onde menos chove no Brasil (média anual de 331 mm), enfrentou uma chuva de 281 mm em três dias; chuvas e deslizamentos foram registrados, também, em Pernambuco – Jaboatão dos Guararapes enfrentou uma chuva de 59 mm em 24 h (quase um quinto do esperado para todo o mês); no litoral de São Paulo, as cidades de Santos, Cubatão e São Vicente sofreram com deslizamentos de encostas; em 5 h choveu 100 mm no Rio de Janeiro (RJ), causando deslizamentos que mataram duas mulheres (avó e neta) em Anchieta e outras duas no Rio Comprido, ambos na zona norte da cidade; uma mulher morreu soterrada no bairro Curiango, em Niterói (RJ); um bloco de rocha de cerca de 3 t atingiu uma caminhonete no km 78,5 da rodovia Fernão Dias, matando um homem, depois de uma chuva de 20 h.
- Em junho de 2008, após uma chuva de 98 mm em 24 h (cerca de 25% do esperado para o mês), ocorreram deslizamentos em Olinda (PE) e Recife (PE), tendo morrido uma pessoa nesta última cidade.
- Em outubro de 2008, em Rio do Sul (SC), duas casas foram atingidas por deslizamentos nos bairros Cantagalo e Santa Rita; dez casas foram "engolidas" e nove foram danificadas por um deslizamento em Monte Alto (SP); em Volta Redonda (RJ), uma menina foi soterrada por um deslizamento provocado por chuva; deslizamentos ocorreram, também, em Petrópolis (RJ); na cidade de Santa Maria (RS), um deslizamento de encosta interrompeu a circulação de trens; a rodovia BR-116/SC foi interrompida por um deslizamento próximo a Monte Castelo (SC).
- Em novembro de 2008, deslizamentos ocorreram na capital e em cidades da Grande Florianópolis: São José, Santo Amaro da Imperatriz, Biguaçu e Águas Mornas; em Florianópolis (SC), a avenida Ivo Silveira foi interrompida pela queda de um bloco de rocha e o bairro Campeche foi atingido por escorregamentos; em Camboriú (SC), casas foram atingidas, e, em Balneário Camboriú (SC), um hospital foi danificado e 17 casas foram atingidas por deslizamentos de encostas; outras cidades do Vale do Itajaí e do norte do Estado foram, também, atingidas, como São Francisco do Sul, Jaraguá do Sul (onde 12 pessoas morreram), Joinville, Brusque (onde uma pessoa morreu), Blumenau (onde choveu, em dois dias, mais do que o esperado para o mês inteiro e quatro pessoas morreram), Ilhota (onde morreram 11 pessoas), Rodeio (onde morreram quatro pessoas), Garuva (onde uma

pessoa morreu), Pomerode (onde uma pessoa morreu), Bom Jardim da Serra (onde uma pessoa morreu) e Luiz Alves (onde morreram quatro pessoas); em Guaratuba (PR), uma pessoa morreu atingida por um deslizamento, e, em Paranaguá (PR), quatro casas foram destruídas; em Rio Bonito (RJ), duas pessoas morreram em um deslizamento e várias casas foram soterradas; a rodovia BR-101/SC foi interrompida pelo escorregamento de um talude próximo ao morro dos Cavalos, a SC-431, no acesso a São Bonifácio (SC), e a BR-470, entre os municípios de Gaspar (SC) e Blumenau (SC), esta última por um deslizamento que atingiu as margens do rio Itajaí-Açu e provocou, também, a ruptura de uma tubulação do gasoduto Brasil/Bolívia, resultando numa explosão e interrompendo o fornecimento de gás para os Estados de Santa Catarina e Rio Grande do Sul.

* Em dezembro de 2008, ocorreram deslizamentos em várias cidades de Santa Catarina, como Luiz Alves, Ilhota (onde morreram 38 pessoas), Itajaí, Blumenau (onde morreu uma menina soterrada) e Gaspar (onde morreram seis pessoas), e no morro do Baú, onde foram atingidas equipes de resgate; em Campos dos Goytacazes (RJ), morreram duas pessoas; na cidade do Rio de Janeiro (RJ), houve queda de bloco de rocha no Leme e deslizamento de encosta na estrada Grajaú/Jacarepaguá; houve deslizamentos de encosta, também, nos municípios de Itatiba, Alegre, Bom Jesus do Norte, Apiacá e Mimoso do Sul, na região serrana do Espírito Santo; em São Paulo (SP), na rua Iquiririm, um deslizamento interditou três prédios; nos vales do Paraíba e do Ribeira e no litoral sul de São Paulo (onde choveu 150 mm em menos de dois dias), ocorreram deslizamentos de encostas; em Jacupiranga (SP), morreram duas pessoas; o bairro Alto Guanhanhã ficou isolado de Itariri (SP) por uma ruptura de talude na rodovia municipal de ligação, e os bairros Jardim Bom Retiro e Recanto Santa Rosa foram fortemente afetados; em Peruíbe (SP) e Ferraz de Vasconcelos (Grande São Paulo), ocorreram deslizamentos de encostas; em Ervália (MG), quatro pessoas (pais e filhos) morreram em um deslizamento no morro do Rói; a rodovia BR-470/SC foi interrompida entre os km 41 e 47 (Gaspar); a BR-101/SC, nos km 13 (Garuva), 14,9 (Nova Trento), 41, 44 e 46 (Gaspar) e 235 (morro dos Cavalos, em Palhoça); a BR-282, nos km 33 e 34 (Águas Mornas) e 79; a SC-401, no km 14 (Florianópolis); a SC-407, no km 21,7 (São Pedro de Alcântara); a SC-408, do km 0 ao 5 (Brusque); a SC-413, no km 8 (Luiz Alves); a SC 416, nos km 29 e 34 (Jaraguá do Sul e Pomerode); a SC 471, no km 71 (Itá); a BR-376, em Tijucas do Sul (PR);

a rodovia BR-116/SP foi interrompida em 11 locais, e a rodovia BR-459, no km 4, próximo a Piquete (SP); a rodovia Fábio Talarico foi interditada no km 64, em São José da Bela Vista (SP), por deslizamento.

* Em janeiro de 2009, em Santa Efigênia de Minas (MG), um deslizamento de encosta destruiu cem casas, e, em Igarapé (MG), duas; em São José dos Campos (SP), uma forte chuva de 2 h provocou deslizamentos que destruíram uma casa na rua Teotônio Vilela, no Jardim Santa Cruz; em Cotia (Grande São Paulo), ocorreram deslizamentos que atingiram ruas e estradas próximas a encostas, e deslizamentos ocorreram, também, em morros de Águas de Lindoia (SP) e Piquete (SP), que destruíram casas; em Blumenau (SC), duas casas foram destruídas por deslizamentos; uma menina morreu no Tremembé (zona norte de São Paulo); cerca de cem deslizamentos de terra ocorreram em Bom Jesus de Itabapoana (RJ) e uma pessoa morreu em um deles; deslizamentos provocaram a queda de um prédio na Ilha do Governador (RJ), e, na estrada Grajaú/Jacarepaguá, uma pista foi interrompida; na rodovia das Estâncias, um deslizamento de terras destruiu um barraco e interditou parcialmente a rodovia na saída da cidade de Itatiba (SP); na estrada do M'Boi Mirim, no Jardim Capela (zona sul de São Paulo), dois barracos e uma casa foram destruídos por um deslizamento, deixando quatro feridos; o km 20 da rodovia BR-116/PR foi atingido por queda de blocos de rocha.

* Em fevereiro de 2009, em Conceição de Macabu (RJ) e Paracambi (RJ), ocorreram deslizamentos que feriram um menino nesta última cidade; em Campos do Jordão (SP), um deslizamento afetou dez lojas no bairro Jaguaribe e matou uma pessoa; uma criança morreu soterrada em um deslizamento de encosta na cidade de Nova Belém (MG).

* Em março de 2009, no município de Brusque (SC), ocorreram deslizamentos após fortes chuvas; em Igaratá (SP), ocorreram dois deslizamentos no centro da cidade, na rua Tomé Alves Machado e na avenida Benedito Rodrigues de Freitas; deslizamentos ocorreram nas encostas da Serra do Mar no município de Cubatão (SP); a BR-101 ficou interditada no km 140, na subida do morro do Boi, em Balneário Camboriú (SC).

* Em abril de 2009, choveu, em dois dias, 148,9 mm na região metropolitana de Florianópolis (para uma média mensal de 145,9 mm), provocando deslizamentos de encostas que danificaram mais de uma centena de casas; em Governador Celso Ramos (SC), ocorreram vários deslizamentos; em Balneário Camboriú (SC), o hospital Santa Inês foi

atingido por deslizamento; em Itajaí (SC), choveu 210,6 mm (para uma média mensal de 111 mm); em Salvador (BA), após um acumulado de chuvas de 314,2 mm em seis dias (para uma média mensal de 326,2 mm), ocorreram centenas de deslizamentos de terra, e um bebê, atingido por uma pedra, morreu no bairro Gamboa de Baixo.

* Em maio de 2009, duas pessoas (avó e neto) morreram no distrito de Vila Nova, na zona rural de Quipapá (PE), soterradas por um deslizamento de terras; centenas de deslizamentos foram registrados em Salvador (BA) em um dia, após um acumulado de 283,9 mm de chuva em 11 dias e 112,4 mm em cinco dias; três homens morreram soterrados no bairro Pirajá e um prédio desabou no bairro Pernambués, na mesma cidade; dois imóveis foram atingidos por deslizamentos em Lauro de Freitas (BA); em Barra de São Miguel (AL), duas crianças morreram soterradas; três pessoas (mãe e duas filhas) morreram soterradas em Maceió (AL) após uma chuva de 115 mm que causou diversos deslizamentos, e uma criança foi soterrada em Coqueiro Seco (AL).

* Em junho de 2009, em Jaboatão dos Guararapes (PE), no bairro Dois Carneiros, três pessoas morreram em deslizamentos de encostas, e, em Recife (PE), quatro pessoas; na Vila Isabel (zona norte do Rio de Janeiro), quedas de blocos de rocha e solo de uma pedreira desativada atingiram sete casas, mataram um homem e feriram três.

* Em julho de 2009, várias cidades da região metropolitana de Recife (PE) sofreram escorregamentos de encostas: Abreu e Lima (um), Olinda (três), Camaragibe (dois), Recife (um), Jaboatão dos Guararapes (um) e São Lourenço da Mata (um); em Colombo, na região metropolitana de Curitiba (PR), ocorreram deslizamentos de encostas após um registro de 225,1 mm de chuva para uma média esperada de 89 mm.

* Em agosto de 2009, deslizamentos ocorreram em Cotia (Grande São Paulo), Blumenau (SC) e Ilhota (SC).

* Em setembro de 2009, a cidade de São Paulo (SP) teve 151,1 mm de chuva em dez dias e 78,1 mm num único dia (quando o esperado eram 74 mm para todo o mês), e duas crianças morreram no bairro Cidade A. E. Carvalho, na zona leste; quatro pessoas morreram em um deslizamento de encosta no morro do Socó, em Osasco (Grande São Paulo); deslizamentos ocorreram, também, em Cotia (Grande São Paulo); no Guarujá (litoral de São Paulo), uma igreja desabou atingida por um deslizamento de encosta; em Ilhota (SC), diversos deslizamentos isolaram 14 famílias no morro

do Baú; deslizamentos ocorreram, também, em Blumenau (SC), Brusque (SC) e Luiz Alves (SC); no km 108 da rodovia SC-302, no acesso a Taió (SC), um deslizamento de talude interrompeu meia pista.

* Em outubro de 2009, deslizamentos de encostas ocorreram em Belo Horizonte (MG); um prédio no Morumbi (zona oeste de São Paulo) foi atingido por um volume estimado em 200 t de solos oriundos de um deslizamento de encostas que também interditou a rua Luiz Migliano; em Petrópolis (RJ), quatro pessoas da mesma família morreram soterradas em um deslizamento de encosta à beira da BR-040; em Salvador (BA), depois de 74 mm de chuva em cerca de 12 h, os bairros periféricos foram atingidos por deslizamentos de encostas; em Araraquara (SP), ocorreram deslizamentos de encostas, e, em Taboão da Serra (Grande São Paulo), uma casa desabou em um deslizamento; em Vitória (ES), ocorreram deslizamentos após uma chuva de 365 mm; a rodovia SP-055 foi interrompida por deslizamento de encosta no km 141, próximo a São Sebastião (SP); em Ibiraçu (ES), a rodovia BR-116 foi parcialmente interditada por deslizamento, assim como a ES-080, a 12 km do município.

* Em novembro de 2009, as cidades de Cariacica (ES) e Serra (ES) sofreram deslizamentos, tendo morrido três pessoas (pai e duas filhas), na primeira delas, após um acumulado de chuvas de 365 mm em quatro dias (110 mm em 24 h); deslizamentos de blocos de rocha ocorreram em Vitória (ES) e Vila Velha (ES); em Nova Iguaçu (RJ), três pessoas morreram em um deslizamento de encosta no bairro Tinguá, e, em Natividade (RJ), casas foram destruídas; em Duque de Caxias (RJ), deslizamentos ocorreram nos bairros Parque Fluminense, Capivari, Pilar, Parque Império e Jardim Primavera; duas pessoas (mãe e filha) morreram em um deslizamento em Juiz de Fora (MG) após uma chuva de 127 mm em 8 h; o km 23 da rodovia BR-259/ES foi interrompido pelo deslizamento de um talude; no km 90 da rodovia BR-116 Rio/Teresópolis, três pessoas (pais e filha) morreram sob um deslizamento, o que causou o fechamento da rodovia por três dias; a rodovia ES-080 foi interrompida por um deslizamento entre Colatina (ES) e São Domingos do Norte (ES), assim como a ES-245 entre Governador Lindenberg (ES) e o distrito de Rancho Fundo.

* Em dezembro de 2009, um deslizamento de encosta atingiu duas casas em Caxias do Sul (RS); após quatro dias de chuva correspondentes a cerca de 28% do total previsto para o mês, três pessoas morreram em consequência de um deslizamento de encosta no bairro Chácara Nani

(zona sul de São Paulo), três pessoas, no Parque São Rafael (zona leste), e outras três, em São Mateus (zona leste); no Parque Santa Madalena (zona leste), morreu uma pessoa; em Pinhalzinho (SP), no bairro Cachoeirinha, duas pessoas (casal) morreram atingidas por um deslizamento de encosta; em Mauá (Grande São Paulo), uma pessoa morreu soterrada, e, em Itaquaquecetuba (Grande São Paulo), outra pessoa; em São Bernardo do Campo (Grande São Paulo), uma menina morreu soterrada; em Santana de Parnaíba (Grande São Paulo), na rua Santana, quatro pessoas morreram em deslizamentos, e, em Itapecerica da Serra (Grande São Paulo), no bairro Três Marias, quatro crianças e uma idosa; em Ubatuba (SP), uma criança morreu em um deslizamento de encosta e o bairro Almada ficou isolado por um deslizamento sobre a estrada que dá acesso a ele; na Vila Guilherme, também em São Paulo (SP), um deslizamento atingiu uma casa; em Osasco (Grande São Paulo), uma criança morreu atingida pelo deslizamento de uma encosta; em Perus (zona norte de São Paulo), um deslizamento de encosta destruiu cinco casas; na Vila Amália (zona norte), um deslizamento de encosta ocorreu; em Itapeva (SP), duas mulheres morreram em um carro soterradas por um deslizamento de encosta na Vila Maringá; em deslizamentos de encostas nos bairros da Pedreira e das Alamedas, em Guaratinguetá (SP), três pessoas ficaram feridas; em Xerém, em Duque de Caxias (RJ), um deslizamento de encosta matou duas pessoas; em Petrópolis (RJ), um deslizamento no bairro Taquara destruiu uma residência; em Brejetuba (ES), uma criança morreu em um deslizamento de encosta; em Sabará (MG), no bairro Arraial Velho, um homem foi soterrado por um evento similar, e o mesmo ocorreu com uma mulher em Alto Jequitibá (MG); em Magé (RJ), duas pessoas morreram em um deslizamento na localidade de Buraco da Onça; no Rio de Janeiro (RJ), cinco pessoas morreram em um deslizamento de encosta em Jacarepaguá, e três, em Vaz Lobo; em Belford Roxo (RJ), duas pessoas morreram em um desabamento; em Prainha, em Duque de Caxias (RJ), um menino morreu, e deslizamentos ocorreram em Centenário e Chacrinha, na mesma cidade; a BR-116 foi interrompida em Guaratinguetá (SP) por um deslizamento no km 66; a rodovia Rio/Teresópolis foi interrompida no km 92,8 pelo deslizamento de uma encosta, assim como a BR-101, bloqueada em diversos pontos entre Mangaratiba (RJ) e Angra dos Reis (RJ); na Rio/Santos, um deslizamento ocorreu no km 479, em Angra dos Reis (RJ), e o mesmo se deu no km 90 da BR-040; a rodovia

BR-116 foi interrompida por um deslizamento na altura do km 193, no município de Santa Isabel (Grande São Paulo), e a BR-101, em Ubatuba (SP); a rodovia Mogi/Bertioga foi interrompida no km 89,1 (Bertioga) por um deslizamento de grande porte, e a rodovia Rio/Petrópolis foi parcialmente interditada por um deslizamento de encosta no km 90 (Garrafão).

* Em janeiro de 2010, em Guararema (Grande São Paulo), deslizamentos ocorreram nos bairros Itapema e Ipiranga, onde quatro pessoas morreram; em São Luiz do Paraitinga (SP), uma pessoa morreu soterrada, seis (de uma mesma família) morreram em Cunha (SP), após uma chuva de 230 mm em 30 h, e uma em São José dos Campos (SP); em Itapecerica da Serra (Grande São Paulo), uma mulher morreu em um deslizamento de encosta, e, em São Bernardo do Campo (Grande São Paulo), um homem e uma mulher morreram na Vila Anglo-Brasileira; em São Sebastião (SP), no bairro Itatinga, um deslizamento matou uma pessoa, e, em Francisco Morato (Grande São Paulo), cinco pessoas morreram soterradas; nesta última cidade, no bairro Represa e nos Jardins Olga e Rosa, casas foram atingidas por deslizamento; em Ribeirão Pires (Grande São Paulo), três pessoas morreram em deslizamento de encosta no bairro Jardim Santo Bertoldo; dois deslizamentos mataram duas pessoas em São Paulo (SP): uma na região do Grajaú (zona sul) e outra na zona oeste; nos bairros Ponte Alta, Jardim Varginha e Nova Jaguaré, em São Paulo (SP), ocorreram deslizamentos de encostas; em Carapicuíba (Grande São Paulo), um deslizamento atingiu 30 casas localizadas à margem do córrego Cadaval e quatro na estrada do Pequeá; deslizamentos ocorreram, também, em Savoy City (SP); em Jacarepaguá (zona oeste do Rio de Janeiro), cinco pessoas da mesma família morreram soterradas durante uma chuva de 114,6 mm em um dia (um terço do previsto para o mês); em Vaz Lobo e Irajá (zona norte do Rio de Janeiro), a chuva que caiu equivaleu a 13 dias da previsão e matou duas pessoas (um casal) no primeiro desses locais e um menino no segundo, e, em Quintino, na mesma cidade, duas pessoas (pai e filha) morreram soterrados; diversos escorregamentos ocorreram na Baixada Fluminense: em Magé, uma menina morreu soterrada, em Duque de Caxias, um menino, em Belfort Roxo, duas pessoas (mãe e filha), e, em São João de Meriti, duas pessoas; em Niterói (RJ), duas meninas pereceram soterradas; em Angra dos Reis (RJ), uma chuva de 417 mm em 36 h 30 min (a média do mês era de 225,3 mm) causou deslizamentos em vários bairros da cidade e a morte de 32 pessoas na praia do Bananal

(pousada Sankay), na Ilha Grande, e de 21 (dez de uma mesma família) no morro da Carioca (centro da cidade), onde havia sido suspensa a ocupação e previsto o reflorestamento; 12 deslizamentos ocorreram, também, em Praia Vermelha, a cerca de 20 km de Bananal, além de outros em Araçatuba (Ilha Grande); três mortes ocorreram em Juiz de Fora (MG) por deslizamentos de terra no bairro Cesário Alvim; um edifício de 40 apartamentos foi interditado em Belo Horizonte (MG) devido a um deslizamento de encostas; as rodovias PR-151 e PR-239 foram interrompidas perto de Sengés (PR); a rodovia Padre Manoel da Nóbrega, no km 380, também sofreu bloqueio; a SP-099 (rodovia dos Tamoios) foi interrompida no km 24, na região de Jambeiro (SP), por deslizamento de talude, e nos km 30, 37, 49 e 51; a SP-77 foi totalmente interditada no km 70; foi, também, interditada a SP-50 (São José dos Campos/Monteiro Lobato); na SP-222, houve interrupção no km 10, em Iguape (SP), e, na SP-125 (Oswaldo Cruz), no km 25, em Taubaté (SP); na Fernão Dias, a interrupção ocorreu no km 64, em Mairiporã (Grande São Paulo), durante uma chuva de 360,3 mm em 24 dias (para uma média mensal de 239 mm), e, na SP-25 (Taubaté-Ubatuba), no km 54, em São Luiz do Paraitinga (SP); a via Anchieta (São Paulo/Litoral) sofreu deslizamento no km 29; a BR-101, nos km 7 (Ubatuba), 476, 477 (Angra dos Reis), 479, 511, 574, 576, 578 e 583 (Parati); a rodovia BR-116/RJ Rio/Teresópolis, nos km 10 e 92,8; a via Dutra (BR-116/SP), nos km 197 (Arujá) e 276 (Itapecerica da Serra) e em Pindamonhangaba (SP); a RJ-155 (Angra/Getulândia) e a de Contorno foram interrompidas próximo ao Colégio Naval.

* Em fevereiro de 2010, um deslizamento de encosta interrompeu a avenida Aricanduva, na altura da rua Igarapé Azul, em São Paulo (SP); a rodovia BR-116 SP/PR foi interrompida por deslizamento de talude nos km 552 (Barra do Turvo), 197, próximo a Arujá (Grande São Paulo), e 29, em Campina Grande do Sul (PR); a rodovia dos Tamoios foi interditada por deslizamentos nos km 24,5, 49 e 51, próximo à represa de Paraibuna (SP), a BR-101/SP, no km 115, próximo a São Sebastião (SP), e a Fernão Dias, no km 77,5.

* Em março de 2010, em Teófilo Otoni (MG), morreu uma pessoa em um deslizamento de encosta após uma chuva de 70,5 mm em 5 h; no Rio de Janeiro (RJ), ocorreram deslizamentos de encostas nos bairros Copacabana, Laranjeiras, Santa Teresa, Jacarepaguá, Rio Comprido (onde duas pessoas morreram) e Anchieta (onde, também, duas pessoas – avó e neta

– morreram); duas pessoas morreram, também, em Niterói (RJ), no bairro Cubango; na rodovia BR-101/SC, um deslizamento de talude provocou interrupção no km 237, no morro dos Cavalos, e, na BR-116/RJ, no km 224, na Serra das Araras, um deslizamento bloqueou a pista.

* Em abril de 2010, um grande bloco de rocha rolou da encosta do morro da Armação, em Niterói (RJ), atingindo um conjunto habitacional, após uma chuva de 288 mm em 24 h; deslizamentos ocorreram na encosta abaixo do Módulo de Ação Comunitária (Maquinho), projetado por Niemeyer, em Niterói (RJ), pondo em perigo a estabilidade da construção; quatro deslizamentos que mataram três pessoas ocorreram no centro da mesma cidade; no Rio de Janeiro (RJ), deslizamentos mataram seis pessoas no morro do Turano, 26 no morro dos Prazeres, cinco no morro dos Macacos, quatro na comunidade de Santa Maria, três no morro do Borel, uma no Recreio dos Bandeirantes, uma na ladeira dos Guararapes, uma na Ilha do Governador, cinco no Andaraí, duas em Jacarepaguá, quatro no bairro Tatuquara e duas na comunidade de Santa Maria; um deslizamento ocorreu no morro do Fubá e outro destruiu o estádio de futsal do clube Botafogo no Humaitá, na zona sul do Rio de Janeiro (RJ); o Parque da Tijuca e a linha do trenzinho do Pão de Açúcar foram atingidos por deslizamentos; na favela da Rocinha, na mesma cidade, duas pessoas morreram em um deslizamento de encosta, e, em Petrópolis (RJ), o mesmo aconteceu com uma pessoa; 13 mortes ocorreram em São Gonçalo (RJ); 45 morreram em um deslizamento de lixão no morro do Bumba, em Niterói (RJ), após fortes chuvas; após uma chuva de 278 mm em 24 h, ocorreram deslizamentos de encostas em Santa Teresa, no Rio de Janeiro (RJ); um deslizamento ocorreu no morro do Abrigo, em São Sebastião (SP); a favela Santa Madalena, em Sapopemba (zona leste de São Paulo), foi atingida por um deslizamento de solo e lixo; 34 deslizamentos de encostas ocorreram em Santos (SP) durante uma chuva de 189 mm (próximo do esperado para o mês – 200 mm), totalizando 306 mm em três dias; deslizamentos ocorreram, também, em Guarujá, São Vicente (293 mm em 72 h) e São Sebastião (103,5 mm em três dias); em Salvador (BA), em 15 dias choveu 356,3 mm, que provocaram 267 deslizamentos em 29 bairros: Periperi, Imbuí, Jardim das Margaridas, Lauro de Freitas, Calçada, Vila Canária, Santa Luzia do Lobato, Boca do Rio, Pituaçu, Baixa dos Fiscais, Dique do Tororó, São Cristóvão, Portão, Cajazeiras, Barros Reis, Iguatemi, Águas Claras, Aeroporto, São Marcos, Simões Filho, Mussurunga, Retiro,

Lapinha, Paripe, Nazaré, Ribeira, Sussuarana, Castelo Branco, Bairro da Paz e Federação; na mesma cidade, duas crianças morreram em um deslizamento de terra no bairro de Vila Canária, uma no bairro do Uruguai e uma em Santo Amaro; a rodovia Mario Covas foi interrompida na altura de Piraquara e Garatucaia, em Angra dos Reis (RJ), por deslizamentos de terra e rocha; a BR-101/SP foi interrompida por deslizamento de talude na altura dos km 115, 141 e 164, na praia de Boiçucanga, em São Sebastião (SP); a BR-101/RJ foi interrompida no km 450 (Mangaratiba) por deslizamento de talude e no km 455 (Angra dos Reis) pelo deslizamento de um bloco de rocha de 80/100 t; a rodovia Rio/Juiz de Fora foi interrompida na Serra de Petrópolis, nos km 78, 83, 91 e 94, por deslizamentos, tendo acontecido o mesmo com meia pista da rodovia BR-242/BA no km 465 (Serra da Mangabeira).

* Em maio de 2010, em Anitápolis (SC), um homem morreu em um deslizamento de encosta; a rodovia BR-101/SC foi interrompida no km 141, em Balneário Camboriú (SC), no km 259, em Paulo Lopes (SC), e no km 232, em Palhoça (SC), por ocasião de fortes chuvas, e a BR-282/SC, no km 1 da via expressa.

* Em junho de 2010, deslizamentos ocorreram em encostas de Maceió (AL) e em 40 locais no Recife (PE), onde choveu 148 mm em dois dias (para uma média do mês de 350 mm), que resultaram em nove mortes, sendo seis no bairro da Linha do Tiro (zona norte) e cinco de membros de uma mesma família; em Cortês (PE), uma pessoa morreu soterrada, e, em Vitória de Santo Antão (PE), onde choveu 155 mm, também ocorreram deslizamentos; a queda de um bloco de rocha de cerca de 500 t interrompeu a rodovia BR-101/RJ Rio/Santos na altura do km 455, próximo a Angra dos Reis (RJ).

* Em julho de 2010, um deslizamento atingiu a avenida Itaquera, próximo do cruzamento com a rua Mota Coqueiro, em São Paulo (SP), em período de fortes chuvas; 98 deslizamentos de terra ocorreram em Salvador (BA) quando, em quatro dias, choveu 216 mm (para uma média mensal de 184,9 mm).

* Em agosto de 2010, um deslizamento ("terra caída") provocado pela seca afetou uma faixa de 700 m de comprimento de um barranco com 15 m de altura às margens do rio Solimões, na cidade de São Paulo de Olivença (AM).

* Em outubro de 2010, deslizamentos ("terras caídas") também provocados pela seca afetaram uma faixa de 1.000 m de comprimento de barrancos

com alturas entre 30 m e 60 m às margens do rio Solimões, destruindo 106 casas na cidade de São Paulo de Olivença (AM), e, em Manacapuru (AM), 72 residências foram atingidas no bairro de Terra Preta, também às margens do Solimões, em evento similar, em que morreram duas crianças.

* Em novembro de 2010, no bairro Ouro Minas, em Belo Horizonte (MG), um deslizamento soterrou três pessoas, que foram resgatadas com vida, depois de uma chuva de 147,4 mm em 24 h, com um histórico de 324,4 mm nos 22 dias anteriores.

* Em dezembro de 2010, em São Paulo (SP), ocorreu um deslizamento no morro Jardim Maringá, na Penha, outro no Jardim Varginha (rua Gino Monaldi) e outro em Sapopemba, na favela Santa Madalena, no Jardim Elba; um deslizamento soterrou uma casa no Quarteirão Brasileiro, em Petrópolis (RJ); no bairro Divinéa, em Santo Antônio de Pádua (RJ), duas pessoas morreram em deslizamento de encostas; em Juiz de Fora (MG), um menino morreu soterrado em um deslizamento no bairro Marilândia, e uma mulher, no bairro Leonardo, em Cataguazes (MG); três pessoas morreram soterradas em Lajinha (MG), e um homem, em Ponte Nova (MG); em Mantena (MG), sete pessoas morreram soterradas (quatro da mesma família); a rodovia Rio/Juiz de Fora sofreu desabamento de encosta no km 41 e queda de pedras no km 50 (Itaipava), que atingiu um automóvel, fazendo-o capotar; na BR-101 (Rio/Santos), deslizamentos ocorreram nos km 477 e 480, e a BR-060 foi interditada no km 24, próximo a Alexânia (GO).

* Em janeiro de 2011, cerca de 52 deslizamentos ocorreram em Santos (SP); em Mauá (Grande São Paulo), cinco pessoas morreram soterradas após uma chuva de 80 mm em 3 h; em Bom Jardim dos Perdões (SP), ocorreram dois deslizamentos de terra; em Jundiaí (SP), quatro pessoas da mesma família morreram em um deslizamento no Jardim São Camilo; no bairro Rio Comprido, em São José dos Campos (SP), cinco mulheres morreram soterradas; após uma chuva que, no Butantã, em São Paulo (SP), atingiu o índice de 333,4 mm, várias casas ficaram "penduradas" por um deslizamento no Jardim Nakamura (zona sul) e um homem morreu na região limítrofe entre São Paulo e Embu, na rua Inverno; em Brasilândia (zona norte de São Paulo), ocorreu um deslizamento; duas mulheres morreram soterradas na rua Virgínia de Araújo, no bairro Furnas (zona norte); duas pessoas foram soterradas na rua Nilton Machado de Barros, no Parque Fernanda (zona sul), duas no Tremembé (zona norte) e uma

no Capão Redondo (zona sul); um deslizamento matou uma pessoa em Parelheiros (zona sul), no km 33 da estrada da Reserva; na localidade de Araras, em Petrópolis (RJ), uma pessoa morreu; duas meninas foram soterradas em uma área de preservação ambiental invadida na mesma cidade, e três pessoas, em Brejal, na zona rural; em Nova Friburgo (RJ), após uma chuva de 182,2 mm em 24 h e um acumulado de 366,8 mm em 12 dias, um deslizamento de encosta derrubou uma torre de teleférico e parte de um hotel, a Igreja de Santo Antônio (de 1884) foi parcialmente soterrada e houve duas mortes no desabamento de um prédio causado por deslizamento de encosta, quatro no centro da cidade, dezenas no bairro Floresta e pelo menos 12 na rua Augusto Spinelli; em Teresópolis (RJ), após uma chuva de 124,6 mm em 24 h e um acumulado de 219 mm em 12 dias, ocorreram inúmeros escorregamentos de encostas e muitas mortes – no bairro Caleme, 16 casas foram destruídas e apenas um casal se salvou; vários deslizamentos aconteceram em Florianópolis (SC); em Açucena (MG), ocorreu deslizamento de encosta; em Igrejinha (RS), no vale do Paranhana, morreram sete pessoas, sendo cinco de uma mesma família e duas de outra, em um deslizamento de encostas que destruiu cinco casas; na SP-101, em Hortolândia (SP), um deslizamento interditou parcialmente a rodovia; a SP-354 (Franco da Rocha/Cajamar) sofreu deslizamento no km 42; a SP-08, no km 128, na região de Socorro (SP); a SP-360, no km 121; a Fernão Dias, no km 73,5, na região de São Paulo (SP); a BR-060, no km 24, entre Goiânia e Brasília; a BR-116, entre Teresópolis (RJ) e Além Paraíba (MG); e a BR-495, entre Teresópolis (RJ) e Petrópolis (RJ); a BR-040 e a RJ-116 também tiveram várias interrupções na região serrana do Rio de Janeiro, uma das quais quase atingiu o então governador; a RJ-130 Teresópolis/Nova Friburgo foi interrompida por diversos deslizamentos, e a RJ-142 teve 25 deslizamentos em 20 km na região de Nova Friburgo (RJ); a RJ-150 e a RJ-116 sofreram, também, interrupções na mesma região; a estrada de acesso a Campo Coelho, em Nova Friburgo (RJ), foi interrompida totalmente; a RJ-134 foi interrompida desde a entrada no município de São José do Vale do Rio Preto (RJ) até a BR-116; a RJ-142 (Nova Friburgo/Casimiro de Abreu) foi interrompida por inúmeros deslizamentos; a BR-101/SC foi interrompida por deslizamento no km 234 (morro dos Cavalos), próximo a Palhoça (SC), e, na BR-280/SC, cinco carros foram atingidos por deslizamentos entre os km 92 e 93.

7 Eventos deflagradores dos movimentos de massa: processos gatilho

* Em fevereiro de 2011, em Jaraguá do Sul (SC), houve 337 escorregamentos de encostas; um deslizamento atingiu uma estação de tratamento de águas da cidade de Cruzeiro (SP), afetando o abastecimento de 80% da população, e outro ocorreu na Vila Maria Baixa, na zona norte de São Paulo (SP).
* Em março de 2011, após uma chuva de 52,1 mm, ocorreram deslizamentos de encosta nos bairros de Pinheiros, Penha, Santana e Vila Maria, em São Paulo (SP); em Mauá (Grande São Paulo), ocorreram deslizamentos de encosta e mortes; deslizamentos de encostas interromperam uma adutora de água em Antonina (PR) – duas pessoas morreram em deslizamento de encosta nessa cidade e uma em Morretes (PR); em Itabuna (BA), duas pessoas morreram em um deslizamento de encostas, e, em São José dos Pinhais (PR), um deslizamento isolou a Colônia Castelhanos; a BR-376/PR sofreu diversos deslizamentos entre os km 657 e 672, na região de Guaratuba (PR), e a BR-277/PR teve diversos escorregamentos no segmento da Serra do Mar, entre os km 12 e 30.
* Em abril de 2011, um deslizamento ocorreu no morro da Formiga (Tijuca), no Rio de Janeiro (RJ), bem como nas comunidades do Borel, JK, Andaraí e Chacrinha, por ocasião de uma chuva de 96,6 mm em 1 h e um acumulado de 274 mm em 9 h, e uma criança ficou ferida em um deslizamento no morro São João, no Engenho Novo; um bloco de rocha de cerca de 600 t deslizou e interditou a rodovia Grajaú/Jacarepaguá.
* Em maio de 2011, uma mulher morreu em um deslizamento de encosta em Camaragibe (Grande Recife); deslizamentos ocorreram, também, em Jaboatão dos Guararapes (PE) e Abreu e Lima (PE); em São Luís do Quitunde (AL), uma criança morreu soterrada; em Itaituba (PA), quatro pessoas morreram em um deslizamento de encosta.
* Em junho de 2011, uma mulher morreu soterrada em um deslizamento na Estrada do Rio Acima, em Mairiporã (Grande São Paulo).
* Em julho de 2011, 135 deslizamentos ocorreram em Recife (PE), matando três pessoas na rua Regina, e, em Camaragibe, na região metropolitana dessa cidade, quatro pessoas morreram no desabamento de uma casa provocado por um desses eventos; um bebê morreu soterrado em um deslizamento em Puxinanã (PB).
* Em agosto de 2011, ocorreram deslizamentos em Curitiba (PR) e Ponta Grossa (PR).
* Em setembro de 2011, um deslizamento em Tijucas (SC) interrompeu o fornecimento de energia elétrica a essa cidade e a Celso Ramos (SC);

um homem morreu atingido por um deslizamento de talude na rodovia SC-456 próximo a Anita Garibaldi (SC); deslizamentos ocorreram na rodovia BR-282/SC, nos municípios de Gaspar (SC) e Apiúna (SC), e, na primeira dessas cidades, a BR-470/SC foi interrompida; a BR-280/SC foi bloqueada nos km 93 e 94, em Corupá (SC), por deslizamento de encosta; a BR-101/SC foi interrompida em Palhoça (SC), a SC-280, no km 290,8, em Porto União (SC), e a SC-302, no km 294, em Ituporanga (SC).

* Em outubro de 2011, um deslizamento de cerca de 5.000 m³ interrompeu a SP-334 perto de Franca (SP).
* Em novembro de 2011, um deslizamento matou um homem na rua dos Ipês, no Tremembé, em São Paulo (SP); na rua Raposo Tavares, no bairro Dom Avelar, em Salvador (BA), uma casa foi atingida por um deslizamento; a rodovia Cândido Portinari foi interrompida por um deslizamento de cerca de 5.000 m³ entre Ribeirão Preto (SP) e Franca (SP), e um deslizamento afetou a avenida Anita Garibaldi, em Salvador (BA).
* Em dezembro de 2011, choveu 58 mm em 2 h na Grande Florianópolis, e uma mulher morreu em um deslizamento de rocha no morro da Mariquinha, em Florianópolis (SC); deslizamentos destruíram casas em Betim e Nova Lima, na região metropolitana de Belo Horizonte (MG); em Ibirité, na mesma região metropolitana, um deslizamento soterrou parcialmente um homem, e, no bairro Nova Pampulha, em Vespasiano (MG), um deslizamento feriu outro; em Raposos (MG), ocorreram deslizamentos de encostas, e a rodovia BR-381/MG foi interrompida por deslizamento em Betim (MG).
* Em janeiro de 2012, após um dezembro de 2011 extremamente chuvoso (719,8 mm), a precipitação de 58 mm em 10 h resultou em deslizamentos em Belo Horizonte (MG) – no bairro Caiçara, um prédio foi atingido, resultando na morte de duas pessoas; em Contagem, Sabará e Santa Luzia, na região metropolitana de Belo Horizonte (MG), deslizamentos atingiram casas e feriram pessoas; em Visconde do Rio Branco (MG), uma mulher morreu soterrada; em Ouro Preto (MG), ocorreram 174 deslizamentos, num dos quais dois taxistas morreram soterrados na rodoviária da cidade; em Governador Valadares (MG), duas pessoas morreram soterradas; em Teresópolis (RJ), cinco pessoas morreram em deslizamentos; em Raposo, distrito de Itaperuna (RJ), após 100 mm de chuva em 24 h, um bloco de rocha deslizou, atingindo uma casa; em Nova Friburgo (RJ), na rua Augusto Spinelli, um deslizamento destruiu quatro casas, e um

segundo deslizamento no mesmo local atingiu sete bombeiros que trabalhavam no resgate; em Sapucaia (RJ), no distrito de Jamapará, situado na encosta do rio Paraíba, nove casas foram destruídas e 22 pessoas morreram em um deslizamento de encosta, e, no outro lado do rio, já em Minas Gerais, três pessoas foram soterradas; após uma chuva de 241 mm na localidade de Santa Rita 2, no bairro do Bracuí, em Angra dos Reis (RJ), um deslizamento destruiu nove casas, e, em Santa Rita, três pessoas ficaram feridas; a BR-356/MG foi interditada por um deslizamento no km 84, em Ouro Preto (MG); ocorreram interrupções, também, na BR-040/MG, no km 580, em Itabirito (MG), na BR-262/MG, no km 154, em São Domingos do Prata (MG), e na BR-381, no km 574, em Itaguara (MG); as estradas que ligam Campos dos Goytacazes (RJ) e Cardoso Moreira (RJ) foram interrompidas por deslizamentos nas localidades de Baú, em Teresópolis (RJ), e Valão dos Pires, em Cardoso Moreira (RJ); a RJ-148 foi interrompida entre os km 30 e 35, em Nova Friburgo (RJ), a RJ-146, nos km 55, 56, 62 e 62,5, em Santa Maria Madalena (RJ), a RJ-142, no km 8, e a RJ-218, entre Santo Antônio de Pádua (RJ) e o distrito de Paraoquena.

* Em março de 2012, a rodovia BR-040/RJ foi bloqueada por um grande deslizamento de solos e blocos de rocha no km 50, na altura do distrito de Pedro do Rio, em Barra Mansa (RJ).
* Em abril de 2012, em Brusque (SC), ocorreram pelo menos 14 escorregamentos; cinco pessoas morreram em um deslizamento de encosta em Petrópolis (RJ), no bairro Independência, e a rodovia Anchieta foi interditada no km 43.
* Em maio de 2012, 137 deslizamentos de encostas ocorreram em Salvador (BA).
* Em junho de 2012, duas pessoas morreram soterradas em Cabo de Santo Agostinho (PE) e uma em Olinda (PE).
* Em novembro de 2012, pedras rolaram de uma encosta em Três Irmãos, em Nova Friburgo (RJ), atingindo cinco casas, e um deslizamento de encosta atingiu dez casas em Jardim Meudon, em Teresópolis (RJ).
* Em janeiro de 2013, ocorreu um deslizamento na rua Paula de Azevedo, em Santa Teresa, no Rio de Janeiro (RJ), e um homem morreu; no Alto da Boa Vista, na mesma cidade, um homem morreu atingido por uma árvore derrubada por um deslizamento; em Cinco Lagos, em Mendes (RJ), uma menina morreu em um deslizamento; em Niterói (RJ), no morro do Palácio, em Ingá, um adolescente morreu em um deslizamento protegendo

duas crianças; em Bom Princípio (RS), duas pessoas morreram em um deslizamento de encosta; a rodovia Anchieta foi bloqueada na altura de Cubatão (SP), e a Cônego D. Rangoni, no km 254.

* Em fevereiro de 2013, um menino morreu em um deslizamento no morro da Caixa D'Água, no bairro de Quintino, no Rio de Janeiro (RJ); em Petrópolis (RJ), ocorreram deslizamentos nos bairros Bingen e Lagoinha, com mortes; na rodovia dos Imigrantes, um deslizamento atingiu 23 carros e uma carreta, matando uma mulher, no km 52, na altura de Cubatão (SP), após uma chuva de 150 mm em 2 h, de um total de 183 mm esperados para o mês; na praia de Maresias, em São Sebastião (SP), várias casas e pousadas foram danificadas por uma avalanche de solo e pedras provocada por uma forte chuva; na via Anchieta, ocorreram deslizamentos nos km 46, 49 e 51, no trecho de serra, e a rodovia Padre Manoel da Nóbrega foi interrompida no km 271 por um deslizamento.

* Em março de 2013, cerca de cem deslizamentos ocorreram em Petrópolis (RJ), nos bairros Alto da Serra, Quitandinha (onde choveu 390 mm em 24 h e morreram quatro pessoas), Bingen (onde também morreram quatro pessoas), Independência (onde choveu 277 mm e morreram duas crianças) e Siméria e nas ruas Espírito Santo (onde morreram 11 pessoas, incluindo dois bombeiros), Sargento Boening, Lopes Trovão e Doutor Thouzet (onde choveu 267 mm e morreram dois meninos); vários escorregamentos ocorreram em Angra dos Reis (RJ), na rua Getulândia e na descida do Morro da Cruz; nos bairros Garcia e Souza Cruz, em Brusque (SC), ocorreram deslizamentos, bem como em Blumenau (SC) e Palhoça (SC); a rodovia BR-040/RJ foi interditada no km 75, em Petrópolis (RJ); a BR-101/SP, no km 154, na Serra de Boiçucanga, e no km 158, em São Sebastião (SP); a rodovia Mogi/Bertioga, entre Bertioga (SP) e Biritiba Mirim (Grande São Paulo); a rodovia Rio/Juiz de Fora, no km 75; a Rio/Santos, na altura dos bairros de Monsuaba e Santa Rita do Bracuí, em Angra dos Reis (RJ); a rodovia Bertioga/São Sebastião, entre os km 157 e 160; a rodovia BR-116/SC, no km 108, na Serra do Espigão, entre Monte Castelo (SC) e Santa Cecília (SC); e a rodovia de Contorno, que liga Angra dos Reis (RJ) a Vila Velha (ES), em três locais: Costeirinha, praia das Gordas e Tanguá.

* Em abril de 2013, três deslizamentos de encosta ocorreram em Salvador (BA), e outro deslizamento bloqueou a rodovia BR-040/RJ no km 85, na Serra de Petrópolis.

7 Eventos deflagradores dos movimentos de massa: processos gatilho | 155

* Em maio de 2013, deslizamentos ocorreram no bairro Alto Independência, em Petrópolis (RJ).
* Em junho de 2013, em Laranjeiras do Sul (PR), duas pessoas (mãe e filha) morreram soterradas em um deslizamento.
* Em julho de 2013, o parque municipal Roberto de Mello Genaro, em Ribeirão Preto (SP), foi interditado por um deslizamento de solo e rochas.
* Em agosto de 2013, uma menina e um bebê morreram no bairro do Jordão, no limite entre Recife (PE) e Jaboatão dos Guararapes (PE), em um deslizamento.
* Em setembro de 2013, a rodovia BR-230/PB foi interditada por um deslizamento próximo a João Pessoa (PB).
* Em outubro de 2013, quedas de blocos de rocha interditaram, novamente, o parque municipal Roberto de Mello Genaro, em Ribeirão Preto (SP).
* Em novembro de 2013, em Domingos Martins (ES), um deslizamento atingiu um edifício, e outros ocorreram em Serra (ES); em Ilhéus (BA), choveu 214 mm e em cinco bairros ocorreram deslizamentos; em Salvador (BA), ocorreram deslizamentos no bairro Canabrava durante uma chuva de 117,7 mm em 24 h; deslizamentos aconteceram, também, em Itabuna, Ituberá, Maraú (choveu 271,4 mm) e Valença, na Bahia; novamente, o parque municipal Roberto de Mello Genaro, em Ribeirão Preto (SP), foi atingido por deslizamentos e interditado.
* Em dezembro de 2013, uma criança morreu soterrada em um deslizamento no morro de Sant'Anna, em Macaé (RJ), após uma chuva de 238 mm em cerca de 12 h; em Santa Maria Madalena, na região serrana do Rio de Janeiro, um deslizamento atingiu 30 casas; em Petrópolis (RJ), ocorreram deslizamentos nos bairros Siméria, Independência e São Sebastião; uma mulher morreu em um deslizamento na localidade de Ouro Fino, em Nova Iguaçu (RJ); na Serra de Petrópolis, um deslizamento deixou uma pessoa ferida na localidade de Quarteirão Brasileiro; no distrito de Córrego do Malacacheta, em Sardoá (MG), cinco pessoas morreram em um deslizamento de encosta sobre a qual havia uma plantação de eucaliptos; em Caratinga (MG), uma menina morreu em um deslizamento, em Governador Valadares (MG), duas crianças, em Ipatinga (MG), um homem, e, no bairro Bias Fortes, em Itanhomi (MG), uma mulher; em Capelinha (MG), também ocorreram deslizamentos; em Juiz de Fora (MG), no Jardim Natal, uma mulher morreu soterrada em um deslizamento; em Colatina (ES), um homem morreu atingido por um bloco de rocha; no bairro Laranjal, em

Itaguaçu (ES), quatro pessoas morreram soterradas em um deslizamento; em Vitória, Viana e Serra, no Espírito Santo, houve deslizamentos; em Itaguaçu (ES), deslizamentos com mortes ocorreram, assim como em Baixo Guandu, Barra de São Francisco, Domingos Martins e Nova Venécia, todas no Espírito Santo; um deslizamento ocorreu no bairro Canabrava, em Salvador (BA); a rodovia BR-101/RJ foi bloqueada nos km 505, em Angra dos Reis (RJ), e 559, em Paraty (RJ), a BR-040/RJ, entre os km 85 e 89 e 92 e 93, em Petrópolis (RJ), e a RJ-155, entre os km 10 e 11.

* Em janeiro de 2014, deslizamentos ocorreram em Itaoca (SP), onde pelo menos um homem morreu.
* Em março de 2014, em Manaus (AM), um bebê foi soterrado em um deslizamento no bairro Petrópolis e um adulto morreu no bairro Campos Sales após um acumulado de chuvas de 137 mm em 24 h; a rodovia Mogi/Bertioga foi interditada no km 82 por um deslizamento de solo e rocha.
* Em junho de 2014, em Sulina (PR), um homem morreu em um deslizamento; um menino morreu soterrado em Guaramirim (SC); deslizamentos ocorreram nos bairros Mãe Luiza (onde um carro foi soterrado) e Petrópolis, em Natal (RN); deslizamentos afetaram estradas na região do Vale do Iguaçu, particularmente em União da Vitória, Bituruna e Cruz Machado, no Paraná, Concórdia, no oeste de Santa Catarina, e Erechim, no noroeste do Rio Grande do Sul.
* Em setembro de 2014, um deslizamento de encosta atingiu o morro de Mãe Luzia, em Natal (RN), e interditou a via Costeira.
* Em outubro de 2014, ocorreram deslizamentos em Vitória (ES).
* Em novembro de 2014, duas pessoas morreram em um deslizamento em Diadema (Grande São Paulo), e a linha 7 – Rubi da CPTM, em São Paulo (SP), foi interrompida entre as estações Franco da Rocha e Baltazar Fidélis por um escorregamento durante uma chuva de 26 mm em um dia (para uma expectativa mensal de 18,7 mm).
* Em dezembro de 2014, em São Sebastião (SP), 179 mm de chuvas em 10 h provocaram deslizamentos de encostas, e a rodovia Rio/Santos foi interditada no km 159, próximo a Maresias.

7.2.2 Descrição comentada de alguns desses eventos
Os eventos de 1956 em Santos (SP)

Os primeiros eventos de escorregamentos de 1956 em Santos (SP), de acordo com a descrição de Pichler (1957), resultaram de 4 h de chuva em 1º de março, quando caíram 120 mm, aos quais se seguiram, em 24 de março, 250 mm em 10 h. No primeiro desses eventos, morreram 21 pessoas, 40 ficaram feridas e 50 casas foram destruídas; no segundo, 43 pessoas morreram, muitos foram os feridos e cem casas foram destruídas.

Pichler (1957, p. 75-76) concluiu que

> as causas "básicas" dos eventos foram as condições geológicas do local; as "causas que favoreciam" os movimentos, a ocupação humana; e a causa "efetiva" [...] sem dúvida alguma, a chuva intensa e prolongada que pela supersaturação do solo provocou uma redução da resistência ao cisalhamento, permitindo o início quase que simultâneo de quase todos os escorregamentos.

Embora não esteja muito claro a que se refere exatamente Pichler quando fala em "condições geológicas do local", é de supor-se que considere todo o condicionamento geológico/geomorfológico/pedológico, isto é, litologias, espessuras de regolito, inclinações das encostas e regime geo-hidrológico, que seriam a "causa básica" e que o autor denominaria de "condicionamento preparatório" ou "evolução do processo". A chamada "causa efetiva" corresponderia ao processo gatilho, e a "causa que favorece" de Pichler seria, para o autor, o processo gatilho, auxiliar ou eventual.

Os acontecimentos de 1966/1967 na cidade do Rio de Janeiro (RJ) e na Serra das Araras

O relatório do United States Geological Survey (USGS, [197-]) sobre os escorregamentos de 1966/1967 no Rio de Janeiro (RJ) e na Serra das Araras, ao qual o autor teve acesso pouco após os eventos descritos, deu origem ao *Professional Paper* 697, do USGS, assinado pelo geólogo Fred O. Jones (1973), que conservou toda a sua essência descritiva (provavelmente por ser um dos autores). Por isso, preferiu-se utilizá-lo, as mais das vezes, como fonte principal, apesar de pequenas divergências, como o número de mortos em 1967 – 1.500 no relatório e 1.700 no *Professional Paper*.

O relatório assim descreve os eventos (USGS, [197-], tradução nossa):

> Quarenta ou cinquenta escorregamentos ocorreram no vale íngreme onde se situa a usina Nilo Peçanha, que se tornaram *mudflows* em sua base e sepultaram as principais unidades geradoras [p. 1]. [...] A rodovia foi cortada em muitos locais [p. 12]. [...] Em 1966, morreram mil pessoas nos escorregamentos e enchentes, e, em 1967, cerca de 1.500 [p. 1]. [...] Centenas de *mudflows* e *debris flows* ocorreram na Serra das Araras. [...] Na Serra das Araras, uma tempestade de 3 h 30 min movimentou, através de *landslides* e erosões, uma massa de terra

> jamais relatada na literatura geológica. [...] A área foi descascada como uma banana. [...] Centenas e milhares de *landslides* tornaram as colinas cobertas de verde, em áreas semelhantes a *badlands*, e os vales, em mares de lama [p. 12].

Jones (1973, p. 60, tradução nossa) informa os quantitativos de chuvas que levaram aos eventos catastróficos, comparando-os com dados de pluviosidade disponíveis dos 80 anos anteriores:

> a quantidade de chuva máxima registrada para três dias era de 484 mm [...] A chuva normal para janeiro é de 171 mm, e o máximo [então registrado] para um mês fora de 473 mm em janeiro de 1962. Durante os três dias da tempestade de janeiro de 1966, a estação Alta da Boa Vista registrou 665 mm.

Quatro tipos de ocorrências foram identificados no relatório do USGS: *slump earthflows*; *landslides, debris slides* e avalanches; *debris flows* e *mudflows*; e *rock falls* e *rock slides*. *Slump earthflows* foram conceituados como combinações de fluxo e escorregamento: a parte superior escorrega, normalmente com pequena rotação, e a parte inferior flui como um líquido. A seção transversal é côncava e a longitudinal toma a forma de elipse, círculo ou espiral logarítmica. Os *debris slides*, segundo os autores, são devidos ao decaimento e à desintegração da rocha. Eles são rasos, e a cicatriz, paralela à face da rocha. As gradações entre *debris slides* e *debris flows* refletem as variações no teor de umidade; ambos podem estar capeados por escorregamentos rotacionais. São, geralmente, massas delgadas que, no primeiro caso, se segmentam à medida que descem em movimento geralmente lento e, no segundo, se deslocam mais rapidamente, fluindo e rodando. São ambos usualmente alongados e estreitos e deixam cicatrizes em forma de V fechado, ao contrário dos *slump earthflows*, que deixam formas de ferraduras. Os *debris flows* e os *mudflows*, segundo o relatório, formam-se na porção superior do regolito e resultam sempre de chuvas excepcionais. Ocorrem predominantemente, mas não unicamente, em regiões de solo espesso e sem cobertura vegetal. Eles se iniciam a partir de pequenas torrentes carregadas progressivamente de sedimentos muito além de sua capacidade teórica. Esses fluxos carregam 60% a 70% de sólidos e arrastam tudo em sua passagem, cavando vales em V onde eles não existiam. Verdadeiros *rock falls*, isto é, blocos projetados no ar, foram raros: comumente ocorreram quedas de cascas e rolamentos de blocos pelas encostas.

Segundo o mesmo relatório, os agentes dos escorregamentos foram as chuvas, o peso do solo e as tensões gravitacionais. Na região do Rio de Janeiro (RJ), onde o regolito é espesso, foi marcante a preferência pela localização em regiões antropizadas, o que não ocorreu na Serra das Araras, onde o regolito é delgado: as áreas mais afetadas foram as cobertas por vegetação florestal, muitas das quais intocadas nos últimos 60 anos.

Cruz (1974, p. 13), discorrendo sobre os eventos da Serra das Araras, fala em "chuvas fortes de 225 mm, com ventos violentos, relâmpagos, formação de cumulus-nimbus em chaminé [...] Blocos de 30 a 100 toneladas rolaram de altitudes superiores a 300 m [...] movimentaram um total aproximado de 250 mil toneladas".

Segundo Marçal et al. (1967 apud Bigarella; Becker, 1975), a quantidade de debris movimentados em Laranjeiras foi de 60.000 toneladas métricas, e, segundo Dantas (1967 apud Bigarella; Becker, 1975), em Santa Teresa, foi de 10.000 m³.

Meis e Silva (1968, p. 55), na introdução de seu trabalho sobre os escorregamentos do Rio de Janeiro (RJ) ocorridos em 1966 e 1967, citam o fato de que "movimentos de taludes estão presentes nas vertentes do Brasil Oriental sob a forma de cicatrizes e colúvios", mas argumentam, com base em autores anteriores (Tricart e Cailleux, Ab'Saber e Bigarella, além da própria Meis) e sem maiores explicações, que "grande parte destes movimentos são considerados como pleistocênicos ou subatuais e relacionados a condições ambientais ou morfoclimáticas diferentes das atuais". Esses autores afirmam ainda que, "estando as vertentes em equilíbrio com a cobertura vegetal original, a ação dos movimentos de massa fica normalmente restrita a zonas de forte declive", e postulam a necessidade de "desmatamentos ou obras de engenharia" para haver desencadeamento das instabilizações.

Duas observações desses autores dizem respeito, primeiramente, à regressividade das instabilizações, tanto em termos de cabeceiras como de paredes laterais íngremes, que "descalçadas passaram a evoluir através de sucessivos pequenos deslizamentos contemporâneos e mesmo posteriores ao movimento maior" (Meis; Silva, 1968, p. 62) e, em segundo lugar, à repetitividade dos eventos no mesmo local, muitas vezes descrita, mas não percebida pelos autores em passagens tais como: "o movimento afetou uma depressão em forma de 'ferradura' ou 'anfiteatro'"; em outras passagens, essa repetitividade é descrita explicitamente: "depósitos coluviais atestam a recorrência de movimentos de massa na área" (Meis; Silva, 1968, p. 62-63).

As mais importantes das observações de Meis e Silva (1968, p. 69-70), no entender do autor, entretanto, encontram-se nas conclusões do trabalho:

> Os detritos deslocados pelos movimentos observados [...] pavimentaram o fundo dos vales com um conjunto de blocos rochosos de até vários metros

cúbicos de volume. Os blocos depositaram-se embalados em certa matriz fina, removida posteriormente pelas águas correntes. Na estrada das Furnas, os blocos de tonalito apresentavam aspecto suavizado, tendendo a formas arredondadas, como resultado da ação dos agentes do intemperismo em subsuperfície.

Adiante, Meis e Silva (1968, p. 70) referem o fato de que diversos autores, como Maack (1937) e Bigarella, Mousinho e Silva (1965), "descrevem os leitos dos cursos d'água que entalham as serras litorâneas do Brasil sudeste, como recobertos por blocos rochosos, que ultrapassam a competência das águas correntes". Bigarella, Mousinho e Silva (1965) relacionaram esses depósitos pretéritos, segundo Meis e Silva (1968, p. 70), à ação dos movimentos de massa sob condições climáticas diferentes das atuais, sendo "o aspecto atual dos cursos d'água, resultante de processos relacionados aos movimentos de massa e às águas correntes". Essa posição é aceita e defendida por Meis e Silva (1968), que consideram sua conclusão sobre a necessidade da ação humana nos escorregamentos do rio como argumento a favor da necessidade de mudança climática nos escorregamentos antigos.

Curiosamente, esta última observação – vales entulhados de grandes blocos e matacões – está em clara oposição ao descrito por Cailleux e Tricart (1959) e Tricart e Cailleux (1965b). Na primeira dessas publicações, Cailleux e Tricart (1959, p. 3), discutindo a gênese das cascalheiras, enfatizam:

> Em toda a zona intertropical, na floresta como na savana, os seixos são uma exceção nos cursos d'água atuais. [...] Tal é o caso da Serra do Mar nas vizinhanças do Rio de Janeiro e São Paulo. O desnível é sempre de 1.000 m em 5 ou 10 km somente e, entretanto, as torrentes que aí descem só depositam areias e lamas argilosas.

A conclusão de Meis e Silva (1968) acerca da necessidade de interferência humana para o desenvolvimento de escorregamentos como os de 1966/1967 representa apenas uma condição local, tal como é mostrado no relatório do USGS ([197-]) e no trabalho de Cruz (1974) e como indica a experiência pessoal do autor, adiante reportada, bem como a de qualquer pessoa com vivência no assunto e sem preconceito anterior. Ela mostra, no entender do autor, uma observação que parte de um quadro que, na teoria, é refutado pelos próprios autores nas conclusões do trabalho: a aquisição de um equilíbrio quase estático pelas formas do terreno, sob a vigência de condições climáticas razoavelmente homogêneas. Essa hipótese, transformada em dogma, exige a ocorrência de um evento de larga duração, como um paleoclima pretérito diverso do atual, ou então a ação modificadora antrópica para produzirem-se as instabilizações. Na realidade, uma "homogeneidade" climática, como a atualmente vigente, representa uma condição média e não elimina a ocorrência de eventos catastróficos durante sua vigência, como demonstrado amplamente na seção 7.2.1 e nos relatos da presente seção. Além disso, como foi visto anteriormente, a ação climática quente e úmida, ainda que homogênea, leva a uma redução progressiva das características de resistência das massas de solo, que é o fator básico das instabilizações, conforme discutido no Cap. 6.

Finalmente, a experiência tem mostrado que as vertentes mais instáveis da Serra do Mar não são necessariamente as mais íngremes, mas aquelas constituídas por depósitos de tálus (ou talúvio) cuja inclinação é correspondente ao ângulo de repouso dos materiais heterogêneos e com elevado teor de umidade: 11°-15°. Assim sendo, a conclusão tirada por esses autores de que a localização dos eventos catastróficos é determinada pela "interação da estrutura geológica, formas topográficas e modificações introduzidas pelo homem" só tem valor para esse caso particular, o que é, aliás, ressaltado pelos próprios autores. A ação humana, como foi antes discutido, mesmo no caso dos escorregamentos do Rio de Janeiro (RJ), representou apenas, no entender do autor, o processo gatilho auxiliar do evento.

A ocorrência de grandes volumes de matacões, alguns com vários metros cúbicos de volume, tais como os citados por Meis e Silva (1960), Maack (1937) e Bigarella, Mousinho e Silva (1965), todos conforme Meis e Silva (1968), tem sido verificada pelo autor nos rios e nas torrentes que se desenvolvem nas regiões serranas do Paraná, Santa Catarina, São Paulo, Rio de Janeiro e Minas Gerais.

Assim sendo, as afirmações de Cailleux e Tricart (1959) só podem ser atribuídas à ênfase em defender seu ponto de vista da importância do clima, em contraposição à posição também radical dos geólogos que atribuíam origem puramente tectônica às cascalheiras encontradas em formações geológicas antigas. É verdade que, em condições de topografia suave, a tendência é de serem transportados pelos rios tropicais e subtropicais materiais finos, mas, em topografias montanhosas, os vales dos rios e das torrentes se apresentam entulhados de blocos e matacões que, as mais das vezes, estão realmente além da competência do agente transportador, sendo a única explicação plausível para esse fato a postulada por Maack, Bigarella, Mousinho e Silva, e Meis e Silva, ainda mais com a constatação de que a tendência é de os perfis de solo, nas encostas dos vales íngremes, induzirem uma alteração dominantemente ao longo das diaclases, individualizando matacões, tal como discutido no Cap. 5.

A Fig. 7.1, tomada no córrego Guarda Mão, no município de Itaoca (SP), no Vale do Ribeira, em janeiro de 2014, mostra claramente toda a evolução desse mecanismo de entulhamento dos vales fluviais por material escorregado das encostas por ocasião de eventos pluviométricos excepcionais (210 mm em 2 h, no caso): escorregamentos planares nas encostas, geração de *debris flows* e outros tipos de movimentos de massa, acumulação de materiais nos vales e lavagem desse material pelas águas.

Fig. 7.1 *Depósito de matacões originário dos escorregamentos de Itaoca (SP) em 2014*
Fonte: Juca Varella/Folhapress.

Não há, portanto, necessidade de paleoclimas diferentes do atual para explicar esses depósitos. No entender do autor, o fato de os autores citados socorrerem-se de um tal paleoclima se deve à necessidade que tinham de imaginar um solo desnudo, afetado por grandes enxurradas, para poderem entender a acumulação do material, incluindo blocos e matacões, seguida da lavagem dos finos. Na verdade, é preciso pensar que, ao ocorrer um escorregamento, a terra fica desnuda no local pelo próprio evento de instabilização (ver Figs. 6.11 e 7.1); que o material depositado é heterogêneo, como foi abundantemente demonstrado e como documentam as mesmas fotos; que as grandes sequências de escorregamentos ocorrem em épocas de grandes chuvas; que essas sequências de escorregamentos se estendem muitas vezes por áreas bastante vastas; e, finalmente, que costumam sofrer recorrências em curtos períodos de tempo (ver Figs. 6.12 e 6.13).

A catástrofe de 1967 em Caraguatatuba (SP)

Sobre os eventos de Caraguatatuba (SP) em março de 1967, Cruz (1974, p. 14), em sua tese de doutoramento, assim se expressa:

> Chovia desde o dia 16, aumentando no dia 17 (115 mm) e chegando a 420 mm no dia 18 (não sendo acusado índice maior por causa da saturação do pluviômetro). Às primeiras horas da manhã começaram a cair barreiras e às 13 horas veio a avalanche total de pedras, árvores e lama. No bairro do Rio do Ouro, gigantescas barreiras começaram a cair pela manhã, formando uma enorme represa que estourou poucas horas depois. A lama bloqueou as ruas. Dezenas de milhares de troncos, animais e pessoas foram arrastados pelas correntes. A avenida do mar desapareceu, invadida pelo mar, inacreditavelmente empurrado pelas enxurradas. A estrada da serra desapareceu em sua maior parte [...] formaram-se precipícios de mais de uma centena de metros de profundidade. Os morros descascaram, sua lama tingiu o mar de vermelho até longa distância [...] Na Fazenda dos Ingleses, as áreas de Cachetal e Lagoa transformaram-se num lago.

Segundo Petro e Suguio (1971 *apud* Cruz, 1974), foram movimentados 2 milhões de toneladas nesses escorregamentos. Fúlfaro *et al.* (1976) calcularam em 7 milhões e 560 mil toneladas o volume deslocado.

De acordo com Cruz (1974, p. 10), a partir das observações dos acontecimentos de março de 1967,

> verificou-se a existência de determinados aspectos inéditos na geomorfologia de áreas em domínios tropicais úmidos. Os processos morfogenéticos atuais dessas áreas criam uma situação de equilíbrio biostático precário e ao mais leve desequilíbrio são suscetíveis a uma alteração [...] e quando há essa

alteração, o funcionamento, a atividade metabólica e enfim, a coordenação total da paisagem, estão ligados aos distúrbios.

Sobre o condicionamento climático dessa morfogênese particular, Cruz (1974) conclui que:

> Este sistema foi preparado num período recente, de clima permanentemente úmido e quente. Num verão chuvoso, com concentração de dias de chuvas continuadas e horas de precipitação intensa, criaram-se, imperceptivelmente, condições para um rompimento brutal do equilíbrio biostático, numa reação violenta [...] [p. 11]. [...] Assim, as cicatrizes, sulcos e ravinamentos seriam atribuíveis não apenas a situações climáticas pretéritas em fase de solifluxão generalizada, diferentes da atual, mas também provocadas por processos atuais de sistemas morfogenéticos de áreas quentes e úmidas, aliados às influências estruturais. Isto possibilita supor que, a partir da formação das escarpas, de origem tectônica, seu recuo e evolução [...] se fez e se faz atualmente, à base dos processos de movimentos de massa. Estes são acentuados pelos declives e independem das diferentes situações paleoclimáticas [p. 104]. [...] A evolução desta paisagem se processa quase independente das oscilações climáticas que têm caracterizado o Quaternário no Brasil de Sudeste e Sul [p. 165]. [...] A acumulação de tais depósitos (de pés de escarpa) não se faria necessariamente em condições climáticas mais secas que as atuais. Também em climas úmidos as áreas de pé-de-escarpa estão submetidas a esses processos de acumulação e ao mesmo tempo de desgaste [p. 71]. [...] raras ocorrências [de depósitos piemônticos], na área de pesquisa seriam atribuíveis a épocas mais recuadas do Pleistoceno, uma vez que não teriam condições de permanência nos sopés de vertentes escarpadas. Podem formar-se atualmente, como foi observado após os acontecimentos de março de 1967, portanto não estariam necessariamente ligados a condições climáticas mais secas que as atuais. [...] Cicatrizes, sulcos, ravinamentos já recobertos por capoeiras seriam atribuíveis não apenas a situações climáticas pretéritas (em fase de solifluxão generalizada, diferente da atual), mas também, à situação climática presente, à base dos movimentos de massa [p. 165].

Sobre os agentes que dominam esse tipo de morfogênese, seu modo de atuação e o resultado de sua ação, Cruz assim se expressa:

> Em áreas de grandes declives como a Serra do Mar, os movimentos de massa existem continuamente, fazendo parte integrante da evolução do relevo. Apesar da tendência atual das vertentes à mamelonização, os movimentos de massa também contribuem para torná-las angulosas [...] criam concavidades na própria capa detrítica e desmancham em parte o arredondado das formas mameonadas, caracterizadas por uma convexidade superior e espessamento nas vertentes médias e inferiores (Cruz, 1974, p. 104).

Sobre o modo de ocorrência dos movimentos de massa, Cruz (1974) informa que:

> Nessas vertentes, a migração de material é comandada pela natureza dos processos bioquímicos que por sua vez vão provocar processos mecânicos, reptação, solifluxão, escoamento superficial e deslizamentos [p. 133]. [...] Quando o manto de alteração se apresenta espesso, é ele que sofre imediatamente os efeitos dos escorregamentos [p. 136]. [...] No caso de declives abruptos, muitas vezes o manto superficial está em contato direto com a rocha sã ou quase sã; é então neste contato que as águas subsuperficiais se situam e são zonas preferenciais de escorregamentos [p. 147]. [...] O rastejo é acelerado por solifluxão ou deslizamentos nas horas de chuva [p. 149].

No que respeita à questão da importância da ação antrópica, Cruz (1974) escreve:

> Com referência à catástrofe de 1967, o fenômeno foi de tão grande amplitude que seria impossível atribuí-lo apenas aos cortes de estrada ou aos desmatamentos e mesmo dar-lhes maior importância. A amplitude dos acontecimentos foi de âmbito muito superior ao de uma pequena faixa [...] Foi um fenômeno areolar, com maior concentração numa área de 180 km², na maior parte recoberta por uma reserva florestal, enquanto a faixa da estrada abrange apenas algumas dezenas de metros de largura [p. 103]. [...] Portanto não é só a ação antrópica que ocasiona descidas de material em ondas agressivas [...] Também a aceleração da dinâmica dos processos morfogenéticos na paisagem, independentes da ação humana, desencadeia tais processos [p. 151].

Sobre o papel da cobertura vegetal, Cruz (1974) destaca o fato de que:

> Todas as escarpas da Serra de Caraguatatuba, no vale do Santo Antonio, estão cobertas pela mata como reserva florestal do Estado. Mesmo assim boa parte dessa reserva foi destruída, em algumas horas, por ação do escoamento superficial violento, favorecido pelos declives, provocando escorregamentos, por ocasião das chuvas de 18 de março de 1967 [p. 54]. [...] Entretanto a floresta impede acumulações de colúvios espessos e movimentação do material alterado, a não ser por deslizamentos, em geral violentos [p. 151].

Adiante, Cruz apresenta uma tese polêmica, que contraria o usualmente aceito, embora anteriormente esboçada por outros autores, como Usselman, citado por Bigarella e Becker (1975), e Brown e Sheu, além de Flaccus, citados por Prandini *et al.* (1976):

> A retirada da floresta e a degradação da camada superficial favorecem uma impermeabilidade que acentua o escoamento superficial e diminui a possibilidade de deslizamentos. Zonas de pastos ou de capoeiras ralas [...] resistiram aos escorregamentos, enquanto nas áreas circunvizinhas, recobertas pela floresta, a movimentação de massas foi grande. Este fato pode ser explicado pelo peso e altura das árvores em vertentes de declives fortes e a movimentação dos

horizontes superficiais do solo onde elas se fixam. Entretanto, se um terreno descoberto apresentar fissuras de ressecamento, ravinas, poderá favorecer o movimento de massas (Cruz, 1974, p. 159).

E sobre a variabilidade dentro da normalidade climática (Cruz, 1974):

> Um dos exemplos dessa irregularidade seria o último decênio no Estado de São Paulo: apresentou seca acentuada em 1963, contrastando com verões surpreendentemente chuvosos como o foi, por exemplo, o de 1966-1967 [p. 113]. [...] Os anos ou séries de anos que apresentam chuvas de excepcional intensidade são intercalados em épocas ou anos mais secos. [...] Períodos de anos com chuvas bem distribuídas revezam-se com períodos em que a pluviosidade aumenta e se concentra em quantidade e intensidade, ocasionando índices pluviométricos excepcionais, capazes de desencadear novos desequilíbrios [p. 120].

Para reforçar a conclusão de Cruz, o ano de 1974 (assim como, bem posteriormente, o de 2014) foi mais um exemplo de seca excepcional no Estado de São Paulo.

Na polêmica entre catastrofismo e uniformitarismo, esse autor toma o partido do primeiro na questão morfogenética: "Como é fato conhecido, não são as situações normais mas sim as excepcionais que fazem evoluir a paisagem" (Cruz, 1974, p. 103).

Da conclusão final do trabalho de Cruz, retira-se o seguinte parágrafo:

> A floresta destruída tende a se recuperar rapidamente, primeiro pelo aparecimento de tufos herbáceos, em seguida formações arbustivas, sobretudo nas zonas mais úmidas dos fundos de canais e de afloramento do lençol aquífero. Assim, pouco a pouco, pela renovação dos processos pedogenéticos, desaparecem as lesões das vertentes. A paisagem biostásica anterior foi interrompida por um momento resistásico, um tipo de resistasia pelicular, exatamente aquela considerada como das mais importantes (Cruz, 1974, p. 167).

As Figs. 15 e 21 encontradas em Ferreira (2013) e as Figs. 8.12 a 8.14 constantes deste livro documentam esse fato.

Esse trabalho de Cruz (1974) sobre as ocorrências de 1967 em Caraguatatuba (SP), principalmente no que respeita à leitura feita por ela dos eventos e às conclusões retiradas, no entender do autor, constitui a mais lúcida abordagem já tentada em termos de evolução de encostas tropicais úmidas. Apenas no que se refere ao papel negativo da floresta na manutenção da estabilidade das encostas, em que pesem as observações locais feitas pela autora, a experiência do autor, o reportado por inúmeros autores – como Prandini *et al.* (1976) e Durlo e Sutili (2005), referidos anteriormente – e a lógica teórica levam a conclusões diferentes. Não parece que, nas situações correntes, o peso das árvores e a movimentação do solo por elas introduzida, mais o efeito de cunha também argumentado por outros autores (Prandini *et al.*, 1976), tenham, no cômputo geral, um efeito negativo maior do que o positivo, representado pela estruturação do solo pelas raízes, pelo rebaixamento do lençol freático e pela redução do teor de umidade resultante de sua ação de sucção. Santos (2004) argumenta, ainda, que florestas tropicais e subtropicais, ao contrário das de climas frios, apresentam enorme diversidade florística e densidade de árvores (ao que se pode acrescentar estratos de diferentes alturas), o que faz com que as copas se toquem e entrelacem, constituindo, para efeitos práticos, um único corpo que impede que os ventos movimentem individualmente as árvores e produzam o efeito alavanca das raízes sobre os solos. Assim, só excepcionalmente, quando o regolito for tão delgado que condicione uma superficialidade extrema das raízes, associada a uma muito forte inclinação das encostas – que era, possivelmente, o caso –, tal fato poderá ocorrer. O autor considera, como Prandini *et al.* (1976) e Durlo e Sutili (2005), que, embora se possa argumentar com alguns itens negativos, o balanço (*net*) do papel da floresta é positivo, mas não garante, entretanto, indefinidamente a estabilidade das encostas, como querem fazer crer outros autores, como Meis e Silva (1968) e Bigarella e Becker (1975), tendo em vista os fatos apontados neste capítulo. Outro aspecto discutível é o efeito lubrificante da água, arguido por Cruz, à semelhança de Bigarella e Becker (ver seção "Os escorregamentos de 1974 na região de Tubarão (SC) e no norte do Rio Grande do Sul", p. 170), como o responsável pelo desencadeamento das instabilidades. Os verdadeiros mecanismos de ação da água no desencadeamento dos movimentos de talude são discutidos na seção 7.2.6 e dizem respeito, basicamente, à redução das tensões de sucção nos solos e/ou ao aumento das pressões neutras positivas por elevação do lençol freático, à redução da coesão por carreamento de ligantes ou, finalmente, ao efeito das pressões de percolação no sentido do sopé das encostas.

Um forte argumento a favor da linha de pensamento de Cruz (1974) para o caso dos escorregamentos de Caraguatatuba (SP) foi apresentado por Fúlfaro *et al.* (1976). Esses autores, a partir do exame e da datação radioativa (C14) de testemunhos de sondagem da planície costeira em frente a essa cidade, concluíram que nos últimos 8.000 anos ocorreram ali pelo menos cinco grandes eventos de escorregamentos, o que dá um escorregamento a cada 1.350 anos. Como a ocupação humana "branca e predatória" só teve início, na região, há pouco mais de 500 anos, segue-se que a ela não podem ser atribuídos tais eventos. Por outro lado, fica difícil imaginar que um ciclo – tal como o proposto por Bigarella,

Mousinho e Silva (1965, p. 104-107) que inclui uma mudança (ou flutuação) climática de úmido para seco com potencial para liquidar completamente a vegetação, seguindo-se os deslizamentos e, logo após, outra mudança (ou flutuação) de seco para úmido, para tornar a recuperar a vegetação e refazer a espessura do regolito – possa ocupar somente 1.350 anos e, mais ainda, que cinco desses ciclos tenham ocorrido nos últimos 8.000 anos.

Os "derretidos" de 1974 na Serra de Maranguape (CE)

Guidicini e Nieble (1976) descreveram o evento de 29 de abril de 1974 ocorrido na vertente sudeste da Serra de Maranguape (CE) como uma típica "avalancha de detritos".

> A escarpa sudeste, voltada para a cidade de Maranguape e abrupta em sua parte mais elevada, apresenta perfil côncavo com inclinação diminuindo gradativamente em direção à base da encosta. O material deslocado pelo escorregamento, algumas dezenas de milhares de metros cúbicos, era constituído pelo manto de alteração e continha elevada percentagem de matacões e grandes blocos subarredondados de até algumas dezenas de metros cúbicos. O movimento se iniciou nas proximidades do topo da Serra, em torno da cota 720, por um escorregamento translacional que removeu o solo contido numa área em forma de anfiteatro. A massa deslocada foi adquirindo velocidade crescente, percorreu um fundo de vale numa extensão da ordem de 1.600 metros, destruindo diversas residências e ceifando doze vidas e foi se estabilizar na cota aproximada de 260 metros, onde o talude natural tem inclinação de cerca de 7°, formando corpo de tálus (Guidicini; Nieble, 1976, p. 15).

Segundo, ainda, esses mesmos autores, as áreas contíguas também sofreram avalanches e escorregamentos de proporções inferiores e sem vítimas, tendo o rio que atravessa a cidade de Maranguape (CE) sofrido intenso assoreamento pela acumulação da fração fina removida subsequentemente do corpo de tálus. Eventos de escorregamentos são tão comuns na região que possuem o sugestivo nome de "derretidos" (Guidicini; Nieble, 1976). Esses autores atribuem os eventos de 1974 à ação preparatória da elevada pluviosidade e dos desmatamentos.

Ponçano, Prandini e Stein (1976, p. 323), no resumo de seu trabalho sobre o mesmo evento, afirmam que "A utilização predatória das encostas da Serra para cultivo de bananeira [...] foi o fator que conferiu caráter catastrófico aos escorregamentos, que são, de outra forma, processos naturais na evolução do modelado da Serra". Esses mesmos autores consideram que "os escorregamentos são um atributo da morfogênese de regiões escarpadas de regiões tropicais úmidas" (Ponçano; Prandini; Stein, 1976, p. 323). Descrevendo a geomorfologia da região, citam amplos anfiteatros subdivididos, por sua vez, em circos de erosão menores [...] à meia encosta [dos quais] dispõem-se massas de tálus sujeitas a escorregamentos [que] dispõem-se com duas inclinações diferentes: na parte superior são mais abruptos, com maior percentagem de matacões e nas partes baixas são mais suaves. [...] Processos locais de descalçamento de blocos por remoção de finos são muito comuns na zona de tálus (Ponçano; Prandini; Stein, 1976, p. 325).

Nas considerações finais de seu trabalho, Ponçano, Prandini e Stein (1976, p. 333) assim se expressam: "Vale ainda lembrar que os escorregamentos são processos normais na evolução das encostas da Serra de Maranguape. A forma das encostas e a marca de escorregamentos antigos, bem como depósitos correlativos de piemonte o demonstram". Sobre as causas dos eventos, Ponçano, Prandini e Stein (1976, p. 333) concluem que "A extensão e o caráter catastrófico dos escorregamentos, por sua vez, acham-se ligados ao crescimento de devastação de encostas íngremes florestadas, cujo clímax se deu no final da década de 60".

No início da vida profissional, o autor teve a oportunidade de trabalhar, durante um ano, no Ceará, ocasião em que conheceu a Serra de Maranguape, considerada, junto com o Cariri, um "oásis" dentro do semiárido do Estado. Trata-se de uma região que, mercê de sua elevação, possui um microclima muito particular, semelhante ao das serras do Sudeste brasileiro. Também do ponto de vista geológico/litológico, ela se assemelha às serras do Sudeste. Não é, pois, de estranhar-se que apresente o mesmo tipo de comportamento em termos de evolução do relevo. A descrição dos autores e a fotografia que a ilustra são, de sobejo, claras no que concerne ao tipo de relevo onde ocorreu o evento. Trata-se de uma vertente côncava originada de movimentos anteriores de talude, como nos moldes discutidos nas seções 6.2 e 6.3, sendo ele, pois, apenas mais uma recorrência dentro da sequência evolutiva, cujo modelo é apresentado na seção 8.2.

É de estranhar-se, outrossim, que os autores, apesar de citarem a ocorrência constante de movimentos de taludes e afirmarem que tal processo faz parte da morfogênese local, falem em "circos de erosão". Como em outras descrições de eventos, fica clara, nesse caso, a ocorrência de lavagem seletiva de finos, subsequente aos escorregamentos que aconteceram em clima úmido e da qual resultam depósitos de materiais grosseiros subparalelos à encosta, semelhantes aos descritos por Lehmann (1960), além de outros autores antes e adiante discutidos. Fica claro, também, do texto de Ponçano, Prandini e Stein (1976), que o desmatamento fez parte, como auxiliar e acessório – embora muito importante no presente caso –, do processo gatilho fundamental que foi o evento pluviométrico, sendo a causa básica (Pichler, 1957) o intemperismo e a acumulação de regolito. É evidente que uma encosta em que a vegetação se desenvolve o suficiente para permitir que o regolito se acumule, de acordo com o anteriormente discutido, ao sofrer a retirada daquela, fica com a cobertura não rochosa totalmente sem sustentação e com tendência a escorregar de forma catastrófica. O que é importante ter em mente é que, mesmo com vegetação, fatalmente os escorregamentos viriam a ocorrer, só que, usualmente, sob a forma de eventos mais localizados, não estando, entretanto, afastada a possibilidade de eventos catastróficos desde que o tempo de acumulação de regolito fosse suficiente e que eventos pluviométricos muito fortes os desencadeassem, tal como atestam outros eventos, como discutido na seção anterior.

Os escorregamentos de 1974 na região de Tubarão (SC) e no norte do Rio Grande do Sul

Sobre os acontecimentos ocorridos em março de 1974 no sul de Santa Catarina, Bigarella e Becker (1975) informam que eles danificaram severamente as áreas de Tubarão, Araranguá, Mampituba, Criciúma, Serra Geral e Laguna, tendo resultado de uma chuva que, em Urussanga, foi de 742 mm em 16 dias – sendo 251,7 mm em 24 h –, quando a precipitação média anual, na região, é de 1.558 mm, e, em Laguna, de 532,2 mm em 17 dias – sendo 240,2 mm em 24 h –, para uma média anual de 1.564 mm. Esses autores assim descreveram os danos causados à época (Bigarella; Becker, 1975):

> A cidade de Tubarão foi parcialmente submersa pela enchente e os danos foram consideráveis em toda a área [p. 200]. [...] As enchentes carregadas de lama, derivada de muitos escorregamentos, destruíram praticamente todas as pontes na região de Tubarão. Em muitas áreas as estradas foram danificadas, bem como uma ponte rodoviária em São Ludgero e uma ferroviária em Orleãs [p. 203]. [...] Em seu movimento no sentido do sopé das elevações, as avalanches de materiais rudáceos destruíram muitas casas e mataram muitas pessoas e animais [p. 204]. [...] Areia e seixos cobriram vales na estrada Tubarão-Gravatal [p. 205]. [...] Quanto aos escorregamentos, eles ocorreram frequentemente nas seções médias e inferiores das encostas. As cicatrizes são retas, rasas e estreitas. [...] Na região de Tubarão, muitas vezes os escorregamentos afetaram a porção alta das encostas, causando grandes quedas de blocos (*rock falls*) [p. 201].

Os escorregamentos, segundo os mesmos autores, tiveram sua causa na "lubrificação pela água". Discorrendo sobre movimentos de massa em geral, Bigarella e Becker (1975, p. 191) concluem que eles "ocorrem frequentemente em áreas montanhosas ou colinosas, sendo característicos de áreas antropicamente degradadas", e que "no passado, antes da influência humana, tinham um controle climático e um caráter cíclico". Mais adiante, Bigarella e Becker (1975) afirmam que

> condições climáticas devem ter sido responsáveis por deslocamentos generalizados e extensivos, do manto de alteração sobre o qual cresce a floresta. [...] Para acelerar os movimentos de massa, é necessária uma perda da vegetação para facilitar a ação da água, perda esta que deveria ser causada por deterioração climática (semiaridez) ou por atividade antrópica. [...] Sob a cobertura florestal dos dias atuais, movimentos rápidos são restritos e ocorrem apenas em taludes de grande inclinação ou em áreas degradadas por atividade humana [p. 192]. [...] No Brasil, todos os eventos catastróficos relacionados a movimentos de massa ocorreram em relevo muito acidentado, entretanto, no passado, movimentos de massa ocorreram também em encostas de baixa inclinação, conforme documentado por colúvios ou depósitos correlativos [p. 195].

Especificamente sobre os mecanismos dos escorregamentos de 1974 na região de Tubarão (SC), Bigarella e Becker (1975, p. 199) os atribuíram às "tensões gravitacionais que formariam planos de cisalhamento suscetíveis de serem lubrificados a um limite crítico de saturação pela água", acrescentando que a água "favoreceria o alívio de tensões internas pela lubrificação de planos de cisalhamento e iniciaria os movimentos de massa", e colocam-se contra a posição de Usselman (1968), por eles citado, cuja tese é de que as florestas não representariam um obstáculo aos movimentos de massa. Adiante, afirmam que "muitos dos fenômenos dos dias atuais retrabalharam mantos coluviais antigos" e que aconteceram "recorrências de movimentos de massa em praticamente as mesmas localidades dos tempos do Pleistoceno Superior" (Bigarella; Becker, 1975, p. 201).

Segundo ainda os mesmos autores, observações posteriores mostraram que os eventos climáticos de baixa intensidade que se seguiram

> foram suficientes para retrabalhar os depósitos, transportando seixos e areias e produzindo agradações em depressões próximas, enquanto que os grandes matacões e blocos permaneceram como "*lag deposits*". A planície aluvial do rio Tubarão foi consideravelmente agradada: em muitos locais com espessuras de 0,6 a 1,5 m de areias em leques aluviais e de 0,3 a 0,6 m, ou mais, de siltes e argilas na planície (Bigarella; Becker, 1975, p. 202).

O autor, à época dos acontecimentos descritos, trabalhava em um projeto de ligação rodoviária entre a região serrana do Rio Grande do Sul e o litoral (rodovia Aratinga-Torres) e teve a oportunidade de presenciar a destruição completa da localidade de Vila Brocca, situada ao pé da serra. Na casa paroquial dessa vila estava acampada a equipe que trabalhava no projeto. As fortes chuvas provocaram desabamentos nas encostas da Serra Geral (escarpa basáltica), criando barramentos que acumularam água por um certo tempo e que, ao romperem-se, afogaram completamente a vila, tendo a equipe se salvado no telhado da igreja, que foi o único prédio a permanecer após a catástrofe. O caminhão F-4000 que servia à equipe foi arrastado por mais de 100 m e jogado de encontro a uma árvore, onde permaneceu de borco. O lugar onde se situava a vila foi transformado em uma planície recoberta por seixos, matacões e grandes blocos imersos em um mar de lama, no interior da qual passou a correr um rio constituído por canais anastomosados. Nessa mesma ocasião, o autor teve a oportunidade de sobrevoar o lago de lama amarelada em que se transformou a cidade de Tubarão (SC), que assim permaneceu por algumas semanas.

O que chama a atenção nos conceitos emitidos por Bigarella e Becker (1975) é que esses autores citam a tese de Cruz, apresentada em 1972 e publicada em 1974, e mantêm a posição de alguns trabalhos anteriores (Bigarella; Mousinho; Silva, 1965; Mousinho; Bigarella, 1965; Bigarella; Mousinho, 1965) no que se refere à necessidade de modificações climáticas e/ou ação antrópica para o desencadeamento de grandes movimentos de massa, quando, no citado trabalho de Cruz, como foi visto, fica absolutamente claro que tanto aquelas como esta foram absolutamente desnecessárias para os acontecimentos de Caraguatatuba (SP). Mais ainda: segundo Cruz, as áreas florestadas foram as que mais sofreram, fato esse já reportado anteriormente pelo relatório do USGS para os escorregamentos da Serra das Araras. Do mesmo modo, a encosta da serra que desabou e afogou Vila Broca era constituída de floresta praticamente intacta, uma das últimas reservas desse tipo existentes no Rio Grande do Sul. Uma vez que se tratava de "tópicos para discussão", nada mais lógico que pelo menos fosse colocada a posição contrária de Cruz sobre os conceitos emitidos pelos demais autores citados.

Embora, como foi dito, a floresta represente usualmente um papel positivo em termos de estabilização de vertentes, esse papel estabilizador possui limites, mesmo porque os escorregamentos, quando não provocados artificialmente, constituem-se em um processo geológico impossível de ser sustado, tal como a erosão ou o vulcanismo. Parece também estranho que, ao descreverem com riqueza de detalhes o processo de lavagem e seleção do material oriundo de escorregamentos que ocorreram em plena vigência de clima úmido, resultando em depósitos de materiais rudáceos selecionados sobre as encostas (ver Fig. 6.11, onde o depósito correlativo do escorregamento apresenta-se claramente "lavado"), não aventem a possibilidade de que depósitos similares mais antigos tenham tido origem similar. Por outro lado, os dados a respeito das chuvas que resultaram nos eventos reportados pelos autores reforçam, mais uma vez, o fato de que eventos pluviométricos anormais em relação à média considerada normal são suficientes para causar grandes reesculturações de encosta, sem a necessidade da ocorrência de fases climáticas diferentes. Finalmente, quanto à afirmação de que apenas encostas muito íngremes ou sujeitas à degradação pela ação antrópica são suscetíveis de escorregar, o evento ocorrido em outubro de 1991 próximo a Palmeira (PR), descrito a seguir, encarregou-se de mostrar que ela não corresponde à realidade.

A interrupção da BR-277 próximo a Palmeira (PR) em 1991

Em 31 de outubro de 1991, a imprensa escrita do Paraná noticiava o seguinte fato: "Queda de barreira no começo da madrugada de ontem, provocou a interrupção do tráfego na altura do km 161 da BR-277, trecho Curitiba-Palmeira. Quatro veículos foram arrastados pela enxurrada, sofrendo danos materiais, mas sem registro de feridos" (Gazeta do Povo, 1991) e "[...] cerca de 300 metros de pista sumiram, misturados à lama" (Correio de Notícias).

Informações da Secretaria da Agricultura e Abastecimento do Estado do Paraná fornecidas por solicitação do Departamento Nacional de Estradas de Rodagem (DNER) deram conta de que entre 1º e 31 de outubro havia caído, no local, 191 mm de chuva, sendo 4,6 mm no dia 30 e 17,6 mm no dia 31. A descrição do acidente, efetuada pelo engenheiro-chefe da residência do órgão ao qual estava afeto o problema, foi a seguinte:

> Deslizamento de um volume aproximado de 200.000 m³ de argila orgânica, depositada sob folhelho alterado, provinda de um talude natural com inclinação de mais ou menos 30%, de uma distância de 250 metros do lado direito da pista que, inicialmente, preencheu mais de 1.000 metros o leito de um rio situado paralelo à pista, inclusive sobre a ponte, com vão de 6,0 metros, e posteriormente depositando-se sobre a pista e os acostamentos, numa extensão de 500 metros e com altura média de 1,0 metro, causando o aprisionamento de quatro veículos (duas carretas e dois carros de passeio) que, na hora, trafegavam pelo local (Massuchetto, 1991).

O autor teve a ocasião de, a convite do DNER, visitar o local dessa ocorrência que interrompeu a rodovia por cerca de 15 dias e, nessa oportunidade, além de tomar a foto apresentada na sequência, fazer as seguintes observações:

* o acidente ocorreu em local geologicamente constituído por rochas sedimentares: folhelhos e folhelhos com contribuição orgânica, pertencentes

ao Grupo Itararé, glacial, de idade paleozoica, parcialmente alterados e em atitude sub-horizontal (Fig. 7.2);

* a topografia, no local, é suave e colinosa e a vegetação é constituída por campos limpos, nada indicando ter havido modificação nesta última por ação antrópica – pelo menos a partir de 1950, conforme mostra o mapa de vegetação (Paraná, 1988), e provavelmente nem anteriormente a essa data (visto que o local está incluído na região dos chamados Campos Gerais do Estado) – nem qualquer corte ou outra intervenção que alterasse a primeira;
* a estrada situa-se a jusante, a cerca de 250 m, como citado no relatório do DNER, do outro lado do rio, em nada tendo afetado a encosta desestabilizada, tendo sido apenas um participante passivo dos efeitos do escorregamento;
* ao lado da cicatriz escavada na ocasião, pode-se verificar a existência de outras cicatrizes antigas, resultantes certamente de outros acidentes similares.

A conclusão óbvia, nesse caso, é de que o escorregamento que ocorreu foi um evento natural, nada tendo a ver com ação antrópica, modificação climática,

FIG. 7.2 *Aspecto da região próxima a Palmeira (PR) onde ocorreu o escorregamento de outubro de 1991*
Fonte: José A. U. Lopes.

evento sísmico etc., e resultou da saturação do regolito pelo evento pluviométrico, aliás de proporções, até certo ponto, modestas. Note-se, nesse caso, que não há encostas íngremes, como citado pela maioria dos autores para justificar a ocorrência de instabilizações de encostas tropicais.

Aparentemente, a opção pela necessidade de paleoclimas semiáridos para explicar os mecanismos de evolução das vertentes tropicais em climas úmidos deve-se a algumas observações do tipo: "na paisagem atual, a importância dos movimentos de massa é reduzida e limita-se às vertentes de maior declividade" (Bigarella; Mousinho; Silva, 1965, p. 114). Essa afirmação só pode ser devida à inexistência, à época, de um retrospecto de eventos como aquele de que se dispõe atualmente ou a uma paixão semelhante à que levou Cailleux e Tricart a fazer a afirmação antes citada, sobre a não ocorrência de matacões nos rios das serras brasileiras. Na sequência de seu raciocínio, Bigarella, Mousinho e Silva (1965, p. 114) afirmam que:

> ao examinarmos a estrutura subsuperficial da topografia hodierna, verificamos que os fenômenos de solifluxão foram generalizados e tiveram importância excepcional no passado recente, ocorrendo mesmo em declividades muito fracas. Os vestígios deste processo refletem-se na topografia sob a forma de cicatrizes, sulcos ou amplos ravinamentos em forma de berço.

Mais adiante, continuam: "as condições climáticas reinantes na fase de solifluxão extensiva não são, ainda, bem conhecidas. Apresentam-se duas possibilidades: ou teria havido uma pluviosidade maior do que a atual ou uma flutuação climática para o seco, com precipitações mais concentradas" (Bigarella; Mousinho; Silva, 1965, p. 114). Aí cabe a pergunta: por que não eventos pluviométricos mais fortes do que a média para explicar as feições observadas, tal como tem ocorrido atualmente? Finalmente, é importante outra observação desses autores: "as evidências de campo indicam ter havido mais de uma fase de solifluxão generalizada, reativando-se o processo ciclicamente" (Bigarella; Mousinho; Silva, 1965, p. 114). No entender do autor, isso milita muito mais a favor de eventos excepcionais do que, necessariamente, de fases.

Os acidentes na região norte de Santa Catarina e as reesculturações das encostas do vale do rio Iguaçu (PR) em 1983 e 1992

Em 1992, diversos problemas de instabilidades afetaram a rodovia PR-446, que liga a BR-153 à cidade de Porto Vitória, no sul do Estado do Paraná. Essa rodovia desenvolve-se praticamente, em toda a sua extensão, ao longo da encosta que constitui a vertente direita do vale do rio Iguaçu, que possui forma retilíneo--convexa e é constituída geologicamente, em sua porção basal, por litotipos arenosos da Formação Botucatu e, em sua porção média e superior, por litotipos basálticos da Formação Serra Geral e seus produtos de alteração. Localmente, é a planície aluvial que serve de suporte total ou parcial para o leito da estrada. Dessa posição peculiar adveio, conforme constatado, a maioria dos problemas que afetou a rodovia. É, entretanto, importante frisar o fato de que a maioria deles não era devida a qualquer desequilíbrio provocado pela rodovia sobre a encosta; antes pelo contrário: na maioria dos casos, esta sofreu os efeitos dos processos que afetaram aquela, em razão de sua posição. No km 4,5, por exemplo, a rodovia foi encoberta por um escoamento tipo fluxo úmido de material argiloso, entremeado com matacões, que se iniciou no dia 28 de maio de 1992, continuando bastante forte por todo o dia 29, e se estendeu, com menor intensidade, por cerca de uma semana. O movimento se iniciou na porção culminante da encosta e se estendeu até sua porção inferior, deixando esta última e a porção média recobertas por uma camada de cerca de 1 m de material proveniente da porção alta, conforme mostrado na Fig. 7.3.

FIG. 7.3 *Fluxo úmido que desceu a encosta do km 4,5 da rodovia PR-445 a partir de 28 de maio de 1992 – litologia: arenito com capeamento basáltico*
Fonte: DER/PR.

A sequência do fluxo escavou canais tanto no material *in situ* como no depositado pelo movimento. Sobre a plataforma da estrada, o material depositado foi sendo removido pelo Departamento de Estradas de Rodagem do Estado do Paraná (DER/PR) durante todo o período que durou o evento.

Praticamente todo o material teve sua origem em um *landslide* que ocorreu no capeamento basáltico, mais precisamente no solo argiloso com abundantes matacões em que ele se havia transformado nesse local (Fig. 7.4), e teve como gatilho a ocorrência de fortes precipitações pluviométricas que saturaram a camada argilosa.

Fig. 7.4 *Aspecto do landslide desenvolvido no topo da encosta do km 4,5 da PR-445 que forneceu o material ao fluxo mostrado na Fig. 7.3*
Fonte: José A. U. Lopes.

O condicionamento local que levou à instabilização é mostrado no esquema da Fig. 7.5. Uma vez desencadeado o movimento, o solo saturado e desestruturado escoou como fluxo encosta abaixo, afetando, desse modo, a rodovia.

Esse tipo de ocorrência é comum na área, sendo conspícuos vários outros locais que sofreram o mesmo tipo de instabilidade durante as grandes chuvas de julho de 1983, bem como em datas anteriores, conforme relato dos moradores. É interessante observar que toda a encosta, mesmo em sua porção basal constituída de arenito, apresenta uma cobertura de argila de origem basáltica paralela à topografia, (ver Fig. 7.5) cuja origem deve estar ligada a fenômenos similares ao observado.

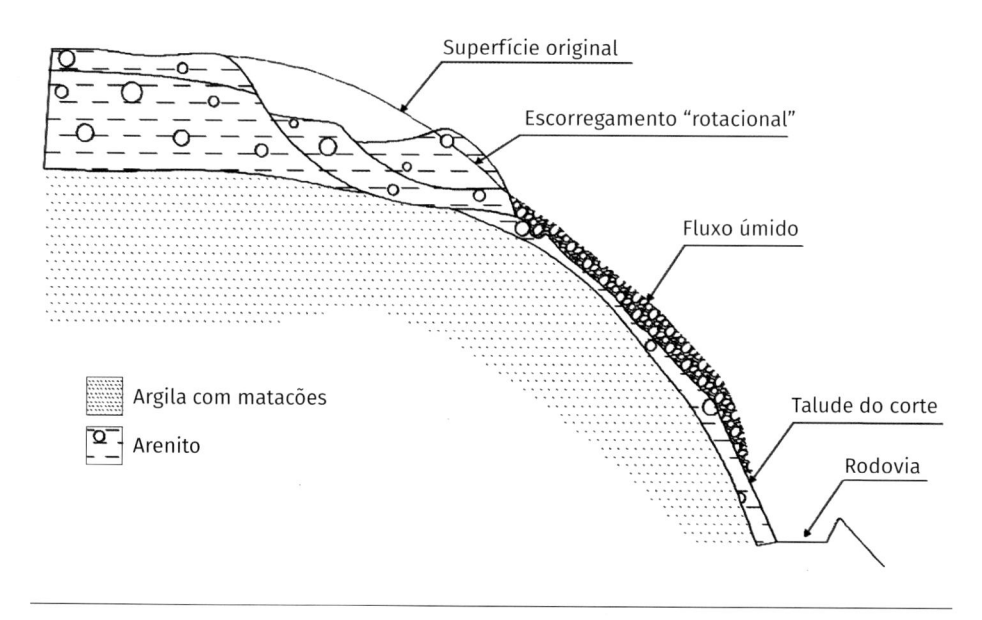

Fig. 7.5 *Esquema ilustrativo do condicionamento geológico do movimento de massa do km 4,5 da PR-445*
Fonte: Lopes (1995).

No km 7,2 ocorreu, na mesma ocasião, uma espécie de fluxo de detritos, ao longo de um vale torrencial, totalmente preenchido por grandes blocos e matacões, mostrando ocorrências anteriores desse mesmo tipo de evento. No km 12,2 a instabilização inicial teve lugar em julho de 1983 e foi reativada em maio de 1992, não tendo chegado, entretanto, nessa recorrência, a atingir a rodovia. O tipo de movimento foi idêntico ao descrito para o caso do km 4,5, tendo-se obtido do morador local a informação de que a encosta, por ocasião de sua instabilização inicial, era completamente recoberta por vegetação natural de grande porte, incluindo araucárias e imbuias, que foram derrubadas e encobertas pelo material escorregado.

A verificação da veracidade dessa informação foi possível pois se constatou a presença de grande número de troncos semienterrados e atualmente expostos parcialmente nas ravinas de erosão cavadas por ocasião do segundo movimento. Evidências de instabilizações de enormes tratos de terra são encontradas também no km 13,5, que, segundo o morador do local, ocorreram em julho de 1983. Essas rupturas atravessam a pista em forma atenuada e deslocam-na numa extensão de cerca de 200 m.

Durante as grandes chuvas de julho de 1983, que resultaram em terríveis inundações em cidades como Blumenau e União da Vitória, em toda a região que inclui esta cidade, bem como General Carneiro e, mais ao sul, Campos Novos, Curitibanos e Joaçaba, no Estado de Santa Catarina, foram sentidos efeitos, sob a forma de escorregamentos, fluxos, estufamentos e outros tipos de instabilidades (Fig. 7.6), inclusive em regiões de topografia colinosa.

FIG. 7.6 *Fluxos úmidos localizados em antigas cicatrizes de escorregamento ocorridos em 1983 em região florestada próxima a União da Vitória (PR)*
Fonte: José A. U. Lopes.

Ficou famosa, então, a imagem captada por um canal de televisão do Paraná em que uma jamanta Scania Vabis descia com um aterro, que se desmanchava como num "passe de mágica", na BR-476, próximo a União da Vitória. Serras como a de Corupá, em Santa Catarina, os morros ao redor de Blumenau e as encostas do vale do Iguaçu "escoavam" como um líquido viscoso, tanto em locais antropizados como em locais "virgens", dando um espetáculo semelhante ao descrito por Cruz para o caso de Caraguatatuba (SP). As rodovias BR-153, BR-470, BR-376 e BR-101 foram por tal modo afetadas que o DNER teve de criar um programa especial de reconstrução em regime de emergência. A BR-153, no norte de Santa Catarina, após esses eventos, parecia-se com as fotos de estradas afetadas por movimentos sísmicos, sendo que muitos desses defeitos "testemunharam", por muito tempo, esses fatos, pois só muito depois essa rodovia foi restaurada totalmente.

Os movimentos de encostas de 1988 e 1992 na região urbana de Petrópolis (RJ) e seus antecedentes

Almeida, Nakazawa e Tatizana (1993, p. 129) iniciam seu trabalho com a seguinte frase: "[...] as chuvas são o principal agente deflagrador dos movimentos de massa". Mais adiante, continuam: "as transformações ocasionadas pelo homem na ocupação das encostas podem interferir significativamente na sua estabilidade" (Almeida; Nakazawa; Tatizana, 1993, p. 130).

Segundo esses autores, por causa da ocupação "houve alteração nas condições de estabilidade das encostas, refletida" (Almeida; Nakazawa; Tatizana, 1993, p. 130):

* no "aumento de escorregamentos com o tempo, especialmente escorregamentos de grande intensidade";
* na "diminuição nos valores de chuva que deflagram escorregamentos";
* no "desordenamento na distribuição dos escorregamentos" em termos de patamares de chuvas desencadeadoras.

Assim, Almeida, Nakazawa e Tatizana (1993) introduziram duas observações importantes: em primeiro lugar, a caracterização que fazem da chuva como agente deflagrador e da ocupação humana como agente interveniente, que é correta. Em segundo lugar, é decisiva a contribuição, apresentada através de dados reais, do efeito da ocupação humana em termos de facilitação das instabilizações, via desmatamento, modificação das características geométricas das encostas, aumento da carga, modificação das condições hidrogeológicas e outros efeitos porventura relevantes. Em termos geológicos, pode-se dizer que a região de Petrópolis (RJ) no momento se encontra em fase de busca de uma situação de equilíbrio com as novas condições – que são extremamente dinâmicas – através da redução das espessuras de regolito e da inclinação e da altura das encostas, o que significa que, se de repente se decidisse abandonar a cidade e reflorestá-la totalmente, quase certamente, durante um largo lapso de tempo, não ocorreriam escorregamentos, pois o "fator de segurança" das encostas subiria bastante acima da unidade. Em longo prazo, entretanto, o decaimento dos parâmetros de resistência continuaria, o regolito se espessaria além do limite da estabilidade e os escorregamentos voltariam a ocorrer, retomando-se o ciclo normal de evolução das encostas, a menos que alguma modificação climática viesse a ocorrer nesse período.

Os desastres de Santa Catarina e do Paraná e o megadesastre do Rio de Janeiro em 2011

O ano de 2011 foi pródigo em eventos catastróficos no Brasil. Nos meses de janeiro e fevereiro, grandes chuvas ocorreram no Rio de Janeiro e em Santa Catarina, e, em março, no Paraná, modificando paisagens, causando estragos materiais e ceifando vidas humanas.

7 Eventos deflagradores dos movimentos de massa: processos gatilho

"Durante os meses de janeiro e fevereiro de 2011 temporais provocaram enxurradas, deslizamentos e inundações nas Serras do Leste Catarinense, no sopé da Serra Geral e ao longo da Faixa Litorânea do Estado de Santa Catarina" (Flores et al., 2011). Segundo esses autores, no dia 18 de janeiro foram atingidos municípios das bacias dos rios Araranguá e Tubarão, no sul do Estado, e, nos dias 21 e 22, a Grande Florianópolis e municípios da alta bacia do rio Itajaí do Oeste. Municípios que haviam sido impactados em novembro de 2008 no morro do Baú voltaram a ser afetados. As zonas urbanas de Joinville e Jaraguá do Sul e as áreas rurais dos municípios de Taió, Rio do Campo, Mirim Doce, Corupá e Schroeder foram as mais atingidas.

Os eventos de chuvas reportados por Flores et al. (2011) dão conta de que teria chovido 259,8 mm em quatro dias (120 mm em 2 h, no dia 21) em Jaraguá do Sul; 285,5 mm em Araguari, no dia 21; 327 mm em três dias em Mirim Doce (106,5 mm em 2 h, no dia 20, e 170 mm em 12 h, na noite de 21/22); 249 mm no interior de Rio do Campo, no dia 21; e 340 mm em Joinville, entre os dias 19 e 21.

As áreas rurais mais afetadas no sopé da Serra Geral concentraram-se ao longo de um pequeno afluente do rio Itajaí do Oeste e nos altos vales dos rios Taió e Rauen (Flores et al., 2011). O substrato rochoso nessas áreas é constituído por siltitos, argilitos e folhelhos do Grupo Passa Dois, e as vertentes, cobertas de floresta, apresentam declividades superiores a 45° e solos rasos. Os deslizamentos ocorridos foram do tipo translacional. Pequenos vales foram percorridos por fluxos de detritos, e cones de detritos foram reativados e recobertos por blocos de rocha e troncos.

Em Schroeder e Jaraguá do Sul, regiões cristalinas, os solos espessos foram afetados por deslizamentos. Em Schroeder, "feições e depósitos de antigos deslizamentos são encontrados em diversos locais" e "um grande deslizamento [...] provocou a reativação de detritos de movimentos anteriores" (Flores et al., 2011).

Da análise de todos esses fatos, cabe ressaltar a variabilidade dentro da normalidade climática (sem necessidade de mudanças), a ocorrência de litologias várias nas áreas afetadas, a presença de florestas em áreas afetadas pelos escorregamentos e a recorrência de escorregamentos nos mesmos locais.

Nada menos que seis títulos descreveram eventos que aconteceram dentro do chamado megadesastre ocorrido no Rio de Janeiro na mesma época do evento de Santa Catarina e que o eclipsou na mídia: Lima, Amaral e Vargas Jr. (2011), Lago et al. (2011), Rodrigues, Amaral e Tupinambá (2011), Correia et al. (2011), Mello, Varejão e Dourado (2011) e Paixão, Motta e Santana (2011).

Segundo Lima, Amaral e Vargas Jr. (2011), um "número tendendo ao infinito" de escorregamentos ocorreu, atingindo encostas urbanas e rurais, em sete municípios, causando 971 mortes e deixando mais de 20.000 desabrigados. De acordo com esses autores,

> os escorregamentos variaram entre corridas de massa ao longo das drenagens; deslizamentos "na Parroca" com início na parte superior das escarpas rochosas e alcance da ordem de 100 m; deslizamentos rasos em taludes laterais às drenagens; deslizamentos tipo "vale suspenso" com pequenos alcances, mas grandes volumes e deslizamentos tipo "Catarina", controlados pelo solo residual jovem e pela subida do nível d'água em escala regional (Lima; Amaral; Vargas Jr., 2011).

Lago *et al.* (2011) introduziram mais um tipo: "deslizamentos tipo 'Rasteira' que mobilizam capas de solos em taludes íngremes".

Mello, Varejão e Dourado (2011), Rodrigues, Amaral e Tupinambá (2011), Lima, Amaral e Vargas Jr. (2011) e Paixão, Motta e Santana (2011) descreveram corridas de massa ao longo de cursos d'água: Mello, Varejão e Dourado (2011), ao longo do rio Cuiabá, que teve aporte de material do afluente Santo Antonio; Rodrigues, Amaral e Tupinambá (2011) e Lima, Amaral e Vargas Jr. (2011), ao longo do córrego Vieira; e Paixão, Motta e Santana (2011), ao longo do córrego D'Antas.

Segundo Mello, Varejão e Dourado (2011), a corrida ao longo do rio Cuiabá se estendeu por cerca de 15 km e atingiu uma largura entre 20 m e 40 m, cobrindo seu vale com até 4 m de material que teve origem em dezenas de deslizamentos desenvolvidos "no contato solo/rocha e na quebra de inclinação dos taludes naturais" em suas cabeceiras. O fluxo, além de transportar materiais, exumou blocos de rocha antigos, oriundos de fluxos anteriores. Cerca de 100.000 m³ de material foram mobilizados, incluindo blocos de até 10 m³, mas selecionando granulometricamente os materiais. Esses autores consideraram como fatores geológicos da corrida a origem tectônica dos vales, a ocorrência de deslizamentos nas cabeceiras e "a presença predominante de depósitos de corridas de massas pretéritas" ao longo do vale, "evidenciando que esse tipo de ocorrência é natural e cíclica".

Rodrigues, Amaral e Tupinambá (2011) informam que, no caso do córrego Vieira, a corrida se iniciou na cabeceira e atingiu 7,5 km de extensão, tendo causado solapamento das margens e alargamento do vale. Os autores consideraram como fatores predisponentes ao evento (i) as falhas e fraturas NE-SW que controlam o vale do córrego e o mantêm encaixado e (ii) a intersecção das famílias de fraturas que responde pela formação dos blocos facetados que serviram como fonte de detritos "juntamente com material dos depósitos pretéritos".

Lima, Amaral e Vargas Jr. (2011) informam que a corrida que se iniciou na cota 1.750 m se estendeu até a 900 m e espraiou-se após a cota 1.200 m, passando pela localidade que possui o mesmo nome do rio – Vieira – e que se estende ao longo de suas margens. Segundo esses autores, o volume de chuvas medido em Nova Friburgo (RJ) foi de 230 mm em 24 h, enquanto no distrito de Macaé de Cima atingiu 440 mm em 7 h. Esses mesmos autores mencionam que a frente da corrida de massa, caracterizada pela presença de blocos de rocha com diâmetro médio de 2,5 m (mas tendo atingido 5,2 m), depositou-se sobre um campo de futebol que foi, posteriormente, "lavado".

A corrida descrita por Paixão, Motta e Santana (2011) no córrego D'Antas foi classificada por eles como *mudflow* e teria atingido o

> canal de drenagem [...] desde a sua nascente na cota 1.021 até sua confluência com o rio Bengalas, na cota 850, dentro da Zona Urbana de Nova Friburgo [p. 3]. [...] A corrida [...] recebeu a contribuição de materiais deslizados oriundos de inúmeros escorregamentos [...] [descritos como] rasos e planares no contato solo [...]/rocha [...] [p. 4].

Com o aporte desse material, o fluxo teria adquirido densidade e viscosidade e passado a erodir a base dos taludes laterais após ultrapassar as zonas de estrangulamento, "formando grandes lagos nos alvéolos" (Paixão; Motta; Santana, 2011, p. 4). O aumento da vazão e da capacidade de solapar levou ao aumento de escorregamentos.

Os autores consideram que a corrida de massa em questão "parece acompanhar os modelos propostos por Meis (1982) de que a geometria côncava, em forma de anfiteatro, controla o início e a distribuição dos deslizamentos em altas encostas" (Paixão; Motta; Santana, 2011, p. 5), visto que "fica clara a extrema concordância das concavidades com as cicatrizes de escorregamentos" (Paixão; Motta; Santana, 2011, p. 6). Os autores chamam a atenção, também, para o fato de que "as consequências maiores da corrida [...] se concentraram na zona dos alvéolos que já se encontravam entulhadas de sedimentos [...] a montante dos estrangulamentos do canal principal, estes últimos associados à presença dos *knickpoints* ou barreiras naturais" (Paixão; Motta; Santana, 2011, p. 6).

Na descrição dos autores, mais uma vez fica clara a ocorrência de eventos excepcionais dentro da normalidade climática: a reinstabilização de cicatrizes de escorregamento antigas – "alvéolos", "anfiteatros" – que geraram *knickpoints* no vale do rio, a capacidade de arrancamento e transporte de materiais de grandes dimensões, que funcionam como "abrasivos" das encostas, nessas ocasiões, e a concomitante ou posterior seleção granulométrica da massa corrida, além de, tanto no presente caso como no descrito a seguir – escorregamento em Antonina (PR) no mesmo ano –, haver nítida ligação com a tectônica quebrável local.

O Serviço Geológico do Estado do Rio de Janeiro estimou em até 180 km/h a velocidade dos fluxos que ocorreram.

Lago et al. (2011) e Correia et al. (2011) descreveram deslizamentos sobre condomínios – Condomínio do Lago, no primeiro caso, e Prainha, no segundo – situados em lados opostos de uma mesma colina, no município de Nova Friburgo (RJ). Lago et al. (2011, p. 1) atribuíram a forma da ruptura "à presença de feições geológicas reliquiares no solo residual [...] que somada ao controle exercido pelas concavidades da encosta, parece controlar a ocorrência do deslizamento". O deslizamento aconteceu "após a execução de um corte num morrote de relevo suave e ondulado" (Lago et al., 2011, p. 2). A encosta apresentava 50 m de altura e 60° de inclinação e era recoberta por vegetação secundária densa. O primeiro deslizamento ocorreu quando a chuva elevou o nível do rio Grande e do córrego que atravessava o loteamento, e, posteriormente, com sua intensificação, seguiram-se outros. "O deslizamento foi do tipo planar com a superfície de ruptura representada pela transição do solo residual jovem para o solo residual maduro; o movimento mobilizou a capa do solo maduro (60 centímetros de espessura) e a densa vegetação que a recobria" (Lago et al., 2011, p. 3). Adiante, esses autores citam e mostram uma foto de "duas concavidades marcantes nas laterais do talude" (Lago et al., 2011, p. 4) e concluem: "É provável que estas feições tenham favorecido a concentração do fluxo d'água nas seções côncavas em forma de anfiteatro, justificando assim, o início do movimento" (Lago et al., 2011, p. 4).

Lago et al. (2011) atribuíram à presença de heterogeneidades herdadas da rocha-mãe o controle da espessura do perfil e a geração de zonas de menor resistência e de variações de condutividade hidráulica, que teriam gerado "níveis d'água suspensos", e à "presença de concentrações de fraturas, o controle da morfologia da encosta" (Lago et al., 2011, p. 4-5). Ainda segundo esses autores, "as duas concavidades podem ter permitido a concentração de fluxo subsuperficial em pontos específicos do talude e, desta forma, ter dado início ao movimento" (Lago et al., 2011, p. 5). Eles concluíram que as chuvas intensas teriam elevado "o nível d'água regional com consequente elevação da poropressão na base de todas as encostas" (Lago et al., 2011, p. 5), o que teria "causado a redução na resistência ao cisalhamento [...] e de deslizamentos planares 'de baixo para cima' [...] principalmente ao longo das concavidades propícias à concentração de fluxo d'água" (Lago *et al.*, 2011, p. 5).

Correia *et al.* (2011) descreveram o outro evento gêmeo – o deslizamento da Prainha –, situado na outra face do mesmo morrote, e apresentaram relato e conclusões em tudo similares aos de Lago *et al.* (2011), apenas incluindo, nesse caso, a possibilidade da contribuição da água proveniente de uma cisterna situada no topo do morro como fator auxiliar no processo. Esses autores apresentaram dados de permeabilidade *in situ* que mostram uma grande diferença (de duas ordens de grandeza, de E^{-3} para E^{-5}) entre as permeabilidades do solo residual maduro (removido durante o processo de ruptura, segundo os autores) e jovem (que permaneceu), o que, segundo eles, poderia ter criado "níveis suspensos de água e consequente elevação de poropressão durante os eventos de chuva extrema [...] com a colaboração das concavidades e dos cortes artificiais executados nas encostas em forma de anfiteatro" (Correia *et al.*, 2011, p. 5).

Do exame desses relatos e das fotos apresentadas, fica claro que ambos os eventos ocorreram em "anfiteatros" (cicatrizes) resultantes de antigos movimentos de talude: no caso do local descrito por Correia *et al.* (2011), essa conformação é absolutamente didática, como asseveram as Figs. 3.1a de ambos os relatos (ver seção 6.3). Do mesmo modo, as Figs. 3.1b de ambos os relatos mostram que essas cicatrizes sofreram movimentos de reativação, sendo "empurradas" uma em direção à outra ou, mais propriamente, em direção ao topo da elevação. A encosta considerada no trabalho de Lago *et al.* (2011) foi "suavizada" em relação à inclinação original, enquanto a outra manteve praticamente as mesmas características originais. Assim, embora ambas possam ser chamadas "planares", dada sua pequena espessura em relação à altura, elas, na realidade, adaptaram-se à forma da superfície original do local e possuem forma côncava. Outras rupturas mais superficiais, essas sim tipicamente planares e situadas na porção superior convexa das encostas, são visíveis nas fotografias com direção de "movimento" centrípeto em relação ao ponto mais alto da elevação, o que condiz com o proposto nas seções 6.1 a 6.4 e 8.2 deste livro e é mostrado nos mapas geológicos/geomorfológicos das Figs. 6.10 e 8.5.

Ambos esses últimos relatos, mas particularmente o de Correia *et al.* (2011), trazem uma contribuição interessante ao conhecimento dos mecanismos de reativação de antigos movimentos de talude: a geração e o desenvolvimento, em períodos relativamente curtos, de solos residuais maduros (horizontes B) sobre os solos saprolíticos expostos pelas rupturas originais, em simbiose com a instalação de florestas (propiciada, ao que tudo indica, pela concentração de água) em suas cicatrizes e a ocorrência de sensíveis diferenças de permeabilidade entre um e outro desses horizontes pedológicos. A geração rápida dos solos é atestada pelo fato de que as cicatrizes sobre as quais se desenvolvem não foram (ou foram muito pouco) modificadas pela erosão no período entre a efetivação do movimento original e o desenvolvimento do conjunto floresta/solo (as Figs. 6.12 e 6.13 mostram processo similar: cicatrizes com vegetação florestal lado a lado com outras com vegetação rasteira ou sem vegetação). O autor observou, também, a rápida geração de horizontes B de solos em rupturas ocorridas em taludes de corte na rodovia BR-116 próximo a Registro (SP), onde poucas décadas e a presença de vegetação plantada (no caso, capim-gordura) foram suficientes para dar início à geração desse horizonte de solos sobre os saprolitos expostos pela terraplenagem.

Quanto ao mecanismo de ruptura dos taludes na BR-116, o autor deste livro considera muito mais plausível o trapeamento da água no contato entre o solo residual maduro e o jovem (dada a grande diferença de permeabilidade entre ambos) e o consequente "encharcamento" do segundo, o que teria aumentado as pressões neutras neste, ou seja, a diferença de permeabilidade teria funcionado como uma verdadeira barragem, elevando o nível d'água no solo residual jovem. O mecanismo seria do tipo similar ao previsto para o caso dos terracetes (seção 6.5). Quanto à elevação da poropressão na base da encosta a partir da elevação do nível d'água regional, é possível que ela tenha ocorrido e colaborado para o processo, tendo em vista que retardaria a exaustão da água pela base das encostas. Entretanto, para o caso dos movimentos tipicamente planares nas porções altas das encostas, tudo leva a crer que o que ocorreu foi uma queda das tensões de sucção pelo "encharcamento".

Não mais que um mês após os eventos ocorridos em Santa Catarina e no Rio de Janeiro, coube ao litoral do Estado do Paraná ser palco de ocorrências similares. Entre os dias 10 e 14 de março desse mesmo ano de 2011, um acumulado pluviométrico de cerca de 500 mm, sendo cerca de 200 mm no dia 11 (Picanço; Nunes, 2013 *apud* Cardoso; Picanço; Mesquita, 2015), resultou na destruição de uma região habitada (Floresta), em escorregamentos em encostas da cidade de Antonina e em fortes danos em importantes obras de infraestrutura, como as rodovias BR-277 (Curitiba-Paranaguá) e BR-376 (Curitiba-Joinville) e a ferrovia Curitiba-Paranaguá, além de outras rodovias estaduais de menor porte e de classe inferior na região de Morretes e Antonina, como foi o caso da PR-408, retratado na Fig. 9.8.

Na cidade de Antonina, diversos escorregamentos ocorreram, dos quais será relatado em sequência o que afetou a encosta situada ao lado da avenida

Leovegildo de Freitas (Fig. 7.7). A cicatriz principal (marcada em verde na planta) ocupou 60 m de frente para a avenida Vicente Machado, estendeu-se por mais de 100 m para o alto da encosta, levando consigo uma casa, e alongou-se ao largo da avenida Leovegildo de Freitas, resultando em três cicatrizes com menor amplitude, mas com talude mais íngreme, por mais 80 m, chegando à rua Engenheiro Rebouças (no canto superior direito da figura), deixando três casas "pendentes" na borda do talude gerado. O material escoou "como um líquido", no dizer da população, tendo se deslocado pela avenida Vicente Machado (a que aparece em frente à ruptura principal na mesma figura), chegado ao fim dela, a cerca de 200 m, e parado em frente a uma igreja ali localizada.

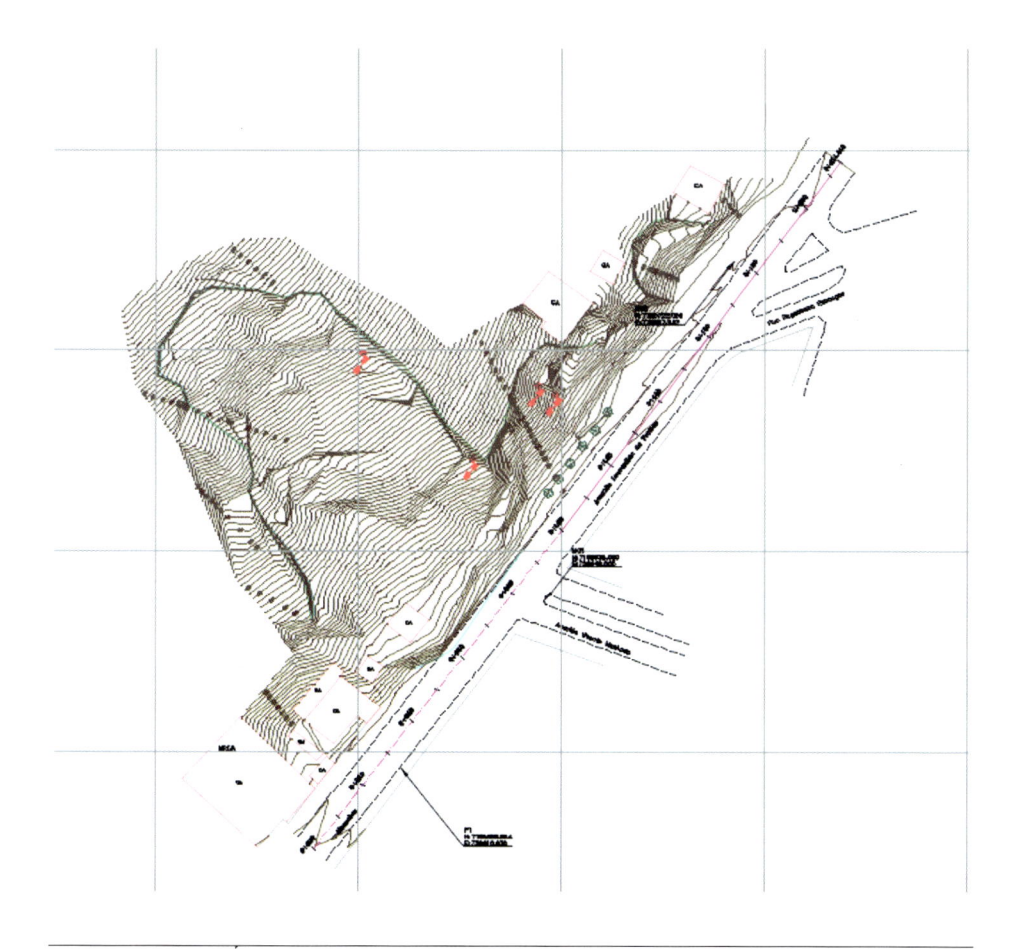

FIG. 7.7 *Planta topográfica da cicatriz da ruptura ocorrida na cidade de Antonina (PR) em março de 2011*
Fonte: Engemin (2011).

A cicatriz maior corresponde, *grosso modo*, a uma região que sofreu um pequeno corte para a implantação de uma antiga ferrovia, estabilizada com uma estrutura de trilhos; as cicatrizes menores, aparentemente, situam-se em uma área que não havia sofrido cortes significativos. Na cicatriz maior, observa-se claramente uma convergência do material escorregado desde o topo sobre a casa de alvenaria semidestruída mostrada na planta.

A Fig. 7.8 mostra o aspecto do local antes da ocorrência, onde a porção que rompeu está assinalada em vermelho. Nela é possível observar que a área era coberta completamente por floresta, ainda que não tão exuberante como no topo do mesmo morro e na encosta do vale ao lado, situado em frente ao trapiche, onde também ocorreram rupturas.

FIG. 7.8 *Local do deslizamento de 2011 em Antonina (PR) antes de sua efetivação*
Fonte: Google Earth.

A Fig. 7.9, obtida girando-se e horizontalizando-se a Fig. 7.8, mostra uma quebra de relevo muito nítida na encosta logo abaixo do limite assinalado em vermelho, seguida, no sentido do sopé, por um "intumescimento" da topografia claramente observável ao lado de um "anfiteatro" (antiga cicatriz de escorregamento) também afetado por instabilidades.

Esse conjunto de feições mostra claramente a existência de pelo menos dois movimentos de talude anteriores ao de 2011 no local: o que resultou na cicatriz ("anfiteatro") e o que deu origem à quebra de declive e "estufou" a porção central

Fig. 7.9 *Encosta onde ocorreu o deslizamento em Antonina (PR) mostrando quebra de declive e "intumescimento" no pé*
Fonte: Google Earth.

da encosta. Tudo leva a crer que esse material permaneceu precariamente estável até ser cortado, nas proximidades de onde se situa a avenida Vicente Machado, para a implantação da ferrovia e teve que ser contido por uma estrutura de trilhos cujos restos puderam ser observados no local.

A Fig. 7.10 mostra a totalidade do morro onde ocorreu o evento: nela é possível verificar a presença de numerosas linhas tectônicas (falhas e fraturas) responsáveis pela conformação geral desse morro, às quais estão associados não só o escorregamento ora estudado como os que ocorreram na encosta do vale situado a nor-nordeste da área em questão (ao lado da rua Dom Pedro Segundo) e cujos materiais, segundo informações locais, chegaram a atingir o Mercado Municipal, situado a sudoeste (porção esquerda inferior da Fig. 7.10 e lado direito da Fig. 7.8).

Para reestabilizar o local, optou-se pela construção de um talude teoricamente compatível com os parâmetros de resistência – estimados a partir de um estudo de regressão executado de acordo com a metodologia exposta na seção "Metodologia desenvolvida a partir dos conceitos expostos" (p. 264) – sobre a cicatriz desenvolvida, com $\phi = 30°$ e $c = 11$ kPa –, dotando-se esse talude de estruturas de drenagem para garantir seu funcionamento a seco. Esse talude é mostrado na Fig. 7.11 em fase final de construção (22 de agosto de 2014), onde é possível, também, observar a floresta a seu redor, que era a que existia por ocasião da ruptura e que não garantiu sua estabilidade.

É interessante observar que a inclinação média do terreno após a ruptura situava-se ao redor de 25°, ou seja, bem menor que o ângulo de atrito estimado. Para entender esse fato, basta verificar as Eqs. 7.4 e 7.5.

FIG. 7.10 *Aspecto geral do morro onde ocorreu o deslizamento em Antonina (PR) com linhas tectônicas traçadas*
Fonte: Google Earth.

FIG. 7.11 *Talude em final de construção, em 22 de agosto de 2014, no local da ruptura em Antonina (PR)*
Fonte: Governo do Paraná.

"Escalpelamento" de encostas e a destruição de obras de infraestrutura na região do médio vale do rio Iguaçu, no Paraná, em 2014

Entre os dias 10 e 15 de junho de 2014, eventos pluviométricos que chegaram a 800 mm nesse intervalo de tempo afetaram o médio vale do rio Iguaçu. Grandes enchentes ocorreram, afogando porção considerável da cidade de União da Vitória, provocando erosões e deslizamentos na margem fluvial e danificando a infraestrutura viária da região. A rodovia PR-447, com 45 km de extensão, que dá acesso a Cruz Machado e acompanha o vale do Iguaçu pela margem direita, teve nove segmentos danificados, sendo que num deles (km 22,5) cerca de 800 m foram completamente destruídos. Nesse local, a grande chuva provocou forte migração de água sob o aterro executado em meia encosta sobre terreno natural constituído por rocha basáltica sã (sem a precaução de instalação de estruturas de drenagem sob ele), o que gerou fortes pressões neutras nessa superfície de fraqueza e a desestabilização do aterro.

Do mesmo modo, a PR-170, que acompanha o vale desse rio pela margem esquerda, particularmente no segmento entre Bituruna e Faxinal do Céu, passando pela barragem de Foz do Areia, foi grandemente afetada: nada menos que 18 segmentos dos 37 km entre Bituruna e Foz do Areia sofreram danos. No município de Bituruna, muitas encostas constituídas geologicamente por derrames basálticos foram completamente "escalpeladas", como mostra a Fig. 7.12, onde é possível observar três derrames superpostos e os restos da floresta que as ocupava, mostrando, mais uma vez, que não há a necessidade de mudanças

FIG. 7.12 *Encosta basáltica no município de Bituruna (PR) completamente "escalpelada" pelas chuvas de 2014*
Fonte: José A. U. Lopes.

climáticas nem de intervenção humana para ocorrerem eventos que fazem evoluir rapidamente a morfologia das encostas, e a presença de florestas não garante permanentemente sua incolumidade.

7.2.3 Outras referências bibliográficas brasileiras de interesse para a questão

Lehmann (1960, p. 1), discorrendo sobre "formas de tipo circo glacial" existentes na região de Itatiaia, cita Martonne (1943), que as atribuiu a uma "glaciação diluvial". Lehmann (1960, p. 1), entretanto, em razão de não encontrar outras evidências de glaciação, como morainas, e "como os depósitos de tipo morâinicos dos blocos arredondados são facilmente explicáveis pela decomposição esferoidal das rochas, a qual é evidente em todos os seus estágios", afirma que "a interpretação dos vales suspensos e fechados como sendo circos glaciais deve ser, por enquanto, considerada com a maior reserva [embora sobre as rochas se estenda] uma capa de material detrítico transportado". Ainda Lehmann (1960, p. 2), falando sobre a Serra da Mantiqueira, cita a ocorrência de depósitos "formados por débitos rochosos angulares e achatados", que "mostram todas as características dos legítimos depósitos de solifluxão", o mesmo tendo ocorrido "na localidade de Campos do Jordão". Mais adiante, para tentar justificar uma possível origem glacial para tais depósitos, esse autor elabora uma complicada teoria em que a ocorrência de uma extraordinária pluviosidade (2.500 mm), juntamente com o "isolamento" do Itatiaia, poderia explicar "a posição extraordinariamente baixa do limite da neve glacial no local" (Lehmann, 1960, p. 2).

Outras observações interessantes de Lehmann (1960, p. 2) referem-se à ocorrência de "sulcos bem pronunciados sobre os matacões e sobre os remanescentes de rochas desprovidas de crosta de decomposição". Mais adiante, falando sobre suas observações no Vale do Paraíba, cita a ocorrência, para ele inexplicável, de um "fino, porém consistente, depósito de cascalho", que "acompanha, de modo aproximado as formas do terreno e que às vezes se adelgaça até uma espessura centimétrica e às vezes preenche bolsões" (Lehmann, 1960, p. 3). Tal autor afirma que essa feição lhe fez lembrar duas possibilidades: um enriquecimento seletivo por lavagem ou um "véu de solifluxão na margem de montanhas médias" formado por "movimentação de massas acumulativas sobre encostas mais ou menos íngremes" (Lehmann, 1960, p. 4). No caso em tela, ele lembra um mecanismo tipo "solifluxão tropical" proposto por Ruellan, "talvez ligado ou acompanhado de uma lavagem seletiva do material mais fino" (Lehmann, 1960, p. 4), o que parece estar de acordo com Rudberg (1958, 1962 *apud* Young, 1978, p. 60, tradução nossa):

"uma marcante orientação de pedras, no sentido da encosta, tem sido observada em locais de solifluxão comprovada". Mais adiante, para explicar tal feição, Lehmann (1960, p. 4-5) postula a necessidade de um clima diferente, possivelmente semiárido, embora "seus conhecimentos e experiências" não fossem suficientes para imaginá-lo: talvez um clima semiárido de lavagens superficiais. Essa explicação de "condições morfológicas ambientais ou morfoclimáticas diferentes das atuais", segundo Meis e Silva (1968, p. 55), para a origem de tais depósitos foi anteriormente utilizada por Cailleux e Tricart (1959) e posteriormente por outros autores, como Ab'Saber (1962), Bigarella, Mousinho e Silva (1965) e Mousinho e Bigarella (1965), e também pelos próprios Meis e Silva (1968).

No entender do autor, as posições de Martonne (1942) e Lehmann (1960) são bastante lógicas, considerando-se as origens e as experiências de ambos, provindos que eram de regiões de climas temperados e/ou frios, devendo-se ainda ressaltar a honestidade de Lehmann ao opor reservas à origem glacial dos "anfiteatros" com aspecto similar aos gerados nessas condições. Na realidade, movimentos coletivos de solo semelhantes aos atualmente ocorridos em todas essas regiões resultam em formas muito similares a eles, conforme tem sido mostrado no presente livro, sendo, portanto, bastante lógico que a esses movimentos tivessem sido os "anfiteatros" atribuídos (ver as Figs. 6.8 e 6.9, bem como as Figs. 6.11 a 6.13, e comparar estas últimas com as Figs. 8.8 a 8.10).

O fato de os depósitos serem tidos como de solifluxão – que, para esses autores, representa um tipo de movimento ligado ao degelo, que é a definição original do termo – também é fácil de entender dentro do mesmo contexto. Tais depósitos podem, entretanto, ser explicados pela ocorrência de movimentos coletivos, não necessariamente de solifluxão, no sentido original do termo, mas simplesmente escorregamentos ou fluxos de solos, nas condições de clima úmido como o atual. Esse tipo de origem explica também os sulcos *pseudo-lapiez*, no dizer de Lehmann (1960), que possivelmente sejam *slickensides* oriundos do movimento de escorregamento.

Finalmente, uma ocorrência como a descrita pelo relatório do USGS para a Serra das Araras pode também explicar o horizonte de cascalhos que acompanha a topografia e modifica sua espessura, mas mantém-se por uma larga área, o que era inexplicável para Lehmann. Do mesmo modo, a presença de uma "camada de cascalhos formada por seixos de micaxisto completamente decomposto e avermelhado, que repousa sobre lamas recentes", tal como descrito por Cailleux e Tricart (1959, p. 4), pode ter origem semelhante – "vertentes transformadas em '*badlands*' e fundos de vales recobertos por um mar de lama" (USGS, [197-],

p. 12, tradução nossa) –, e não ser devida a alternâncias de fases úmidas com fases secas, como proposto por aqueles autores.

Nesse sentido, a Fig. 6.11, de um escorregamento de talude de corte na Serra do Mar, no Estado de São Paulo, é muito clara: ao pé do escorregamento observa-se uma deposição de materiais grosseiros (matacões e seixos) envoltos por argila e alguma areia que, após lavados por algumas chuvas, resultarão em um depósito do tipo "camada de cascalhos depositados sobre argilas recentes".

A tendência de os movimentos coletivos repetirem-se no mesmo local, ainda que usualmente sob forma algo diversa, deve-se ao simples fato de que, ao ocorrer um escorregamento, o material remanescente *in loco* representa uma condição de estabilidade-limite (tal como discutido nas seções 6.1 a 6.3), facilmente reinstabilizável, pela simples redução dos parâmetros de resistência dos solos ou, ainda, pela facilidade com que a cicatriz côncava concentra água, elevando o nível de pressões hidrostáticas e favorecendo a geração de processos erosivos e fluxos, como mostrado nas Figs. 6.10, 7.6 e 8.5, bem como pelo "descalçamento" lateral das vertentes convexas remanescentes (Figs. 8.6 e 8.7). Esse fato é também reportado pelo USGS ([197-]) e por Meis e Silva (1968), no relato sobre os escorregamentos de 1966 e 1967 no Rio de Janeiro (RJ); por Cruz (1974), no caso de Caraguatatuba (SP); por Bigarella e Becker (1975), no caso dos eventos de Tubarão (SC); e por Lago *et al.* (2011) e Correia *et al.* (2011), no do Rio de Janeiro. Por outro lado, a ocorrência de grandes catástrofes de escorregamentos simultâneos, ou quase, de encostas, levando a uma reesculturação geral delas, ao longo de uma grande área, provocadas por grandes eventos pluviométricos semelhantes aos citados não pode ser encarada como um fato excepcional, tendo-se em vista sua repetição em períodos curtos, mesmo em termos humanos, tal como mostrado ao longo de toda a seção 7.2. A ideia de Lehmann acerca da origem por solifluxão tropical não estava, portanto, longe da verdade, não havendo, entretanto, em princípio, necessidade de clima semiárido para explicá-la, visto que, nas condições climáticas atuais, tal fato ocorre. Esse tipo de origem explica não só a semelhança dos níveis de cascalho encontrados, com a topografia atual, como os espessamentos e os afinamentos desse horizonte de materiais grosseiros, que tanto perturbaram Lehmann.

A tese de Nascimento (2013) tem sua meta na resolução da controvérsia entre R. Maack e J. J. Bigarella acerca da origem das formas da Serra do Mar no Paraná: o primeiro defendia uma origem basicamente tectônica para os grandes traços do relevo, e o segundo, uma origem climática, ou, mais precisamente, de alternâncias climáticas. Nascimento (2013) apresenta uma discussão documentada e argumentos fortes a favor da origem tectônica (p. 36 a 40), que vêm de encontro ao pensamento do autor, conforme exposto em outros locais deste livro, particularmente no que respeita à exagerada importância dada às mudanças climáticas. Entretanto, alguns posicionamentos de Nascimento (2013) merecem ser comentados, tais como:

> O conjunto de agentes formadores do relevo, em especial as estruturas geológicas e a erosão fluvial, permite uma dinâmica erosiva capaz de construir feições geomorfológicas morfoestrutural e morfoesculturalmente determinadas. Entretanto, os dados e observações [...] indicam que os condicionantes estruturais são os principais fatores que definem o relevo da Serra do Mar no Paraná (Nascimento, 2013, p. 128).

Ou seja, toda a evolução da paisagem dependeria apenas da tectônica e dos processos erosivos, o que parece uma visão (pelo menos para o autor deste livro) simplista, haja vista as descrições de eventos, as argumentações anteriores e o modelo defendido na seção 8.2. Que a tectônica tem papel fundamental não há dúvida, mas que só a erosão fluvial seja responsável pela esculturação da paisagem a partir do balizamento dado por aquela é difícil de aceitar – ver, por exemplo, o texto original de Cruz (1974, p. 104), transcrito na seção "A catástrofe de 1967 em Caraguatatuba (SP)" (p. 163): "a partir da formação das escarpas, de origem tectônica, seu recuo e evolução [...] se fez e se faz atualmente, à base dos processos de movimentos de massa".

No próprio texto do autor (Nascimento, 2013) há certas informações que, pelo menos, podem sugerir conclusões algo diferentes. Assim, por exemplo: "Destacam-se as extensas planícies aluvionares entulhadas de material detrítico de proporções até decamétricas preenchidas em eventos rápidos de massa (a exemplo do ocorrido em março de 2011)" (Nascimento, 2013, p. 118). Ou seja, o autor reconhece a existência de grandes movimentos de massa na evolução da serra – citando um recente – capazes, inclusive, de gerar grandes depósitos aluviais, mas esse tipo de evento não tem (em sua visão) qualquer importância na evolução do relevo. A Fig. 81, à p. 119 de Nascimento (2013), apresenta um pequeno rio que se conecta à rede principal de drenagem para o qual o autor chama a atenção no que se refere ao conjunto de *knickpoints* sucessivos ao longo do leito. Não seriam, os *knickpoints*, "anfiteatros" resultantes de escorregamentos sucessivos, ascendentes, provocados pelo processo erosivo do rio, como sugerem as curvas de contorno; como é comum encontrar na região; como é discutido neste livro – seções 7.5 e "Os desastres de Santa Catarina e do Paraná e o megadesastre do Rio de Janeiro em 2011" (Paixão; Motta;

Santana, 2011) – e como mostrou o modelo de Dietrich *et al.* (1993), citado na seção 7.2.4?

Chamam a atenção, por outro lado, no trabalhode Nascimento (2013), as excelentes fotos que o ilustram, como as Figs. 6.13, 7.1 e 7.2, à p. 56, que mostram encostas cujo formato (côncavo com ápice em picos rochosos íngremes) se acomoda perfeitamente ao modelo proposto por Lopes (1995) e apresentado na seção 8.2. Também os "encavernamentos" (alvéolos) exibidos ao longo dos planos de falha, particularmente na Fig. 73b (p. 77), dificilmente podem ser considerados como originários apenas de processos erosivos, mas devem, pelo menos, incluir alguns tipos de movimentos de massa, como quedas de blocos, fluxos etc. A própria citação que o autor faz de Lima e Angulo (1990 *apud* Nascimento, 2013, p. 37) acerca da origem da Formação Alexandra como "pedimento em clima úmido" exige algum tipo de mecanismo de remoção e transporte a partir das encostas e que, nessas condições climáticas, não pode ser atribuído a processos unicamente de natureza erosiva. A ressaltar-se, ainda, o fato de que as cartas geológicas elaboradas pela Mineropar para a região mostram abundância de depósitos quaternários, mapeados como "depósitos de tálus" e "depósitos de colúvios", que recobrem boa parte da superfície das encostas (Mineropar, 2002).

7.2.4 Referências importantes para a questão em outras regiões e condicionamentos

Referências importantes da literatura nacional foram discutidas nas seções anteriores (7.2.1, 7.2.2 e 7.2.3); outras pinçadas aleatoriamente são apresentadas na sequência, para ilustrar e fornecer maior credibilidade às conclusões em termos de necessidades de novos enfoques para a questão da evolução das encostas.

Dietrich e Dorn (1984), trabalhando no norte da Califórnia (EUA), em região com temperatura média anual de 15 °C e precipitação de 940 mm anuais, concentrados, dominantemente, entre outubro e maio e, portanto, em condição climática algo diferente da que é o objeto do presente modelo, descrevem "anfiteatros" (*hollows*) – cuja origem é atribuída a escorregamentos do substrato rochoso, parcialmente preenchidos por depósitos, que "são esvaziados periodicamente por recorrentes '*landslides*' e reenchidos por colúvios, provindos de áreas ao redor" (Dietrich; Dorn, 1984, p. 147, tradução nossa). Segundo esses autores, "cerca de 20-40% da bacia é recoberta por esses anfiteatros, parcialmente preenchidos", e "uma camada de cascalho bem característica recobre o fundo de muitos desses anfiteatros" (Dietrich; Dorn, 1984, p. 148, tradução nossa).

A fotografia aérea de um desses *hollows*, que aparece à p. 150 de tal publicação, é – à exceção da vegetação circundante – em tudo similar às feições descritas como "anfiteatros", "nichos" ou "alvéolos" por diversos autores, nas mais diversas regiões do Brasil tropical e subtropical, e que são, ao que tudo indica, nada mais do que cicatrizes de antigos escorregamentos.

Dietrich *et al.* (1993), usando um modelo digital, concluíram que o progresso das cabeças de drenagem se faz por uma combinação de erosão e escorregamentos e que há um "limiar", nesse processo, controlado pela estabilidade do talude e pela erosão superficial que faz progredir a erosão fluvial. Esse fato já fora observado e documentado pelo autor no Brasil (Lopes, 1986).

As altas montanhas do Himalaia foram o campo de trabalho de J. Gerrard. De acordo com ele:

> Escorregamentos [...] são maiores em áreas de rochas fracas e taludes íngremes. Por essas simples razões, escorregamentos tendem a ser extensivos em áreas montanhosas [...] Observações casuais são suficientes para indicar muitos exemplos de escorregamentos ativos, corridas de lama (*mudflows*), quedas de blocos, quedas de paredes (*rockfalls*) e avalanches de detritos (*debris avalanches*) (Gerrard, 1994, p. 221, tradução nossa).

Esse autor transcreve, em seu artigo, uma conclusão de Laban (1979, tradução nossa) – "a estrutura geológica e a litologia são as responsáveis por mais de 75% de todos os escorregamentos observados [nos Himalaias]" – e conclui: "As evidências sugerem que pequenos movimentos de massa são parcialmente influenciados por atividades humanas, mas condicionados pela natureza dos materiais intemperizados. As maiores rupturas podem ser mais determinadas pelos tipos de rochas e estruturas" (Gerrard, 1994, p. 230, tradução nossa). Acerca do mecanismo gatilho, Gerrard (1994, p. 221, tradução nossa) escreve: "um deflagrador externo, tal como uma forte chuva, o corte de um talude ou atividade sísmica, iniciam o processo".

Cooks (1983 *apud* Gerrard, 1994, p. 223, tradução nossa), comparando as rochas da África do Sul com as dos Estados Unidos e suas influências na incisão erosional das bacias de drenagem, assumiu que "escorregamentos são o maior componente da evolução da paisagem", ao que Gerrard adicionou que "uma interpretação similar pode ser feita para um estudo de Tandon (1974) nos Himalaias Kumaun". Gerrard afirma:

> as várias formas de movimentos de massa são o processo dominante no controle das formas das encostas para todos os tipos de rochas exceto os

gnaisses da unidade Himalaia Inferior. No caso dos taludes em gnaisses, as rupturas estão associadas com o desenvolvimento de sulcos em regolitos profundamente intemperizados (Gerrard, 1994, p. 224, tradução nossa).

Também trabalhando em região montanhosa, mas, nesse caso, na Sierra Nevada da Califórnia (EUA), DeGraff (1994, p. 232, tradução nossa) selecionou seis fluxos de detritos com base no fato de que eles "se iniciaram em encostas naturais [...] e eram, geralmente, livres da influência de rodovias ou outras atividades similares perturbadoras do terreno". Esses seis fluxos são resumidos a seguir.

O escorregamento de Camp Creek foi causado por "um sistema de tempestade maior [...] em 10-11 de abril de 1982 [que] produziu um evento de chuva-neve responsável por deflagrar numerosos escorregamentos, incluindo um fluxo de detritos em Camp Creek" (DeGraff, 1994, p. 235, tradução nossa). Essa instabilidade "originada no vértice superior de uma área reflorestada [...] foi imediatamente mobilizada sob a forma de um fluxo de detritos" que "cerca de 53 m abaixo penetrou em um canal efêmero" e depois "no canal principal de Camp Creek [...] 146 m abaixo [...]. O fluxo de detritos impactou a rodovia de Stump Springs 166 m abaixo [...] removeu 50% do aterro da via" (DeGraff, 1994, p. 235, tradução nossa).

O fluxo de detritos de Calvin Crest ocorreu "em uma floresta nacional [...] um local aberto de carvalhos misturados com pinheiros *Jeffrey* com uma história anterior de vegetação herbácea" depois do "inverno de 1982-1983 [que] produziu um excepcionalmente espesso pacote de neve [de] 132-135 cm [e uma] precipitação 190% acima da média [...] persistindo até um julho sem precedentes" (DeGraff, 1994, p. 237, tradução nossa). A ocorrência foi assumida ter-se dado em 5 de julho de 1993, "um dia após a observação de uma descarga de água de uma depressão" e, de acordo com as informações de muitos campistas, após "sentirem vibrações do solo e bater de janelas" de tal modo que eles tiveram "a impressão de que havia acontecido um terremoto" (DeGraff, 1994, p. 237, tradução nossa).

De acordo com DeGraff (1994, p. 239, tradução nossa),

> a força do fluxo [...] fora suficiente para derrubar muitas árvores e inclinar outras [...] marcas de lançamentos de lama foram encontradas a alturas de 0,5 m a 1,5 m [...] *slickensides* eram visíveis na face do solo revirado [...] Nos anos seguintes, a grama cresceu sobre a cicatriz do fluxo de detritos e sobre o caminho dos detritos [...] A escarpa criada pelo movimento removeu o suporte da encosta acima e permitiu [a ocorrência de] numerosos movimentos retrogressivos adicionais.

DeGraff (1994, p. 239, tradução nossa) concluiu que "o movimento aparentemente foi produto das condições das águas subterrâneas e resultou da recarga superior à média".

Os fluxos de detritos de Shingle Hill ocorreram

> na noite de 17 de fevereiro de 1986 ou antes, na madrugada de 18 de fevereiro, quando um sistema frontal maior, de tempestade, cruzou a Sierra Nevada Central [...] em forma de chuva [...] deflagrou três fluxos de detritos nas encostas com face para o norte. Entre esses, um [...] foi originado em uma encosta realmente não mexida; [os outros] em uma encosta desflorestada mas sem nenhum outro tipo de modificação. [...] foram iniciados em rebaixamentos topográficos (*swales*) nas cabeças das drenagens efêmeras de primeira ordem [...] revelaram rebaixamentos (*hollows*) na rocha subjacente [...] semelhantes aos descritos por Dietrich *et al.* (1986) (DeGraff, 1994, p. 240, tradução nossa).

DeGraff (1994, p. 247, tradução nossa) também relata que

> em 1983 [depois de um intenso período de chuvas] três grandes escorregamentos (*landslides*) começaram a mover-se na drenagem San Joaquin [...] dois [...] eram escorregamentos inativos preexistentes que foram reativados [e] o terceiro [...] iniciou-se na cabeça de uma torrente de primeira ordem.

Os eventos deflagradores dos fluxos de detritos na Sierra Nevada foram "a chuva intensa, eventos de chuvas sobre neve e derretimento de neve" (DeGraff, 1994, p. 245, tradução nossa).

Ainda de acordo com DeGraff (1994, p. 244, tradução nossa), "é tipicamente a cicatriz dos fluxos de detritos [...] que pode ser reconhecida [...] os depósitos são feições relativamente raras", tendo em vista a dificuldade de reconhecê-los e em razão de sua curta permanência no terreno, particularmente pelo retrabalhamento pelas águas correntes. DeGraff (1994, p. 244, tradução nossa) também discute os mecanismos das rupturas e conclui: "Camp Creek fornece [...] uma clara indicação de que o movimento inicial envolveu o escorregamento de uma massa rígida que, quase imediatamente, se transformou em um escorrimento viscoso".

A análise dessa literatura leva a conclusões muito similares às já discutidas para os casos relatados na literatura nacional (seções 7.2.2 e 7.2.3).

7.2.5 Algumas tentativas de correlação entre eventos pluviométricos e escorregamentos, em nível nacional e internacional

Guidicini e Iwasa (1977) estudaram as correlações entre alguns grandes eventos pluviométricos ocorridos nas Serras do Mar e de Maranguape e os correspondentes movimentos por eles desencadeados e concluíram que:

- episódios de chuva intensa superiores a 12% da pluviosidade anual, concentrados em 24 h ou 72 h, são capazes de, por si só, conduzir o meio a um grau de saturação crítico e desencadear instabilidades, independentemente do histórico anterior;
- episódios representativos de 8% a 12% da pluviosidade anual necessitam de histórico anterior de pluviosidade para atingirem a instabilização;
- episódios com até 8% da pluviosidade anual não levam à instabilização, mesmo com histórico anterior de pluviosidade;
- episódios superiores a 20% da pluviosidade anual costumam ser catastróficos.

Do mesmo modo, Almeida, Nakazawa e Tatizana (1993) concluíram, para o caso de Petrópolis (RJ), que:
- a partir de 40 mm de chuva, começam a ocorrer eventos com um a cinco escorregamentos;
- na faixa de 90 mm, os eventos incluem entre 16 e 30 escorregamentos;
- a partir de 150 mm, os eventos comportam escorregamentos em número maior que 30.

Tatizana *et al.* (1987) relatam correlações efetuadas por outros técnicos para outros locais (precipitações-limite para desencadeamento de instabilidades), o que mostra a universalidade desse tipo de ocorrência em clima úmido: Endo (1970), em Hokkaido (Japão), 200 mm/dia; Campbell (1975), em Los Angeles (EUA), 262 mm/evento de chuva; Nielsen *et al.* (1976), em Alameda County (Califórnia, EUA), 180 mm/evento de chuva; Govi (1976), em Bacino Padano (Itália), 100 mm/3 dias; Eyles (1979), em Wellington City (Nova Zelândia), 50-90 mm/evento de chuva e, com 100 mm, grandes deslizamentos; e Brand *et al.* (1984), em Hong Kong, 70 mm/h.

Esses autores estabeleceram, para a cidade de Cubatão (SP), na Serra do Mar, a relação:

$$I(AC) = K \, AC^{-0,933} \qquad (7.1)$$

em que:
I = intensidade da chuva deflagradora;
AC = acumulado de chuvas dos quatro dias anteriores;
K = constante dependente das condições geotécnicas da encosta e da intensidade dos escorregamentos.

Salles e Silva (2013) concluíram, para o município de Nova Friburgo (RJ), que:
* chuvas horárias acima de 55 mm/h ou chuvas diárias acima de 120 mm em 24 h resultam em escorregamentos ocasionais (0 a 5 p/ município);
* combinação de chuva de mais de 30 mm/h + 100 mm em 24 h + 115 mm em 96 h + 270 mm/mês resulta em escorregamentos esparsos (5 a 25 p/ município);
* combinação de chuva da ordem de 50 mm/h + 120 mm em 24 h + 130 mm em 96 h + 300 mm/mês resulta em escorregamentos generalizados (> 25 p/ município).

Silva e Sobreira (2013) reportam mais algumas correlações:
1. De Tavares *et al.* (2005 *apud* Silva; Sobreira, 2013), para a Baixada Santista (SP):
   - 82% dos escorregamentos ocorrem sob chuvas acima de 100 mm em 72 h;
   - 10% dos escorregamentos ocorrem sob chuvas entre 80 mm e 100 mm em 72 h;
   - 8% dos escorregamentos ocorrem sob chuvas abaixo de 80 mm em 72 h.

2. De Soares *et al.* (2006 *apud* Silva; Sobreira, 2013), para o caso de Angra dos Reis (RJ):

$$PAc24h = 158{,}22 e^{-0{,}0141(P2D)} \tag{7.2}$$

em que:
PAc24h = precipitação acumulada crítica de 24 h para indução de deslizamentos;
P2D = precipitação acumulada dos dois dias anteriores.

3. De Castro (2006 *apud* Silva; Sobreira, 2013), para Ouro Preto (MG):

$$PD = 6.386{,}6 \times PA^{-1{,}3847} \tag{7.3}$$

em que:
PD = precipitação diária;
PA = precipitação acumulada de cinco dias.

Salviano, Antonelli e Santos (2015), trabalhando em região central do Espírito Santo e incluindo porção do leste de Minas Gerais afetadas por fortes eventos pluviométricos em dezembro de 2013, não introduzem grandes novidades sobre o assunto; apenas reforçam a importância dos acumulados dos 30 dias anteriores e colocam o valor de 800 mm, nesses acumulados, como decisivo para grandes densidades de escorregamentos, embora eles se tenham manifestado a partir de 300 mm.

7.2.6 Mecanismos responsáveis pela desestabilização das encostas por ocasião das grandes chuvas

Há muito tempo (e até recentemente) se tem encontrado, em alguns trabalhos científicos (por exemplo, Cruz, 1974; Bigarella; Becker, 1975), a transcrição da crença popular de que a lubrificação pela água da chuva provocava os escorregamentos das encostas. Já Terzaghi (1967) se insurgia contra esse suposto mecanismo, afirmando que muitos minerais, como o quartzo, possuem coeficiente de atrito molhado superior ao seco e que o efeito lubrificante é obtido por uma delgada película que, no caso da água, existe ao natural nos solos, em nada sendo aumentado por um excesso desse líquido.

Alguns autores mais recentes concordam com a assertiva de Terzaghi acerca do comportamento do coeficiente de atrito do quartzo, outros nem tanto: "a resistência da areia seca é praticamente igual à sua resistência quando saturada" (Pinto, 1975, p. 19) e (no caso do quartzo) "inexistem ou são pequenas as diferenças encontradas" (Ulusay; Karakul, 2016, p. 1694-1695, tradução nossa). Por outro lado, Horn e Deere (1962 apud Ulusay; Karakul, 2016, p. 1696, tradução nossa) afirmam que se observou "que os coeficientes de atrito de minerais como quartzo, feldspato e calcita crescem em condições molhadas, enquanto decrescem no caso das micas", e, segundo Moore e Lockner (2004 apud Ulusay; Karakul, 2016), há um decréscimo substancial do atrito no caso de argilas (o que é sabido). Ulusay e Karakul (2016) atribuem ao efeito de sucção o crescimento do atrito com a molhagem, pelo menos no caso dos feldspatos, ou seja, quando o efeito lubrificante da água supera o de sucção, o coeficiente de atrito seco supera o molhado, e, no caso contrário, o molhado supera o seco.

Embora, no caso de solos tropicais e subtropicais, os minerais mais comuns sejam as argilas e, em menor proporção, o quartzo, ocorrendo feldspatos e/ou outros minerais de rocha, como a calcita (em estágios variáveis de alteração), apenas nos horizontes saprolíticos, não há como admitir que só a queda do coeficiente de atrito possa ser responsabilizada pelos eventos de desestabilização das encostas quando das grandes chuvas, até porque, em muitos casos (alguns deles relatados na seção 7.2.2), há praticamente uma "liquefação" dos solos, o que significa que a resistência ao cisalhamento (e, consequentemente, o atrito) cai a zero, o que em nenhum caso ocorre nos testes de laboratório.

A partir do estabelecimento das noções de *pressão neutra* e *pressão efetiva* (ver seção 3.6), a Mecânica dos Solos adotou a primeira como responsável pela desestabilização das encostas quando das grandes chuvas, com base na assunção de que, durante estas, ocorreria uma elevação sensível do nível freático e um consequente crescimento da pressão neutra, reduzindo a resistência das encostas, de acordo com o modelo de Coulomb descrito na seção 3.6 e condensado na Eq. 3.11.

O mecanismo responsável pelas instabilizações, nesse modelo, partia da constatação de que, em condições normais, as encostas se apresentam subsaturadas em água, o que significa que esta se encontra constituindo meniscos capilares que agregam os grãos, aumentando a resistência do conjunto. Entretanto, quando da ocorrência de grandes chuvas, haveria uma elevação do lençol freático, uma destruição dos meniscos capilares e um consequente aumento das pressões neutras, resultando na queda da resistência ao cisalhamento propiciada, as mais das vezes, pela presença de superfícies impermeáveis (ou menos permeáveis) em subsuperfície, que facilitariam o processo. Além disso, a água que fluiria, supostamente, paralela à encosta apresentaria outros efeitos, como o de arrasto sobre os grãos (*drag*) e a possibilidade de retirar o "cemento" que mantém ligados os grãos maiores, reduzindo a "coesão" do conjunto. Por outro lado, ao longo de linhas, superfícies ou planos de fraqueza, a ação da água seria ainda mais efetiva. Acima do lençol freático, a infiltração vertical provocaria uma saturação progressiva do regolito e do solo das encostas, aumentando a densidade aparente e, consequentemente, a componente tangencial do peso do solo. Carson (1971), para o caso de talude infinito em areia com fluxo de água, demonstra que, na pior condição, isto é, com saturação total da camada de regolito, a equação

$$tg\ i = tg\ \phi \qquad (7.4)$$

reduz-se a:

$$tg\ i = \tfrac{1}{2}\ tg\ \phi \qquad (7.5)$$

uma vez que

$$u = \gamma_a\ z\ \cos^2 i$$

e

$$\gamma_{sat} \cong 2\gamma_a$$

em que:

i = inclinação da encosta;
ϕ = ângulo de atrito interno do material;
u = pressão neutra;
γ_a = densidade da água;
z = altura do nível d'água;
γ_{sat} = densidade saturada do material.

Posteriormente, esse modelo correspondente a solo saturado foi aperfeiçoado no sentido de um modelo próprio para solos subsaturados por Bishop (Eq. 3.13) e Fredlund (Eq. 3.14).

Trabalhando na Serra do Mar, no Estado de São Paulo, entretanto, Wolle e Carvalho (1989) concluíram que, ao contrário do usualmente admitido, a condutividade hidráulica cresce com a profundidade – fato já anteriormente reportado no relatório do USGS sobre os escorregamentos de 1966/1967 no Rio de Janeiro (RJ) –, o que inviabiliza o mecanismo de saturação progressiva do regolito por infiltração vertical a partir da superfície. Além disso, suas observações mostraram que, mesmo durante grandes eventos pluviométricos, a ascensão do lençol freático era insignificante, não atingindo o material terroso, fato que também inviabiliza o outro mecanismo de instabilização proposto classicamente. Por outro lado, durante os períodos chuvosos foi constatada uma redução sensível nas tensões de sucção dos solos das encostas, fato que responderia pelas instabilizações, no entender desses autores, pois a essa redução corresponde, como foi visto, uma redução na resistência ao cisalhamento. Nesse caso, o processo ocorreria a partir da infiltração *per descensum* da água no solo, gerando-se frentes de umedecimento com consequente redução das tensões de sucção (e da coesão aparente) nas porções afetadas (ver seção 3.6) sem a necessidade da geração de pressões neutras positivas para o atingimento da condição de ruptura. Em razão dessas observações, esses autores propuseram um novo modelo que está transcrito, também, na seção 3.6 e consubstanciado na Eq. 3.15. Esse mecanismo foi considerado como o ocorrente em outros casos, como o de cinco escorregamentos entre 1975 e 2005 estudados por Jesus (2008) na cidade de Salvador (BA).

As chamadas frentes de umedecimento, de acordo com Bodmann e Coleman (1944 apud Jesus, 2008), progrediriam no sentido da gravidade, gerando quatro zonas distintas: (a) uma zona superficial, delgada, com grau de saturação próximo a 100%; (b) uma zona de transição, pouco mais espessa que a anterior, em que o teor de umidade se reduz rapidamente; (c) uma zona conhecida como de transmissão, em que o teor de umidade é quase constante e que atinge grandes espessuras; e, finalmente, (d) uma zona de umedecimento, que apresenta teor de umidade pouco acima do estado natural do solo e que avança em razão da diferença de potencial de umidade. Segundo Vaughan (1985 apud Jesus, 2008), as frentes de umedecimento surgem quando a taxa de infiltração é superior à permeabilidade saturada do solo.

Experiências realizadas pelo autor em taludes de pequena altura mostraram que a camada superior saturada sofre um descolamento em relação ao restante da encosta a tal grau que o efeito capilar chega a gerar, no topo, cristas que se assemelham, em tudo, às que ocorrem na porção superior das encostas naturais, pela materialização das conhecidas fendas de tração.

Em alguns casos específicos (como no caso dos eventos ocorridos na região serrana do Rio de Janeiro em 2011, relacionados na seção 7.2.1 e, com detalhe, na seção "Os desastres de Santa Catarina e do Paraná e o megadesastre do Rio de Janeiro em 2011", p. 180), foi relatada a ocorrência de grandes quantidades de descargas elétricas que teriam produzido fortes vibrações no terreno (por exemplo, DeGraff, seção 7.2.4). Jones (1973, p. 22, tradução nossa) assim se expressa sobre a ocorrência de 1967 na Serra das Araras: "Trovões provenientes dos raios e o colapso das elevações balançaram a região como um terremoto". Quanto à possibilidade de que essas vibrações sejam corresponsáveis pelas desestabilizações, não há consenso entre os especialistas. Entretanto, fortes vibrações são capazes de produzir grandes desestabilizações, como é discutido na seção 7.3, e alguns autores, como Dhahri et al. (2016), incluem vibrações artificiais (no caso, produzidas por máquinas de mineração) entre os possíveis processos gatilho de escorregamentos. E aí cabe a pergunta: por que não o tráfego pesado em rodovias?

7.3 Escorregamentos provocados por movimentos sísmicos

É conhecido o fato de que areias com elevado teor de umidade podem "liquefazer-se" sob a ação de fortes vibrações, tais como as devidas a movimentos sísmicos, pela elevação das pressões neutras em seu interior, e, por isso, a utilização de vibrações para o "adensamento" de areias é técnica comum em trabalhos práticos de engenharia. Mesmo argilas, quando do tipo "sensitivas", podem ter sua resistência coesiva muito reduzida, e as chamadas *quick-clays* podem ter sua estrutura completamente destruída pela ação de vibrações (Vargas, 1981). Além disso, a resistência de um solo sob a ação de uma carga estática é sensivelmente mais elevada que sob a ação de cargas dinâmicas. Nessas circunstâncias, é fácil entender que uma encosta "preparada" pelo intemperismo pode facilmente se instabilizar pela ação de um movimento sísmico, mesmo de proporções modestas, ainda mais considerando a existência de "defeitos" em sua massa.

A Fig. 7.13 mostra um típico escorregamento provocado por terremoto na região da Calábria, na Itália, e a Fig. 7.14, um escorregamento provocado por um terremoto ocorrido em 28 de dezembro de 2013 na Baja California, no México, onde aparece um segmento da estrada Tijuana-Ensenada "afundado" ao longo de mais de 100 m, por escorregamento da encosta vizinha ao mar, aprisionando dois caminhões.

Estudando escorregamentos induzidos por terremotos ao redor do mundo, Keefer (1994, p. 265, tradução nossa) assevera que "ruinosos escorregamentos provocados por terremotos foram documentados, pelo menos, desde 1789 a.C. na China e desde 373 ou 372 a.C. na Grécia" e que "análises mostraram que grandes terremotos podem gerar dezenas de milhares de escorregamentos sobre milhares de quilômetros quadrados, deslocando [...] muitos bilhões de metros cúbicos de material das encostas".

Taxas de erosão devidas a escorregamentos provocados por terremotos foram comparadas por Keefer (1994) com taxas derivadas diretamente de outros

FIG. 7.13 *Escorregamento na região da Calábria, na Itália, provocado por terremoto*
Fonte: Hutton (1788 *apud* Gould, 1991).

7 Eventos deflagradores dos movimentos de massa: processos gatilho | 207

FIG. 7.14 *Escorregamento provocado por terremoto no México*
Fonte: EFE/AFN/Folhapress.

processos de encostas (incluindo escorregamentos não relacionados a terremotos). Dessa comparação, esse autor concluiu que:

> Em razão de o Yosemite Valley ser ladeado por espetacularmente altas e escarpadas encostas [...] a taxa média de erosão devida aos escorregamentos associados a terremotos [...] é de cerca de 5% da taxa do total de escorregamentos. [...] Considerando-se a totalidade da Califórnia, a taxa média de erosão devida aos escorregamentos associados a terremotos é de cerca de 11% da média devida a outros processos de talude. [...] A taxa relacionada a movimentos sísmicos para o Havaí é 3,5 vezes maior que a taxa máxima de erosão das encostas, a longo termo, em Oahu, e, consequentemente, os escorregamentos relacionados a terremotos são, certamente, o processo dominante [...]. [...] No oeste da Nova Guiné, a alta taxa média de erosão devida a escorregamentos provocados por terremotos [...] é pouco maior que a relacionada a escorregamentos não relacionados a terremotos. [...] Na Nova Zelândia [...] a ordem de grandeza das taxas de erosão [...] é aproximadamente a mesma da verificada para outros processos de taludes. [...] No centro do Japão, a ordem de grandeza das taxas de erosão calculada para os escorregamentos provocados por terremotos é menor que a calculada para outros processos de talude (Keefer, 1994, p. 278-279, tradução nossa).

A partir da "comparação das taxas de erosão obtidas para os escorregamentos provocados por terremotos com as taxas calculadas pelo método das descargas fluviais", Keefer (1994, p. 279-282) obteve os seguintes resultados:

* na baía de São Francisco, na ilha de Havaí e na grande bacia da Sierra Nevada, a taxa média de erosão calculada para os escorregamentos provocados por movimentos sísmicos é mais alta que a calculada a partir das descargas fluviais;
* na Califórnia *off-shore*, na Turquia, no oeste de Nova Guiné, no Peru e na Nova Zelândia [...] ela é uma fração substancial (entre cerca de 20% e 65%);
* no sul da Califórnia, no Irã, no centro do Japão e no Tibete [...] elas são muito mais baixas, menos de 10% [...].

Os recentes terremotos de 25 de abril de 2015 e 12 de maio de 2015, de 7,8° e 7,3° na escala Richter, respectivamente, que abalaram a capital do Nepal, Katmandu, e regiões próximas, além do sul da China (Tibete) e do norte da Índia, causaram a morte de 8.583 pessoas e ferimentos em mais de 15.000, sendo que cerca de um terço das mortes foi causado por avalanches de neve que incluíram fragmentos rochosos, no Everest, bem como grandes deslizamentos de terra e rocha que afetaram áreas urbanas e bloquearam quase todas as estradas da região.

7.4 Desestabilização de encostas por avanços e recuos do gelo

Evans e Clague (1994) reportam uma resenha sobre o efeito dos avanços e dos recuos do gelo no que tange ao desencadeamento de deformações e rupturas de encostas e, consequentemente, de seu efeito geomórfico. De seu trabalho fica claro que movimentações de gelo funcionam como eventos gatilho, mas também como processos principais na esculturação e na evolução de encostas.

Trabalhando nas montanhas do oeste do Canadá, esses autores concluíram que

> o aquecimento climático ocorrido durante os últimos 100-150 anos resultou em desestabilizações espalhadas por muitos sistemas geomórficos de montanhas e acelerou alguns processos catastróficos, em grande medida, como resultado de dramáticas perdas de gelo de geleiras. O processo inclui avalanches glaciais, escorregamentos e instabilidades de taludes causados pelo descalçamento de geleiras [...]; a perda total de vidas [...] foi além de 30.000; danos à infraestrutura econômica [...] superiores a um bilhão de dólares. [...] Encostas adjacentes a geleiras que tiveram sua espessura muito reduzida e recuaram após a Pequena Idade do Gelo [última glaciação conhecida: 1450-1890] são particularmente propícias a escorregamentos (Evans; Clague, 1994, p. 107-108, tradução nossa).

Erosão glacial e aumento da inclinação dos taludes, em combinação com o subsequente descalçamento devido ao recuo do gelo, causaram instabilidades evidenciadas por deformações progressivas de taludes de montanhas, avalanches de rochas e outros tipos de escorregamentos (Evans; Clague, 1994).

Evans e Clague (1994) reportam um evento de avalanches de rochas (*rock avalanches*) de 1992, de $5\text{-}10 \times 10^8$ m³, que aconteceu no monte Fletcher, acima da geleira Maud, nos Alpes do Sul da Nova Zelândia, e dois escorregamentos altamente destrutivos ocorridos no pico norte dos Nevados Huarascán, na Cordilheira Blanca do Peru. O último deles movimentou aproximadamente "13×10^6 m³ de rocha e gelo e percorreu 16 km a uma velocidade média de 47 m/s [...] recobriu muitas cidades pequenas e vilas e matou cerca de 4.000 pessoas" (Evans; Clague, 1994, p. 110-112, tradução nossa).

Ainda segundo esses autores, em 1970, no mesmo local, "caíram $50\text{-}100 \times 10^6$ m³ de rocha e gelo", evento deflagrado por um "terremoto com epicentro a 130 km a oeste" (Evans; Clague, 1994, p. 111, tradução nossa). "Os *debris* viajaram verticalmente por 4.200 m, ao longo de uma distância horizontal de 16 km, a uma velocidade média de 75 m/s, causando cerca de 18.000 mortes, e continuaram vale abaixo como um fluxo de detritos (*debris flow*)" (Evans; Clague, 1994, p. 111, tradução nossa), mostrando uma interação entre os efeitos do gelo (seção 7.3) e os de terremotos.

De acordo com esses mesmos autores (Evans; Clague, 1994, tradução nossa),

> escorregamentos causados por quedas e recuos de geleiras são comuns em encostas íngremes adjacentes a geleiras no oeste da América do Norte [...]; pelo menos três avalanches rochosas ocorreram no século XX no monte Rainier, em Washington, em vales e paredes de circos glaciais, mantidos estáveis durante a Pequena Idade do Gelo (O'Connor; Costa, 1992). [...] Entre as 30 grandes avalanches de rochas com histórias conhecidas na Cordilheira Canadense, 16 ocorreram em taludes descalçados glacialmente. Observações de campo mostraram que as superfícies de arrancamento de muitos desses escorregamentos cortaram os taludes abaixo da linha de corte da Pequena Idade do Gelo e foram, consequentemente, expostas durante o recente recuo das geleiras [p. 111]. [...] O adelgaçamento e o recuo de geleiras podem, também, causar deformações não catastróficas, manifestadas através de trincamentos e subsidências no topo dos taludes e estufamentos em seus pés. [...] Espetaculares exemplos têm sido reportados das montanhas St. Elias, na Colúmbia Britânica, [...] e no Alaska. [...] Na geleira Melberne, por exemplo, um rebaixamento de 400-600 m da superfície da geleira descalçou as montanhas adjacentes, causando deformações extensivas, não catastróficas, das encostas [...] [p. 112].

"Fendas de tração desenvolvidas no sentido de montante e de jusante de escarpas, *grabens* e poços de colapso se estendendo por extensão de 1,3 km ao longo do Affliction Creek", nas montanhas da costa, no sul da Colúmbia Britânica, foram descritas por Bovis (1990 *apud* Evans; Clague, 1994, p. 113) e atribuídas ao descalçamento do gelo. Fluxos de detritos deflagrados por chuvas intensas nos Alpes suíços durante o verão de 1987 foram reportados por Haeberli e Naef (1988) e Zimmerman e Haeberli (1992), ambos segundo Evans e Clague (1994). Do mesmo modo, degelo causou fluxos de detritos nas montanhas da costa da Colúmbia Britânica, de acordo com Jordan (1987 *apud* Evans; Clague, 1994).

Outras informações e fotos sobre o assunto, obtidas de outras regiões, são fornecidas na seção 8.4.

7.5 Outros agentes desencadeadores de instabilizações

O efeito gatilho de instabilização de encostas tropicais úmidas resultante da alteração da cobertura vegetal – que pode ter uma origem natural, como um incêndio espontâneo ou uma mudança climática, ou pode ser resultado de uma ação antrópica – pode ser avaliado a partir dos efeitos dos desmatamentos nas encostas da Serra do Mar reportados por Prandini *et al.* (1976):

* cessação imediata do efeito estabilizador da floresta sobre as variações microclimáticas (umidade e temperatura) das encostas, aumentando os movimentos tipo *creep*;
* cessação imediata dos efeitos de interceptação, retenção e evapotranspiração devidos à presença das partes aéreas da vegetação, aumentando a ação erosiva da chuva e o teor de umidade da encosta;
* perda, a curto prazo, por calcinação e erosão, dos efeitos de retenção, indução do escoamento hipodérmico e retardamento do escoamento superficial devidos à camada superficial de detritos, levando a um aumento do *runoff* e da infiltração;
* elevação do lençol freático como consequência da eliminação da evapotranspiração da floresta, aumentando as pressões neutras na encosta;
* perda, a médio prazo, dos efeitos de estruturação do solo devidos ao sistema radicular, reduzindo a resistência ao cisalhamento do conjunto.

O Quadro 2.1 resume os efeitos positivos da vegetação, particularmente de suas raízes, na estabilidade das encostas, e, consequentemente, o efeito deletério de sua morte ou remoção, que podem levar à desestabilização do equilíbrio vigente.

O efeito gatilho representado pela modificação brusca da geometria das encostas pode ter causas naturais, como o solapamento do sopé de um vale

7 Eventos deflagradores dos movimentos de massa: processos gatilho | 211

pela ação erosiva de um curso d'água (Fig. 7.15) ou a erosão ascendente de uma ravina (Fig. 7.16), ou antrópica, como a execução de um corte rodoviário (Fig. 7.17). Nesses casos, o mecanismo de instabilização é resultante da ascensão de algum(ns) ponto(s) da encosta acima da curva-limite de estabilidade (ver seções 3.5 e 6.1 a 6.4), tal como mostrado nas figuras citadas.

É óbvio que os efeitos de mais de um desses processos gatilho, como chuvas e desmatamentos, podem se somar, aumentando a efetividade final, fato que é reportado por diversos autores, tais como Meis e Silva (1968); Coimbra Filho e Martins (1975) e Soares et al. (1975), ambos segundo Prandini et al. (1976); Bigarella e Becker (1975); Ponçano, Prandini e Stein (1976) e Almeida, Nakazawa e Tatizana (1993). Esses autores, relatando grandes eventos de instabilizações de encostas provocados por fortes chuvas, ressaltam o fato de que as áreas mais afetadas foram as desmatadas.

Um caso particular é o representado pelo desenvolvimento de erosões

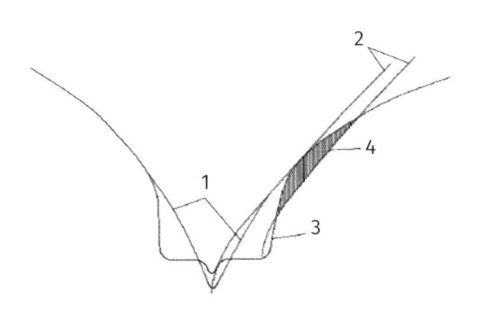

FIG. 7.15 *Desestabilização de encosta por erosão fluvial, em que 1 = topografia primitiva, 2 = curva-limite de estabilidade, 3 = topografia modificada pelo solamento basal do rio e 4 = porção instabilizada*
Fonte: Lopes (1995).

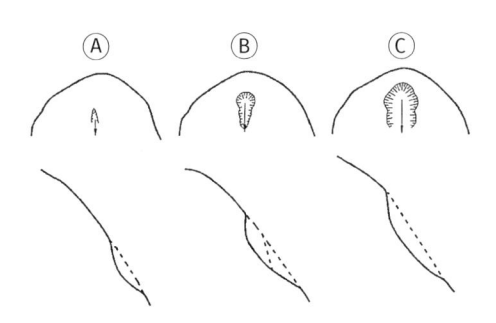

FIG. 7.16 *Desestabilização de encosta pela ascensão de uma ravina de erosão: (A) início do processo erosivo; (B) ocorrência de rupturas de talude ao longo da incisão; (C) ascensão e expansão da feição*
Fonte: Lopes (1995).

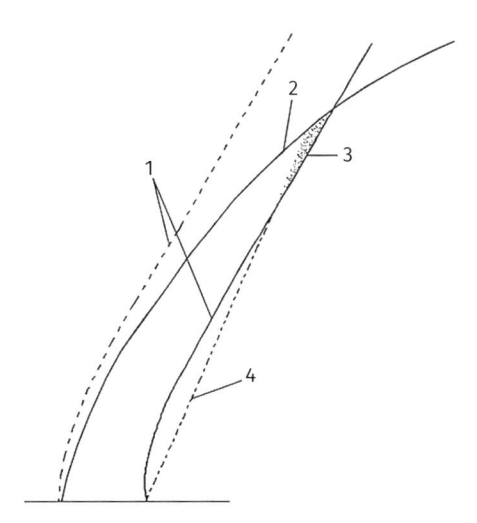

FIG. 7.17 *Desestabilização de encosta pela execução de um corte rodoviário, em que 1 = curva-limite de estabilidade, 2 = terreno natural, 3 = porção instabilizada e 4 = corte rodoviário*
Fonte: Lopes (1995).

aceleradas em regiões de topografia suave e, aparentemente, estáveis, mas que apresentam condições geológicas/pedológicas/hidrológicas particulares.

Esses processos são conhecidos no Brasil como voçorocas ou boçorocas e ocorrem, particularmente, nas regiões noroeste do Paraná, oeste de São Paulo, Mato Grosso, Mato Grosso do Sul e Goiás (embora tenham sido detectadas, também, por exemplo, na região amazônica). Prandini (1984) relata a ocorrência de feições similares em outras regiões do mundo tropical e subtropical, como Madagascar (*lavakas* e *sakasakas*) e Angola (barrocas). Elas aparecem, no Brasil, dominantemente sobre formações arenosas finas cenozoicas, como regolitos da Formação Caiuá (o autor teve a oportunidade de deparar-se com feição similar no sudeste do Paraguai sobre litotipos da mesma formação, ali conhecida como Acarahy), mas também em terrenos de origem cristalina (IPT, 1977, 1978 *apud* Prandini, 1984; Totis *et al.*, 1974 *apud* Prandini, 1984) e mesmo basáltica (Araujo; Silva *apud* Prandini, 1984).

À exceção do caso dos saprolitos basálticos – que se liga, segundo o autor citado, ao caráter expansivo de argilas da família das montmorillonitas presentes em fendas e afetadas pela água de infiltração que ocorre nelas –, todas essas demais feições compreendem um processo complexo em que atuam: erosão superficial, ação do lençol freático (*piping* e instabilização de taludes) e "chicoteamento" das paredes por canais anastomosados que passam a ocupar o fundo, usualmente constituído por rocha ou horizonte mais duro. O mecanismo gatilho do processo pode ligar-se à ação humana ou animal: no primeiro caso, via, por exemplo, desmatamento ou concentração de fluxo superficial, e, no segundo, pela geração de trilhas. Tem sido observado e relatado por muitos autores – por exemplo, Prandini (1974), Vieira (1978), Iwasa e Prandini (1980) e Muratori (1984), todos em Prandini (1984) – que muitas voçorocas constituem reativações de feições similares pretéritas. Relações com lineamentos estruturais antigos têm sido observadas pelo autor e por outros pesquisadores. De modo geral, são caracteres decisivos para o surgimento desses processos a presença de solos e/ou regolitos arenosos finos (ou que se comportem como tais em termos de resistência ao cisalhamento – ver seção 3.2) cujo tamanho de grão e estrutura favoreçam a erosão superficial e interna, além da ocorrência de chuvas concentradas.

No caso particular do Paraná, com o plantio extensivo de cafeeiros (onde a terra costuma ser mantida desnuda) e o consequente surgimento explosivo de núcleos urbanos que o acompanhou (e, a partir dele, a concentração de fluxo das águas superficiais) nas regiões propícias ao fenômeno (região da Formação Caiuá), na segunda metade do século passado a situação chegou a tal ponto que foi criado e se manteve por bastante tempo um órgão inteiramente dedicado ao assunto – a Superintendência do Controle da Erosão no Paraná (Sucepar), onde foram desenvolvidas e testadas diversas soluções para o controle do problema.

Pelo menos nesse caso específico, verificou-se que:

* o processo se inicia por um desequilíbrio do fluxo superficial provocado pelo lançamento de águas concentradas em algum talvegue ou fundo de vale, embora outros eventos, como desmatamento, agricultura e mesmo trilhas de animais, possam dar origem a ele;
* os sulcos evoluem para voçorocas tão logo a profundidade atinge o lençol freático (que costuma elevar-se sensivelmente nos períodos de chuvas), tornando-se elas "autônomas" a partir desse momento;
* a surgência do lençol provoca a desestabilização das "paredes", de acordo com o mecanismo descrito nas seções 3.6 e 7.2.6;
* o aprofundamento das voçorocas só se detém ao atingir o arenito (rocha) original em profundidade (usualmente entre 10 m e 12 m);
* uma vez atingido o fundo rígido, um fluxo anastomosado se estabelece nele, provocando escorregamentos das paredes em razão do "chicoteamento" (e consequente corte dos pés) destas pela movimentação lateral daquele;
* a partir de sua instalação, a tendência é de as voçorocas se desenvolverem no sentido de montante e ramificarem-se a partir de seu eixo original;
* em seu crescimento para montante, a voçoroca tende a "engolir" tudo que se encontra em seu caminho em alta velocidade: em alguns casos, muitos metros a cada evento pluviométrico de porte.

A Fig. 7.18 apresenta a planta topográfica de uma voçoroca que se iniciou na periferia da cidade de Paranavaí (PR) a partir do lançamento de água da rua Longuino Eduardo Boraczynski e que atingiu e seccionou a rodovia PR-218. As Figs. 7.19 e 7.20 mostram, respectivamente, o *front* da voçoroca e o seccionamento da rodovia.

A literatura técnica brasileira é bastante pródiga em dados sobre essa questão: nada menos que oito Simpósios Nacionais de Controle de Erosão foram organizados pela Associação Brasileira de Geologia de Engenharia e Ambiental (ABGE) (um dos quais, o segundo, na cidade de Maringá, próximo à região afetada no Paraná, foi coordenado pelo autor). Diversas outras associações e órgãos têm realizado eventos similares e, por isso, a essas fontes o autor se reporta para maiores esclarecimentos. De qualquer modo, a solução elaborada e implantada

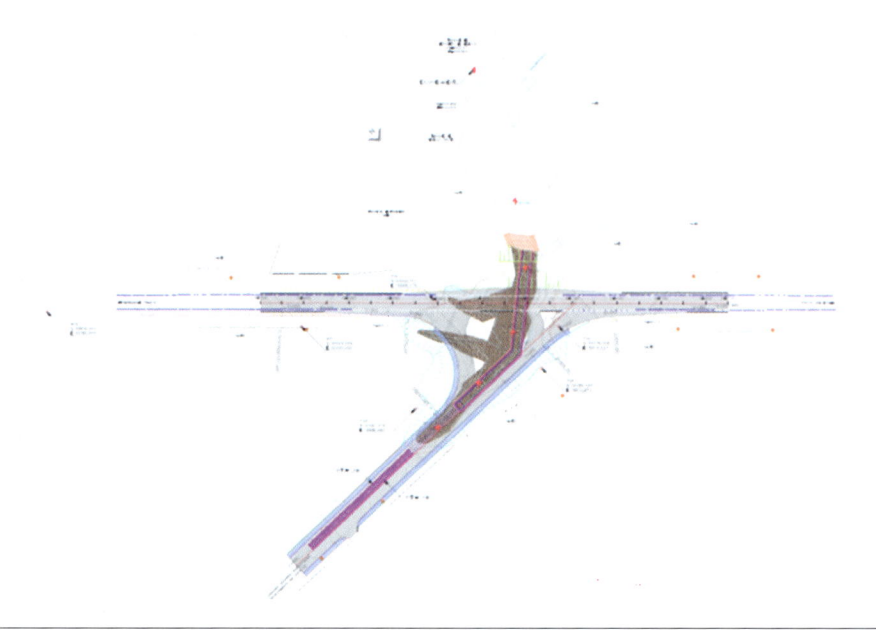

Fig. 7.18 *Planta topográfica da voçoroca e circunvizinhanças afetadas*
Fonte: Engemin (2016).

Fig. 7.19 *Front da voçoroca na rua Longuino Eduardo Boraczynski*
Fonte: José A. U. Lopes.

7 Eventos deflagradores dos movimentos de massa: processos gatilho | 215

Fig. 7.20 *Seccionamento da rodovia PR-218 pela voçoroca*
Fonte: José A. U. Lopes.

para essa voçoroca específica, bem como o resultado em termos de reestabilização do local, consta da seção 9.7.2.

Por outro lado, grandes chuvas podem incidir sobre áreas adrede "preparadas" por outros fatores, como obras de engenharia. Assim, a ruptura da encosta onde se apoiavam as pontes da rodovia BR-116 sobre a barragem Capivari-Cachoeira, no Estado do Paraná, que desabou em 22 de maio de 2005, matando um motorista de caminhão e ferindo outro, além de sua mulher e filho, teve como deflagrador final uma chuva de 83 mm, mas essa encosta e várias outras situadas em condição análoga foram levadas gradativamente à condição de instabilização (Fs ≈ 1) pela oscilação do nível d'água do lago ao longo de cerca de 35 anos. A comprovação desse fato pôde ser feita simplesmente comparando-se a série histórica de eventos pluviométricos no local, que mostrou que, por exemplo, em 25 de janeiro de 2004 havia ocorrido uma chuva maior, de 84 mm, cujo acúmulo dos três dias anteriores foi muito mais significativo: 117,4 mm contra 84 mm de 2005; que o acúmulo dos 11 últimos dias de chuva resultou em 179,8 mm para 2004 contra 132,1 mm para 2005; e que, além disso, a altura do lago era mais baixa em 2004 – cota 840,42 contra 843,14 em 2005 –, ou seja, que a contenção (empuxo) representada pela água da barragem sobre a encosta era maior nesta última data.

A Fig. 7.21 mostra a superfície de ruptura que afetou uma das pontes e chegou a atingir o aterro de acesso à outra. Nessa mesma foto, é possível observar ruptura similar, anterior, na outra margem do lago, no canto superior direito.

Fig. 7.21 *Ruptura da encosta sobre o lago da represa Capivari-Cachoeira*
Fonte: DNIT.

Sui e Zheng (2018) detalham esse tipo de ruptura, mostrando que cada rebaixamento com velocidade superior a 0,5 cm/min provoca uma pequena ruptura superficial que se propaga para baixo, à medida que o nível d'água baixa, e que a ruptura total, profunda, resulta do acúmulo de rupturas superficiais. Durante o rebaixamento, a movimentação da água no talude se processa horizontalmente, provocando surgências e movimentação de partículas.

Do mesmo modo, a transformação da encosta do rio Uruguai entre Santa Catarina e o Rio Grande do Sul em encosta de lago pelo enchimento da barragem de Itá em 2000, que elevou o nível d'água do rio na região da travessia da BR-153, construída em 1973, provocou, como consequência, uma forte elevação do nível d'água nessa mesma encosta. Essa elevação serviu como preparação para as desestabilizações ocorridas em maio de 2010 e junho de 2014, deflagradas por dois eventos pluviométricos, de 87,5 mm em 23 de maio de 2010 (total do mês: 284,2 mm) e 102,7 mm em 27 de junho de 2014 (total do mês: 456,9 mm) (Figs. 7.22 e 7.23). A essa conclusão pôde-se chegar analisando-se os dados pluviométricos disponíveis (1956-2014), que mostraram que nem maio nem junho costumam

7 Eventos deflagradores dos movimentos de massa: processos gatilho | 217

ser os meses mais chuvosos na região e que, no período considerado, a precipitação que levou à ruptura de maio de 2010 foi ultrapassada pelas máximas médias de fevereiro, junho, julho e outubro, ao passo que a de junho de 2014 foi ultrapassada pelas de fevereiro, julho e outubro. Além disso, as precipitações de 23 de maio de 2010 e 27 de junho de 2014 situaram-se dentro da gama das máximas diárias (58,6 mm e 139,8 mm) para o período total de observações disponível e para o decorrido entre a construção da rodovia e o enchimento da barragem (1973-2000). Em outras palavras:

* os eventos pluviométricos que resultaram nos escorregamentos não podem ser considerados como excepcionais; foram significativos, mas situaram-se dentro da normalidade climática;
* no período entre a construção da rodovia e o enchimento de Itá, aquela passou por eventos pluviométricos muito mais significativos e manteve-se estável.

Um evento que ocorreu em 8 de janeiro de 2022 envolvendo a encosta rochosa do lago de Furnas, em Capitólio (MG), e que causou grandes comoções e especulações em todo o País, em razão do número de mortos (seis) e feridos (32) que

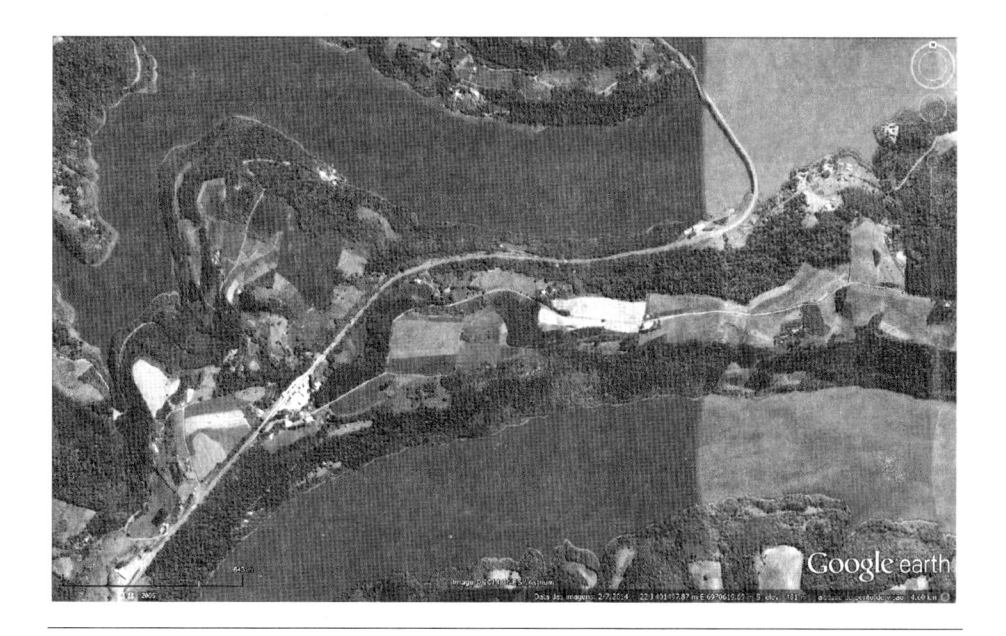

Fig. 7.22 *Segmento da rodovia BR-153/RS situado na encosta do lago da hidrelétrica de Itá e que sofreu rupturas em 2010 e 2014 – imagem anterior à ruptura*
Fonte: Google Earth.

Fig. 7.23 *Ruptura no entorno do km 2 da rodovia BR-153, situado na encosta do lago da hidrelétrica de Itá*
Fonte: José A. U. Lopes.

dele resultaram, teve sua origem no mecanismo que formou o próprio cânion: a densificação de fraturas na rocha arenítica e a subsequente deterioração intempérica e erosional ao longo dessas mesmas fendas. No caso, funcionou como evento gatilho, inicialmente, a ação humana (o enchimento do lago da hidrelétrica em 1963), que resultou no preenchimento gradativo, pela água, de todas as fendas das rochas areníticas ao redor do lago, gerando, consequentemente, pressões neutras distribuídas sobre todos os blocos individuais e o crescimento, também gradativo, das taxas de intemperismo e erosão ao longo dessas mesmas diaclases, propiciado pelo fluxo sazonal em direção ao lago. Numa segunda fase, funcionou como gatilho a ocorrência de fortes e continuadas chuvas nos dias anteriores, elevando ainda mais o nível d'água, sob a forma de curva ascendente a partir do lago, gerando pressões neutras, também crescentes, e fluxos em direção ao lago.

Um caso particular de desestabilizações de encostas é o que resulta nas chamadas "terras caídas", característico da região amazônica, mas que pode ocorrer em outros locais com condições ambientais similares. As rupturas de tratos de terra marginais ao rio (em geral sedimentos do próprio rio) ocorrem, usualmente, no período de vazante dos rios e são atribuídas à erosão fluvial das margens pela correnteza acelerada (ver, por exemplo, Fonseca *et al.*, 2015).

O exame de alguns desses eventos sugere, entretanto, que o mecanismo pode não ser apenas o aceito tradicionalmente. Uma ocorrência desse tipo inicialmente atribuída a esse mecanismo ocorreu em março de 2007: um deslizamento de 297.600 m² provocou uma onda gigante de cerca de 10 m de altura que atingiu a comunidade ribeirinha de Costa da Águia, na margem direita do rio Amazonas, destruindo duas casas e jogando peixes, jacarés e duas embarcações para fora do rio (seção 7.2.1). H. S. da Igreja e J. A. de Carvalho, da Universidade Federal do Amazonas (Ufam), contestaram o mecanismo de deflagração, atribuindo ao evento uma causa de natureza tectônica e alegando haver, nessa região, uma falha geológica (Brasil, 2007) e histórico de reativações de movimentações dessa natureza.

Mesmo nos casos em que não haja atuação tectônica (evento relativamente raro no Brasil), é provável que, muitas vezes, não só o efeito da correnteza seja responsável pela desestabilização; um dos casos emblemáticos foi o que ocorreu em 2010, quando, em agosto, uma faixa de 700 m de extensão, contígua a uma vertente emersa, escavada nos sedimentos, de 15 m de altura, foi afetada por ruptura, o mesmo tendo se dado, em outubro, com uma faixa de 1.000 m, contígua a vertentes de 30/60 m de altura (seção 7.2.1). Nesse ano, segundo informações do Serviço Geológico do Brasil, ocorreu uma seca recorde, a maior desde que as medições se iniciaram, em 1982 (esse recorde foi batido pela seca de 2023), o que significa que a correnteza deve ter sido bastante reduzida. Assim sendo, quase certamente, nesse caso (e provavelmente em outros), houve colaboração do processo que acontece em barragens quando seu nível d'água é rebaixado de maneira rápida: o efeito combinado da altura exposta, da retirada da contenção lateral dos depósitos – representada pelo empuxo hidráulico – em ritmo mais rápido que o rebaixamento do nível d'água nos sedimentos circundantes e da migração de água desses terrenos para o rio.

Finalmente, cabe relatar a ocorrência esporádica, no Brasil (apenas uma relatada, em junho de 1999, no bairro Ilhote, em Ilhabela (SP) – seção 7.2.1), de deslizamentos provocados pela ação erosiva de ondas do mar.

7.6 Importância relativa dos diferentes tipos de processos gatilho

De todos os processos gatilho listados, só o efeito das chuvas pode ser considerado como de ampla distribuição: fenômenos sísmicos ocorrem em regiões limitadas, o mesmo se dando em relação à movimentação de corpos glaciais; processos erosivos naturais e rebaixamentos rápidos do lençol freático, desestabilizadores de encostas, bem como incêndios florestais, têm apenas ação localizada, e a ação antrópica é apenas um efeito moderno, não podendo, por isso mesmo, ser incluído num modelo amplo de evolução do relevo. Segue-se que apenas o efeito das chuvas pode ser considerado como processo gatilho quase global, tendo os demais importância que pode ser decisiva, mas que é limitada a determinadas condições climáticas e/ou geológicas, as mais das vezes, somando-se ao mecanismo dominante (a chuva), conforme reportado em relatos transcritos anteriormente ou na sequência.

No caso de uma mudança climática de úmido para semiárido com chuvas concentradas, tal como postulado por Bigarella, Mousinho e Silva (1965), se ela vier a acontecer, haverá, obviamente, uma acentuação de caráter regional na ocorrência de instabilizações, mas esse fato não pode ser considerado como constituinte do modelo básico da evolução de encostas atualmente sob condições climáticas tropicais úmidas, tal como o da Serra do Mar ou da Mantiqueira. Trata-se, apenas, de um evento particularmente importante – e que pode deixar sua marca no relevo –, mas que é episódico, enquanto instabilizações sucessivas de encostas, florestadas ou não, ocorrem constantemente, em plena vigência de condições climáticas úmidas atuais. Parece importante transcrever aqui uma frase do coordenador dos estudos do megadesastre da Serra Fluminense em 2011 (ver seção 7.2.1): "Na minha vida de desastres, onde estou desde 1982, essas chuvas em ambiente tropical não podem ser classificadas de excepcionais. São chuvas muito fortes, mas não são excepcionais. Há uma certa simplificação de achar toda chuva excepcional" (Spinelli, 2011).

No entender do autor, mesmo feições rochosas nuas que constituem pináculos topográficos em regiões úmidas, conhecidas como "pães de açúcar" (cuja expressão máxima deve situar-se na Serra dos Órgãos), atribuídas geralmente a paleoclimas semiáridos e morrotes (*inselbergs*) ocorrentes no Nordeste do Brasil em condições climáticas semiáridas atuais (como discutido na seção 8.5), podem ter sua origem explicada, também, pela atuação da neotectônica associada à presença de diaclases curvas, tal como preconizado por Tricart e Cailleux (1965a, 1965b; ver seção 4.3). No caso específico da serra citada, é clara a influência de diaclases curvas na conformação topográfica e morfológica do conjunto.

oito

Algumas alterações e complementações às teorias clássicas da Geomorfologia que, à luz dos conhecimentos atuais, se impõem

8.1 Confrontação do observado com as teorias clássicas da Geomorfologia

A partir do exame das informações constantes do Cap. 4, pode-se concluir que:

* todas as teorias clássicas de evolução do relevo têm seu ponto de partida em um soerguimento dos terrenos que, em Davis e King, é rápido o suficiente para que o processo erosivo se lhe siga e é concomitante com o processo erosivo, no caso de Penck;

* todas elas divergem na questão do caminho da conformação das encostas: Davis parte de um perfil côncavo (semelhante ao fluvial) e se vale do rastejo para explicar o topo convexo e a base suavizada das encostas em climas úmidos; Penck usa a alteração e o tombamento de delgadas bandas de rocha e a variação da taxa de incisão fluvial para explicar a concavidade e/ou a convexidade dos taludes; King defende que o topo da encosta é convexo pela ação do intemperismo e do rastejo, que a face livre recuaria por erosão e escorregamentos, que a base seria côncava pela acumulação

de material trazido do topo e que, abaixo dela, um pedimento escavado em rocha teria a forma de uma curva hidráulica;
* a teoria de King considera a ação dos movimentos de massa na evolução das encostas, enquanto a de Davis não; a teoria de Penck fala em tombamento de bandas de rocha;
* a teoria de King (1957 *apud* Young, 1978, p. 37, tradução nossa) afirma que "os controles físicos básicos da escultura dos terrenos são os mesmos em todos os climas", mas, estranhamente, para justificar sua tese, esse autor alega ter trabalhado em condição climática mais "normal" (subtropical subúmida) que aquelas nas quais foram elaboradas as dos anteriores;
* a escola climática põe toda a ênfase no clima como indutor da evolução da paisagem, mas considera a ocorrência de movimentos de massa como elementos importantes nessa evolução.

Por outro lado, pelo exame da literatura técnica sumarizada no Cap. 7, pode-se resumir as condições de ocorrência, os mecanismos de evolução e deflagração dos movimentos de massa e sua importância relativa na escultura do relevo tal como transcrito a seguir (Lopes, 2003):
* os movimentos de massa são eventos comuns em todas as condições climáticas, incluindo as semiáridas, como proposto por King, e mesmo as desérticas, uma vez que, ainda que os desertos possam ser considerados como o "domínio da erosão", de acordo com Small e Clark (1982, p. 92, tradução nossa), "ainda mais surpreendente é a ocorrência amplamente disseminada de corridas de lama (*mudflows*) nos desertos, em razão da prolongada acumulação de detritos nos fundos dos vales e da redução da resistência desses materiais pelas esporádicas chuvas";
* os movimentos de massa costumam ser recorrentes nos mesmos locais, muitas vezes após largos hiatos de tempo entre uns e outros eventos;
* os movimentos de massa são o mecanismo predominante de evolução de encostas e esculturação de paisagens em regiões de climas tropicais e subtropicais úmidos e ocorrem, também, em regiões de topografia suave nessas condições climáticas e em outras (por exemplo, nas temperadas);
* os movimentos de massa são o mecanismo de evolução de encostas predominante em regiões montanhosas, em quaisquer condições climáticas;
* os movimentos de massa são um elemento muito (e talvez o mais) importante na evolução das encostas em regiões de tipo glacial;

- os movimentos de massa ocorrem em regiões constituídas geologicamente por litotipos quaisquer e seus produtos de alteração *in situ*, incluindo remobilizações de materiais previamente mobilizados;
- os movimentos de massa são produzidos por um desbalanço entre a resistência dos materiais constituintes das encostas e as forças ativas derivadas da gravidade; o modo como esse desbalanço é atingido varia de acordo com o local, mas particularmente depende das condições tectônicas, litológicas e climáticas vigentes;
- os movimentos de massa são deflagrados por eventos naturais, tais como grandes eventos pluviométricos, acumulação e/ou derretimento de neve, vibrações sísmicas ou modificações da geometria do talude (por erosão fluvial, por exemplo), ou por variações nas acumulações e nos fluxos de água subterrânea;
- a ação humana representa apenas mais um mecanismo de deflagração (gatilho) sobre taludes naturalmente "preparados"; essa ação pode ser, por exemplo, modificação de encostas por cortes com fins de implantação de obras de engenharia; desflorestamento; ocupação humana visando à instalação ou à expansão de cidades; ou modificações da posição do nível freático pela construção/operação de barragens, eclusas etc. ou ainda por perdas a partir de redes de distribuição, por exemplo;
- a energia necessária para vencer a resistência inercial ao movimento é fornecida pela gravidade, e, consequentemente, nos casos sem intervenção humana, a elevação dos terrenos está sempre na origem do processo, mas, uma vez disponível essa energia potencial, diferentes caminhos podem ser seguidos para a instabilização final: o crescimento do diferencial de energia entre dois pontos (isto é, o crescimento da altura do talude); o crescimento do gradiente de energia entre dois pontos (isto é, o crescimento da inclinação do talude); a queda da resistência em um ou mais pontos da encosta (isto é, a alteração por intemperismo de todo o conjunto dos materiais constituintes do talude ou ao longo de feições especiais – defeitos –, como fendas e fraturas); ou, ainda, o aparecimento de uma força adicional (por exemplo, pressões hidráulicas ou de gelo ou mesmo de origem sísmica);
- a ação dessas "forças adicionais" nos processos que levam aos movimentos de massa depende de particularidades locais e, muitas vezes, representa um processo gatilho ou uma passagem de limiar. A água, além de constituir-se no mais importante agente do intemperismo, sob a forma

de precipitação pluvial, com sua presença pode levar as encostas a colapsarem, como resultado da redução das pressões efetivas ou das tensões de sucção. A ação da água inclui, ainda, a possibilidade de remoção de partículas e/ou do cimento. A precipitação de neve causa uma sobrecarga sobre as encostas, e sua liquefação, uma redistribuição de tensões e saturação. O congelamento da água nos poros dos solos e nas fendas de regolitos e rochas resulta em dilatação e destruição da estrutura dos primeiros e em alargamento e, eventualmente, colapso ao longo das últimas, ao passo que o degelo leva à redução de volume e à saturação do solo. O avanço de geleiras causa erosão e superempinamento de encostas, e o subsequente descalçamento devido ao recuo provoca progressivas deformações dos taludes das montanhas, avalanches de rochas e outros tipos de escorregamentos. As vibrações do solo provocadas por terremotos causam destruição das estruturas dos materiais e crescimento das pressões neutras. O desflorestamento ocasiona aceleração do rastejo, crescimento do *runoff* superficial, da umidade do solo e da erosão, elevação do lençol d'água e decaimento da resistência do conjunto dos materiais da encosta pelo efeito da morte das raízes estruturantes.

Da comparação entre o que é proposto nas teorias clássicas e o observado, segue-se que é necessária uma remodelação de alguns dos critérios básicos em que aquelas se apoiam e da sequência prevista de evolução dos terrenos.

8.2 Elementos básicos para um modelo atualizado de evolução de encostas em regiões tropicais e subtropicais úmidas

Observações feitas em regiões de clima tropical e subtropical indicam que a solução de elementos e/ou radicais químicos (Tricart; Cailleux, 1965a; Garner, 1974) e os movimentos de massa (Thornbecke, 1927; Jaegger, 1927; Sapper, 1935; Freise, 1935, 1938; Brian, 1940; Wentworth, 1943; White, 1949, todos segundo Deere; Patton, 1970) podem ser os mecanismos principais de retirada e transporte de materiais e de evolução das paisagens nessas situações climáticas. "*Landslides* são um mecanismo comum, e talvez o predominante, de evolução dos taludes em áreas de espessos solos residuais" (Deere; Patton, 1970, p. 99, tradução nossa). As conclusões desses autores estão de acordo, ainda, com Mabut (1961), Bik (1967) e Deere (1970), todos segundo Deere e Patton (1970).

Young (1978, p. 78) cita um modelo de evolução de encostas tropicais íngremes florestadas, por ele chamado "ciclo de remoção do regolito", atribuído a

Freise (1938), Wentworth (1943) – também citado por Carson e Kirkby (1975) – e White (1949) e posteriormente adaptado por Schweinfurth (1966) para regiões muito íngremes de climas temperados frios.

A julgar pela descrição de Young, esse ciclo é muito semelhante ao que será proposto no presente modelo, que se inicia com o processo de intemperismo das rochas *in situ*, seguindo-se a evolução das encostas a partir desse ponto. Assim sendo, seria possível utilizar qualquer região dentro da área tropical e/ou subtropical, visto que, como foi dito, os processos são os mesmos para rochas ígneas, sedimentares ou metamórficas em regiões de topografia agreste ou suave, variando apenas – utilizando as palavras de Tricart e Cailleux – em "nuances", como o tempo necessário e a intensidade dos processos gatilho.

Por outro lado, uma vez que os detalhes da evolução dos taludes rochosos (influência dos tipos de rocha, heterogeneidades, profundidade de horizontes, atitudes de camadas etc.) têm sido exaustivamente discutidos em livros-textos de Geomorfologia (e considerando que alguns deles foram expostos brevemente na seção 4.7) e que a finalidade a que se propõe o autor é apresentar uma visão global do assunto, imagine-se, por uma questão de simplicidade, numa região qualquer de litologia homogênea – granítica, por exemplo –, um corpo rochoso homogêneo e de grandes dimensões afetado por um sistema de falhamentos em bloco, sem nenhuma cobertura regolítica – apenas rocha sã –, tal como representado na Fig. 8.1A.

Ao ser colocado o corpo rochoso em presença de um condicionamento climático quente e úmido, será iniciada imediatamente sua alteração superficial, com forte preponderância da ação de processos de natureza química e biológica, como preveem os postulados da Geomorfologia Climática. Como resultado, haverá a geração de um regolito dominantemente de natureza argilosa ou areno-argilosa que será imediatamente atacado pelos processos erosivos, resultando no arredondamento dos vértices e das arestas e no alargamento das fendas e das diaclases e levando o arcabouço, em última análise, para a mamelonização das formas, como mostra a Fig. 8.1B. Ao mesmo tempo, será iniciada a luta pela instalação da vida nesse local, e, logo que houver um mínimo de condições, a vegetação irá estabelecer-se, em estágios de porte cada vez mais possante, até que se instale definitivamente a floresta tropical. A instalação da vegetação irá criando uma proteção cada vez maior para o regolito gerado, passando-se de uma condição de controle pelo intemperismo para uma de equilíbrio e, finalmente, para uma de controle pelo transporte, que é plenamente atingida no último estágio florestal. A partir daí a espessura de regolito irá crescendo,

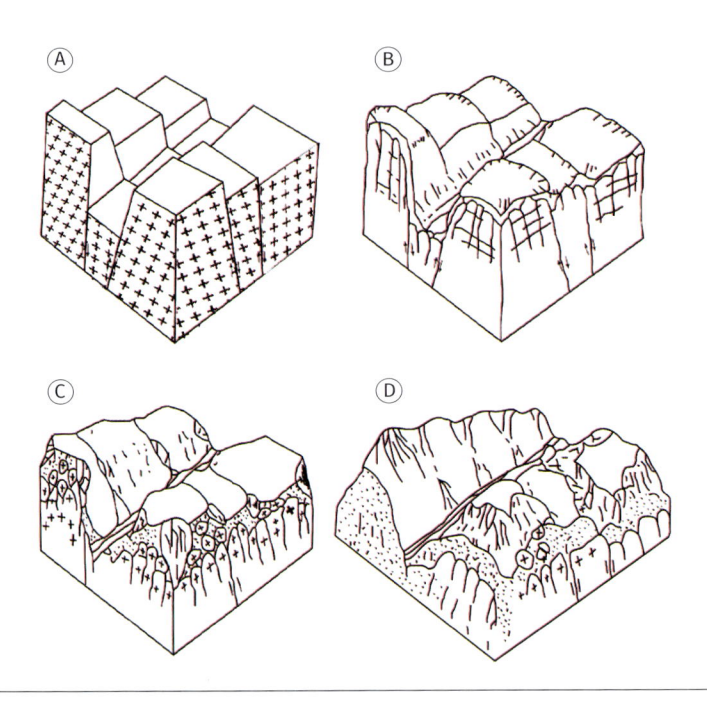

Fig. 8.1 *Evolução do relevo em regiões de clima quente e úmido*
Fonte: Lopes (1995).

mantendo-se, entretanto, praticamente a mesma forma geral do modelado, a não ser por um arredondamento cada vez maior da porção superior das formas, em razão da atuação dos processos de rastejo e da criação eventual de uma concavidade basal, resultante da uma pequena atuação superficial da água, incapazes, entretanto, de modificar o terreno com uma velocidade compatível com a geração de regolito pelo intemperismo.

Simultaneamente com o espessamento do regolito, às expensas da transformação do material rochoso, ocorre um decaimento da resistência mecânica do material que o compõe. Em outras palavras, a "pele" das encostas irá gradativamente se tornando instável, até que um evento pluviométrico excepcional, em termos da média climática considerada "normal", ou, excepcionalmente, outro gatilho qualquer (sísmico, por exemplo) desencadeie rupturas que buscarão um novo perfil estável para as encostas. Essas rupturas serão *landslides*, avalanches ou fluxos, na dependência do material e da condição de umidade em que ele se encontrar antes e durante a ruptura, e, mesmo, passarão provavelmente de um a outro tipo durante o próprio evento. Elas ocorrerão preferencialmente ao longo das convexidades, que configuram as situações a atingirem primeiro a condição de instabilidade se o regolito for homogêneo, e, nesse caso, as cicatrizes terão seções principais que cumprirão a forma côncava teórica, iniciando-se verticalmente e suavizando-se gradativamente. Se o regolito não for homogêneo, as descontinuidades, que se constituem em linhas de fraqueza, comandarão não só a forma das seções principais, como também a forma total dos corpos envolvidos nos escorregamentos, e suas características mecânicas médias estabelecerão a sequência das instabilizações. As rupturas serão planares, se a espessura de regolito for delgada e a superfície da rocha, muito inclinada; constituirão cunhas, se houver estruturas planares convenientemente orientadas; tenderão ao desprendimento de blocos, se houver uma grande densidade de diaclasamentos orientados em planos diferentes; e serão mistas, quando a superfície percorrer camadas homogêneas e heterogêneas de regolito.

Ao ocorrerem os deslizamentos, que usualmente deverão coincidir, como visto, com grandes eventos pluviométricos, a terra ficará desnuda e o carreamento de materiais pelas águas terá uma eficiência extraordinária, promovendo uma denudação generalizada do regolito não só no local instabilizado, como também a jusante e a montante dele. O material movimentado será transportado para baixo pela gravidade e pelas águas (e, neste último caso, será selecionado granulometricamente pela lavagem) até atingir um rio e ser por ele retirado, após perturbar sua condição normal, pela criação de obstáculos que modificarão seu curso ou, simplesmente, pelo aumento brutal de material a ser transportado. No caso de pequenas drenagens, os fragmentos maiores (blocos e matacões) se acumularão nos vales, criando torrentes encachoeiradas e mesmo barragens temporárias. Nos casos em que as rupturas ocorrerem durante eventos não tão catastróficos, o material se depositará logo abaixo do local da ruptura ou, eventualmente, parcialmente dentro dela, sendo, posteriormente, retrabalhado pelas águas superficiais, resultando em "mares de matacões" encontrados recobrindo encostas. Durante o próprio evento, ou imediatamente após a ocorrência dos escorregamentos, o desconfinamento provocará uma redução da resistência coesiva e se seguirão rupturas secundárias, remontantes, que suavizarão a extremidade superior das cicatrizes e farão com que elas se aproximem gradativamente do ápice das elevações, gerando vertentes côncavas, com extremidades superiores cada vez mais elevadas topograficamente, que irão "comendo", gradualmente, as convexas, como mostra a Fig. 8.1C.

Após cada evento paroxístico periódico desse tipo, e mesmo como sequência de cada pequeno evento de instabilização subsequente a chuvas "normais", a biostasia se restabelecerá e a vegetação voltará, gradualmente, a recuperar seus domínios; as formas resultantes tenderão a suavizar-se e arredondar-se tendendo a convexas; o regolito voltará a espessar-se e, como consequência, aproximar-se novamente, de maneira gradativa, da condição de instabilidade, até que novas ocorrências catastróficas venham a manifestar-se e o ciclo se reinicie.

A cada ciclo, como resultado das instabilizações, porções convexas de encostas serão isoladas entre porções côncavas, o que criará uma situação ainda mais instável para elas, visto que a área de sustentação se reduz (ver seção 9.2.1), ao mesmo tempo que a resistência intrínseca também decai, tendo como consequência novas instabilizações e a geração de novas vertentes côncavas (Fig. 8.1D). Concomitantemente, as vertentes côncavas existentes se tornarão sedes de processos de concentração de águas superficiais e subterrâneas, sendo acelerada, como consequência, a ação erosiva nesses locais (ver Fig. 7.6), e, quando da ocorrência de fortes aguaceiros, poderão tornar-se palcos de movimentos tipo fluxo e de ravinamentos superficiais que usualmente acompanham as linhas de maior declive, gerando o típico padrão em "pé de galinha", mostrado na Fig. 7.6.

A partir desses ravinamentos, por erosão remontante, poderão gerar-se taludes cada vez mais elevados e, consequentemente, instáveis, que resultarão em novos escorregamentos. Em sequência, a porção mais elevada das cicatrizes, que possui forte inclinação – em que pese a suavização subsequente creditada à ação continuada dos processos superficiais –, cada vez se tornará mais instável e serão gerados novos movimentos, fazendo com que a concavidade progrida ainda mais em direção ao topo das elevações.

Nesse processo de ascensão, as concavidades suavizarão as inclinações das encostas e, ao atingir o cume das elevações, elas o rebaixarão, tal como exibido claramente no mapa geológico/geomorfológico das Figs. 6.10 e 8.5. Ao mesmo tempo, entretanto, a geração de regolito continuará, bem como o decaimento de suas características mecânicas, provocando novas sequências de instabilidades, até atingir-se uma condição de equilíbrio permanente. Nessa condição final, as encostas deverão ser, certamente, muito suaves, para poderem ser compatíveis com as características mecânicas "residuais" dos materiais, como mostrado por Skempton (1948 *apud* Terzaghi, 1967). A tendência seria a de uma espécie de "peneplanização" ao estilo davisiano, ainda que por um mecanismo diverso, com o retorno e a permanência da concavidade das formas.

Essa condição, porém, é apenas uma tendência – um "ideal", no dizer de Bull (1975, p. 1491, tradução nossa) –, pois, "ainda que seja óbvio que há uma tendência de reduzirem-se as grandes massas de terra a altitudes próximas do nível de base, os dados quantitativos têm mostrado que as mudanças de nível de base têm acontecido com rapidez suficiente para impedir a criação de um peneplano" (Bull, 1975, p. 1489-1490, tradução nossa). No entanto, eventualmente, condições locais podem levar à geração de situações que se aproximem, por algum tempo, de um peneplano, conforme discutido na seção 4.7.

A permanência de regiões montanhosas litorâneas, como a Serra do Mar, dentro do modelo dependeria da ocorrência de perturbações periódicas do ciclo, por efeito de modificações do nível eustático e/ou movimentações de caráter neotectônico, enquanto serras interioranas, como a Mantiqueira, dependeriam apenas do tectonismo, pois "as mudanças de nível de base podem afetar um vale por, talvez, 300 km, enquanto o crescimento do relevo e, certamente, as mudanças climáticas podem afetar o sistema fluvial inteiro" (Schumm, 1993, p. 292, tradução nossa).

Variações do nível do mar no litoral brasileiro nos últimos 120.000 anos são reportadas por diversos autores, como Suguio et al. (1985), Villwock et al. (1986), Martin et al. (1982) e Dominguez et al. (1990).

Do mesmo modo, a ocorrência de eventos neotectônicos em regiões serranas do Brasil é, hoje, fato estabelecido (Fúlfaro; Ponçano, 1974; Riccomini; Tessler; Suguio, 1984; Riccomini et al., 1989; Hasui, 1990; Macedo; Bacoccoli; Gamboa, 1991; Saadi, 1993; Cozzolino; Martinati; Buono, 1994; Salamuni, 1998; Nascimento, 2013), e suas evidências em termos geomorfológicos são facilmente detectáveis em qualquer dessas duas serras e regiões próximas. Segundo Riccomini et al. (1989, p. 196, tradução nossa), "os movimentos tectônicos continuaram até o Holoceno ou, pelo menos, até 52.000-20.000 AP (Pleistoceno Inferior) [...] os movimentos tectônicos parecem ter sido bastante ativos – pelo menos como tectonismo residual – até a presente data". Saadi (1993, p. 7), discorrendo especificamente sobre as Serras do Mar e da Mantiqueira, assim se expressa: "o sistema de 'rift' gerado a partir do Oligoceno [apresenta] rejeito atribuível ao Pleistoceno, visto que em toda a Serra da Mantiqueira mineira são comuns os vales quaternários suspensos e as deformações tectônicas em terraços fluviais". Salamuni (1998), em sua tese de doutoramento, postulou, para a bacia sedimentar de Curitiba, uma origem tectônica ligada à evolução da Serra do Mar que se teria estendido desde o Cretáceo até o presente. Esse autor assim se expressa: "pode-se inferir que este rio [Iguaçu] está sofrendo influências de um levantamento. [...] É de se esperar que mudanças sutis através de processos tectônicos intersísmicos estejam acontecendo no presente momento" (Salamuni, 1998, p. 184-185). Na mesma linha vai a tese de Nascimento (2013, p. 130):

"a movimentação tectônica cenozoica [...] é a principal formadora dos grandes traços do relevo regional". Ou seja, todos esses autores concordam com a ação neotectônica na região serrana e em suas proximidades e sua importância na esculturação do relevo.

O autor trabalhou praticamente de forma sazonal, ao longo das últimas décadas do século passado, projetando correções e reestabilizações de encostas e taludes no segmento da rodovia BR-116 que atravessa a Serra da Virgem Maria (divisa São Paulo/Paraná) e pôde constatar que essa região "está tectonicamente viva" tanto pelas movimentações observadas como pelas feições geomorfológicas características ali encontradas, das quais são exemplos as mostradas nas Figs. 8.2 a 8.4.

A elevação que aparece no lado esquerdo da primeira delas (Fig. 8.2), tomada em território paranaense, mostra, no lado direito, uma sucessão de falhamentos escalonados, cujos rejeitos verticais são perfeitamente observáveis e cujos espelhos com indícios de movimentação se constituem de rocha absolutamente sã (o primeiro desses degraus foi aproveitado como frente de pedreira). Mais ao centro da foto, no mesmo morro, outras escarpas podem ser observadas e, entre umas e outras, na porção central da elevação, é conspícua uma típica cicatriz de escorregamento associada a essa movimentação tectônica.

A Fig. 8.3, já em território paulista, apresenta uma escarpa típica de falhamento e, na porção central, uma região em suave rampa que se estende até o bordo da rodovia, mas cuja porção superior é, até certo ponto, artificial. Nesse local, na década de 1970, ocorreu um escorregamento gigante da encosta que obstruiu completamente a BR-116. Os trabalhos de remoção do material escorregado

Fig. 8.2 *Encosta da Serra do Mar situada ao lado da rodovia BR-116/PR exibindo espelhos de falhas escalonados em rocha e escorregamentos associados*
Fonte: José A. U. Lopes.

FIG. 8.3 *Escarpa de falha ao lado da rodovia BR-116/SP exibindo espelhos de falhas; na porção central, rampa resultante de escorregamentos (parcialmente artificial)*
Fonte: José A. U. Lopes.

prolongaram-se por uma semana, mas a divulgação foi muito pequena em razão da censura feroz que vigia à época. Uma observação mais acurada da foto mostra reinício das instabilidades na porção superior da escarpa, em dois locais. A pista PR/SP da rodovia situa-se à meia encosta da foto. Em ambos os lados dessa "rampa" (lados direito e esquerdo da foto), a encosta mostra claros indícios de tectônica e escorregamentos associados.

A Fig. 8.4, também em território paulista, exibe uma escarpa de falhamento cujos *slickensides* de grandes proporções são perfeitamente perceptíveis. O processo, a partir do evento tectônico original, continua em evolução

FIG. 8.4 *Escarpa de falhamento ao lado da BR-116, em território paulista, que exibe slickensides originais, incrementados por quedas de blocos*
Fonte: José A. U. Lopes.

por sucessivas quedas de blocos. Essa escarpa é a mesma que aparece no lado esquerdo da Fig. 8.3. No fundo da foto aparecem duas escarpas de falha.

A figura 21 de Nascimento (2013) mostra que, por essa região, passa uma importante lineação tectônica.

Em síntese, de acordo com o modelo defendido, em regiões similares às Serras do Mar e da Mantiqueira – locais tectonicamente movimentados e, por isso mesmo, permanentemente rejuvenescidos –, o topo das montanhas deveria ter (e realmente tem) ocorrência de superfícies rochosas nuas, predominância de formas côncavas e agrestes e numerosas cicatrizes de escorregamento, depósitos de tálus e concavidades entremeadas com convexidades. Ao contrário, em regiões não perturbadas tectonicamente e situadas longe do mar, a topografia deve evoluir no sentido de morrotes e colinas arredondados de vertentes convexas suaves, com raras feições côncavas. No primeiro tipo de relevo, as ocorrências de deslizamentos e outros tipos de movimentos de taludes seriam constantes e de grandes proporções, enquanto, no segundo, seriam esporádicas e de proporções muito menores, o que também corresponde à realidade observada.

8.3 Um exemplo ilustrativo

O mapa geológico/geomorfológico da Fig. 8.5 corresponde a uma área situada no vale do rio Ribeira de Iguape, no limite entre os Estados de São Paulo e do Paraná, estudada pelo autor, dentro do Programa de Manutenção da Estabilidade das Encostas, executado para um aproveitamento hidrelétrico. Ele será utilizado para ilustrar, com um caso real, o modelo anteriormente exposto.

A área é geologicamente constituída por litologias calcárias pertencentes à Formação Votuverava do Grupo Açungui, além de depósitos fluviais subatuais (terraços fluviais), aluviões e depósitos recentes de encostas.

A tectônica rúptil é conspícua na área, representada por grandes falhamentos que se resolvem em lineamentos nítidos nas fotos aéreas – tendo sido representados os principais no mapa – e em zonas densamente milonitizadas e brechiadas em nível de afloramento. As regiões cataclasadas, quando expostas ao intemperismo, resultam muitas vezes em uma massa caulinítica de baixa densidade, cor clara e aspecto poroso, mostrando raramente indícios de circulação de água. Em alguns locais, ocorrem intrusões de rochas metabásicas ao longo dessas linhas, rochas que são, por sua vez, intrudidas por filões de quartzo leitoso, exibindo eventos de reativação de linhas tectônicas em períodos posteriores à sua geração. As atitudes das rochas, em sua grande maioria,

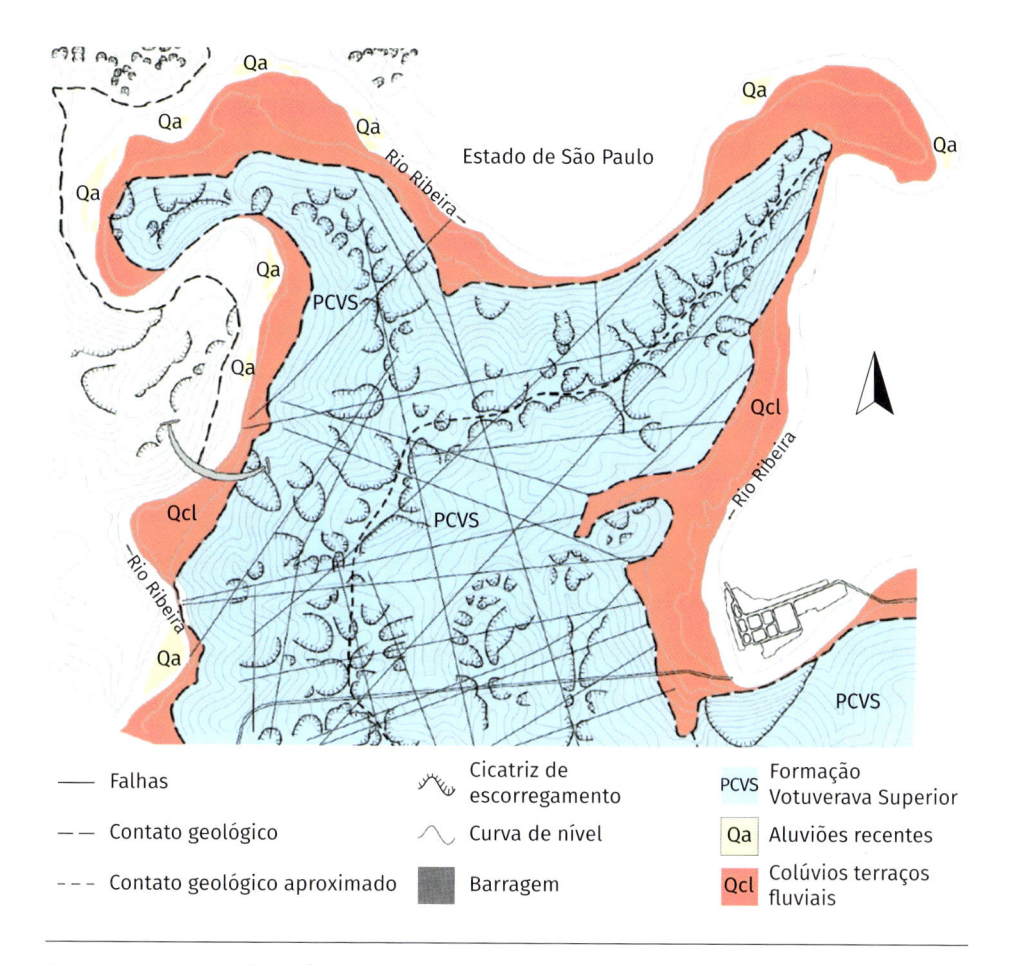

FIG. 8.5 Mapa geológico/geomorfológico de uma área do Paraná limitada pelo rio Ribeira de Iguape na divisa com o Estado de São Paulo
Fonte: Lopes (1995).

são concordantes com as lineações regionais, apresentando-se, entretanto, em muitos locais, fora do padrão por razões tectônicas. A tectônica dúctil é evidenciada pela presença de dobramentos que variam desde microdobras intracamadas, passando por estruturas detectáveis em nível de afloramento, até grandes dobras identificadas em mapeamentos regionais.

Os terraços fluviais, cuja elevação acima do nível atual do rio Ribeira de Iguape atinge até 9 m, são constituídos por argilas e lentes arenosas e por seixos alongados, semiarredondados, das litologias locais, especialmente calcoxistos. Esses terraços se engranzam com colúvios e depósitos de escorregamentos nas porções inferiores das escarpas. Algumas ilhas constituídas por aluviões quaternários são encontradas em alguns pontos do rio.

A presença de grandes cicatrizes de movimentos de taludes é facilmente detectada em fotos aéreas e, mesmo, em simples observação das encostas, como mostram as Figs. 8.6 e 8.7, sendo comuns as recorrências. Usualmente,

Fig. 8.6 *Ruptura em fase inicial atingindo encosta convexa situada entre duas côncavas (cicatrizes de antigos escorregamentos) na região do vale do rio Ribeira de Iguape – divisa SP/PR*
Fonte: José A. U. Lopes.

Fig. 8.7 *Ruptura recente em fase de estabilização na borda de antiga cicatriz de escorregamento em encosta calcária próxima ao rio Ribeira de Iguape – divisa SP/PR*
Fonte: José A. U. Lopes.

a sequência é composta de movimentos tipo *slides*, que deixam cicatrizes em forma de folha, e/ou *slumps*, que resultam em cicatrizes acanaladas. Sua associação com linhas tectônicas é conspícua na área, bem como sua ascensão na topografia, chegando, algumas delas, localizadas em lados opostos das elevações, a quase se tocarem e eliminarem a porção convexa superior (Fig. 8.5), tal como proposto no modelo. Esta última feição pode ser observada, também, na Fig. 6.9.

Estudos de regressão executados de acordo com a metodologia descrita na seção "Metodologia desenvolvida a partir dos conceitos expostos" (p. 264) mostraram que os valores de c e ϕ que atendem à manutenção da estabilidade das encostas côncavas – e que consequentemente foram os desenvolvidos durante as rupturas que lhes deram origem – são da ordem de 56 kN/m² e 33°, respectivamente, enquanto para as vertentes convexas bastariam valores da ordem de 40 kN/m² e 32°, respectivamente (Lopes, 1995). Esses valores estão de acordo com a teoria desenvolvida, pois, considerando-se que o material das vertentes côncavas e convexas é o mesmo, estas últimas possuem fator de segurança mais elevado, pelo menos em análise bidimensional.

8.4 Elementos básicos para um modelo atualizado de evolução de encostas em outras condições climáticas

Em condições de extrema aridez, como no deserto de Atacama, no Chile, o intemperismo químico é praticamente inativo, o intemperismo físico tende para a fragmentação das rochas, enquanto a erosão superficial e a de canal são muito ativas, uma vez que não há cobertura vegetal: as vertentes, consequentemente, são controladas pelo intemperismo. Para essa situação, as bases "mecanísticas" do modelo foram desenvolvidas por Terzaghi (1962 *apud* Carson; Kirkby, 1975); elas são complementares ao modelo de King, pois explicam a tendência natural de recuo do talude por erosão (formação de pedimento) e movimentos de massa, propugnada pelo autor deste livro e que resulta em vertentes côncavas. Sobre esse modelo, Carson e Kirkby (1975, p. 123, tradução nossa) arguem: "é 'revigorante' seguir uma descrição baseada e suportada por princípios da Mecânica, em contraste com os pensamentos especulativos, não quantitativos e confusos dos antigos geomorfólogos que tentaram lidar com este assunto".

O modelo de Terzaghi pode ser resumido como segue: quando um rio corta seu vale, as tensões de cisalhamento em cada plano potencial de falhamento que passa pela base das paredes do vale aumentam. As resistências ao cisalhamento ao longo desses planos potenciais de ruptura são representadas por porções de rocha intacta com elevados valores de coesão e por juntas cujas resistências são de natureza apenas friccional. As concentrações de tensões ao longo das massas rochosas entre juntas fazem-nas "saltar" sucessivamente, transformando os penhascos rochosos em paredes constituídas por densos agregados de blocos angulares, o que reduz a resistência ao cisalhamento do conjunto. A combinação de queda de resistência e crescimento da altura da encosta pela incisão fluvial que se segue leva a condição estável original a uma condição progressivamente mais instável: a curva-limite de estabilidade é atingida e o equilíbrio é buscado pela queda individual e/ou coletiva de blocos. Como consequência, o ângulo original da encosta é reduzido a um valor final que depende da natureza, do estado, da forma e da distribuição das juntas, uma vez que, conforme exposto pelo autor (Lopes, 1997) e descrito na seção 6.4 (mínima condição de estabilidade), a ruptura seguirá sempre o traçado da curva côncava e gerará uma vertente com essa forma.

Em regiões glaciais, o avanço de geleiras, tornando mais íngremes as encostas rochosas por efeito de erosão e rotação glaciais, será a causa preparatória e/ou efetiva da instabilização delas. Por outro lado, o subsequente recuo das geleiras faz com que as porções superiores das encostas se tornem descalçadas e "pendentes" e sob condições de fortes tensões de tração, o que produz avalanches de gelo e quedas de blocos e porções de rocha. Além disso, deformações não catastróficas provocadas pelo movimento do gelo levam as encostas a uma condição de estabilidade-limite, da qual são retiradas por grandes chuvas, derretimento da neve ou ainda sobrecarga de gelo, via movimentos de massa, para os quais servem de gatilho (ver seção 7.4).

Como a acumulação de gelo proporciona a deflagração de mecanismos de escorregamentos, ela gera formas similares às devidas à acumulação de solo e regolito nos climas quentes e úmidos (descritas na seção 8.2), tal como discutido, por exemplo, por Haefeli (1953) e, também, por Carson (1971, tradução nossa):

> estudos de circos glaciais [elaborados] nos últimos 25 anos sugerem que muito do movimento dos circos glaciais é rotacional, análogo ao dos escorregamentos rotacionais de solos [p. 148]. [...] Clark e Davis (1971) usam esse movimento rotacional dos circos glaciais para explicar a origem das geoformas de [ou tipo] circo. Eles argumentam que a abrasão na interface rocha/gelo em rotação deve moldar a superfície da rocha-mãe (*bedrock*) em uma forma arqueada, gerando o típico largo perfil dos circos [p. 149].

As Figs. 8.8 a 8.10 caracterizam o processo. A primeira, tomada no Valle Nevado, no Chile, mostra o início da ruptura atingindo a cobertura glacial; a segunda, um anfiteatro glacial típico na Patagônia chilena; e a terceira, uma vista aérea dos Andes, na rota São Paulo-Santiago, já próximo desta última cidade, em que é possível observar a forma das encostas escavadas pelo gelo. A comparação dessas figuras com as Figs. 6.11 a 6.13 permite a verificação da semelhança entre os anfiteatros escavados pelo gelo e os resultantes de movimentos de talude em clima subtropical úmido. No caso das Figs. 8.9 e 8.10, entretanto, há que considerar-se que eles são escavados no topo das encostas (ao contrário dos mostrados nas Figs. 6.11 a 6.13, que ocupam posições no meio do talude), o que os aproxima mais do modelo teórico (Fig. 6.7), e em rocha (alta coesão), o que permite a permanência de paredes subverticais mais longas.

Fig. 8.8 *Rupturas em fase inicial na cobertura glacial de encostas do Valle Nevado, no Chile*
Fonte: José A. U. Lopes.

Fig. 8.9 *Circo glacial na Patagônia chilena*
Fonte: José A. U. Lopes.

Fig. 8.10 *Picos nevados na Cordilheira dos Andes mostrando feições típicas desse relevo*
Fonte: José A. U. Lopes.

Em qualquer condição climática entre as condições extremas discutidas nesta seção e nas anteriores (seções 8.2 e 8.3), a mesma rocha se comportará de maneira intermediária: quanto mais quente e úmido for o clima e mais densa e portentosa for a cobertura vegetal, tanto mais regolito e solo se irão acumulando, desenvolvendo encostas convexas até que a curva-limite de estabilidade superior (que depende das características, naquele instante, do material constituinte) seja atingida, e, no momento em que isso ocorrer, elas evoluirão localmente, via escorregamento, para vertentes côncavas embutidas. Por outro lado, quanto mais o clima se aproximar das condições de aridez e a cobertura vegetal se tornar escassa ou desaparecer, mais a erosão ("formação de pedimento", no senso de King) fará as vertentes se aproximarem da curva-limite de estabilidade inferior, e, quando esta for atingida, a ocorrência de movimentos de massa a manterá nessa situação (Fig. 6.2). Quando a condição climática for de frio extremo, o gelo fará o papel da cobertura pedológica e levará, como antes discutido, as encostas a rupturas que resultarão em vertentes côncavas (circos glaciais) usualmente de natureza rochosa, ao contrário das tropicais, onde predominam vertentes em solo e regolito.

Em regiões montanhosas, uma vez que há um enorme gradiente topográfico, ocorre uma espécie de convergência de formas: em qualquer clima, a tendência é para a geração, via escorregamentos, de vertentes côncavas, particularmente na porção mais alta (e em especial quando ocorre cobertura glacial), buscando a condição de estabilidade da encosta como um todo. De outro lado, quanto mais a topografia se torna suave (colinosa) ou quase plana, a tendência é para vertentes convexas em climas úmidos, visto que o gradiente topográfico é baixo e existem, consequentemente, condições para o desenvolvimento da máxima condição de estabilidade (a curva-limite superior convexa).

Em regiões de clima muito frio ou desértico, a tendência é sempre para vertentes côncavas, pois, nessas condições, elas são controladas pelo intemperismo. O recuo das vertentes, nesses casos, segue o modelo de King (ver seções 4.2.3 e 4.7), gerando pediplanos intermontanos.

8.5 Resumo geral

A partir do descrito nas seções anteriores, fica claro que a discussão sobre a origem e a evolução das formas das encostas não pode estar centrada, apenas, em argumentos de natureza tectônica, climática e/ou litológica/pedológica. O clima (e seus dependentes, como a cobertura vegetal) é responsável somente pelo tipo das mudanças que ocorrem no substrato geológico/pedológico, entre os materiais naturais presentes nas encostas – rochas, regolito e solos –, e pela rapidez com que elas acontecem; pela rápida remoção ou acumulação desses materiais intemperizados; e, ainda, pelos "caminhos" seguidos pelas encostas para o atingimento das condições que levam a instabilizações modificadoras das formas. Em todas as condições climáticas, o aspecto fundamental da evolução das paisagens é sua dependência das leis mecânicas que comandam a ação de forças e resistências, tal como proposto por Strahler (1950 *apud* Sack, 1992).

Assim, ilações do tipo "vertentes côncavas indicam a ocorrência pretérita de climas glaciais ou semiáridos" não têm sustentação científica, a menos que outras evidências as corroborem. Vertentes côncavas indicam apenas que a tendência local é a de as encostas se ajustarem à mínima condição de estabilidade possível para os materiais que as compõem. Elas tanto podem originar-se de uma condição climática que as condicione ao tipo controladas pelo intemperismo como corresponder a um estágio da evolução de vertentes controladas pelo transporte que tiveram seu limite de estabilidade ultrapassado pelo excesso de acumulação (seja de regolito, seja, por exemplo, de uma sobrecarga glacial) sem suavização gradual das formas pela erosão.

É interessante observar que as encostas dos vulcões (vertentes de agradação – Cap. 1) tendem fortemente para essa forma (Fig. 8.11), que é discutida na seção 6.2 e esquematizada na Fig. 6.3, apenas suavizada em razão do próprio processo de formação. Inicialmente isso ocorre pelo fato de que há uma seleção deposicional: as partículas menores tendem a percorrer maiores distâncias no ar e, consequentemente, a depositar-se a maiores distâncias do cone, e, nessa deposição, o ângulo do talude gerado é muito próximo ao do de repouso natural desses materiais, visto que, ao se depositarem, eles o fazem quase a frio e possuem, consequentemente, um comportamento que lembra o das areias. Já na porção mais próxima, grandes blocos e bombas (além de lava propriamente dita) são depositados, o que propicia ângulos mais íngremes, dado o "afundamento" dos blocos maiores em condição ainda plástica que resulta numa "soldagem" entre eles e no desenvolvimento rápido de intertravamento e coesão (características de rocha), além de que partículas maiores costumam desenvolver maior ângulo de atrito entre si. Tais fatos, entretanto, não significam que, com o passar do tempo e a alteração da lava consolidada, escorregamentos não venham a ocorrer – a Fig. 8.11 mostra um deles –, caracterizando a condição de estabilidade-limite do cone.

Do mesmo modo, vertentes convexas indicam a possibilidade de ajustamento mais próximo do limite de estabilidade superior, e nesse caso sim isso ocorre porque existe um mínimo de umidade climática para que haja atuação significativa do intemperismo químico/biológico e instalação de vegetação que permita essa acumulação.

A similaridade de formas resultantes de movimentos de massa em regiões tropicais e glaciais é tão notável que, como foi antes referido, levou cientistas europeus a confundi-los (ver seção 7.2.3). Do mesmo modo, cientistas brasileiros e estrangeiros trabalhando no Brasil tropical/subtropical (ver seções 4.3 e "Os escorregamentos de 1974 na região de Tubarão (SC) e no norte do Rio Grande do Sul") postularam a necessidade de climas semiáridos e/ou alternâncias climáticas para explicar as formas de anfiteatros (ou circos) existentes em regiões de climas tropicais e subtropicais, que são originadas, na verdade, ao que tudo indica, por movimentos de massa de grandes proporções e/ou por sucessivas reativações deles.

Na realidade, na Geomorfologia, como em outros ramos da ciência, ideias que, ao surgirem, causam acirrados debates entre autores por serem aparentemente

FIG. 8.11 *Monte Fuji, no Japão*

incompatíveis tornam-se, com o "assentar da poeira", complementares e permitem uma melhor aproximação da verdade buscada. A evolução do conceito de peneplanização devido a Davis; o mecanismo de alteração e queda de bandas de rocha de Penck; a introdução do conceito de zonas climáticas pelos geomorfologistas adeptos dessa escola; a afirmação da uniformidade dos controles físicos básicos da evolução do relevo feita por King; e a necessidade da inclusão das leis que regem a atuação de forças e resistências proclamada por Strahler constituem os elementos básicos apontados nas seções 8.2 e 8.4.

Em sua dissertação de mestrado, Ferreira (2013) apresenta três fotos (11, 12 e 21) que mostram o rápido retorno à biostasia de porções da bacia do rio Guaxinduba na região afetada pelos eventos de 1967 em Caraguatatuba (SP) e que confirmam a assertiva do autor (Lopes, 2003) acerca de sua convicção de que, de um ponto de vista ecológico (ou holístico), ciclos de "depenamento" de encostas como os que ocorreram nesse local (1967), na Serra das Araras (1966) e, posteriormente, em Teresópolis e em Morretes/Antonina (2011) são inerentes ao modelo descrito na seção 8.2.

Com a finalidade de monitoramento geomorfológico/edafológico após este último evento, foram tomadas e são apresentadas as Figs. 8.12 a 8.14. As duas

Fig. 8.12 *Aspecto geral da Serra do Mar na região de Antonina/Morretes, no Paraná, em 5 de maio de 2011*
Fonte: José A. U. Lopes.

Fig. 8.13 *Região próxima ao rio Jacareí (km 18 da BR-277) em 5 de maio de 2011: detalhe das rupturas nas encostas, da planície do rio Jacareí atulhada e da vegetação afetada*
Fonte: José A. U. Lopes.

primeiras mostram as condições da Serra do Mar no Paraná em 5 de maio de 2011, dois meses após o evento relatado na seção 7.2.1 e na seção "Os desastres de Santa Catarina e do Paraná e o megadesastre do Rio de Janeiro em 2011" (p. 180). Na Fig. 8.13 é possível observar, além das cicatrizes das rupturas, a grande quantidade de material trazido das encostas para a planície aluvial e a vegetação "afogada" por esse aporte. A Fig. 8.14 mostra o mesmo local da Fig. 8.13 em 18 de abril de 2016 e, portanto, pouco mais de cinco anos após o evento.

Fig. 8.14 *Mesmo local da Fig. 8.13 em 18 de abril de 2016*
Fonte: José A. U. Lopes.

Assim, em vez de serem classificados como desastres, eles podem ser interpretados como importantes processos naturais de rejuvenescimento não só do relevo, mas também da vegetação, similarmente ao reportado por Odum (1983) para o caso de fogo e insetos. Todos eles se inserem na "dança de Xiva" – construção/destruição/construção – que caracteriza a ação da natureza.

Aliás, aparentemente esse *modus faciendi* não é só característico da dinâmica da Terra e dos seres vivos que nela habitam, mas se estende a todos os corpos celestes e mesmo ao próprio universo. Segundo a chamada teoria do universo pulsante, ao Big Bang que deu (ou dá) origem ao universo, segue-se uma fase de expansão esférica que vai sendo retardada, gradativamente, pelo crescimento dos limites desse mesmo universo, que se expande e, consequentemente, reduz sua curvatura e pressão nas bordas. Após ocorrer um equilíbrio entre essa pressão e o efeito gravitacional da massa e da energia (que são duas formas do mesmo ente) em seu interior, o universo entra em compressão (Big Crunch), reduzindo seu raio e aumentando a pressão interna até um ponto em que ela tende para o infinito, e, nessa hora, ocorre uma explosão ou um novo Big Bang e tudo recomeça (ou recomeçou *n* vezes) (Prevedello, 2011).

Finalmente, como protótipo de encosta puramente rochosa e limitada por falhamentos, como a prevista no modelo da Fig. 8.1, é apresentada a encosta da Fig. 8.15, tomada pelo autor em Roboré, na Bolívia.

Fig. 8.15 *Encosta rochosa limitada por falhamentos em Roboré, na Bolívia*
Fonte: José A. U. Lopes.

nove

Ocupação das encostas

9.1 Generalidades

Entre soterrados, afogados e vítimas de outros acidentes, pelo menos 904 pessoas morreram na região serrana do Rio de Janeiro em janeiro de 2011, sendo 381 em Teresópolis, 71 em Petrópolis, 426 em Nova Friburgo, 21 em Sumidouro, quatro em São José do Vale do Rio Preto e uma em Bom Jardim – Macedo e Martins (2015), com base no Banco de Dados de Mortes por Deslizamentos do Instituto de Pesquisas Tecnológicas do Estado de São Paulo (IPT), informam dados um pouco mais elevados: 382 para Teresópolis, 74 para Petrópolis e 429 para Nova Friburgo –, inobstante um estudo técnico realizado em 2008 tivesse mostrado que essa região (particularmente Petrópolis, Teresópolis e Nova Friburgo) era extremamente vulnerável a desastres desse tipo, dado seu histórico anterior.

A Fig. 9.1 mostra o descaso em relação à fragilidade ambiental das encostas com que a ocupação foi sendo realizada na região. O mais rudimentar conhecimento técnico sobre o comportamento de encostas tropicais em regiões de clima úmido (discutido nas seções seguintes – 9.2 a 9.7) e até mesmo a experiência empírica dos moradores da região e de outras similares (sem falar na legislação ambiental e de planejamento urbano, discutida na seção 9.8) concluiriam pela não ocupação do local pela simples observação da inclinação da vertente. No caso específico, entretanto, a situação era mais escancarada: ao lado da porção afetada pelo deslizamento de 2011 pode-se observar que existia exposta uma superfície

Fig. 9.1   *Hotel Recanto Itália, em Nova Friburgo (RJ), em janeiro de 2011*
Fonte: Rafael Andrade/Folhapress.

de rocha em domo (área mais escura, à esquerda) cuja origem só poderia estar ligada a eventos anteriores de *stripping* similares a esse evento (seção 8.2). A conformação dessa superfície exposta indicava claramente que ela tinha continuidade lateral (observar a porção da superfície rochosa com coloração mais clara), o que significa que a espessura de solo, nessa região, deveria ser delgada, fato comprovado na porção direita da foto, sob o hotel.

Além do fato de que a resistência ao longo de uma superfície solo/rocha é inferior à resistência intrínseca da massa de solo (Kanji, 1972), há que considerar-se a inclinação da superfície rochosa, que condiciona uma forte componente gravitacional, e sua impermeabilidade, que funciona como uma barreira para a água que migra *per descensum* no interior do solo, saturando-o e elevando, consequentemente, as pressões neutras em seu interior e, principalmente, ao longo dessa superfície por onde ela fatalmente migrará. É a receita perfeita para um desastre! Ainda que as fundações da construção estejam fortemente engastadas na rocha (e aparentemente isso ocorreu nesse caso, dado que a construção não só permaneceu, como manteve, sob ela, o solo *in loco*, tal como se estivesse "grampeado"), o efeito dinâmico da movimentação do solo em fluxo úmido pode ser extremamente destruidor e, na dependência de sua energia cinética, incontrolável.

Situação similar levou ao desastre da pousada Sankay, na praia do Bananal, em Angra dos Reis (RJ), em 2010 (seção 7.2.1), só que nesse caso a construção se situava ao pé da encosta e foi atingida pelo material oriundo da porção acima.

Uma pesquisa realizada sob orientação do autor (seção 7.2.1) mostrou que, no período de 20 anos entre janeiro de 1995 e dezembro de 2014, morreram no Brasil, pelo menos, 1.380 pessoas em deslizamentos de encostas e que esses eventos ocorreram em todos os meses do ano, mas em maior número entre novembro e março, com menor densidade entre julho e setembro. Na realidade, o número de mortes certamente foi muito maior, pois só foram incluídas nessa conta as mortes em que as fontes pesquisadas indicaram inequivocamente que elas teriam ocorrido em razão de deslizamentos, sem a contribuição de outras causas associadas a grandes eventos pluviométricos, como alagamentos, enxurradas, raios etc. Segundo Macedo e Martins (2015), 3.396 "fatalidades" ocorreram entre 1988 e abril de 2015, em 773 eventos que aconteceram em 243 municípios de 18 Estados, e, apenas em 2011, foram 969 as pessoas mortas nessas circunstâncias.

Esses dados mostram que a ocupação das encostas, particularmente nas regiões urbanizadas ou em urbanização, constitui-se em um desafio importante para planejadores, gestores e população. Ela envolve aspectos como a necessidade de estimar, com a melhor acuidade possível, a estabilidade em curto prazo, bem como estabelecer diretrizes e processos de monitoramento e gerenciamento das encostas a serem ocupadas, em fase de ocupação e/ou já ocupadas e interditar as que não devem ser definitivamente ocupadas. Para tal, é necessário desenvolver e/ou adaptar ferramentas e metodologias de trabalho que permitam o atingimento desses objetivos, tanto do ponto de vista técnico como legal. Em razão desses fatos, é feita a seguir uma descrição do estado da arte técnico e teórico sobre o assunto em nível mundial, dos dispositivos legais vigentes no Brasil e de alguns exemplos de monitoramento e gerenciamento técnico também no Brasil.

9.2 Estimativas de estabilidade de encostas em curto prazo
9.2.1 Estimativas qualitativas

De um ponto de vista puramente qualitativo e numa visão de curto termo, as vertentes têm sido classificadas como estáveis ou instáveis a partir de observações de sua inclinação, de seu material constituinte, da presença ou da ausência de surgências de água e de indícios de movimentação dos solos e/ou do regolito, tais como fendas de tração, cicatrizes de antigos movimentos de talude, árvores inclinadas, ondulações da superfície etc.

Todos esses indícios, entretanto, quando não utilizados criteriosamente e, preferentemente, associados entre si, podem conduzir a diagnósticos enganosos sobre o grau de instabilidade de uma encosta. Assim, a grande inclinação de uma encosta não é necessariamente indício de que seja instável. Há que se examinar juntamente, pelo menos, o tipo de material que a compõe: na Serra do Mar, vertentes muito instáveis constituídas por depósitos de tálus apresentam, muitas vezes, baixa inclinação (12°-15°), enquanto vertentes formadas por solos residuais e por rochas permanecem estáveis com taludes muito mais íngremes. A presença de árvores inclinadas pode ser, muitas vezes, apenas o indício da busca do sol, especialmente ao lado de estradas ou outros tipos de interrupções na cobertura vegetal. Quando, no entanto, dois ou mais desses elementos indicativos se encontram juntos, como uma encosta de tálus com abundantes surgências de água e recoberta por árvores inclinadas, é muito provável que se trate realmente de uma encosta instável.

Outra possibilidade de estimar qualitativamente a estabilidade das vertentes liga-se à observação de suas formas. Admitindo-se que as vertentes que possuem seções principais (verticais) côncavas são formadas, em climas úmidos, a partir de movimentos coletivos de solos provocados pela instabilização de vertentes convexas (conforme discutido nas seções 6.1, 6.2, 6.4 e 8.2), elas representam uma situação muito próxima da instabilidade, ou, utilizando-se o linguajar usual da Mecânica dos Solos, elas possuem fatores de segurança muito próximos da unidade. Isso é óbvio por si mesmo, uma vez que alguma coisa só escorrega porque está instável e só para de escorregar porque atingiu a estabilidade, seguindo-se que a cicatriz de escorregamento (ou a vertente côncava resultante) representa a condição-limite entre uma e outra: a porção instável que deslizou e a porção estável que permaneceu.

A instabilidade desse tipo de vertente costuma manifestar-se principalmente de duas maneiras: escorregamentos regressivos de sua porção superior, de forte inclinação, devidos ao decaimento da coesão provocado pelo efeito do desconfinamento e do intemperismo, e movimentos tipo fluxo provocados pela concentração de água em razão da forma côncava desenvolvida (Figs. 6.11, 6.12, 6.13 e 7.6). Esse segundo tipo de movimento costuma iniciar-se por sulcos e ravinas de erosão que, com o avanço do processo, escavam taludes cada vez mais íngremes e instáveis e que, por ocasião de grandes chuvas, se transformam em torrentes e fluxos de material (Figs. 7.6 e 7.16). Já as vertentes que possuem seção vertical principal convexa representam um estágio anterior de evolução e são, em princípio e pela mesma razão, mais estáveis ou, dito de outra forma, possuem fator de segurança acima da unidade, embora tenham como destino aproximar-se gradativamente da instabilidade (fator de segurança unitário), a menos que o balanço geração/retirada do regolito seja modificado no sentido do segundo membro da equação.

É importante, contudo, ter em mente que, em termos da forma da extensão longitudinal das vertentes, as relações são inversas: vertentes com extensões laterais convexas são mais instáveis, em razão da maior massa atuante como ativa no processo (Fig. 9.2A), que aquelas que possuem extensões laterais retilíneas (Fig. 9.2B) e mais ainda que as côncavas (Fig. 9.2C). Disso é possível concluir, como corolário, que as porções convexas remanescentes entre duas côncavas, tal como a mostrada na Fig. 8.6, representam situações de grande instabilidade. Essas porções convexas isoladas por porções côncavas costumam constituir-se em terreno propício ao avanço do processo de transformação lateral das encostas convexas em côncavas (Figs. 8.6 e 8.7), do mesmo modo que as porções altas das vertentes côncavas fazem avançar esse processo no sentido do alto das encostas (Figs. 6.9 e 8.5).

Levando-se a concavidade e/ou a convexidade lateral das encostas a seus extremos – os taludes "fechados" –, verifica-se que essas noções se adaptam perfeitamente ao observado: em abismos naturais ou em poços escavados, a experiência mostra que a estabilidade cresce em razão inversa ao diâmetro da escavação, enquanto em elevações "positivas" (morrotes íngremes de pequeno diâmetro) a estabilidade é diretamente proporcional ao diâmetro da elevação. A observação da Fig. 9.2 mostra por que isso ocorre. No primeiro caso, como o sólido potencial de ruptura "abraça" a encosta côncava (Fig. 9.2C), à medida que o diâmetro da escavação se torna menor, o sólido potencial de ruptura cresce relativamente, e, quando seu raio se torna duas vezes o da escavação, ele a circunda completamente, como indicado na Fig. 9.3. A partir do ponto de envolvimento total da escavação, o sólido evolui para um anel e suas seções formam cunhas sob condição de compressão, criando uma situação de estabilidade.

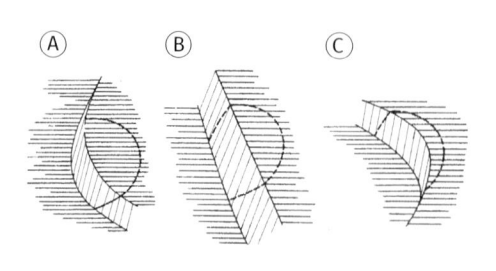

FIG. 9.2 *Efeito da conformação lateral das encostas em sua condição de estabilidade*
Fonte: Lopes (1997).

De outro lado, a observação da mesma Fig. 9.2C permite concluir que, em escavações circulares largas, o envolucramento da encosta pelo sólido não ocorre nunca, tendo em vista que a ruptura acontece antes. Nas elevações circulares (ou próximas dessa forma), os taludes representam uma situação contrária: com o crescimento do diâmetro da elevação, a estabilidade cresce junto, uma vez que a relação peso do sólido/resistência de superfície se reduz (Figs. 9.2A,B).

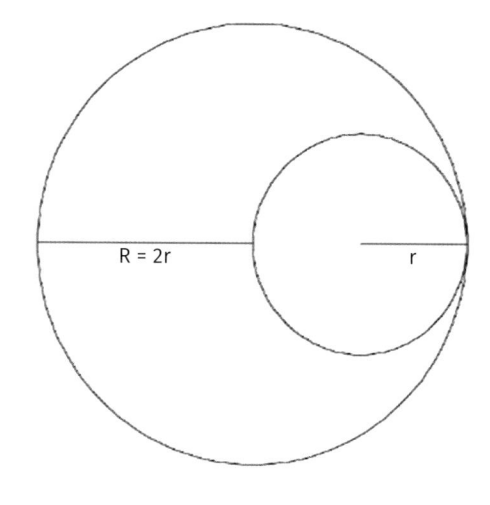

Fig. 9.3 *Efeito do diâmetro da escavação fechada em sua condição de estabilidade*

Sobre essa questão, Castro (1998, p. 120, tradução nossa), citando Castro et al. (1995), afirma que "a resistência do sistema da massa rochosa na superfície da abertura decresce para superfícies com raio crescente de curvatura" e dá um exemplo: "a resistência do sistema decai de cerca de duas vezes a resistência à compressão simples (σ_c) no caso de um raio pequeno (30 mm), para em torno de 0,45 (σ_c) para um diâmetro de túnel com 3,5 m, em uma rocha maciça".

No esquema de King de aplainamento em clima semiárido (seção 4.2.3), a porção principal das vertentes – as escarpas – recua por erosão e escorregamentos, e, abaixo dela, o talude de *debris* possui inclinação que corresponde ao ângulo de repouso dos materiais. O pedimento situado na base seria uma grande concavidade escavada em rocha, e o topo, uma crista convexa gerada pelo intemperismo e pelo rastejo. A análise desse modelo de vertente mostra que escarpa e talude de detritos, do ponto de vista de estabilidade mecânica, constituem-se em segmentos na condição de estabilidade-limite (fator de segurança igual à unidade) do mesmo modo que as vertentes côncavas geradas em climas úmidos, tal como antes discutido. O mesmo grau de estabilidade possuem as vertentes de agradação, como os *fronts* de dunas de areia (Cap. 1), e, até certo ponto, as de vulcões (Fig. 8.11). Segue-se desse fato que, do ponto de vista prático, ainda que se admitisse que as vertentes côncavas hoje existentes nas regiões tropicais e subtropicais úmidas tivessem sido geradas em paleoclimas semiáridos, conforme as teorias defendidas por autores antes discutidos, elas seriam, do mesmo modo, indicativas da condição-limite de estabilidade dos materiais que as constituem, diferentemente das convexas, que usualmente se afastam dessa condição (à exceção do caso de vertentes de agradação, como as de *fronts* de dunas – Fig. 3.1). A forma côncava, no primeiro caso, deve-se à atuação direta dos fatores físico-mecânicos do intemperismo, enquanto, no segundo, ela se sobrepõe à ação química (e bioquímica), quando esta ultrapassa os limites ditados pelas propriedades dos materiais gerados.

9.2.2 Estimativas quantitativas
Metodologias das ciências de Engenharia

A obtenção de estimativas quantitativas de estabilidade de encostas é bem mais complicada que a das qualitativas. As soluções clássicas da Mecânica dos Solos podem ser agrupadas em dois conjuntos: as estimativas de estabilidade executadas a partir de valores de c, ϕ e γ obtidos em laboratório, que poderiam ser chamadas metodologias "canônicas", e os estudos de regressão efetuados com base em rupturas existentes.

i) Metodologias "canônicas"

Para estudos desse tipo, são coletadas amostras dos materiais constituintes das encostas e, com elas, executados ensaios para a determinação dos parâmetros c, ϕ e γ, e, a partir do estabelecimento das condições *in situ* de dados como posição do lençol freático, espessura, composição e grau de homogeneidade do manto alterado, e forma e inclinação da encosta, são executados os cálculos. Embora existam muitas variantes, todas elas têm em comum o traçado, por tentativas, de superfícies potenciais de ruptura e a determinação estatística daquela que represente a pior relação entre a resistência disponível e as tensões cisalhantes desenvolvidas, isto é, o fator de segurança F_s (ver seção "A questão dos fatores de segurança", p. 273) mais próximo da unidade. A partir daí, as encostas podem ser teoricamente classificadas em graus de estabilidade.

Os métodos mais usados são os que simulam superfícies de ruptura semi-circulares, estando entre eles a maioria dos pioneiros: Fellenius (1936), Bishop (1955) e Morgenstern e Price (1965). Entretanto, Rendulic (1935 *apud* Taylor, 1966) utilizou uma espiral logarítmica, conformação mais próxima do modelo descrito nas seções 6.2 e 6.3 deste livro. O primeiro desses métodos ficou conhecido como método sueco (ver seção 6.2), de Fellenius (que o apresentou em 1936) ou, ainda, "das fatias" (*slice method*), uma vez que o maciço potencialmente instável era dividido em fatias para permitir o cálculo, ainda que essa ideia de discretizar a massa potencialmente instável fosse anterior (em 1916, Peterson já a havia utilizado em um caso particular). Esse método, em síntese, consiste em traçar, por tentativas, superfícies potenciais de ruptura com forma semicircular; dividir o maciço em fatias; determinar o peso de cada uma dessas fatias, multiplicando-se sua área pela densidade aparente; decompor esse peso em componentes tangenciais (ativas) e normais (resistentes); determinar os valores das pressões neutras em cada uma das fatias; subtrair esses valores dos das pressões totais; e fazer, ao final, uma somatória algébrica dos conjuntos (resistências e pressões efetivas) e definir a razão entre eles, que fornece o fator de segurança para cada uma das superfícies ensaiadas. O fator de segurança admitido para o talude é o obtido para a superfície que o apresentar menor. Nesse método, que satisfaz apenas ao equilíbrio dos momentos, as fatias são tratadas como autônomas e as forças entre elas são ignoradas.

Nos anos 1950 foram introduzidos avanços importantes por Janbu (1954) e Bishop (1955). Este último autor desenvolveu um esquema de cálculo que permite levar em consideração as forças normais entre as fatias (mas não as de cisalhamento), continuando, entretanto, a serem satisfeitas apenas as condições de equilíbrio dos momentos (Bishop simplificado). O método de Janbu simplificado, além de considerar as forças entre as fatias, como o de Bishop, permite o emprego de superfícies de ruptura não semicirculares e satisfaz o equilíbrio de forças, mas não o de momentos, como o daquele autor.

O desenvolvimento dos computadores nos anos 1960 facilitou sobremaneira os cálculos iterativos inerentes a esses métodos e permitiu o emprego de formulações matemáticas mais rigorosas, como as devidas a Morgenstern e Price (que permite a escolha, pelo operador, da força entre fatias), a Spencer (que utiliza uma função constante de força entre fatias), a Janbu (geral) e a Sarma (que permite, assim como a de Janbu, o uso de superfícies de ruptura diferentes), e que levam em consideração não só o equilíbrio de forças, como também o de momentos. Outros métodos, como o do Corpo de Engenheiros do Exército Americano e o de Lowe-Karafiath, apresentam características peculiares interessantes, mas só satisfazem o equilíbrio de forças.

Atualmente, os modernos *softwares* permitem análises teóricas bastante sofisticadas, tais como de materiais estratificados, condições particulares de poropressão, modelos lineares e não lineares de comportamento força/resistência, diferentes formas de superfícies de ruptura, cargas concentradas e reforços estruturais. Entre eles, pode ser citado, por exemplo, o Geo-Studio, da Geoslope International (2007), que inclui simulações de estabilidade (*stability modelling*), fluxo hidráulico (*seepage modelling*), tensão/deformação (*stress and deformation modelling*), modelagem dinâmica (*dynamic modelling*) etc.

A Fig. 9.4 mostra uma superfície potencial de escorregamento e sua divisão em fatias, bem como as forças computadas nos métodos de Fellenius e Bishop simplificado.

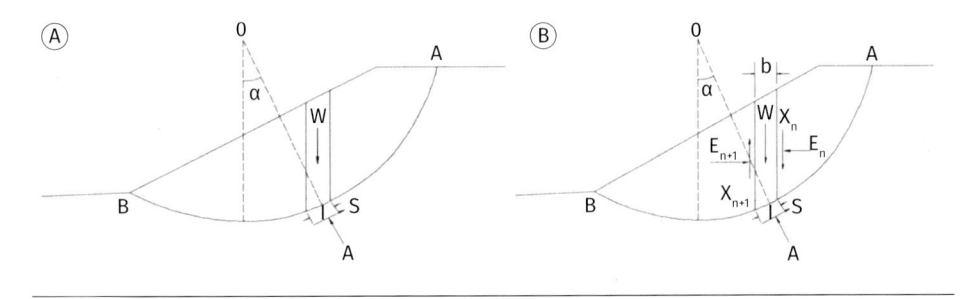

FIG. 9.4 (A) Divisão em fatias de uma superfície potencial de ruptura e (B) esquema de forças em cada fatia, de acordo com as concepções de Fellenius e Bishop

No caso do método de Fellenius, em que as fatias são consideradas isoladamente umas das outras (Fig. 9.4A), o Fs é dado por:

$$Fs = \Sigma(c' \Delta s) + \Sigma(\gamma z \Delta x \cos \alpha - u \Delta s) tg \phi' / \Sigma \gamma z \Delta x \, sen \, \alpha \qquad (9.1)$$

em que:
c' = coesão do material (pressões efetivas);
Δs = largura da fatia medida ao longo da superfície de ruptura;
γ = densidade aparente do material;
z = altura da fatia medida em sua porção média;
Δx = largura da fatia;
α = ângulo que faz a base da fatia com a horizontal;
u = pressão neutra;
ϕ' = ângulo de atrito interno do material (pressões efetivas).

No caso do método de Bishop, em que são levadas em consideração as interações entre fatias, o Fs para o caso simplificado (Fig. 9.4B) é dado por:

$$Fs = (1/\Sigma \, \Delta P \, sen \, \alpha) \times \cdot \Sigma \{c' \, \Delta x + tg \, \phi' \, \Delta P \, (1 - B) \, [sec \, \alpha / (1 + |tg \, \phi' \, tg \, \alpha / S_0)]\} \qquad (9.2)$$

em que:
ΔP = peso da fatia;
α = ângulo que faz a base da fatia com a horizontal;

c' = coesão do material (pressões efetivas);

Δx = largura da fatia;

ϕ' = ângulo de atrito do material;

$B = \Delta u/\Delta \sigma$ = variação da pressão neutra/variação da pressão efetiva;

S_o = fator de segurança previamente calculado a partir da fórmula:

$$S_o = [R/(\Sigma \ \Delta P \cdot x)] \ \{\Sigma[c' \ \Delta s + (\Delta N - u \ \Delta s) \ tg \ \phi']\}$$

em que:

R = raio do círculo de ruptura;

x = distância do centro do círculo ao centro da fatia considerada;

ΔN = variação da pressão normal.

Segundo vários autores, entre eles Duncan e Wright (1980), o método de Bishop simplificado, apesar de não satisfazer todas as condições de equilíbrio, fornece valores de fatores de segurança muito similares aos apresentados por outros métodos mais rigorosos e é, por isso, muito empregado.

O método de Rendulic, conhecido como da espiral logarítmica, não se inclui no grupo dos métodos de fatias: o equilíbrio da totalidade do corpo isolado é considerado. Isso é possível pela forma peculiar da curva, que garante que o raio vetor faça com a normal a ela um ângulo constante e igual a ϕ. A coesão é considerada atuando sobre cada segmento elementar da mesma superfície. O centro da espiral, entretanto, como no caso dos métodos que utilizam rupturas semicirculares e fatias, deve ser encontrado por tentativas.

De acordo com Duncan e Wright (1980, p. 11, tradução nossa), esse método é "aplicável somente a condições homogêneas, e não é [por isso] muito usual para propósitos práticos [...]", mas "é comumente usado como base para comparação com os outros métodos de equilíbrio, todos os quais incluem fatias e, portanto, diferentes tipos de fundamentos". De acordo com Vargas (1981, p. 372), "os cálculos com círculos e com espirais logarítmicas dão resultados muito próximos".

A característica comum a todos esses métodos é sua base fortemente matemática, que exige, por isso mesmo, simplificações e generalizações da natureza, além da necessidade de utilização de ensaios de laboratório para a obtenção dos parâmetros e das características dos materiais idealizados como constituintes dos taludes. Desse modo, eles se adaptam muito bem a taludes homogêneos (particularmente os de construção, como aterros e barragens) ou àqueles em que as heterogeneidades podem ser modeladas. Mas, quando se trata das encostas de uma região, seu emprego esbarra no número de seções a serem examinadas e de elementos de campo a serem coletados. Além disso, há que considerar-se a extrema variabilidade das características dos materiais encontrados na maioria das encostas reais, sejam os herdados da rocha-mãe, como xistosidades, acamamentos e bandeamentos, sejam os superimpostos, como antigas fraturas, falhas e dobramentos, além de efeitos posteriores, já na fase de regolito e solo, como os próprios processos pedogenéticos e a coluviação, o que torna absolutamente inviável pensar em amostrar representativamente esses maciços e modelar, com suficiente acuidade, as influências das heterogeneidades existentes no comportamento do conjunto.

Galeandro, Doglioni e Simeone (2017), usando penetrômetros de bolso, mostraram que camadas argilosas espessas e aparentemente homogêneas são, na realidade, extremamente heterogêneas e anisotrópicas e possuem propriedades variadas, causadas pela ação de processos como deposição, diagênese e intemperismo. "O perfil de resistência do solo mostrou que a relevante variabilidade da resistência do solo [...] era mais alta que o esperado" (Galeandro; Doglioni; Simeone, 2017, tradução nossa). Esses mesmos autores referem-se, ainda, a outras causas de imprecisões, como "a representatividade das amostras, os erros em medições [...] as variações de procedimentos do operador, os efeitos da aleatoriedade dos testes e a incerteza das transformações" (Galeandro; Doglioni; Simeone, 2017, tradução nossa).

As Figs. 9.5 a 9.7 constituem exemplos bastante característicos desses fatos. A primeira delas (Fig. 9.5) foi tomada próximo à cidade de Purmamarca, na porção argentina da Cordilheira dos Andes, região de clima frio e desértico e, por isso mesmo, praticamente sem solo. Entretanto, só a variabilidade geológica/tectônica/litológica é suficiente para praticamente inviabilizar um tal procedimento. São observáveis na foto: camadas de materiais diferentes, falhamentos, dobramentos recumbentes, discordâncias angulares e erosivas e outros tipos de descontinuidades.

Fig. 9.5 *Encosta dos Andes argentinos conhecida como Montanha das Sete Cores*
Fonte: José A. U. Lopes.

As Figs. 9.6 e 9.7 foram tomadas em taludes abertos durante a construção da usina da empresa VSB em Jeceaba (MG), onde o clima é úmido. Nesses dois casos, além da complexidade original dos litotipos ocorrentes e das estruturas que os modificaram, uma grande espessura de solo e regolito torna o condicionamento ainda mais complexo. Na Fig. 9.6 aparecem dois tipos de rochas: um dique de metadiorito na porção central, com sistemas de fraturamentos oblíquos em relação à face do talude, entrecruzando-se e isolando blocos em forma de cunhas, cujos escorregamentos geram "canais", e rochas migmatíticas com atitudes diversas: quase vertical à direita e variável à esquerda. A porção acima do talude rochoso central e a situada à direita apresentam-se constituídas por solo residual argilossiltoso, também com grandes variações de espessura e natureza.

FIG. 9.6 *Talude da usina da VSB em Jeceaba (MG): dique de metabasito intrudido em migmatitos*
Fonte: José A. U. Lopes.

A Fig. 9.7 mostra taludes constituídos, em sua porção superior, por solos residuais (vermelho-acastanhados) argilossiltosos com espessuras variáveis e, em sua porção inferior, por materiais em estágio variável de alteração e consistência (saprolitos), oriundos de rochas antigas (migmatitos e produtos semidigeridos, como anfibolitos e paleodiques diversos), com cores que variam de rosada

FIG. 9.7 *Talude da usina da VSB em Jeceaba (MG): saprolito migmatítico e solo residual*
Fonte: José A. U. Lopes.

a marrom-esverdeada e cinza, e que mantêm, em seu interior, estruturas originais das rochas-mães.

A simples observação dessas figuras mostra que pensar em obter um modelo preciso de tais encostas para um estudo "canônico" seria, no mínimo, ingenuidade.

Do mesmo modo, é importante fixar o fato de que as superfícies de ruptura que aí se desenvolveriam ou desenvolveram não corresponderiam, certamente, às comumente utilizadas nos métodos e nos *softwares*: semicirculares e, consequentemente, diferentes das usualmente observadas, conforme exposto nas seções 6.2 e 6.3, e que incluem rupturas que passam não só na face e no pé do talude, como também abaixo dele (rupturas remontantes). Aparentemente há razões históricas envolvidas nesse procedimento: o primeiro método utilizando segmentação do talude em fatias para estimar sua estabilidade com base no modelo do equilíbrio-limite foi desenvolvido pela Comissão Geotécnica da Suécia, ou seja, no mesmo país e praticamente ao mesmo tempo (primeiras décadas do século XX) das primeiras tentativas para estabelecer um método de projeto de aterros sobre solos moles (Jakobson, 1948). Como, no caso de aterros sobre solos moles, as curvas de ruptura são realmente próximas de semicirculares e remontantes e como, em alguns casos, rupturas desse tipo foram também observadas em taludes de cortes, elas passaram a ser incluídas nos trabalhos e nos programas. Esse tipo de ruptura, entretanto, nunca foi observado pelo autor em encostas naturais, a não ser nos casos em que elas haviam sido modificadas anteriormente por ação antrópica, por exemplo pela execução de cortes de rodovias, como na

FIG. 9.8 *Soerguimento da pista da PR-408 em 2011 por ação de ruptura remontante*
Fonte: José A. U. Lopes.

situação mostrada na Fig. 9.8, que ocorreu no km 19,8 da PR-408 em março de 2011 e elevou a pista em cerca de 2 m após uma chuva de 518 mm.

Do mesmo modo, o autor nunca encontrou, na literatura técnica, referências a casos de encostas naturais intocadas que tenham sofrido tais tipos de ruptura. Assim, parece importante uma breve digressão sobre esse assunto, uma vez que ele envolve a validade da curva de ruptura discutida na seção 6.2, pois, em condições "normais", isto é, com valores significativos de c e ϕ, a geometria observada a posiciona sempre entre o topo e o pé do talude.

Karl Terzaghi e Donald Taylor, dois autores clássicos dos primeiros tempos da Mecânica dos Solos, discutem esse assunto. Taylor (1966, p. 448-449, tradução nossa), por exemplo, afirma:

> em seções homogêneas, com taludes íngremes e em todos os taludes em solos que possuem altos ângulos de atrito, o círculo crítico passa no pé do talude. Entretanto, em taludes suaves em solos nos quais a resistência ao cisalhamento não cresce com a profundidade e para taludes íngremes onde o subsolo tem uma resistência ao cisalhamento menor que a do aterro, o círculo pode passar abaixo do pé do talude.

Terzaghi e Peck (1966, p. 182) assim se expressam: "se o solo abaixo do nível do pé do talude não tiver condições de sustentar o peso do material acima, a ruptura ocorre ao longo de uma superfície que passa a alguma distância abaixo do pé do talude". Conclui-se, pois, que as rupturas adiante do pé do talude são muito menos comuns que as que passam dentro ou no pé do talude, fato que é de conhecimento de qualquer técnico com experiência no assunto, até porque o usual na natureza é o crescimento da resistência com a profundidade.

Admitindo-se a validade da Eq. 3.10 (expressão de Culmann) e da curva dela resultante (Fig. 6.3), conclui-se que a única possibilidade de uma ruptura real tender à horizontalidade em sua base ocorre quando o atrito interno do material constituinte é anulado, pois a curva geral é assintótica à inclinação correspondente a ϕ. Assim, admitindo-se a existência de um talude constituído unicamente por material puramente coesivo e fazendo-se, na expressão de Culmann, $\phi = 0$, obtém-se:

$$H_{cr} = (4c/\gamma) \, [\text{sen } i/(1 - \cos i)] \tag{9.3}$$

ou, fazendo-se $4c/\gamma = k$ (constante):

$$H_{cr} = (k) \, [\text{sen } i/(1 - \cos i)] \tag{9.4}$$

Ao utilizar a Eq. 9.4, pode-se traçar uma curva nos mesmos moldes daquela da seção 6.2 (que utilizou como base a Eq. 3.10), obtendo-se, nesse caso, uma curva mais achatada e que começa com um valor de [sen i/(1 − cos i)] = 1 que se aprofunda até 1k no solo, com inclinação de 90°, e, em sequência, vai reduzindo suavemente sua inclinação e se aproximando de 0° (horizontalidade) e, ao mesmo tempo, assintoticamente, de uma profundidade igual a 2k, como mostra a Fig. 9.9.

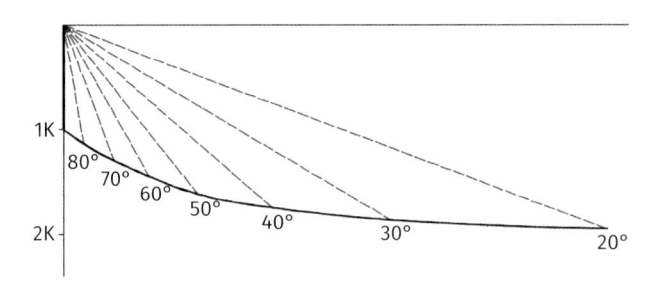

Fig. 9.9 *Curva teórica de ruptura do subsolo na condição $\phi = 0$*

Isso significa que, se tal talude livre existisse e rompesse, a forma da ruptura teoricamente deveria ser essa e, mais ainda, que a altura máxima possível de existir em um tal material, com talude qualquer (côncavo, retilíneo ou convexo), seria dada por:

$$Hmax = 2k = 8c/\gamma \qquad (9.5)$$

Entretanto, no caso, para que haja ruptura remontante, a condição $\phi = 0$ deve ocorrer (e normalmente ocorre temporariamente, pela elevação das pressões neutras) em uma massa de material situada em profundidade maior que o sopé da elevação (pois, caso estivesse acima, ela romperia na face do talude, com a forma da Fig. 9.9, isto é, sem ser remontante) sob outro material coesivo/atritivo. Nesse caso, a forma da ruptura depende das condições vigentes – profundidade, espessura, localização, geometria etc. – da camada mole, bem como da espessura, da geometria, da densidade e das características mecânicas das camadas acima. Trata-se, pois, da ruptura de uma camada confinada em todos os lados, e não de um talude livre, como é o caso das rupturas usuais.

Um paralelo interessante e que permite uma aproximação ao problema consiste na observação da ruptura de aterros sobre solos moles, visto que se trata de um material coesivo/atritivo depositado sobre uma camada puramente coesiva (ou, pelo menos, levada a essa condição pela pressão do aterro acima), confinada lateralmente por ela mesma, abaixo por material mais resistente e acima pelo aterro. A Fig. 9.10, tomada de Terzaghi e Peck (1966) e simplificada pelo autor, apresenta uma forma de superfície de ruptura que se aproxima da curva teórica da Fig. 9.9 e é bastante semelhante a muitas encontradas pelo autor em rupturas desse tipo. Entretanto, nesse caso retratado por Terzaghi e Peck (quase certamente), como nos observados pelo autor, só as duas extremidades da superfície de ruptura estiveram visíveis: o início no aterro e a elevação no solo mole, no final. As rupturas remontantes em encostas usualmente também se aproximam desse padrão: o início na porção superior da encosta, vertical (ou quase), e a elevação no sopé em plano inclinado voltado para fora (Fig. 9.8).

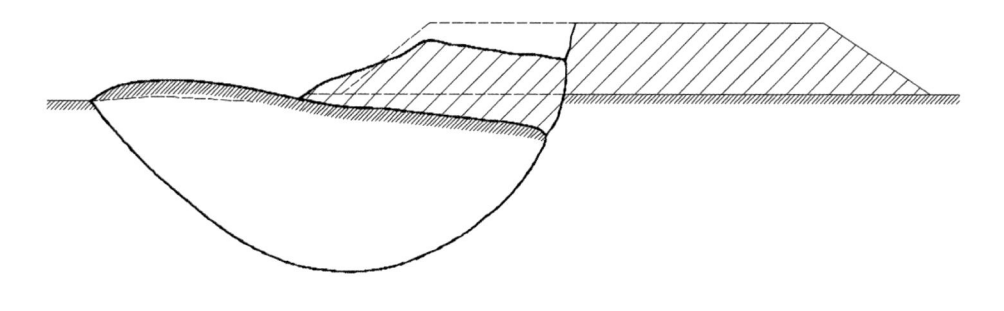

FIG. 9.10 *Curva de ruptura do subsolo na condição ϕ = 0*
Fonte: adaptado de Terzaghi e Peck (1966).

Algumas publicações que relatam rupturas em aterros experimentais, como a de Pilot, Moreau e Paute (1973), mostram superfícies "observadas" através de instrumentação com aparência geral similar a essa. Almeida (1996), entretanto, apresenta uma que foge bastante a esse padrão: a porção inicial no aterro exibe uma inclinação de cerca de 66°, pouco maior que a do final, no solo mole (de cerca de 60°).

De qualquer modo, pode-se concluir que:
* no caso de cortes feitos em elevações onde ocorram, abaixo do nível do fundo, materiais que estejam na condição ϕ = 0 ou que sejam levados a essa condição por um evento pluviométrico excepcional – como no caso mostrado na Fig. 9.8 –, a diferença de peso (ou de tensões provocadas no material com ϕ = 0 pelo material acima) entre o lado do corte (porção ativa) e o da rodovia (porção passiva) causa a ruptura;

- a curva seguida pela ruptura se aproxima da semicircular remontante na busca do reequilíbrio da única maneira possível: a ascensão de uma porção do material confinado em direção à porção menos carregada (fundo do corte), seguindo, provavelmente, uma curva similar à da Fig. 9.9 – algo como os pratos de uma balança;
- nessa condição, o solo residual com $\phi = 0$ se comporta como solo mole clássico (sedimentar);
- o fato de que tal tipo de ruptura, aparentemente, só ocorra em encostas já modificadas deve-se, provavelmente, a que nesses casos a natureza não teve tempo para acomodar-se hidraulicamente à agressão sofrida.

A Fig. 9.11 constitui-se em uma concepção de como o fenômeno do soerguimento ocorre em uma encosta seccionada por um corte, semelhante à da Fig. 9.8.

Embora não esteja no escopo do presente livro discorrer sobre esse assunto (e nem o autor ousaria entrar nessa área específica), é impossível não atentar-se para a semelhança entre o tipo de ruptura discutido e a curva admitida para o caso de fundações rasas assentes sobre materiais altamente coesivos; Taylor (1966) mostra que, utilizando-se $\phi = 0$ na expressão de Prandtl, a curva teórica de ruptura se torna circular e, mais ainda, que a curva real de ruptura se aprofunda menos que o previsto pela teoria de Prandtl (Taylor, 1966), o que a aproximaria mais da curva mostrada na Fig. 9.9.

A substituição da curva semicircular pela resultante da equação de Culmann (Fig. 6.3) nos modelos e nos *softwares* tornaria as estimativas mais precisas e facilitaria os procedimentos: em vez de centenas de possíveis círculos de ruptura com orientações as mais variadas, haveria um pequeno número de curvas paralelas, definidas pelos parâmetros de resistência estimados a partir de qualquer metodologia, "entrando" progressivamente na encosta natural – ou a montante da estrutura de contenção, tal como proposto por Lopes (1995) – cuja estabilidade se queira avaliar. Essa curva só se tornaria semicircular quando atravessasse camadas com condições de atrito zero. A utilização dessa superfície em vez da semicircular seria possível ainda, pelo menos teoricamente, utilizando-se o método de Janbu antes citado.

Um avanço maior na obtenção de melhores estimativas quantitativas de estabilidade, entretanto, exige a consideração de modelos a três dimensões, uma vez que, como mostrado na seção 9.2.1 (Fig. 9.2), além da conformação transversal das seções das encostas analisadas (como é feito nos modelos atuais), há uma forte influência da dimensão longitudinal em sua estabilidade, o que só se conseguia

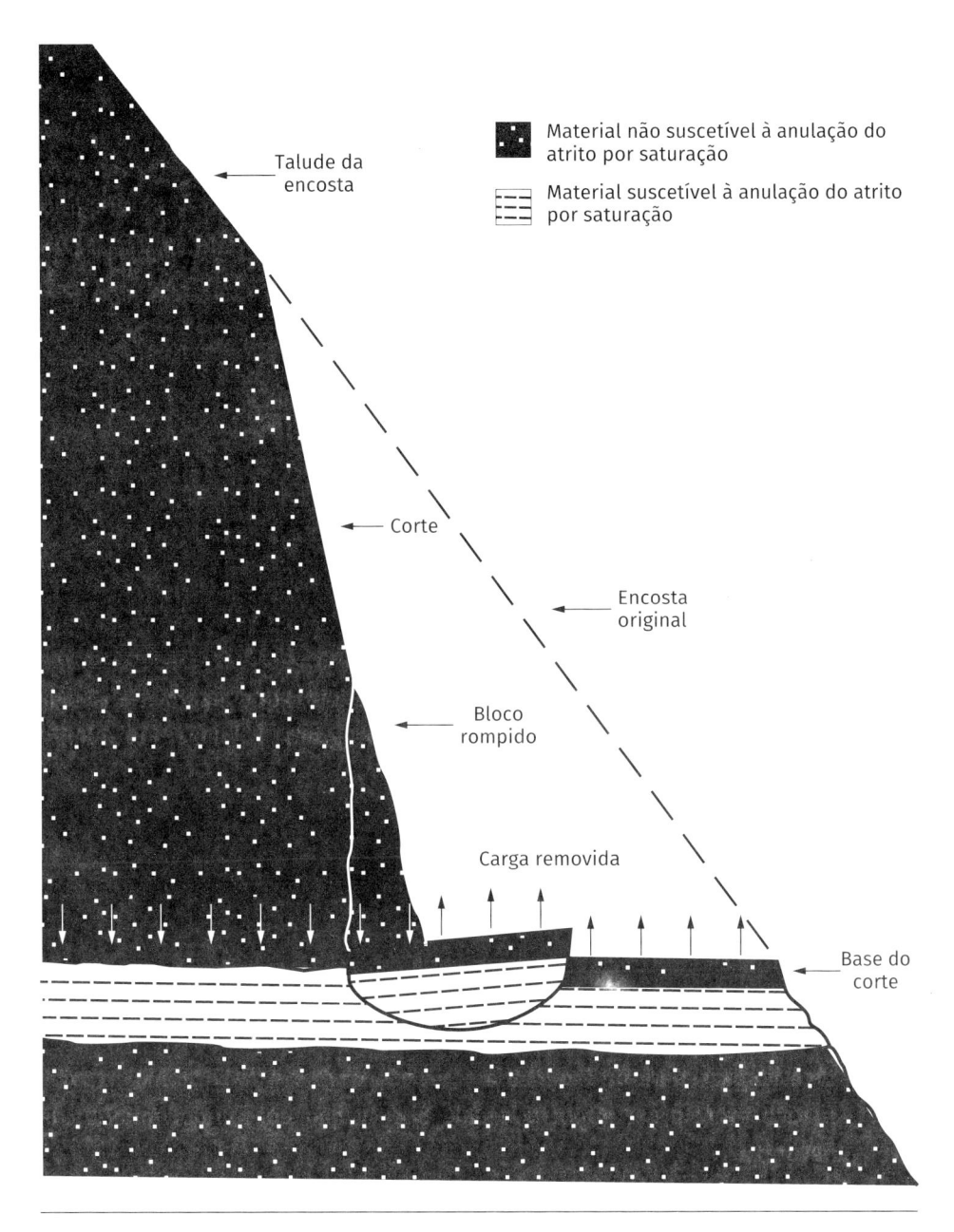

FIG. 9.11 *Ruptura ascendente provocada pela saturação de material suscetível*

obter, até pouco tempo, com o uso de metodologias baseadas em elementos finitos. Nos últimos anos, contudo, importantes avanços têm sido realizados no emprego de métodos de equilíbrio-limite em três dimensões. Lu e Zhu (2016) apresentaram um resumo desses avanços, em que são incluídos autores como

Hungr (1987), Zhang (1988), Lam e Fredlund (1993), Huang e Tsai (2000), Chen et al. (2001), Cheng et al. (2006) e Cheng e Yip (2007), e um método próprio em que, segundo eles, "são locados os esforços normais sobre a superfície de ruptura e consideradas as condições de equilíbrio do corpo inteiro" e que "simultaneamente satisfaz todas as seis condições de equilíbrio e permite o emprego de superfícies de ruptura quaisquer" (Lu; Zhu, 2016, p. 1445, tradução nossa). Ainda de acordo com os mesmos autores, "o método [...] pode ser facilmente implementado com os *softwares* existentes" (Lu; Zhu, 2016, p. 1447, tradução nossa).

Além dessas metodologias, têm sido desenvolvidos e utilizados os chamados métodos probabilísticos, em que, como o nome indica, os cálculos são dirigidos no sentido de estimar as probabilidades de ocorrência de eventos de instabilização.

Não é demais lembrar, entretanto, que, segundo Lambe e Whitman (1979, p. 17, tradução nossa), "a Mecânica dos Solos pode fornecer uma solução para um modelo matemático", mas que "esse modelo pode não representar com acuidade o problema real", e por isso "há a necessidade de experiência e alto grau de intuição", isto é, de uma sensibilidade por eles denominada *engineering judgement*, ou algo como "decisão à luz de um julgamento engenheirístico". Do mesmo modo, Duncan (1996, tradução nossa) assevera: "Os engenheiros que fazem análises de estabilidade de taludes devem ter mais que um programa [...] devem ter habilidade e paciência para julgar os resultados".

O autor acrescentaria que:
* a natureza é o modelo fundamental e todos os outros são aproximações;
* os modelos devem ser simplificações, e não "deformações" da natureza;
* os modelos devem evoluir com o avanço dos conhecimentos;
* a matemática, além de ser, provavelmente, a mais perfeita das ciências, é a linguagem da maioria das outras, mas, nesse caso, deve estar a serviço, e não ser o alvo a ser atingido;
* no caso particular da Geotecnia, mesmo a mais elegante dedução matemática precisa ser suportada pela observação do comportamento da natureza.

ii) **Estudos de regressão**

Segundo Duncan e Wright (1980, p. 5, tradução nossa), "A precisão de uma análise de estabilidade de talude depende da precisão com que as propriedades de resistência e as condições geométricas podem ser definidas, e da precisão inerente ao método de análise". Ao contrário dos estudos "canônicos", os estudos de regressão dão maior importância à obtenção de valores representativos dos parâmetros de resistência do que ao rigorismo matemático do método de análise e, para tal, utilizam-se de rupturas observadas como ensaios em escala natural. Como linha metodológica, buscam determinar, no campo, as condições prováveis em que aconteceu uma determinada ruptura e, a partir daí, por tentativas, estimar os parâmetros de resistência desenvolvidos durante sua ocorrência, considerando-se que, para haver uma ruptura, é necessário que as forças ativas ultrapassem minimamente as resistentes, isto é, que o Fs seja abaixado até um $\Delta x < 1$. Esse tipo de estudo contorna o problema da variabilidade dos materiais, pois os parâmetros estimados serão valores médios ao longo da ruptura observada.

Como argumentos contrários, têm sido levantadas a incerteza da localização da superfície de ruptura, a possibilidade de ocorrência de trincas de tração, a presença ou não de água nessas trincas, a condição das pressões neutras no maciço por ocasião da ruptura, que é desconhecida, e a possibilidade de rupturas progressivas, que levariam a valores conservadores para os parâmetros de resistência obtidos.

Essas objeções, entretanto, não invalidam os métodos de regressão, visto que:
* a superfície de ruptura raramente está mascarada suficientemente para não permitir o estudo;
* as fendas de tração só começam a aparecer quando a ruptura é iminente, ou seja, quando o Fs se aproxima de 1 e, consequentemente, a máxima resistência disponível é mobilizada;
* as rupturas progressivas estão, aparentemente, mais para regra que para exceção na natureza, e, portanto, os cálculos de estabilidade serão mais seguros se utilizarem parâmetros que as evitem;
* rupturas raramente ocorrem, pelo menos em climas úmidos e na ausência de outros deflagradores (movimentos sísmicos, gelo etc.) sem a presença de água (ver seção 7.2).

Sobre a questão das rupturas progressivas, Mello (1984 *apud* Mello, 2014, p. 186) assim se expressa: "a ruptura não ocorre sob uma varinha mágica na equivalência de F = 1,0 e sim, realmente se estabelece quando a diferença de resultados F calculados [...] de uma condição prévia para uma condição posterior [...] passa através da condição F = 1".

Inicialmente, tais estudos seguiam uma linha de trabalho puramente por tentativas, isto é, adotando-se um dos métodos "canônicos" descritos e estabelecendo-se, com base em observações de campo e/ou suposições, as condições em que deveriam ter ocorrido as rupturas. Para tal, iam sendo propostas características e parâmetros que satisfizessem a ruptura, ou seja, que determinassem um fator de segurança teórico igual ou próximo de 1 para o talude rompido.

Mais recentemente, vários métodos e/ou adaptações deles têm sido propostos para tornar mais "racionais" tais estudos, dos quais o mais simples talvez seja o de Acevedo et al. (1981 apud Jesus, 2008), que, a partir da admissão da existência de conjuntos de pares c'/tg ϕ' em distribuição linear, com valores máximos, mínimos e médios que podem atender às condições da ruptura, permite a obtenção de uma "área" de valores possíveis sobre um gráfico Fs/c' tg ϕ' da qual se pode estimar os mais prováveis.

Wesley e Leelaratmann (2001 apud Jesus, 2008) utilizam um procedimento bem mais sofisticado que inclui a estimativa, pelo método de Bishop (1955), dos pares de parâmetros c/tg ϕ que resultariam em um Fs = 1 para a superfície rompida e para a anterior, intacta. Numa segunda fase são determinados, pelo método de Bishop simplificado, os Fs do talude intacto utilizando-se os parâmetros calculados para o rompido e vice-versa. A convergência em um gráfico Fs/tg ϕ para o Fs = 1 permite a obtenção dos parâmetros procurados.

No Brasil, Cachapuz (1978) e Gomes (2003) apresentaram métodos alternativos para a obtenção dos parâmetros mais adequados a cada caso: o primeiro deles realizou uma mescla de parâmetros obtidos em laboratório e em retroanálise com o emprego dos ábacos de Hoek e o último utilizou a forma da superfície de ruptura, comparando-a à forma da superfície crítica de ruptura, esta última calculada em simulação por meio de *software* baseado no método de Bishop simplificado.

Queiroz (1986 apud Gomes, 2003), adotando os critérios de Lopes (1981) discutidos na seção a seguir, elaborou um ábaco altura × inclinação do talude aplicável aos taludes de uma ferrovia, todos escavados em solos residuais oriundos da mesma formação geológica. Esse autor considera que os ábacos de Hoek (ver seção seguinte) constituem a melhor base para esse tipo de estudo e que ábacos similares podem ser construídos e são úteis em casos similares, com unicidade geológica/pedológica e climática.

Metodologia desenvolvida a partir dos conceitos expostos

O autor (Lopes, 1981) desenvolveu uma metodologia utilizando as relações estabelecidas por Hoek (1972) entre os parâmetros c e ϕ e duas funções por ele denominadas *função Y* ou *altura do talude* e *função X* ou *ângulo do talude*. As funções

X e Y, em sua forma mais simples, para rupturas circulares em taludes secos e sem fendas de tração, são dadas por:

$$X = i - 1{,}2\phi \tag{9.6}$$

$$Y = \gamma\, H/c \tag{9.7}$$

em que:
i = ângulo de inclinação do talude;
ϕ = ângulo de atrito interno do material;
γ = densidade aparente natural do material;
H = altura do talude;
c = coesão do material.

Para os casos mais complexos onde entram presença de água e de fendas de tração, foram estabelecidas quatro correções, cujos esquemas e expressões constam da Fig. 9.12. Essas funções foram sendo ajustadas por tentativas por Hoek, e seus resultados, comparados com os obtidos utilizando-se os métodos tradicionais, até alcançar-se boa concordância. O ábaco que permite a verificação da condição de estabilidade de um determinado talude, desenhado por Hoek (1972), é apresentado na Fig. 9.13.

A utilização desse ábaco, desenhado, como foi dito, admitindo-se superfícies de ruptura circulares, enquanto o autor propugna uma superfície mais próxima de uma espiral logarítmica pode parecer algo contraditória, mas é defensável, tendo-se em vista as palavras de Vargas (1977) acerca da pequena diferença nos resultados quando do emprego de uma ou outra dessas superfícies (ver seção "Metodologias das ciências de Engenharia", subseção i, p. 250), além de que Silveira et al. (1977 apud Gomes, 2003) verificaram que a superfície definida pelos critérios de Hoek e a calculada pelo *software* PCSTBL5M são idênticas à obtida no campo.

A partir da observação da forma das cicatrizes de escorregamento (vertentes côncavas que se iniciam verticalmente e se suavizam gradativamente), da discussão sobre sua gênese (a partir de escorregamentos em clima úmido ou de recuo do pé em clima árido) e de sua condição de estabilidade (proximidade da estabilidade-limite ou fator de segurança igual a 1), conforme discussões desenvolvidas no Cap. 5 e nas seções 6.1 e 8.1 a 8.5, pode-se estabelecer em seu interior pares ângulos/alturas que correspondam à condição de estabilidade-limite, mediante um traçado simples, tal como mostrado na Fig. 9.14. Dada essa

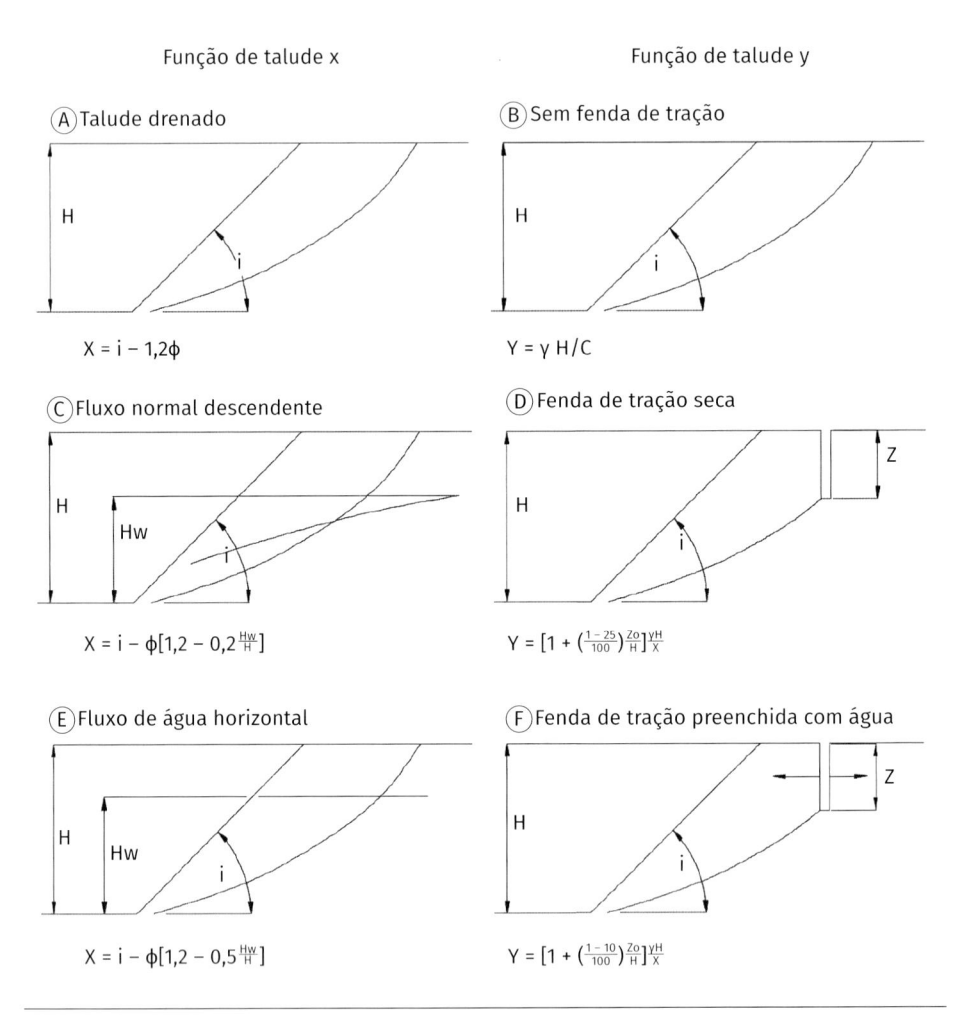

Função de talude x	Função de talude y
(A) Talude drenado	(B) Sem fenda de tração
$X = i - 1,2\phi$	$Y = \gamma H / C$
(C) Fluxo normal descendente	(D) Fenda de tração seca
$X = i - \phi[1,2 - 0,2\frac{Hw}{H}]$	$Y = [1 + (\frac{1-25}{100})\frac{Zo}{H}]\frac{\gamma H}{X}$
(E) Fluxo de água horizontal	(F) Fenda de tração preenchida com água
$X = i - \phi[1,2 - 0,5\frac{Hw}{H}]$	$Y = [1 + (\frac{1-10}{100})\frac{Zo}{H}]\frac{\gamma H}{X}$

FIG. 9.12 *Adaptação das equações básicas X e Y de Hoek às diversas situações de campo*
Fonte: Hoek (1972).

situação singular, esses pares deverão satisfazer as equações X e Y representativas da condição particular em que se deu a ruptura, para a curva Fs = 1.

Uma vez definida a forma da seção principal da ruptura e as condições em que ela ocorreu (com ou sem água e em que posição, com ou sem fenda de tração e em que profundidade), pode-se, por tentativas, estabelecer os valores de c e ϕ que a satisfazem. Do ponto de vista prático, os procedimentos exigem o levantamento de perfis de um certo número de cicatrizes, uma vez que algumas delas podem ser mais antigas e se apresentarem desgastadas (Fs > 1), enquanto outras podem incluir em seu interior material depositado pelo próprio escorregamento (Fig. 9.14A). Nenhuma delas, entretanto, terá inclinações e alturas superiores

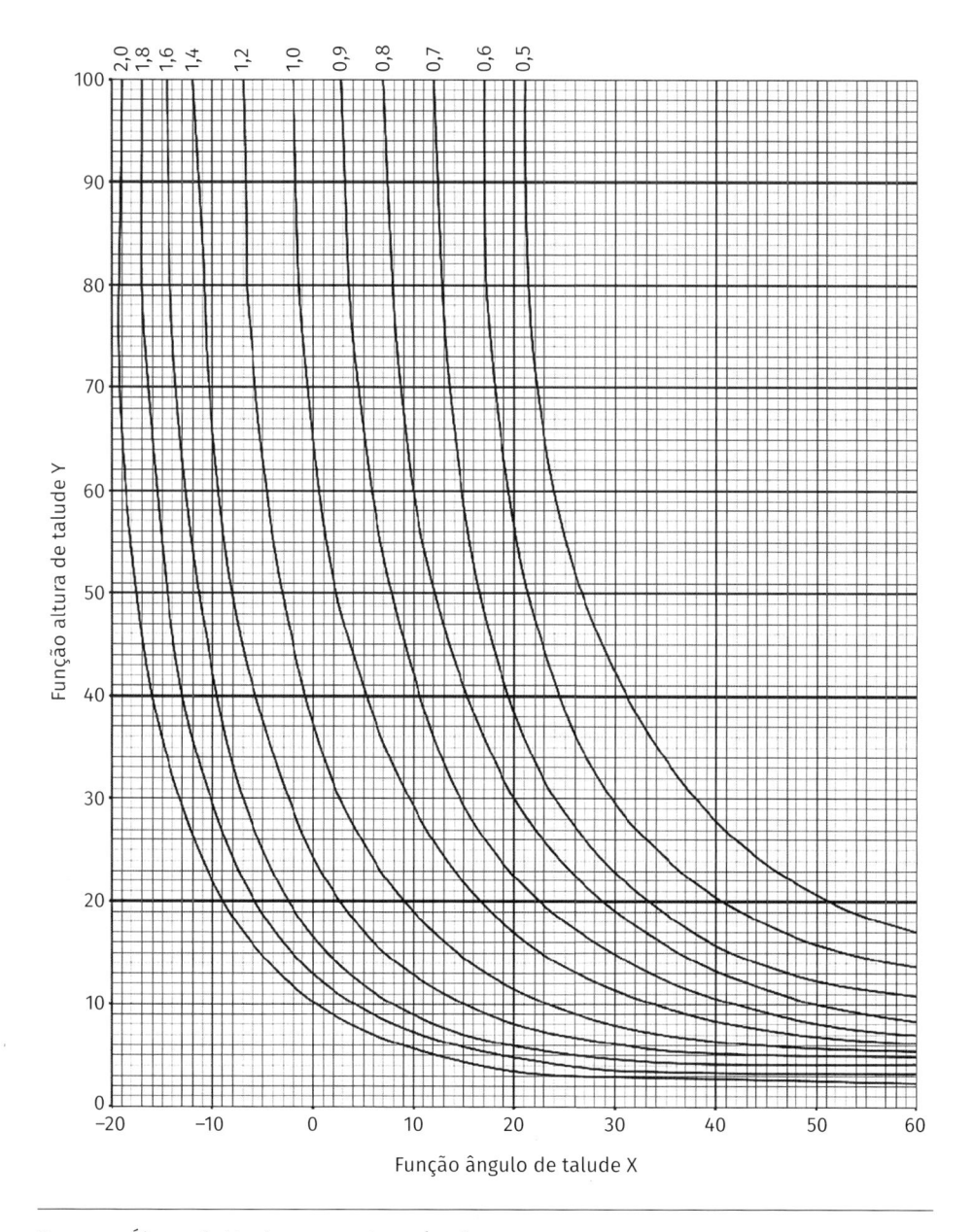

FIG. 9.13 *Ábaco de Hoek para ruptura circular*
Fonte: Hoek (1972).

às permitidas pelas características médias dos materiais seccionados pelas rupturas, nas condições em que elas ocorreram. Consequentemente, para se ter certeza de que se está trabalhando com curvas que representem realmente a condição-limite, é necessário desenhar esses perfis todos (por conveniência de trabalho, invertidos, de modo que seus ápices no campo correspondam às origens no gráfico) e traçar sua envoltória (Fig. 9.14B). O seccionamento dessa envoltória por retas inclinadas de ângulos quaisquer escolhidos fornecerá os pares ângulo/altura de talude limites, tal como mostra a Fig. 9.14C.

A segunda parte dos trabalhos consiste numa pesquisa de campo, buscando-se estabelecer as condições mais prováveis de ocorrência dessas rupturas, utilizadas como paradigma, com a finalidade de escolher a forma das equações que melhor representem as rupturas utilizadas. Uma vez de posse da forma geral das equações representativas do caso em questão, a simples substituição dos pares de valores ângulo/altura limites dos taludes escolhidos e do valor de γn (obtido de ensaios ou estimado) permite o estabelecimento de um certo número de equações numéricas possíveis. A partir daí, atribuindo-se valores a ϕ dentro do intervalo de validade dessa variável adotado por Hoek (10°-40°) e calculando-se os valores da função X correspondentes, pode-se, no gráfico de Hoek, sobre a

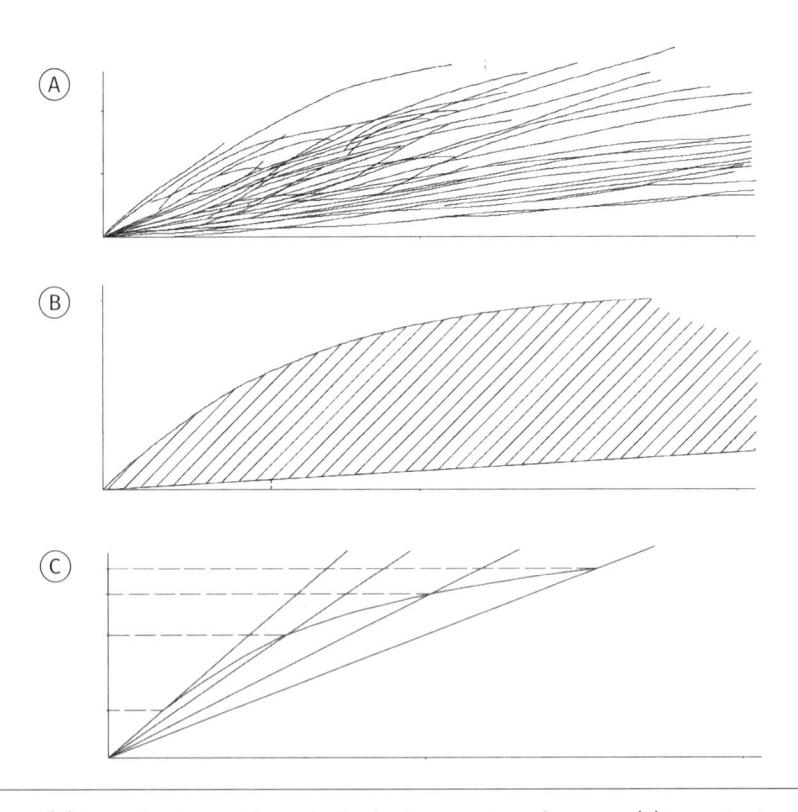

FIG. 9.14 *(A) Desenho das seções principais de vertentes côncavas, (B) traçado da envoltória e (C) escolha de pares ângulo/altura máxima estável*
Fonte: Lopes (1995).

curva Fs = 1, determinar os correspondentes valores da função Y. Uma vez de posse dos valores dessa função, pode-se calcular os valores de c que satisfazem as condições impostas pelos taludes escolhidos na envoltória dos perfis das seções principais dos escorregamentos.

O passo seguinte consiste em colocar, em gráfico, os diversos pares c/ϕ passíveis de atenderem às condições impostas por cada talude-limite e em verificar as intersecções ocorrentes entre dois ou mais deles. Essas intersecções representarão pares que atendem às condições de dois ou mais taludes. A partir daí, por ajustes sucessivos – observando-se que a influência maior da coesão ocorre sobre os taludes mais baixos e íngremes, e a do atrito, sobre os mais altos e suaves –, é possível chegar ao par que melhor atenda às condições impostas por todos os taludes, que será aquele para o qual todos eles se aproximarão do Fs = 1, valor do qual deverá se aproximar, também, a média geral dos Fs individuais de todos os taludes escolhidos. Um exemplo desse tipo de estudo é apresentado em Lopes (1995).

A experiência mostrou que, levando-se (preferentemente com o auxílio de um programa de computador) todos os taludes parciais à fase de gráficos, para todas as condições previstas, é fácil perceber quais os mais prováveis. Além disso, há que considerar-se que dificilmente, em condições ambientais como as nossas, uma ruptura de encosta irá ocorrer sem a presença de água e que, na maioria dos casos (a não ser quando da presença de estratos horizontais ou sub-horizontais dominantes), a superfície do talude será descendente. Os valores de c e ϕ obtidos usualmente seguem a ordem do condicionamento hidrológico da encosta/talude: seco < com NA descendente < com NA horizontal.

Além de se ajustar aos fatos observados, o que lhe dá credibilidade do ponto de vista teórico, a metodologia proposta possibilita diversas utilizações práticas decorrentes dos conceitos que lhe dão suporte e que foram expostos em seções anteriores. Assim, a partir do modelo de evolução proposto, forma e posição das vertentes tornam-se elementos importantes nas estimativas qualitativas, preliminares de seu grau de estabilidade. Do mesmo modo, o modelo proposto permite, também, a elaboração de estimativas quantitativas, em que são utilizadas as vertentes côncavas como paradigmas de campo – "deixar que fale a natureza por seu comportamento passado", nas palavras de Mello (1978, p. 10) – para a obtenção dos valores de c e ϕ, controladores das rupturas que lhes deram origem.

Embora tenha sido concebido como um método estatístico voltado para o emprego de conjuntos de rupturas antigas com vistas à obtenção de valores dos parâmetros de resistência médios de determinada formação geológica/pedológica, o método adapta-se muito bem ao estudo individualizado de uma determinada ocorrência, tal como mostra a Fig. 9.15. Trata-se de uma ruptura de cerca de 75 m de altura que se deu no final da última década do século XX em um corte situado no km 518 + 047 da pista PR/SP da rodovia BR-116. A Fig. 9.15 exibe o levantamento topográfico de detalhe de uma porção do corte e da ruptura que o afetou. Nessa figura, retirada do relatório apresentado na ocasião pela Engemin ao então Departamento Nacional de Estradas de Rodagem (DNER), aparecem, também, os dispositivos de drenagem superficial e sub-horizontal, bem como o retaludamento parcial, propostos para a reestabilização do local.

A Fig. 9.16 mostra o perfil invertido da seção principal da ruptura (que corresponde à linha marcada na porção central da cicatriz do escorregamento na Fig. 9.15) com os diversos segmentos que a compõem, tendo suas alturas e distâncias convenientemente marcadas para permitir a obtenção dos pares altura/inclinação.

A Fig. 9.17 apresenta graficamente as possíveis equações que atendem às oito sequências (pares altura/ângulo máximo) e como elas se intercruzam apontando

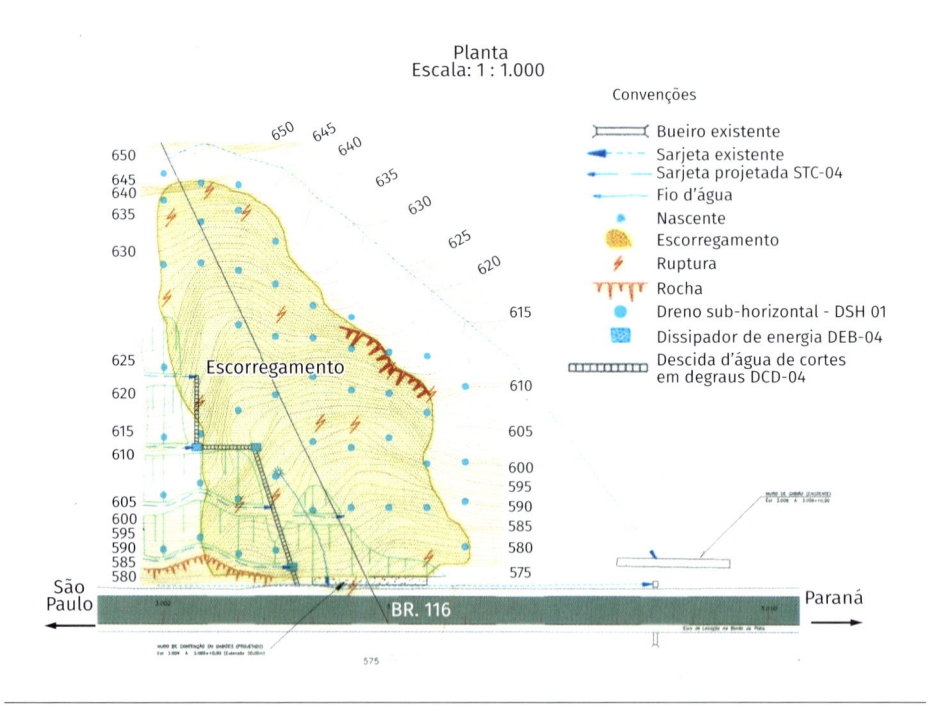

FIG. 9.15 *Ruptura no km 518 + 047 da rodovia BR-116*
Fonte: Engemin.

9 Ocupação das encostas | 271

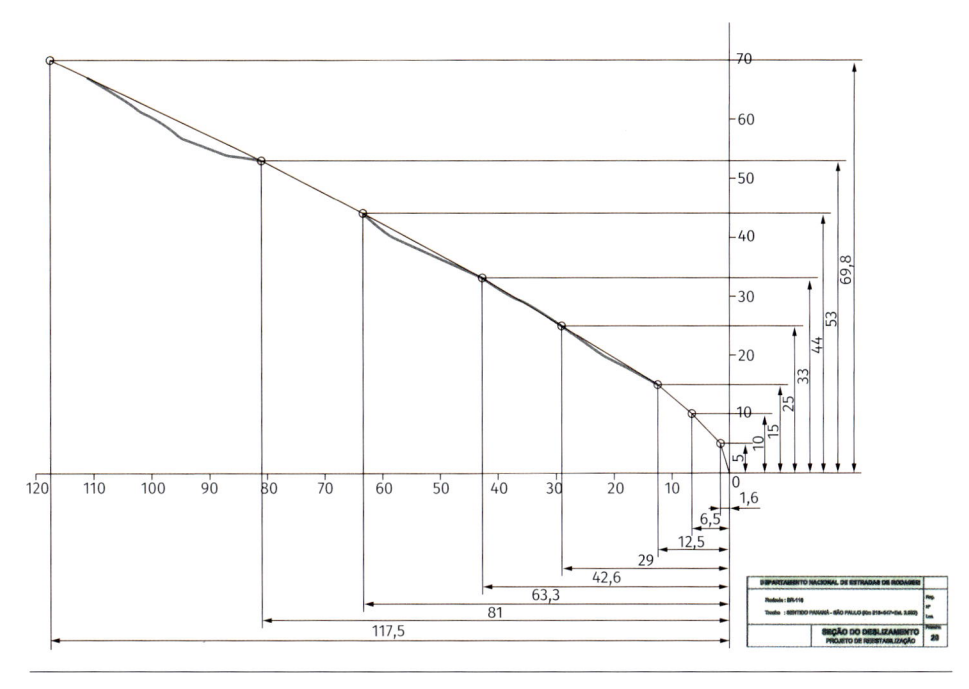

Fig. 9.16 *Perfil da seção principal da ruptura (invertido)*

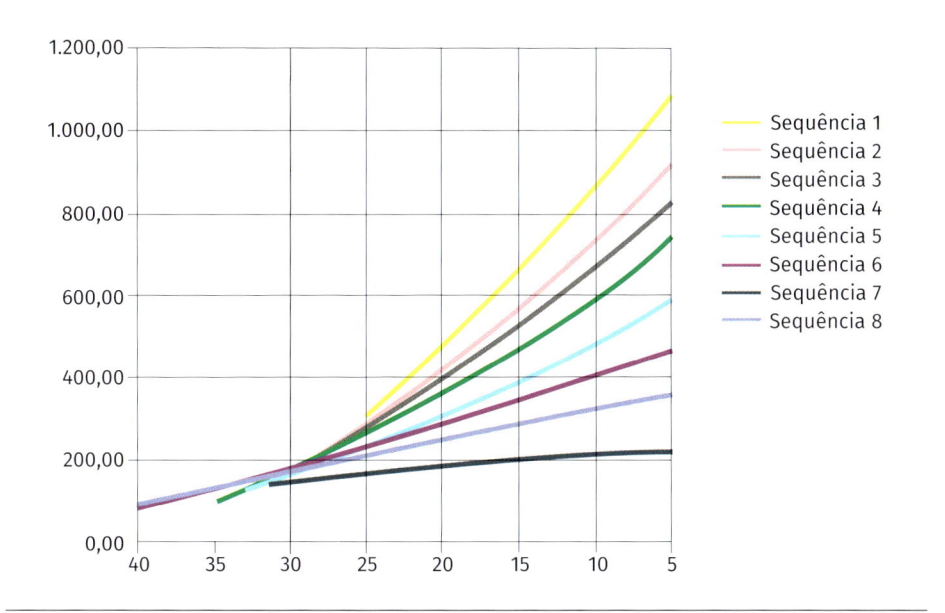

Fig. 9.17 *Gráficos das equações que atendem às oito sequências*
Fonte: Engemin.

a região onde provavelmente devem situar-se os pares que atendem à totalidade da seção principal da ruptura.

A Tab. 9.1 mostra os valores numéricos correspondentes às equações (sequências) que melhor atenderam, individualmente e no conjunto, ao Fs = 1 procurado e que permitiram a obtenção dos valores mais prováveis de c e ϕ: no caso, 134,78 g/cm² e 31,45°.

Embora a validade dos dados obtidos (c e ϕ) possa ser apenas local, como no caso caracterizado pela Fig. 9.17, desde que se disponha de um certo número de eventos semelhantes numa determinada região homogênea em termos de geologia e clima, pode-se extrapolar estatisticamente tais valores e, a partir daí, realizar estudos de estabilidade regionais com razoável grau de aproximação, tal como descrito na seção 9.6.

Após quase meio século de utilização, o autor produziu uma atualização da experiência teórica e prática adquirida com o emprego do método das cicatrizes, usando dados próprios e de terceiros (Lopes, 2019, 2022a). O primeiro desses artigos (Lopes, 2019) traz um histórico das condições em que o método foi elaborado e passa por sua evolução prática e pela análise de outros autores, como Queiroz (1986), Fiori e Carmignani (2001) e Moscateli (2017). O artigo analisa a acurácia do método, utilizando dados obtidos da dissertação de mestrado de Moscateli (2017), e a sensibilidade que ele apresenta, isto é, sua capacidade de fornecer dados dentro de uma pequena gama de valores possíveis com elevada probabilidade de serem verdadeiros. Assim, entre as conclusões desse artigo, destacam-se: (1) os resultados obtidos utilizando-se o método das cicatrizes são muito próximos dos encontrados com o método de regressão de Morgenstern e Price; e (2) na comparação com os resultados obtidos utilizando-se dados de ensaios de laboratório, os valores encontrados no método das cicatrizes são bem mais conservadores, o que está de acordo com a experiência

Tab. 9.1 Valores de Fs para cada sequência e para a totalidade da ruptura

Ponto A	Coesão	ϕ	134,78
			31,45
Sequência	X	Y	Fs
1	37,66	9,17	0,99
2	22,38	17,21	0,95
3	15,60	25,06	0,94
4	6,17	40,02	0,98
5	3,17	52,09	0,98
6	0,20	68,49	0,99
7	−1,41	81,87	1,00
8	−3,89	106,53	1,07
			0,99

Fonte: Engemin.

comum, no caso de estudos de regressão, relatada por muitos outros autores, como Christaras, Argyriadis e Moraiti (2014), e significa uma maior segurança para os projetos.

O segundo artigo (Lopes, 2022a) é mais abrangente e mostra que os dados obtidos de uma ruptura em encosta ascendente são mais conservadores que os calculados no caso de uma encosta com topo plano, e suas conclusões, além das explicitadas no artigo anterior, incluem: (1) a curva de ruptura, no caso de solos espessos e homogêneos, é aderente à épura de Culmann invertida; (2) utilizando-se os mesmos parâmetros de resistência nos cálculos, o método das cicatrizes apresenta resultados absolutamente semelhantes aos obtidos adotando-se os métodos tradicionais de Fellenius, Bishop simplificado, Morgenstern e Price, e Spencer; (3) possíveis erros no estabelecimento das condições de ocorrência das rupturas utilizadas como paradigmas levam a erros muito pouco significativos nos resultados e, certamente, muito menores que os resultantes da deficiente representatividade das amostras utilizadas em laboratório; e (4) a experiência de utilização do método permite o emprego de menores fatores de segurança nos projetos (ver seção "A questão dos fatores de segurança", p. 273).

Lopes (2022a, p. 8), quanto aos efeitos de possíveis erros na avaliação das condições das rupturas/paradigmas sobre os resultados, conclui:

> considerando-se a posição do NA a partir de 0,0 (drenado) até um NA a meia altura do talude [...] e incluindo, ou não, fenda de tração, o erro possível de ser introduzido pela diferença entre as reais condições da ruptura utilizada como paradigma e as admitidas para a estimativa poderá chegar, no máximo, a 1° no ângulo de atrito e 10% no valor da coesão.

A questão dos fatores de segurança

Como anteriormente reportado, denomina-se fator de segurança da encosta (FS ou Fs) a relação entre a resistência disponível e as tensões cisalhantes que tendem a levar essa mesma encosta à ruptura. No caso, como a resistência à ruptura é representada pela coesão c e pelo ângulo de atrito interno ϕ (ver seções 3.1 a 3.3), trata-se de determinar a relação entre a coesão disponível c_d e a coesão solicitada c_s e entre a tangente do ângulo de atrito interno disponível no(s) material(is) $\operatorname{tg} \phi_d$ e o atrito que necessita ser mobilizado para evitar a ruptura $\operatorname{tg} \phi_s$. Assim, podem ser considerados um Fs relativo à coesão e um Fs relativo ao atrito:

$$Fs_c = c_d/c_s \qquad (9.8)$$

e

$$Fs_\phi = tg\,\phi_d / tg\,\phi_s \qquad (9.9)$$

em que:
Fs_c = fator de segurança relativo à coesão;
Fs_ϕ = fator de segurança relativo ao atrito;
c_d = coesão disponível;
c_s = coesão solicitada;
$tg\,\phi_d$ = atrito disponível no material;
$tg\,\phi_s$ = atrito solicitado ao material.

De acordo com Taylor (1966), que discute largamente essa questão, o melhor é adotar um único FS para ambos esses parâmetros, e, nesse caso, o FS pode ser chamado fator de segurança em relação à resistência ao cisalhamento ou simplesmente fator de segurança da encosta FS:

$$FS = \theta/\sigma \qquad (9.10)$$

em que:
FS = fator de segurança da encosta;
θ = resistência ao cisalhamento;
σ = tensão cisalhante.

Taylor (1966) adverte que, na prática, inúmeros pares c/ϕ podem atender à Eq. 9.10, ou seja, que as contribuições da coesão e do atrito podem ser diferentes para a resistência final, o que significa que, para um mesmo FS, inúmeros valores diferentes de Fs_c e Fs_ϕ podem combinar-se.

Embora admita que haja críticas a esses fatores, Taylor (1966, p. 414, tradução nossa) argue que "qualquer análise quantitativa de estabilidade precisa fazer uso, em alguma medida, dos graus de segurança". Entretanto, pondera que "existem muitos tipos de falhas com respeito a um sistema como um todo" e também que "muitos tipos [de falhas] são possíveis com respeito a um ponto ou a partes do sistema", concluindo que "não há o fator de segurança" e, quando o FS for usado, "sua significância precisa ser definida", visto que "as deformações causadas por cisalhamento variam muito e as tensões de cisalhamento estão muito longe de serem constantes" (Taylor, 1966, p. 414, tradução nossa).

A NBR 11682, em sua versão de maio de 2006, prevê, para o caso de projetos de estabilidade de taludes novos, diversos passos de investigação para estabelecer um modelo geotécnico-geomorfológico que permita decidir sobre a solução mais adequada, e, para situações com eventos de instabilidade já ocorridos, investigações no sentido de estabelecer as condições em que a ruptura ocorreu e definir a retroanálise da ruptura. Para o caso de retroanálise, a versão de 1991 da NBR 11682 admite os métodos (i) "matemático, com avaliação *a priori* dos parâmetros de segurança", (ii) "experimental, com avaliação *pari passu* da eficiência do processo de estabilização utilizado", e (iii) "semiprobabilístico, com base em dados estatísticos de levantamentos locais ou de casos semelhantes e nas características dos procedimentos adotados". Essa norma prevê três possibilidades de grau de segurança – alto, médio e baixo – caso sejam utilizados métodos baseados no conceito de equilíbrio-limite, e os fatores de segurança a serem adotados variam de 1,5 a 1,3, na dependência da proximidade de instalações e população.

No caso dos estudos de regressão, como se trata de ensaios em escala natural, as incertitudes são menores e os Fs podem, consequentemente, ser também menores. Queiroz e Gaioto (1987) apresentam valores de c e ϕ – obtidos de estudos de regressão utilizando o método descrito na seção "Metodologia desenvolvida a partir dos conceitos expostos" (p. 264) – bastante conservadores se comparados a seis valores desses mesmos parâmetros encontrados em ensaios usuais de laboratório. Os valores obtidos no estudo de regressão representaram cerca de 65% da média dos obtidos em laboratório, o que poderia ser explicado não só pelo exposto nas seções "Metodologias das ciências de Engenharia" (p. 250) e "Metodologia desenvolvida a partir dos conceitos expostos" (p. 264), como também pela possibilidade de ocorrência de rupturas progressivas no caso dos taludes reais, ao contrário das condições de ensaio, onde as rupturas são contínuas (controladas), e os materiais, homogêneos (até porque a presença de heterogeneidades marcantes torna muito difícil e, muitas vezes, impossível a moldagem dos corpos de prova que possuem dimensões muito pequenas: diâmetro de 5 cm e altura de 10 cm, usualmente). Se essa diferença de valores fosse considerada válida, à luz da NBR 11682, não haveria a necessidade de adotar redutores nos valores obtidos no estudo de regressão ou, em outras palavras, o Fs assumido poderia ser 1. Comparações executadas pelo autor, porém, não mostraram discrepâncias tão acentuadas, embora os valores de campo tenham sido usualmente menores, e, por isso, o autor considera suficiente (e tem utilizado em trabalhos práticos) um Fs da ordem de 1,1 a 1,2 (redução de 10% a 20% dos valores obtidos no estudo de regressão), podendo, entretanto, ser maior na dependência de circunstâncias locais.

Dois desses projetos (retaludamentos de cortes situados no km 2 da rodovia BR-153 e no km 19,8 da rodovia PR-408) foram analisados por Moscateli (2017) em sua dissertação de mestrado. Esse autor comparou os Fs teóricos, estipulados com base nos parâmetros obtidos pelo método das cicatrizes (seção "Metodologia desenvolvida a partir dos conceitos expostos", p. 264) e nas determinações da NBR 11682, com os obtidos com esses mesmos parâmetros utilizando-se métodos "canônicos" tradicionais – Fellenius, Bishop simplificado, Morgenstern e Price, e Spencer – com outro método de regressão – o de Morgenstern e Price. Moscateli (2017) realizou, também, comparações entre os Fs encontrados por todos esses mesmos métodos utilizando parâmetros obtidos pelo método de regressão de Morgenstern e Price e por ensaios de laboratório.

Os Fs estabelecidos como meta, nos dois locais, eram bastante diferentes (1,4 no primeiro caso e 1,1 no segundo) e foram assim determinados por ocasião dos projetos, em razão de suas condições particulares. A rodovia BR-153 é uma via de alto tráfego, particularmente de caminhões, que une o Sudeste ao Sul do Brasil e cuja única alternativa, em caso de interrupção – a BR-116 –, elevaria muito o trajeto a ser percorrido. Além disso, uma ruptura do corte no local estudado (km 2) representaria um elevado risco de perdas não só materiais, como de vidas, enquadrando-se, de acordo com a NBR 11682 (ABNT, 2009), na obrigatoriedade de um Fs máximo (1,5). Ademais, durante os estudos efetuados para o estabelecimento da geometria do novo talude, concluiu-se que a elevação do nível d'água na encosta, provocada pelo enchimento da barragem de Itá, era a responsável por sua fragilização progressiva e ruptura final, que teve seu *déclanchement* durante uma chuva forte (mas não excepcional), com tempo de recorrência relativamente curto (ver seção 7.5), sendo, entretanto, na ocasião, impossível saber se essa elevação havia atingido seu limite superior ou se ainda se encontrava em processo de elevação. Já o outro talude analisado (km 19,8) se situa em uma rodovia de baixo tráfego (PR-408), praticamente sazonal, que une a capital do Paraná ao litoral (Antonina) e que foi afetada por uma chuva excepcional, com tempo de recorrência dilatado. Este último caso, consequentemente, enquadrava-se em uma exigência de um Fs = 1,2, de acordo com a mesma NBR 11682 (ABNT, 2009). Assim, com base na experiência observacional do comportamento dos taludes dimensionados pelo método das cicatrizes e nas informações encontradas na literatura técnica acerca do conservadorismo comum a todos os métodos de regressão em comparação com os que utilizam dados de laboratório (supostamente usados como base para o estabelecimento das diretrizes da citada norma), optou o projeto pelo Fs de 1,4, no caso da BR-152, e de 1,1, no caso da PR-408. É interessante mencionar que a mesma norma, em sua versão de 2006, admitia Fs = 1,1 desde que "os parâmetros de resistência pudessem ser confirmados por retroanálise".

De acordo com Moscateli (2017, p. 110-111),

> o FS = 1,1 estabelecido pelo método de Lopes [método das cicatrizes], para o [primeiro] talude drenado, utilizando os parâmetros estimados por ele, é exatamente igual ao FS determinado nas análises tradicionais, considerando os mesmos parâmetros e cenário. [...] Aplicando nos modelos de análise, tanto os parâmetros obtidos por ensaios de laboratório [...] quanto os obtidos pela retroanálise [método de regressão] de Morgenstern e Price [...] constatou-se um FS de 1,4 e 1,2 respectivamente [...]. [...] Para [a] situação intermediária [NA à meia altura do talude] foi verificado que: com os parâmetros da retroanálise [de regressão] de Lopes e de Morgenstern e Price, o resultado do fator de segurança foi o mesmo para as duas metodologias (FS = 0,9) [...]. [...] Na condição mais extrema [...] onde o NA se eleva até a superfície [atinge o topo] [...] os valores de FS com a aplicação de todos os possíveis pares de parâmetros se mantiveram abaixo da unidade, e muito próximos entre si [...].

Ainda segundo o mesmo autor:

> o FS = 1,4 considerado pelo método de Lopes, para o [segundo] talude drenado, utilizando os parâmetros estimados [por esse método] está 0,1 acima do FS = 1,3, determinado por meio das análises tradicionais, considerando os mesmos parâmetros e cenário. [...] Aplicando [...] tanto os parâmetros obtidos por ensaios de laboratório, quanto os obtidos pela retroanálise [análise de regressão] de Morgenstern e Price, e definindo o NA [talude] como drenado, constatou-se um FS de 2,1 e 1,5 respectivamente [...]. [...] Analisando a situação intermediária [NA à meia altura do talude] [...] verificou-se nas análises com a aplicação dos parâmetros de laboratório e de Morgenstern e Price [...] FS [...] de 1,9 e 1,4, respectivamente [...]. [...] Na condição mais crítica considerada para o excesso de pressão neutra agindo nos taludes, a partir da aplicação [...] dos parâmetros obtidos por Lopes e Morgenstern e Price, ambos de processo de retroanálise [análise de regressão], o valor do FS ficou abaixo da unidade [...]. Em contrapartida [...] os parâmetros obtidos por ensaios de laboratório registraram um FS = 1,3 [...] (Moscateli, 2017, p. 116-117).

Christaras, Argyriadis e Moraiti (2014), estudando um escorregamento em região geologicamente constituída por margas de idade neógena na ilha de Kithira, na Grécia, compararam os resultados de coesão e atrito determinados em ensaios de laboratório (triaxiais) com os obtidos de estudos de regressão realizados *in situ* por ocasião de grandes chuvas, tendo encontrado o par 22,26 kPa/23,2° no primeiro caso e 4 kPa/18° no segundo, representando uma redução de 82% e 22,4%, respectivamente. Como consequência, os fatores de segurança que se situariam, no primeiro caso, entre 1,05 e 1,3 (condições secas) despencaram, no segundo, para entre 0,958 e 0,996. Esses autores concluíram que (pelo menos nesse caso) "o estudo de regressão apresentou valores mais realísticos do que os de laboratório porque ele leva em consideração a condição no instante da ruptura" (Christaras; Argyriadis; Moraiti, 2014, p. 844, tradução nossa).

Na realidade, haveria que distinguir-se, em estudos de regressão do tipo descrito na seção "Metodologia desenvolvida a partir dos conceitos expostos" (p. 264), os paradigmas representados por rupturas devidas à ação antrópica – tais como as resultantes da execução de cortes para estradas – dos representados por cicatrizes de rupturas antigas, provocadas pela ação natural de agentes como as chuvas, os terremotos etc. No primeiro caso, as rupturas costumam ocorrer de maneira relativamente rápida (pois decorrem de um violentamento da natureza sem que ela tenha tido tempo de adaptar-se à nova condição), devendo ser mais próximas das que resultariam dos procedimentos de laboratório e levando (pelo menos em teoria) a valores menos conservadores, enquanto, no segundo caso, constituem o resultado de um processo natural que culminou com um efeito gatilho, como um grande evento pluviométrico, uma movimentação sísmica etc. (ver Cap. 7).

Neste último caso, como relatado no mesmo Cap. 7, os materiais apresentam, transitoriamente, condições excepcionais de resistência que permanecem "gravadas" em suas cicatrizes. Assim, o procedimento ideal seria tratar a questão nos moldes com que o faz a Hidrologia, ou seja, determinar períodos de recorrência de tais eventos (10 anos, 50 anos, 100 anos, 1.000 anos etc.) e estabelecer, a partir daí, valores de Fs adequados às condições em que estão ou serão ocupadas as encostas (e/ou taludes artificiais): ocupadas aleatoriamente; ocupadas com orientação técnica; em fase de ocupação; a serem ocupadas; com população próxima; com trânsito de veículos e pessoas nas proximidades etc.

9.3 O papel da cartografia temática envolvendo o meio físico na ocupação de encostas

A bibliografia nacional e internacional sobre o assunto é por demais densa: por exemplo, apenas nos Congressos Brasileiros de Geologia de Engenharia e Ambiental (XIII, XIV e XV CBGE – 2011, 2013 e 2015), nada menos de 116 trabalhos versaram direta ou indiretamente sobre esse assunto, razão por que o autor se limitou a uma abordagem tendo como base o manual elaborado por Santos (2014), que distingue quatro tipos de documentos cartográficos de interesse para a questão da ocupação de encostas:

- mapas de geodiversidade;
- mapas de suscetibilidade;
- cartas geotécnicas;
- cartas de risco.

Segundo esse mesmo autor, o que distingue esses quatro tipos de documentos cartográficos são suas finalidades (objetivos) e, como consequência, as escalas em que são desenhados. Assim, os mapas de geodiversidade buscam caracterizar os grandes compartimentos geológicos/ambientais e destinam-se ao macroplanejamento regional, sendo produzidos, no Brasil, na escala 1:1.000.000. Os mapas de suscetibilidade destinam-se a cartografar a ocorrência de um determinado fenômeno em nível de espaço territorial, prestando-se ao macroplanejamento urbano/municipal, sendo utilizadas, no País, escalas entre 1:60.000 e 1:25.000.

As cartas geotécnicas e as cartas de risco trabalham em escalas de detalhe (1:10.000 a 1:1.000) e, por isso, são fundamentais para o planejamento urbano. O primeiro desses documentos tem caráter preventivo e destina-se à orientação racional da ocupação, enquanto o segundo possui caráter corretivo: busca orientar o desenvolvimento de possíveis soluções para problemas já detectados em ocupações existentes ou em implantação.

9.3.1 Cartas geotécnicas

Santos (2014, p. 26) assim conceitua carta geotécnica:

> [...] é um documento cartográfico que informa sobre o comportamento dos diferentes compartimentos geológicos e geomorfológicos homogêneos de uma área, frente às solicitações típicas de um determinado tipo de intervenção e complementarmente indica as melhores opções técnicas para que essa intervenção se dê com pleno sucesso técnico e econômico.

Entre as configurações do meio físico que costumam ser representadas nas cartas geotécnicas como potencialmente problemáticas para as ocupações, estão:
- os terrenos de alta declividade e alta suscetibilidade a deslizamentos naturais e/ou induzidos pela utilização de técnicas inadequadas de ocupação;
- as cristas e os sopés de encostas naturalmente instáveis;
- as margens de cursos d'água e cabeceiras de drenagem;
- os terrenos cuja permeabilidade facilita a poluição do lençol freático;
- os terrenos cársticos;

- os terrenos compressíveis;
- os terrenos com alta suscetibilidade a processos erosivos;
- as regiões litorâneas.

Como as cartas geotécnicas eventualmente necessitam abranger um vasto leque dessas "interferências problemáticas", Santos (2014, p. 27) sugere ser preferível, às vezes, desenhar "cartas geotécnicas independentes" para a caracterização de apenas alguns desses fenômenos.

Para a obtenção de uma carta geotécnica, é necessário o concurso de equipes multidisciplinares competentes em suas áreas, acostumadas a trabalhar integradas e que incluam, no mínimo, geólogos, engenheiros, geógrafos/cartógrafos e arquitetos/urbanistas, além de diversos *inputs* ou insumos, que poderão incluir:
- cartas topográficas;
- cartas geológicas;
- cartas geomorfológicas;
- cartas de declividade;
- cartas de formações superficiais;
- cartas de permeabilidade dos solos;
- carta de uso do solo (atual);
- carta de Unidades de Conservação;
- cartas "especiais", tais como as "de evidências" (onde são cartografados sinais, vestígios, cicatrizes etc. de antigas instabilidades) e "de feições críticas" (quebras de declives, posicionamentos desfavoráveis de estruturas geológicas, aglomerados de matacões em superfície etc., incluindo as áreas imediatamente a montante e a jusante desses locais) (Santos, 2014, p. 68).

9.3.2 Cartas de risco

Como anteriormente referido e como o nome sugere, esse tipo de documento cartográfico se destina a delimitar e qualificar (em termos de conceitos mais ou menos subjetivos) áreas onde determinados tipos de ocorrências deletérias já foram detectados em regiões ocupadas ou em fase de ocupação. Elas costumam propor, também, soluções-tipo adequadas à minimização dos efeitos do(s) evento(s) considerado(s). São instrumentos utilizados precipuamente pela Defesa Civil e para planejamentos de emergência.

O Quadro 9.1 exemplifica os tipos de conceitos usualmente utilizados, seus significados e as ações recomendadas.

Quadro 9.1   Níveis de risco estimados e ações recomendadas

Grau de risco	Significado	Ação recomendada
Baixo (R1)	Não há risco evidente de acidentes	Consolidação geotécnica e urbanística
Médio (R2)	Há risco de acidentes de pequeno e médio porte	
Alto (R3)	Há risco de acidentes graves	Desocupação no caso de risco naturalmente alto
Muito alto (R4)	Há risco e alta probabilidade de acidentes graves	Desocupação ou consolidação geotécnica no caso de risco induzido pela ocupação

Fonte: adaptado de Santos (2014).

9.4 Guidelines for landslide susceptibility, hazard and risk zoning for land use planning

Os *Guidelines* estabelecidos pelo JTC-1 (2008), básicos para a avaliação de suscetibilidades (*susceptibility*, definida como "uma avaliação quantitativa ou qualitativa da classificação, volume ou área e distribuição espacial de escorregamentos que existem ou potencialmente podem ocorrer em uma área"), capacidade de danos (*hazard*, definido como "uma condição com potencial de causar uma consequência indesejável") e risco de escorregamentos (*risk*, definido como "uma medida da probabilidade e severidade de um evento adverso sobre a saúde, propriedades ou meio ambiente"), esclarecem que "o zoneamento de suscetibilidade a escorregamentos" é um pré-requisito para a avaliação do "potencial de causar danos", sendo-lhe acrescentada uma "estimativa de frequência anual", e que o "zoneamento de risco" utiliza os mapas de "potencial de danos", acrescentando-lhes "avaliações de prejuízos potenciais a pessoas, propriedades e meio ambiente".

Em sua introdução, os *Guidelines* levantam o fato de que "há uma necessidade crescente de princípios quantitativos para o gerenciamento de riscos que requerem o uso de métodos quantitativos para o zoneamento da capacidade de danos e de riscos de escorregamentos" e, mais adiante, constatam que "é muito subjetivo e de difícil quantificação quando as condições geológicas, topográficas, geotécnicas e climáticas podem ser consideradas indutoras dos escorregamentos" (JTC-1, 2008, p. 18, tradução nossa) e que "avaliações de suscetibilidade qualitativa são inteiramente baseadas no julgamento da pessoa que executa a análise" (JTC-1, 2008, p. 19, tradução nossa).

Em razão desses fatos, concluem que "é essencial [...] que todos os que levam a cabo o estudo tenham um conhecimento detalhado dos processos ocorrentes em taludes que levam a escorregamentos" e que "isso inclui conhecimentos de Geologia, Geomorfologia e Hidrogeologia e de Mecânica dos Solos e das Rochas relacionados a escorregamentos" (JTC-1, 2008, p. 23, tradução nossa).

Os *Guidelines* (JTC-1, 2008, p. 19, tradução nossa) exemplificam tipos de indicadores de graus de suscetibilidade (*descriptors*) utilizados, dividindo-os em "quantitativos", que podem ser "relativos" ou "absolutos", e "qualitativos", que podem incluir "análise geomorfológica de campo" e "mapa índice ou mapa paramétrico". Na sequência, informam que "suscetibilidade absoluta pode ser avaliada com métodos determinísticos, tais como modelos de estabilidade de taludes" (JTC-1, 2008, p. 20, tradução nossa). Fell *et al.* (2008, seção C.7.2.2, tradução nossa), nos comentários aos *Guidelines*, descartam o emprego de critérios absolutos, uma vez que os "cálculos exigem o conhecimento da geometria dos taludes, das propriedades de resistência de solos/rochas e das condições da água subterrânea" e que, "na prática, para taludes naturais, não é prático avaliar fatores de segurança sem nenhum grau de certeza, e a suscetibilidade deve ser usada com sentido relativo, não absoluto".

Mais à frente, os *Guidelines* informam que

> a preparação dos mapas de suscetibilidade é usualmente baseada em dois axiomas: (i) que sendo o passado a chave do futuro, áreas que tiveram escorregamentos são suscetíveis de tê-los no futuro; e (ii) que áreas com similaridade de topografia, geologia e geomorfologia às que tiveram escorregamentos poderão tê-los no futuro (JTC-1, 2008, p. 26, tradução nossa).

Esses axiomas são considerados razoáveis, mas a eles devem ser esperadas exceções, como "quando a fonte de escorregamentos estiver exaurida por escorregamentos anteriores" (JTC-1, 2008, p. 26, tradução nossa).

Os *Guidelines* admitem que "a incerteza do modelo é um fato no zoneamento de escorregamentos e nenhum dos métodos é particularmente acurado", que "métodos avançados para avaliar os *inputs* deverão utilizar cálculos (por exemplo, do fator de segurança do talude) que são teoricamente atrativos e parecem os mais indicados para produzir uma melhor acuidade" e, ainda, que "na realidade a incerteza dos parâmetros é grande em razão da limitação do conhecimento dos dados de *inputs* (tais como resistência ao cisalhamento e poropressões), e isso torna muito difícil atingir uma maior acurácia" (JTC-1, 2008, p. 35, tradução nossa).

Nos comentários aos *Guidelines*, Fell *et al.* (2008, seção C.5.2.c, tradução nossa) advertem que "as áreas suscetíveis a escorregamentos podem situar-se em terrenos relativamente planos, com os escorregamentos ocorrendo em superfícies de baixa resistência", e, na seção C.8.5.2, acrescentam:

> ruptura de talude é causada pelo concurso de condições permanentes e fatores gatilho (*triggering factors*). Fatores permanentes são atributos dos terrenos (i.e. litologia, tipos e profundidades de solos, taludes, extensão das vertentes, cobertura vegetal, entre outros) que evoluem lentamente (i.e. por intemperismo ou erosão) para levar os taludes a um estado estável marginal. Eventos gatilho incluem vibrações do solo por terremotos ou elevação dos níveis freáticos e/ou pressões devidas à infiltração da chuva ou ao degelo da neve [o que não constitui novidade na literatura nacional, mas chancela o assunto em termos internacionais].

Finalmente, dois comentários desses mesmos autores merecem citação. O primeiro deles se refere à questão da correlação entre chuvas e escorregamentos (seção C.8.6.1), assunto bastante discutido no meio geotécnico brasileiro – veja-se, por exemplo, o trabalho de Guidicini e Iwasa (1977), resumido na seção 7.2.5 deste livro, que, infelizmente, não mereceu qualquer citação na bibliografia referenciada pelos autores –, e o segundo, na mesma seção, subseção (a), menciona que "a avaliação da frequência de escorregamentos pela Geomorfologia é muito subjetiva e aproximada, mesmo quando geomorfologistas experientes são envolvidos", em razão de que "tais feições podem estar cobertas, em semanas, por tratos culturais e atividades de construção", o que parece uma subestimação não justificada da capacidade dessa ciência e dos técnicos da área.

Em síntese, pode-se dizer que os *Guidelines* reconhecem: (i) que os métodos atuais de previsão de suscetibilidade a escorregamentos por eles denominados qualitativos e quantitativos relativos, baseados em elementos geológicos/geomorfológicos, são muito subjetivos, pouco precisos e de difícil transporte de um local para outro; (ii) que os métodos baseados em critérios históricos dependem de um período bastante extenso de observações e que nada garante que locais sem histórico anterior não venham a ter escorregamentos em um determinado momento; e (iii) que os métodos absolutos atualmente empregados pela Mecânica dos Solos para a avaliação de estabilidade de taludes específicos são impraticáveis como método de uso intensivo para essa mesma finalidade, em razão da impossibilidade prática de dispor-se dos dados básicos de uma enorme quantidade de encostas naturais – características geotécnicas, geometria e condições de água subterrânea – necessários a uma análise "canônica" desse tipo, o que também não chega a constituir novidade, mas reveste a questão de um certificado oficial.

Em maio de 2017, o volume 76 do *Bulletin of Engineering Geology and the Environment* trouxe um conjunto de cinco artigos cuja meta era introduzir melhorias em metodologias de mapeamento de suscetibilidade a escorregamentos em relação às contidas nos *Guidelines*, como atesta a introdução de Vessia *et al.* (2017). Desses cinco, apenas três se referem especificamente a metodologias diretamente enfocadas nessa finalidade: o de Cafaro *et al.* (2017), o de Sciarra, Coco e Urbano (2017) e o de Vessia, Coco e Rossi (2017). Os artigos de Di Mateo, Romeo e Kieffer (2017) e de Lollino, Giordan e Allasia (2017) são *case histories*: o primeiro deles voltado para o monitoramento e o estudo de um escorregamento tipo *rock fall*, e o segundo, de um escorregamento ativo de solo.

O método de mapeamento desenvolvido por Sciarra, Coco e Urbano (2017) se baseia em levantamentos sistemáticos de natureza morfométrica, geológica, geomorfológica, vegetacional e antropogênica, contrapostos a inventários de ocorrência de escorregamentos, dentro de um modelo que, segundo eles, deve corresponder a "regras corretas que liguem ocorrências de escorregamentos e variáveis explanatórias" (Sciarra; Coco; Urbano, 2017, p. 438-441, tradução nossa). Sete fatores condicionantes foram selecionados para a área utilizada como teste de validação do método (bacia do Feltrino, nos Apeninos, região de Abruzzo, na Itália): inclinação das encostas, densidade de drenagem, natureza dos depósitos superficiais, cobertura e uso da terra, curvatura da topografia, rocha-mãe e espessura dos depósitos, sendo o primeiro desses "o mais importante de todos [...] influenciando fortemente não apenas os processos de talude, mas também, indiretamente, os [...] hidrológicos, a densidade de drenagem, a erosão dos solos, o intemperismo, a cobertura vegetal e a atividade antrópica" (Sciarra; Coco; Urbano, 2017, p. 444, tradução nossa). A variável referente à natureza dos depósitos superficiais tem sua relação com a inclinação do talude exposta adiante (p. 447), onde até uma expressão matemática empírica é transcrita.

O trabalho de autoria de Cafaro *et al.* (2017) propõe, também, um método aplicável a mapas em pequena escala, por eles classificado como reducionista, denominado método multiescalar para mitigação de *landslides* (MMLM) e que consiste na pesquisa, em diversos taludes regionais (e em nível de taludes individuais), dos fatores geo-hidrodinâmicos que levam às instabilidades, retirando deles dados sobre sua constituição e mecanismos associados aos escorregamentos. Para tal, é prevista a criação de um banco de dados sobre os taludes investigados, incluindo as condições de afloramento, tais como topografia, geologia, morfologia, vegetação, estruturas humanas e uso da terra, além de aspectos internos, como estratigrafia e hidrodinâmica do solo e condições piezométricas, para permitir a identificação das classes geo-hidrodinâmicas (GMi), e, em sequência, são executadas análises fenomenológicas extensivas e de equilíbrio-limite e/ou numéricas sobre alguns taludes escolhidos para a seleção dos mecanismos de escorregamento representativos da região (Mi). Numa segunda fase, esses conjuntos de informações são extrapolados para a definição da suscetibilidade a escorregamentos de áreas próximas ("células territoriais"), permitindo, assim, a execução de mapas regionais de suscetibilidade a escorregamentos.

Segundo esses mesmos autores, dois tipos de incertezas cercam o método: incertezas tipo (a), na aplicabilidade dos modelos de escorregamento selecionados aos locais específicos, e incertezas tipo (b), referentes às caraterísticas adotadas para os solos, obtidas de observações de campo (formação geológica e grau de fissuramento) e ensaios de laboratório. Para contornar esses problemas, os autores criaram matrizes de qualificação de credibilidade por "célula territorial", que permitem estabelecer graus de incerteza em cada uma delas.

Por outro lado, a simples observação da Fig. 6 de Cafaro *et al.* (2017), onde aparecem os modelos de escorregamentos selecionados, mostra um padrão comum a todos eles: a seção principal côncava representativa (conforme discutido nas seções 6.2 a 6.4) da condição-limite de estabilidade do material que compõe a encosta. O estabelecimento dessa curva como situação-limite de estabilidade é óbvio por si mesmo: o material instável escorregou e o estável permaneceu, logo a seção principal apresenta um $Fs = \pm 1$, axioma que serve de base ao método exposto na seção "Metodologia desenvolvida a partir dos conceitos expostos" (p. 264), ficando mais uma vez evidenciada, no caso em tela, a predominância de escorregamentos recorrentes e ativados por eventos pluviométricos.

O trabalho de Vessia *et al.* (2017) refere-se especificamente ao mapeamento de suscetibilidade a escorregamentos induzidos por movimentos sísmicos, que são raros no Brasil, motivo pelo qual esse trabalho não é comentado aqui.

9.5 Projeto *EU FP7 Safeland*

O projeto *EU FP7 Safeland*, cuja denominação completa é *Living with landslide risk in Europe: assessment, effects of global change, and risk management strategies* ("Convivendo com o risco de escorregamentos na Europa: avaliação, efeitos da mudança global e estratégias de gerenciamento de risco"), busca, como o nome diz:

- avaliar e quantificar os riscos de escorregamentos nas regiões da Europa;
- avaliar os padrões de risco devidos à mudança climática, às mudanças produzidas por atividades humanas e às mudanças de políticas;

* prover *guidelines* para a escolha das estratégias mais apropriadas para o gerenciamento de riscos (Cassini; Ferlisi, 2014).

Como um produto desse vasto programa, inserem-se as recomendações para a análise quantitativa de risco (AQR) de escorregamentos publicadas por Corominas *et al*. (2014, p. 210, tradução nossa), que afirmam que "há uma necessidade crescente de elaborar análises quantitativas de risco", que são distintas, segundo eles, das qualitativas pelos *inputs*, pelos procedimentos usados e pelos resultados finais: enquanto os últimos fornecem índices ponderados e graus (*ranks*) ou classificações numéricas, as AQRs "quantificam as probabilidades de um determinado nível de perdas com suas incertezas associadas" (Corominas *et al*., 2014, p. 210, tradução nossa).

Depois de fornecer uma visão geral das bases (*framework*) nas quais se apoia o sistema de AQR, os autores discutem (i) a questão de escalas, (ii) os dados de base necessários (*inputs*) e suas possíveis fontes, (iii) os métodos utilizados para avaliação de suscetibilidades a escorregamentos e de seus danos prováveis e os métodos sugeridos para análise quantitativa de risco, e (iv) os métodos para avaliação da *performance* dos mapas de zoneamento de escorregamentos (divisão em áreas de mesma suscetibilidade a escorregamentos).

Embora os métodos de coleta, análise e tratamento de dados discutidos sejam extremamente complexos e sofisticados, as respostas em termos de "validade das quantificações" pecam bastante por suas (in)certezas. Assim, os autores sugerem que o melhor método para a avaliação da capacidade dos mapas de suscetibilidades, riscos e danos de predizerem futuros eventos consiste em "esperar e ver" (Corominas *et al*., 2014, p. 247, tradução nossa). Do mesmo modo, a conclusão do trabalho é, de certa forma, melancólica: "as probabilidades de escorregamentos [cartografadas] e os valores das consequências adversas são apenas estimativas" (Corominas *et al*., 2014, p. 210, tradução nossa), "limitações nos dados disponíveis e o uso de números podem esconder erros potencialmente significativos" e "a esse respeito a AQR não é, necessariamente, mais acurada que as estimativas qualitativas como, por exemplo, quando as probabilidades são estimadas por julgamento pessoal" (Corominas *et al*., 2014, p. 252, tradução nossa). Ressalvam, entretanto, os autores que a AQR "facilita a comunicação entre profissionais de Geociências, donos de terras e planejadores" (Corominas *et al*., 2014, p. 210, tradução nossa).

Em outras palavras, nada diferente das conclusões atingidas pelos *Guidelines* (seção 9.4).

9.6 Utilização da metodologia de Lopes (1981) para a obtenção de insumos para a cartografia geotécnica e de riscos

As seções 9.4 e 9.5, que abordam a experiência em países desenvolvidos, mostram que, em termos de custo-benefício, é mais conveniente, pelo menos no atual estágio de conhecimentos e práticas, a utilização de metodologias mais simples em vez da sofisticação extrema no que tange a coletas de dados, métodos de tratamento, análises etc. Assim, na opinião do autor, a experiência dos técnicos (metodologia "heurística"), aliada a um determinado número de regras empíricas que orientem coleta, tratamento e análise de dados, é perfeitamente capaz de desenvolver cartas geotécnicas de qualidade suficiente, a um custo razoável, para uma ocupação ordenada e, dentro do possível, segura de encostas, particularmente no que concerne às condições brasileiras.

Corominas *et al.* (2014) listam, como admissões usuais em aproximações com vistas a zoneamentos de suscetibilidade, risco e dano, para o caso de mapas de zoneamento em escalas entre 1:250.000 e 1:25.000 – os usuais para macroplanejamento urbano/municipal, segundo Santos (2014), transcrito na seção 9.3 –, as seguintes:

1. as condições geológicas nas áreas de estudo são homogêneas;
2. todos os taludes têm probabilidades similares de falha;
3. a localização exata da ruptura não é exigida;
4. todas as rupturas têm tamanhos similares;
5. não é calculada a distância máxima que o escorregamento atingirá, nem sua distribuição espacial ou intensidade;
6. os dados dos elementos de risco são coletados para as unidades espaciais/homogêneas selecionadas.

No entendimento do autor, o problema que se coloca é como obter os elementos de risco, considerando-se que os mesmos autores classificam como difícil a obtenção de dados de laboratório que permitam estimar parâmetros dos solos, entre os quais os de resistência, a serem utilizados nas estimativas de estabilidade, fato esse já apontado anteriormente e com maior ênfase pelos *Guidelines* (ver seção 9.4).

Assim sendo, a possibilidade de reduzir um pouco a responsabilidade dos técnicos e permitir um transporte de dados entre regiões e interessados com menor subjetividade levou o autor a desenvolver uma linha de trabalho que permite o aproveitamento da metodologia exposta na seção "Metodologia desenvolvida a partir dos conceitos expostos" (p. 264) para auxiliar na obtenção de mapas de suscetibilidade, embora possa prestar-se, também, para documentos de maior precisão, como cartas geotécnicas e de risco. A adaptação é simples e direta e retira das admissões de Corominas et al. (2014) a de número 2 – "todos os taludes têm probabilidades similares de falha" –, que é, em última análise, a função primordial desses documentos. Considerando-se (como descrito na seção "Metodologia desenvolvida a partir dos conceitos expostos", p. 264) que a forma das curvas de ruptura permite obter estimativas de c e ϕ e, consequentemente, do Fs e admitindo-se como válidas as demais condições transcritas de Corominas et al. (2014), é possível traçar curvas de mesmo Fs (ou seja, de mesma suscetibilidade à ruptura) sobre uma determinada área.

Do ponto de vista prático, uma vez determinadas as curvas-limite inferiores (côncavas) de estabilidade e, a partir delas, os parâmetros mecânicos c e ϕ, a utilização de redutores a esses parâmetros (inclusão de fatores de segurança) permitirá o subsequente desenho das famílias de curvas-limite empregando esses parâmetros reduzidos, tal como exemplifica a Fig. 9.18, onde foram adotados os parâmetros $c = 10$ kPa e $\phi = 30°$ e fatores de segurança variando entre 1 e 2.

Com base no discutido nas seções 3.5 e 6.4, uma vez obtida(s) a(s) curva(s)-limite inferior(es) de estabilidade, é possível, por inversão, obter o traçado da(s) curva(s)-limite superior(es), sobre ela(s) colocar os perfis reais das encostas

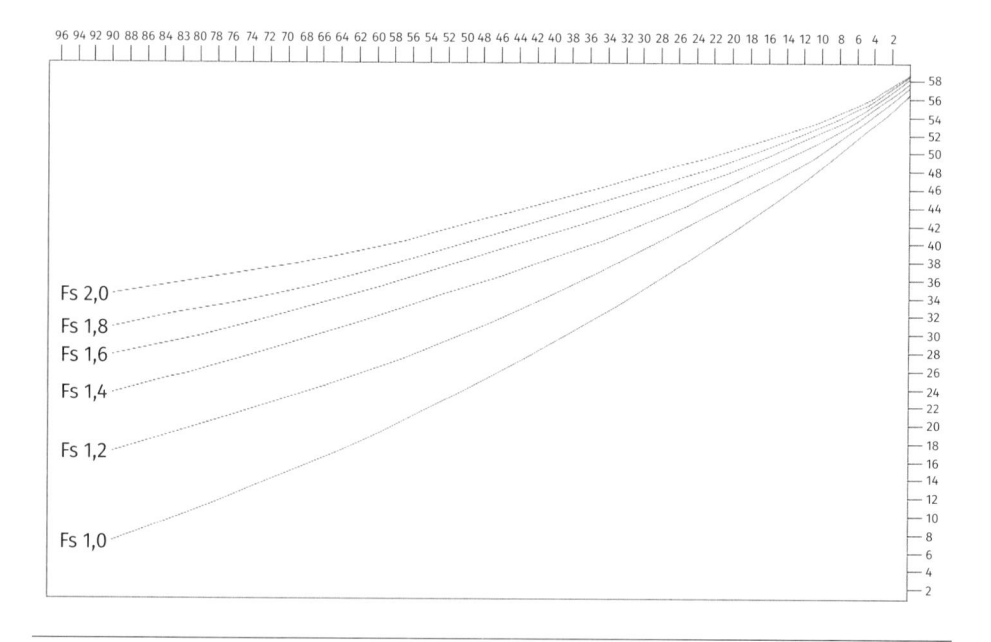

FIG. 9.18 *Vertentes côncavas com FS entre 1 e 2, constituídas por materiais com coesão de 10 kPa e ângulo de atrito interno de 30°*

de uma determinada região com situação geológica/geomorfológica/pedológica similar e estimar seus fatores de segurança, tal como mostrado na Fig. 9.19. A partir daí, é possível desenhar mapas de graus de estabilidade e, consequentemente, de suscetibilidade a escorregamentos.

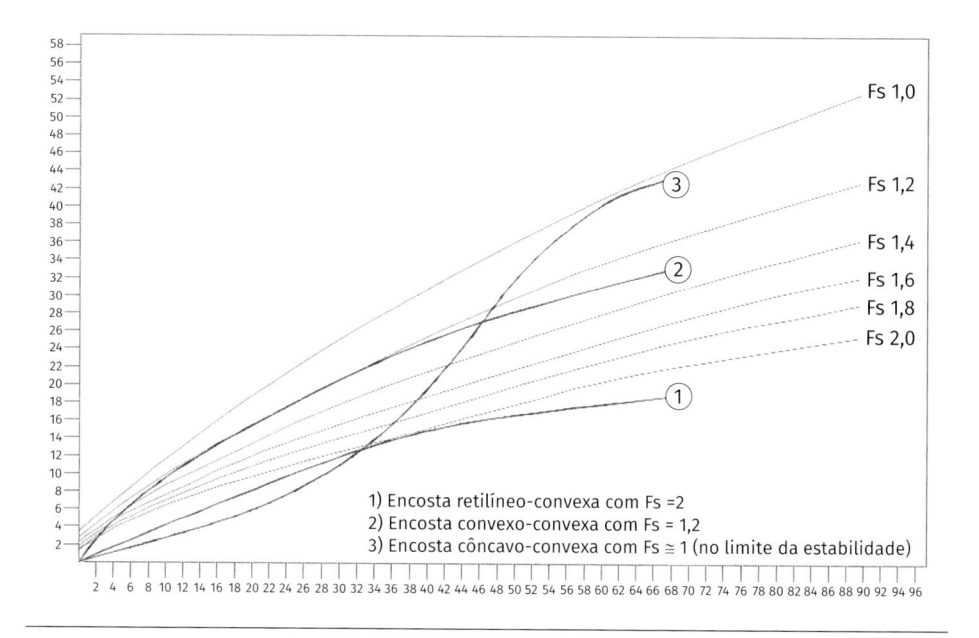

FIG. 9.19 *Comparação entre perfis de encostas naturais e as curvas-limite de estabilidade convexas obtidas da Fig. 9.18*

No Brasil, as encostas de montanhas e de colinas usualmente se apresentam como convexo-convexas, convexo-retilíneas ou ainda convexo-côncavas, estando, nestes últimos casos, mais comumente, a porção convexa no topo e a retilínea ou côncava na porção central ou na base, em razão do próprio mecanismo de evolução, discutido nas seções 6.2 e 8.2. Assim sendo, para fins elucidativos, na figura citada foram colocadas, sobre as curvas convexas, três situações de perfis de encostas naturais com Fs diferentes: uma encosta retilíneo-convexa com Fs = 2; uma encosta convexo-convexa com Fs = 1,2; e uma encosta côncavo--convexa com Fs ≅ 1.

De modo geral, o uso do conjunto de curvas convexas é suficiente para estimar os Fs e, consequentemente, os níveis de estabilidade dos diversos tipos de encostas, como mostrado na Fig. 9.19, entretanto, em trabalhos de maior detalhe, poderá haver a necessidade de lançar-se mão das curvas-limite côncavas (Fig. 9.18), uma vez que, como discutido nas seções 6.2 e 8.2, elas se constituem, normalmente, nas de menor Fs (mais instáveis). Todo o procedimento comparativo pode ser efetuado, alternativamente, utilizando-se *softwares* em vez de comparações visuais.

Tomando-se como base o que é criticado nos *Guidelines* (seção 9.4), essa metodologia apresenta as vantagens de não ser "subjetiva e de difícil quantificação", não pecar por "avaliações de suscetibilidade qualitativa [...] inteiramente baseadas no julgamento da pessoa que executa a análise" e de atender à "necessidade [...] de princípios quantitativos para o gerenciamento de riscos". Além disso, ela é um método, pelo menos, (semi)"quantitativo para o zoneamento da capacidade de danos e de riscos de escorregamentos" e, até certo ponto, pode ser considerada como uma metodologia de "suscetibilidade absoluta", visto que "pode ser avaliada com métodos determinísticos, tais como modelos de estabilidade de taludes", e, de certo modo, contorna a posição de Fell *et al.* (2008) de que "na prática, para taludes naturais, não é prático avaliar fatores de segurança [...]", isso porque os dados necessários são de relativa facilidade de obtenção.

Por outro lado, como não poderia deixar de ser, apresenta algumas limitações, como a necessidade (i) de dispor de um certo número de cicatrizes de escorregamento (vertentes côncavas), (ii) de conceber um perfil geológico/geotécnico genérico para as encostas de cada litotipo, uma vez que, a rigor, a metodologia tem sua aplicação mais adequada ao caso de espessuras consideráveis de materiais particulados (solos e regolitos) cobrindo as encostas, (iii) de estimar a presença ou não, a altura, a forma e o comportamento do lençol freático ocorrente quando da(s) ruptura(s) considerada(s) como paradigma(s) e (iv) de considerar o tipo de ruptura mais provável de ter acontecido: lenta com desenvolvimento de fendas de tração ou rápida.

No que respeita à primeira dessas limitações, entretanto, verifica-se que cicatrizes são extremamente comuns em todos os locais onde, eventualmente, outros critérios (como os históricos ou os geomorfológicos/pedológicos) indicariam tratar-se de região suscetível a escorregamentos. No que respeita à segunda, observações de campo em cortes viários e/ou em outros afloramentos naturais ou artificiais com apoio de instrumentos de sensoriamento remoto (fotos, imagens etc.) de modo geral permitem estabelecer um quadro bastante bom das condições locais. Quanto à terceira limitação, os mesmos elementos (campo e sensoriamento remoto), aliados a dados climáticos locais, de modo geral possibilitam uma boa estimativa, além do que é difícil imaginar, pelo menos nas condições climáticas brasileiras, a ocorrência de uma ruptura sem pelo menos a elevação de pressões neutras no interior do maciço, o que sugere a presença de lençol freático e de suas características (horizontal ou descendente). No que concerne à quarta limitação, a análise dos tipos de materiais presentes e as observações de rupturas mais recentes na região (quando tiverem ocorrido) podem guiar as estimativas. Além disso, os próprios gráficos c/ϕ desenhados durante os trabalhos permitem, as mais das vezes, a verificação de quais condições são as mais prováveis de terem ocorrido.

Além dessas limitações, a metodologia exige a obtenção, via ensaios ou estimativas, de alguns valores, como da densidade natural média a ser empregada nas equações, e a obtenção e/ou a elaboração de mapas base, no que essa metodologia não difere de outras.

Finalmente, cabe enfatizar que as eventuais imprecisões nas estimativas de perfis de solo, lençol freático, modo de ruptura etc. são certamente muito menos influentes nos resultados finais do que as derivadas de métodos mais subjetivos, baseados em critérios como histórico de ocorrências, propriedades geomorfológicas etc., ou as derivadas da extensão da validade de ensaios geotécnicos pontuais para grandes áreas, óbices esses também apontados pelos *Guidelines* e discutidos na seção "Metodologias das ciências de Engenharia" (p. 250).

9.7 Métodos corretivos/preventivos utilizados pela Geotecnia na (re)estabilização de encostas

9.7.1 Generalidades

Ao tentar prevenir e/ou controlar eventuais efeitos de processos de instabilização de encostas ocupadas ou em fase de ocupação, duas filosofias de trabalho são utilizadas pela Geotecnia:

* escolher uma resistência ou contraforça a ser contraposta ao movimento desencadeado ou em desencadeamento;
* estabelecer uma composição com a natureza, a partir do entendimento do processo, buscando imitar seu modo de agir e utilizar suas próprias forças para o controle.

O primeiro tipo de filosofia consiste na utilização de estruturas artificiais de contenção, e o segundo, no rebalanceamento das forças ativas e resistentes, de tal modo que se obtenha o reequilíbrio. Este último *desideratum* pode ser conseguido através de processos de drenagem, terraplenagem e reflorestamento. Embora utilizando estruturas ou procedimentos até certo ponto artificiais, esses métodos levam a um reequilíbrio natural da encosta.

De maneira geral, o "placar" das lutas entre as forças da natureza e as dos homens, como é de se esperar, é francamente favorável àquela, por isso a segunda filosofia tem muito maior percentagem de sucessos, além de ser usualmente muito menos dispendiosa: mui raramente uma estrutura de contenção é mais barata e mais eficiente que processos envolvendo terraplenagem, drenagem e proteção vegetal. De qualquer forma, todos esses procedimentos representam apenas um retardamento, insignificante em termos geológicos (mas, muitas vezes, decisivo em termos humanos), de um processo inexorável, do mesmo modo que ações em sentido contrário representam acelerações que são, também, inexpressivas na mesma escala de tempo, mas importantes do ponto de vista humano.

9.7.2 Processos naturais de estabilização de encostas

À luz do discutido nas seções 3.6 e 7.2.6, é fácil concluir que a redução ou a eliminação dos excessos de pressões neutras faz com que os materiais constituintes do regolito e dos solos possam mobilizar toda a resistência potencial de que dispõem. Isso posto, é óbvio que um dos métodos mais eficientes de controle de instabilidade de encostas é representado pela execução de sistemas eficientes de drenagem da água contida no interior do maciço, pois, ao executar tais sistemas, cria-se um gradiente hidráulico que conduz a água para o interior da estrutura drenante, onde ela passa a correr, gravitacionalmente, sob pressão zero (atmosférica). A partir desse instante, toda a porção efetivamente drenada mobiliza a totalidade de sua força atritiva. Desse modo, ainda que os sistemas drenantes utilizados não atinjam toda a espessura do manto alterado, tudo se passa como se essa porção seca se constituísse em uma "casca" que funciona como estrutura de contenção para o restante do maciço. Diversos dispositivos são empregados com essa finalidade: drenos profundos interceptantes (trincheiras drenantes), esporões drenantes, máscaras drenantes, drenos sub-horizontais etc. Esses sistemas de drenagem cuja finalidade consiste em retirar a água e reduzir a pressão neutra no interior do maciço formam o que se chama de *drenagem profunda*.

Outro grupo de dispositivos de drenagem que têm como função básica a condução das águas de chuva, evitando, de um lado, o desenvolvimento de processos erosivos e reduzindo, de outro, a infiltração no maciço, constitui o que se chama de *drenagem superficial*. Os sistemas de drenagem superficial incluem diversos dispositivos de captação e condução das águas superficiais, como canaletas, sarjetas, descidas d'água e caixas coletoras. Os materiais utilizados em sua confecção são os mais variados – grama, solo-cimento, pedras, concreto ou elementos metálicos –, na dependência de fatores como a quantidade e a velocidade da água captada, materiais disponíveis, grau de estabilidade dos solos de apoio e custo.

Em determinados casos, mesmo a seco, a inclinação de uma encosta pode ser incompatível com as características mecânicas dos materiais que a constituem (características essas resultantes, por exemplo, da degradação de c e ϕ pelo intemperismo) e, por isso, há a necessidade de modificar essa inclinação. Nesses casos, lança-se mão de trabalhos de terraplenagem, após estudos de estabilidade, que definam a geometria da situação estável mais econômica. Por questões de segurança e facilidade de trabalho, bem como de manutenção, e para facilitar a localização de dispositivos de drenagem superficial e profunda, costuma-se, nesses casos, segmentar o talude final em porções limitadas por banquetas (bermas). Embora seja muito comum encontrar taludes cuja inclinação final média é uniforme, essa não é a forma mais econômica; trabalhando-se com inclinações nominais e alturas de segmentos de taludes e larguras de bermas variáveis, pode-se construir encostas convexas ou côncavas semelhantes às naturais e que representam sempre a condição estável menos onerosa.

Como regra, a fim de reduzir a terraplenagem necessária, bem como obter segurança no comportamento da encosta tratada, garantindo-se seu comportamento a seco, os trabalhos de terraplenagem devem ser sempre acompanhados da implantação de sistemas de drenagem superficial e profunda.

Como foi visto, a cobertura vegetal, especialmente a de grande porte, tem sobre as encostas um papel estabilizador muito importante, pois as copas das árvores amortecem o efeito de erosão pela chuva (*rainsplash*), e a cobertura morta por ela fornecida ao solo auxilia na retenção das partículas, reduzindo os efeitos da erosão laminar (*slope wash*) e em sulcos (*rill wash*), ao mesmo tempo que as raízes, por um lado, estruturam o solo e, por outro, exercem um papel de sucção da água, rebaixando o lençol freático, e todas essas ações são muito importantes na manutenção ou no restabelecimento do equilíbrio. Desse modo, o plantio de árvores, especialmente as de crescimento rápido, constitui-se num método barato e bastante eficiente de estabilização de encostas, especialmente se utilizado junto com outros procedimentos, como terraplenagem e drenagem (ver seções 2.5 e 7.5).

Uma especialidade denominada Bioengenharia, que utiliza tecnologias alternativas substitutivas e/ou complementares a estruturas de contenção, empregando vegetação como materiais básicos (precipuamente em contenção de erosão em vales fluviais) e que tem suas raízes no Império Romano e na China, adquiriu bastante importância na Europa e nos Estados Unidos a partir dos anos 1980, segundo Durlo e Sutili (2005). De acordo com esses autores, a vegetação pode atuar tanto na redução da velocidade das águas fluviais como no aumento da resistência dos taludes, tanto sozinha como complementando a ação de outras obras de engenharia, como muros de gabiões.

Ainda conforme Durlo e Sutili (2005), para terem aptidão biotécnica, as plantas utilizadas deverão (i) resistir à exposição de suas raízes, (ii) ter boa fixação ao solo, (iii) resistir a aterramento, (iv) resistir a danos provocados por queda de pedras, (v) rebrotar após a quebra do ápice, (vi) reproduzir-se vegetativamente, (vii) ter capacidade de transpiração adequada ao caso e (viii) ter crescimento rápido, ou seja, ser "ecologicamente corretas, economicamente aproveitáveis e possuírem aspectos paisagísticos/estéticos agradáveis". Esses autores fornecem, ainda, uma descrição de sete espécies que, por suas propriedades conhecidas na literatura, se prestam a esse emprego, bem como alguns experimentos feitos com quatro espécies nativas do Rio Grande do Sul com a mesma finalidade (Durlo; Sutili, 2005).

No caso específico de voçorocas (ver seção 7.5), há sempre a necessidade de utilizar um sistema complexo que inclui drenagem superficial e subterrânea, eventualmente alguma terraplenagem, estruturas de contenção, particularmente gabiões, em razão de sua permeabilidade e flexibilidade (ver seção 9.7.3), e revegetação. Inicialmente há de prover-se um desvio e uma condução da água superficial concentrada, responsável pelo início do processo (e pelo direcionamento de seu *front*), seguindo-se os demais itens. A terraplenagem e/ou os drenos sub-horizontais têm a função de estabilizar os taludes, e os gabiões devem constituir um sistema de escalonamento no interior da erosão e, em alguns casos, proteger a base dos taludes, incluindo um sistema de condução da água do lençol freático exposto, afastando-o dos pés dos mesmos taludes.

A Fig. 9.20 mostra a situação atual do local onde se desenvolveu a voçoroca configurada na seção 7.5: ela foi estabilizada, podendo-se observar, na imagem, apenas uma pequena ramificação em início de processo, bem adiante de seu local de origem e de relativamente fácil reestabilização.

A solução adotada nesse caso incluiu:
- a execução de um colchão drenante ocupando toda a porção da base da voçoroca, desde aproximadamente seu início, na rua Longuino Eduardo Boraczynski, até cerca de 40 m além do eixo da PR-218, envelopado (protegido embaixo, em cima e lateralmente) por um geotêxtil não tecido, à exceção, apenas, da saída, onde ele foi confinado por um muro de gabiões;

Fig. 9.20 *Imagem da região da voçoroca após estabilização*
Fonte: Google Earth.

* a instalação de um sistema de drenagem superficial, que conduziu as águas oriundas da cidade, da rodovia, da rua Longuino Eduardo Boraczynski e de toda a interseção, desaguando-as em um conjunto de dois tubos de concreto e um poço de queda, que, por sua vez, conduziu as águas coletadas até uma saída situada a cerca de 40 m da rodovia PR-218, solidária à saída do sistema de colchão drenante;
* um sistema de saída do colchão drenante e dos tubos constituído por uma estrutura em gabiões, que teve a finalidade de evitar erosões na porção então semiestabilizada, situada a jusante, em uma de suas ramificações;
* o preenchimento pela terraplenagem de toda a área escavada pelo voçorocamento, reconstituindo-se, dentro do possível, o terreno original;
* a proteção de todas as áreas expostas por enleivamento;
* a reconstrução da rodovia, da rua e das conexões entre elas e a pavimentação desses segmentos;
* a instalação de vegetação de porte na porção a jusante.

9.7.3 Estruturas de contenção

São denominadas estruturas de contenção todas as estruturas artificiais construídas adjacentemente às encostas com a finalidade de evitar sua instabilização ou reinstabilizá-las. Esse tipo de estrutura fornece, como o nome diz, uma contenção do material particulado constituinte do solo e/ou do regolito e, eventualmente, de matacões ou porções de rocha. Blocos de rocha ou matacões podem também ser contidos utilizando-se telas especiais "grampeadas" ao talude ou ser fixados por tirantes introduzidos no maciço.

Existem estruturas de contenção construídas com as mais diversas formas e materiais, mas que podem ser agrupadas em dois grandes conjuntos: muros de arrimo e cortinas atirantadas. Os primeiros são estruturas independentes da encosta que funcionam seja opondo seu próprio peso ao movimento (muros de gravidade), seja ancorados na base, possuindo forma e estrutura capazes de resistir aos empuxos do material da encosta, enquanto as últimas são construídas solidariamente a ela, aproveitando o próprio empuxo passivo do material que a constitui como resistência. Os solos "grampeados", que, semelhantemente às cortinas, possuem elementos de fixação ao maciço e utilizam o atrito entre o solo e os "grampos" para resistir ao empuxo ativo do maciço, são estruturas mais leves e baratas, mas, como contrapartida, só se prestam à fixação de pequenas espessuras de solos, regolitos ou rochas alteradas.

Os muros de arrimo são, de modo geral, de tecnologia mais simples, necessitando, por outro lado, de maior robustez; as cortinas ancoradas são mais esbeltas e exigem um maior *know-how* de projeto e construção. Uma diferença muito importante entre um e outro desses grupos é que os muros de arrimo precisam ser sempre construídos de baixo para cima, isto é, da base para o topo, o que não ocorre com as cortinas, que podem ser iniciadas em qualquer altura, o que evita maiores trabalhos de terraplenagem e facilita o desenvolvimento dos serviços.

Embora seja por demais sabido que uma das questões mais importantes na manutenção da estabilidade de qualquer estrutura de contenção é o controle da pressão neutra sobre ela, é usual encontrar, em todas as estruturas desse tipo, deficiência ou mesmo inexistência de estruturas drenantes. Aparentemente, os técnicos se impressionam com a aparente "robustez" de tais estruturas e se esquecem de que uma variação na pressão neutra pode levá-las à instabilidade com bastante facilidade ("não é a terra, mas a água que derruba as estruturas", como dizem os práticos).

Dentro do universo dos chamados muros de arrimo, existem os construídos com as mais diversas formas e materiais. O primeiro material a ser utilizado foi o próprio solo compactado, sendo a estrutura, nesse caso, nada mais que um aterro bem construído e dotado de dispositivos de drenagem. Uma sofisticação desse tipo de estrutura consiste no emprego de reforços para estruturar o solo, introduzindo ou aumentando a resistência ao esforço de tração: nesse grupo se inserem os *crib-walls*, os muros de terra armada, o solo reforçado com geotêxtil, o *texsol* etc. Outra maneira de melhorar a resistência do solo consiste em utilizar aditivos, como o cimento e a cal.

Ainda dentro dos materiais naturais, são muito usados os muros de alvenaria de pedra, dos quais podem ser distinguidos diversos tipos: pedra seca, pedra argamassada etc. Do mesmo modo que no caso dos solos, os muros de pedra podem ser "estruturados" utilizando-se redes metálicas, que são os chamados gabiões.

Tanto os muros de solo como os de pedra têm a seu favor, de modo geral, um custo relativamente baixo, uma desejável flexibilidade e, a não ser no caso dos solos estruturados, uma tecnologia simples; os muros de pedra seca e os de gabião contam, ainda, com elevada permeabilidade como elemento positivo.

Entre os materiais artificiais utilizados na confecção de muros de arrimo, os principais são o concreto e o aço. O concreto, que nada mais é do que uma "rocha artificial" moldada *in loco*, pode ser também do tipo simples (concreto ciclópico) ou do tipo estruturado (concreto armado ou protendido). Com concreto ciclópico, só podem ser construídos muros de gravidade, ao passo que, utilizando-se concreto armado ou protendido, as mais diversas formas podem ser desenvolvidas: muros de cantiléver, de contrafortes, muros em L, em L invertido, em T etc.

Embora o concreto seja um material dotado de uma série de vantagens sobre os outros tipos de materiais anteriormente citados, tem como aspecto negativo o custo e a rigidez, que não admite, sem ruptura, deformações consideráveis.

Muros metálicos construídos com trilhos usados são uma solução eventualmente adotada: possuem as vantagens de alta resistência à flambagem e facilidade de ancoragem. Esse tipo de muro é, às vezes, ancorado à encosta, à semelhança das cortinas atirantadas.

Este último tipo de estrutura (cortina atirantada), conforme adrede informado, é construído solidariamente à encosta, sendo essa solidarização efetuada através de cabos metálicos nela ancorados e protendidos. O valor da protensão (contrapressão dada no cabo metálico) deve ser superior ao empuxo esperado sobre a cortina. Essa estrutura pode, teoricamente, ser construída com qualquer altura e em painéis independentes, cada um deles ancorado ao solo.

A par de sua inegável facilidade de construção, esbeltez e eficiência, as cortinas apresentam como aspecto negativo seu alto custo e a necessidade de um nível de tecnologia de projeto e construção mais elevado que o dos muros, incorrendo ainda no chamado "efeito panaceia", isto é, são usadas indiscriminadamente, por ignorância dos processos, por falta de vontade de conhecê-los, por simples comodismo ou ainda por interesse econômico.

Partindo do mesmo princípio de estruturação dos solos, outros processos têm sido utilizados, como a cravação de estacas, microestacas, estacas raízes, tubulões etc.

9.7.4 Estruturas de proteção superficial

Com a finalidade de proteger a superfície das encostas contra processos erosivos e consequentemente contra possíveis carreamentos de materiais que podem evoluir para escorregamentos, têm sido empregados diversos dispositivos sem função estrutural, mas apenas de proteção: são as chamadas estruturas de proteção. Entre elas, podem ser citadas a cobertura vegetal em leivas ou hidrossemeadura, a utilização de telas metálicas ou plásticas, a cobertura por "panos de pedra" ou gabiões-manta, e a proteção superficial por impermeabilização com asfalto, solo-cal-cimento ou argamassa ou ainda por gunitagem, isto é, a proteção por tela recoberta por argamassa. Alguns tipos de dispositivos destinam-se à proteção temporária de encostas enquanto a proteção vegetal cresce: são as mantas vegetais (biomantas), sendo muito empregadas no Brasil as de fibra de coco.

9.7.5 Experiências brasileiras em gerenciamento de ocupação de encostas urbanas suscetíveis a deslizamentos

Com base em sua experiência de mais de três décadas em obras de contenção, a Fundação Instituto de Geotécnica do Município do Rio de Janeiro (Geo-Rio) publicou, em 2000, a segunda edição de seu *Manual técnico de encostas*, dividido em quatro volumes – *Análise e investigação*, v. 1; *Drenagem e proteção superficial*, v. 2; *Muros*, v. 3; e *Ancoragens e grampos*, v. 4 –, onde são discutidos, de maneira prática e didática, tipos de obras de contenção utilizados; roteiro de investigações necessárias para sua seleção; instrumentação de encostas; análises e métodos de dimensionamento de obras; sistemas de drenagem utilizados; e procedimentos executivos.

Descrições de experiências brasileiras em gerenciamento de riscos de deslizamento de encostas podem ser encontradas, por exemplo, em D'Orsi *et al.* (1997), Amaral (1997), Nogueira (2002), Pozzobon *et al.* (2011), Castro Junior *et al.* (2011), Silva, Machado e Vieira (2011), Bongiovanni, Costa e Fukumoto (2015), Vedovello *et al.* (2015) e Bongiovanni e Malvese (2015).

9.8 Legislação brasileira disciplinadora da ocupação de encostas urbanas

Conforme consta da seção 9.1, o disciplinamento da ocupação das encostas, particularmente por estruturas urbanas, só pode ser feito por dispositivos legais apoiados em elementos técnicos que as subsidiem, os quais foram expostos nas seções subsequentes (seções 9.2 a 9.6). Em razão desse fato, alguns diplomas legais são citados em sequência e sumariamente discutidos, reservando-se comentários mais detalhados para a versão on-line do livro, constante do site da Editora. Essa análise da legislação de interesse para o caso não se limita, entretanto, a instrumentos especificamente destinados a regulamentar a ocupação de encostas, mas inclui também aqueles que, de alguma forma, tem a ver com a questão, tais como a Lei nº 12.651, de 25 de maio de 2012, a Constituição Federal de 1988, a Lei do Parcelamento do Solo Urbano e o Estatuto da Cidade.

9.8.1 Constituição Federal de 1988

Na Constituição Federal de 1988, é estabelecido que a propriedade urbana tem seu uso condicionado ao cumprimento de sua função social, que se verifica quando ela atende às exigências fundamentais de ordenação da cidade expressas no plano diretor. Esses artigos foram regulamentados posteriormente, resultando no Estatuto da Cidade.

9.8.2 Lei nº 12.651

Essa lei, de 25 de maio de 2012, substituiu o antigo Código Florestal de 1965 e trata das Áreas de Preservação Permanente em zonas rurais e urbanas, entre as quais se incluem:

* as bordas dos tabuleiros ou da chapada;
* o topo de morros, montes, montanhas e serras, com altura mínima de 100 m e inclinação média maior que 25°;
* as áreas em altitude superior a 1.800 m.

Ou seja, as encostas que atendam a esses itens teoricamente não podem ser ocupadas. Entretanto, uma exceção é feita para as áreas urbanas, onde os planos diretores devem reger a questão, respeitados os princípios e os limites mencionados.

Esse dispositivo legal seria suficiente, se atendido, para evitar muitos dos problemas de desastres ambientais com inúmeras mortes descritos sumariamente na seção 7.2.1.

9.8.3 Lei do Parcelamento do Solo Urbano (Lei Lehmann)

A Lei nº 6.766, de 19 de dezembro de 1979, com alterações posteriores introduzidas pela Lei nº 9.785, de 29 de janeiro de 1999, dispõe sobre o parcelamento do solo urbano e dá outras providências. Também conhecida como Lei Lehmann, ela estabelece ponto de relevância no aspecto ambiental, introduzindo a exigência de áreas reservadas à implantação de equipamentos urbanos e comunitários (lazer, saúde, cultura), bem como proibições relativas ao parcelamento do solo urbano, visando assegurar a ordem sanitária, ambiental e de segurança pública. Assim, são proibidos os parcelamentos de solo:

* em terrenos alagadiços e sujeitos a inundações, antes de tomadas as providências para assegurar o escoamento das águas;
* em terrenos que tenham sido aterrados com material nocivo à saúde pública, sem que sejam previamente saneados;
* em terrenos com declividade igual ou superior a 30%, salvo se atendidas exigências específicas das autoridades competentes;
* em terrenos onde as condições geológicas não aconselham a edificação;
* em áreas de preservação ecológica ou naquelas onde a poluição impeça condições sanitárias suportáveis, até sua correção.

A lei prevê, também, que caberá aos Estados disciplinar a aprovação pelos municípios de loteamentos e desmembramentos quando localizados em áreas de interesse especial, tais como as de proteção aos mananciais ou ao patrimônio cultural, histórico, paisagístico e arqueológico, assim definidas por legislação estadual ou federal, que os Estados definirão por decreto as normas a que deverão submeter-se os projetos de loteamento e desmembramento nessas áreas e que, em contrapartida, o Estado procurará atender às exigências urbanísticas do planejamento municipal.

Santos (2015) argumenta que o limite máximo de inclinação de encostas urbanas estabelecido na Lei Lehmann, de 30% (ou 16,5°), mas que abre exceção para exigências específicas das autoridades competentes, não deveria, nessas exceções, ir além de 46,6% (ou 25°) e "desde que [fossem devidamente] justificadas e sob responsabilidade técnica expressa". Encostas com inclinações acima desse valor deveriam ser, segundo esse autor, transformadas em Áreas de Proteção Ambiental (APPs), uma vez que "os conhecimentos geológicos e geotécnicos mais recentes e abalizados indicam que, especialmente em regiões tropicais úmidas de relevo mais acidentado, há probabilidade de ocorrência natural de deslizamentos de terra já a partir de uma declividade de 30° (57,5%)". É interessante ressaltar o fato de que, conforme consta da seção 9.8.2, 25° é a inclinação a partir da qual, de acordo com o parágrafo 9º do art. 4º da Lei nº 12.651, as áreas deveriam ser consideradas de preservação permanente.

O acerto dessa assertiva fica claro a partir da análise constante dos capítulos anteriores do presente livro.

9.8.4 Estatuto da Cidade

A Lei nº 10.257, de 10 de julho de 2001, instituiu o Estatuto da Cidade, que deve reger a ordenação e o controle do uso do solo de forma a evitar:
- a utilização inadequada dos imóveis urbanos;
- a poluição e a degradação ambiental;
- a exposição da população a riscos de desastres.

Esse estatuto deve também proporcionar a proteção, a preservação e a recuperação do meio ambiente natural e construído, bem como do patrimônio cultural, histórico, artístico, paisagístico e arqueológico, utilizando os instrumentos legais a seguir discriminados:
- planos nacionais, regionais e estaduais de ordenação do território e de desenvolvimento econômico e social;
- planejamento das regiões metropolitanas, das aglomerações urbanas e das microrregiões;
- planejamento municipal, com destaque para:
  - o plano diretor;
  - o disciplinamento do parcelamento, do uso e da ocupação do solo;
  - o zoneamento ambiental.

A lei dá destaque ao tratamento de áreas suscetíveis à ocorrência de deslizamentos de grande impacto, inundações bruscas ou processos geológicos ou hidrológicos correlatos, casos em que o plano diretor deverá conter:
- mapeamento delimitando as áreas suscetíveis à ocorrência de deslizamentos de grande impacto, inundações bruscas ou processos geológicos ou hidrológicos correlatos;
- planejamento de ações de intervenção preventiva e realocação de população de áreas de risco de desastre;
- medidas de drenagem urbana necessárias à prevenção e à mitigação de impactos de desastres;

* identificação das áreas verdes municipais e diretrizes para sua preservação e ocupação, quando for o caso, com vistas à redução da impermeabilização das cidades.

Destaca-se que o mapeamento dessas áreas deverá levar em conta as cartas geotécnicas.

9.8.5 Exemplos de leis de adequação de planos diretores ao Estatuto da Cidade

Dois exemplos de leis de adequação de planos diretores ao Estatuto da Cidade são comentados a seguir. Elas foram escolhidas em razão de suas características e visões específicas, que as diferenciam bastante.

A de Curitiba, Lei Municipal nº 11.266, de 16 de dezembro de 2004, buscava adequar uma lei mais antiga (e pioneira no País) – a Lei Municipal nº 2.828, de 10 de agosto de 1966 – à Constituição Federal de 1988 e ao Estatuto da Cidade. Ela era basicamente voltada para a questão da estruturação urbanística e infelizmente não acompanhava a evolução do pensamento no que respeita à importância do meio físico sobre o qual toda a cidade se apoia, limitando-se a assertivas genéricas sobre a ocupação e seus riscos geológico-geotécnicos e hidrológicos, além de não atender ao previsto no art. 42-A do Estatuto da Cidade: necessidade de mapeamento de áreas suscetíveis a deslizamentos, inundações e processos geológicos correlatos (cartas geotécnicas).

A lei da revisão do plano diretor de Curitiba, de dezembro de 2015, que a substituiu, segue a mesma linha, devendo-se, entretanto, destacar alguns avanços, como os constituídos pelos arts. 4 e 92, que estabelecem a integração da política ambiental com a Região Metropolitana de Curitiba. Cabe destacar, também, os arts. 62 e 129, que impõem a necessidade de mapeamentos de risco em áreas específicas, e o art. 63, que estabelece a "execução de estudos geológicos e geotécnicos para auxiliar na elaboração de projetos de obras e no mapeamento do subsolo da cidade, além de subsidiar o mapeamento das áreas suscetíveis a processos geológicos ou hidrológicos que gerem riscos à população".

A lei de São Paulo, apesar de cronologicamente anterior, é mais moderna que a atualmente vigente em Curitiba e de caráter atual ao levar em conta o meio físico como suporte da ocupação e considerar que suas fragilidades maiores ou menores não podem ser desprezadas, sob pena de fracassos lamentáveis. Essa lei é a primeira no Brasil (dentro de nosso conhecimento) a referir-se especificamente às cartas geotécnicas (arts. 27, 29, 69, 73, 268 e 299), que são instrumentos básicos para qualquer planejamento urbano moderno (ver seções 9.3 a 9.6), além de referir-se amiúde a "áreas de risco" e "áreas de fragilidade geológico-geotécnica". Além disso, ela acena para a questão da necessidade de considerar os problemas de natureza geológico-geotécnica e hidrológica em nível de região metropolitana (art. 195), o que não ocorria na antiga lei de Curitiba (2004), que no máximo aludia, em seu art. 4º, que o plano diretor da cidade deveria "ser compatível com o planejamento da Região Metropolitana de Curitiba", omissões essas felizmente sanadas na lei de 2015, conforme antes descrito.

Seria possível arguir que Curitiba não apresenta graves problemas de instabilidades de encostas em sua área urbana, ao contrário de São Paulo, e que esse fato teria levado a essas diferenças de enfoque. Entretanto, na Região Metropolitana de Curitiba tais problemas são bastante presentes, particularmente na porção nordeste, onde afloram litotipos do Grupo Açungui (Colombo, Almirante Tamandaré, Rio Branco do Sul, Itaperuçu e Doutor Ulysses), e, como a natureza não obedece aos limites políticos municipais, é necessário que todo o aglomerado urbano seja considerado, como propõe a lei de São Paulo e a atual lei de Curitiba. Ademais, Curitiba é muito fortemente influenciada pela questão hidrológica: são recorrentes as cheias que ocorrem na várzea do Iguaçu e em seus afluentes e que afetam a população que ocupa, sem restrições, precauções e cuidados, essa região, trazendo problemas sazonais ao poder público municipal. Por outro lado, é inegável a influência do planejamento urbano de Curitiba sobre a lei de São Paulo em questões como a estruturação urbana, a valorização das áreas verdes e a proteção dos fundos de vales (arts. 25, 217 e 272 da lei de São Paulo), pioneiramente consideradas pela lei de 1966 de Curitiba.

Por outro lado, ainda que em seu art. 352 a lei de São Paulo se refira à necessidade de que a Prefeitura mantenha atualizado, permanentemente, o sistema municipal de informações geológicas, ambientais e de segurança, nem ela, nem a de Curitiba prescrevem a necessidade da criação e da manutenção de um banco de dados com os resultados de investigações executadas nessas cidades por particulares e pelo poder público (como sondagens, aberturas de cortes etc.), como é tradicional, há décadas, em cidades europeias.

No caso específico da cidade de Curitiba, é estranhável que o projeto de lei de fevereiro de 2015 não tenha sido atualizado até a presente data utilizando os mapas geológico-geotécnicos executados pela Mineropar.

dez
Considerações finais

De acordo com o exposto ao longo das páginas deste livro, a origem e a evolução das encostas são conduzidas por um conjunto de processos de natureza geológica/geomorfológica. Entre eles, incluem-se desde processos originados no interior da Terra até processos externos ligados à Meteorologia. Nesse contexto, constituem-se em variáveis importantes as naturezas física, química e mineralógica dos materiais expostos à ação do clima e das tensões gravitacionais.

Assim sendo, o planejamento da ocupação das encostas precisa levar em consideração todas essas variáveis, junto com as sociopolíticas, para que a sociedade não continue a deparar-se com eventos demasiado traumáticos como os mostrados na seção 7.2. Os dados contidos na seção 7.2.1, resumidos nas Figs. 10.1 e 10.2, permitem uma melhor aproximação ao assunto.

A observação da Fig. 10.1 mostra que:
- a região Sudeste é, nitidamente, a mais afetada, e a Centro-Oeste, a menos;
- tanto na região Sudeste como na região Sul, os eventos ocorrem dominantemente nos períodos de primavera e verão;
- nas regiões Norte e Nordeste, ao contrário, os eventos predominam nos períodos de fim de verão, outono e inverno.

10 Considerações finais | 305

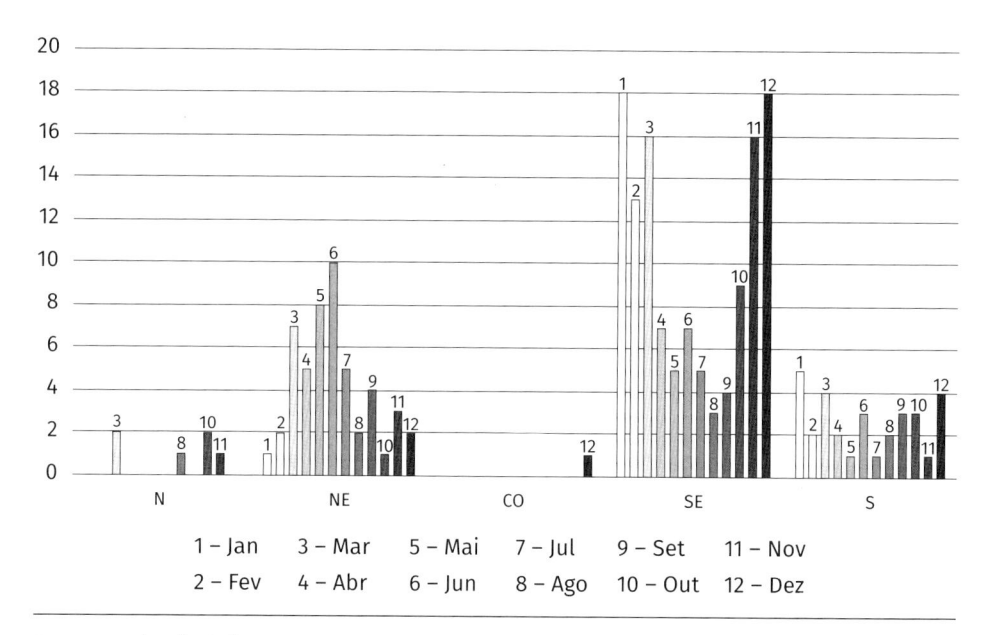

Fig. 10.1 *Distribuição de eventos de escorregamentos de encostas por regiões geográficas do Brasil entre janeiro de 1995 e dezembro de 2014*

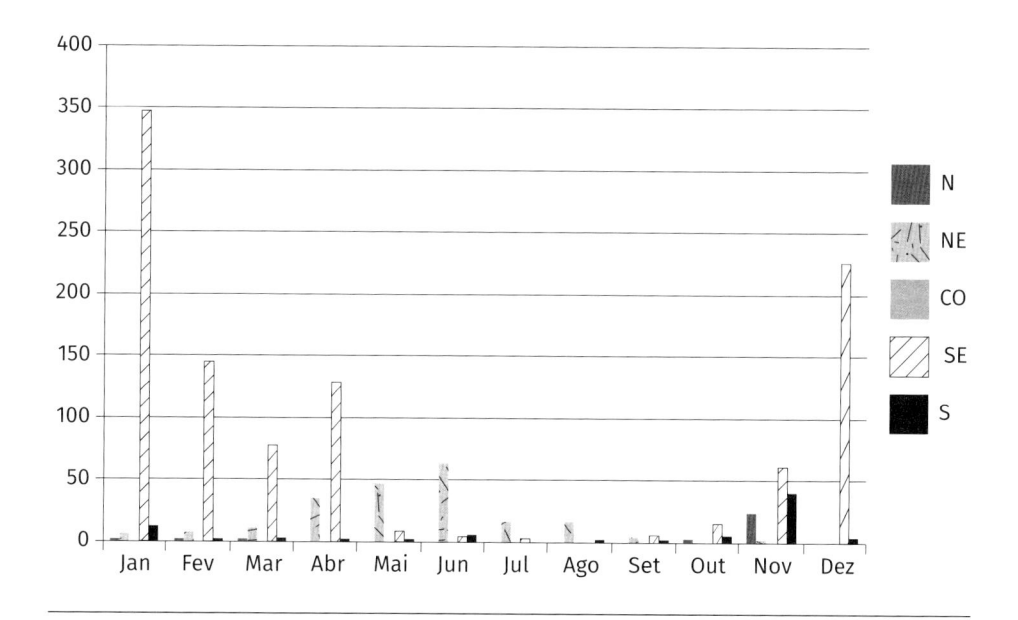

Fig. 10.2 *Ocorrências de mortes provocadas por escorregamentos de encostas por regiões geográficas do Brasil entre janeiro de 1995 e dezembro de 2014*

A observação da Fig. 10.2 mostra que:
- a região Sudeste é, disparado, a que mais sofre as consequências dos escorregamentos em termos de vítimas, e a Centro-Oeste, a que menos sofre (nenhuma relatada);
- tanto na região Sudeste como na região Sul, os eventos com mortes ocorrem dominantemente nos períodos de primavera, verão e início de outono, acompanhando o número de eventos de escorregamentos (o número elevado, fora da curva, no mês de novembro na região Sul deve-se a ocorrências de eventos especiais no ano de 2008);
- na região Nordeste, a distribuição das vítimas acompanha claramente a dos eventos de escorregamentos;
- na região Norte, a ocorrência de mortes acompanha mais o regime fluvial da Amazônia do que o clima regional (o número excepcional anotado em novembro deve-se a um único evento ocorrido em 1999).

Esses dados, além de permitirem uma certa orientação para a atuação da Defesa Civil e dos organismos nacionais de planejamento e controle de desastres naturais, mostram que estamos muito longe de um equilíbrio entre a ocupação e a natureza. Fica evidente, em alguns dos relatos contidos na seção 7.2, mas principalmente ao acompanhar as fontes jornalísticas de onde os números foram retirados, que, embora o condicionamento geomórfico/climático seja fundamental na preparação e no desencadeamento dos eventos de escorregamentos, estes são acelerados e magnificados pelas modificações introduzidas pela ocupação: alteração da topografia e do carregamento (com consequente redistribuição das tensões gravitacionais); desorganização das condições hidráulicas e geo-hidrológicas; e remoção e/ou degradação da vegetação natural dos locais.

Quanto à influência da ocupação sobre a ocorrência de desastres naturais, é relevante citar Cevasco, Pepe e Brandolini (2014, tradução nossa), que compararam o atual comportamento de regiões terraceadas para a agricultura há mais de 1.000 anos com áreas não submetidas a esse processo, ambas na mesma bacia de Vernazza, na Ligúria (Itália), e concluíram que

> a influência do uso do solo na suscetibilidade aos escorregamentos é maior que a das litologias componentes do arcabouço rochoso local e que a das propriedades dos solos [...] [p. 872] [, que essa] maior suscetibilidade aos escorregamentos nas áreas terraceadas em comparação com as florestadas pode ser explicada, primeiramente, pelo fato de que as superfícies planas dos terraços, de um lado, reduzem o *runoff*, diminuindo as perdas de solo, e, de outro, aumentam a taxa

de infiltração [...] [e que] esses fenômenos são de primordial importância na formação de freáticos suspensos, na interface entre horizontes mais e menos permeáveis [...] [p. 871].

Como, nas cidades brasileiras, particularmente nas regiões com topografia mais agreste, as encostas costumam ser multi- e cerradamente terraceadas para a instalação de moradias, particularmente nas regiões de ocupação popular – ainda que esses procedimentos sejam bem mais recentes que os do caso estudado por Cevasco, Pepe e Brandolini (2014) –, não é coincidência que a maioria esmagadora dos eventos e das mortes ocorra na região mais habitada do País, a região Sudeste, que é considerada, também, a mais desenvolvida, o que mostra que esse desenvolvimento é muito pouco sustentável, para não dizer "capenga".

Assim sendo, há que apostar-se em pesquisas e desenvolvimento de conhecimentos específicos sobre o assunto (preferentemente fixados sob a forma cartográfica) e num maior rigorismo da aplicação da legislação ambiental vigente, em termos de adequação e limitações de ocupação, particularmente nos planos diretores urbanos: que eles busquem adaptar a ocupação ao meio natural, e não o contrário (como é a diretriz usual), para que não se continue a contabilizar custos e vítimas em números assustadores.

ABNT – ASSOCIAÇÃO BRASILEIRA DE NORMAS TÉCNICAS. NBR 11682: estabilidade de encostas. Rio de Janeiro: ABNT, 2009. 33 p.

ABRAMENTO, M.; PINTO, C. de S. Resistência ao cisalhamento de solo coluvionar não saturado das encostas da Serra do Mar. *Solos e Rochas*, São Paulo, v. 16, n. 3, p. 145-158, 1993.

ALMEIDA, M. C. J. de; NAKAZAWA, V. A.; TATIZANA, C. Análise de correlação entre chuvas e escorregamentos no município de Petrópolis, RJ. *In*: CONGRESSO BRASILEIRO DE GEOLOGIA DE ENGENHARIA, 7., 1993, Poços de Caldas. Anais [...]. São Paulo: ABGE, 1993. p. 129-136.

ALMEIDA, M. de S. S. de. *Aterros sobre solos moles*: da concepção à avaliação do desempenho. Rio de Janeiro: Ed. UFRJ, 1996. 216 p.

AMARAL, C. Landslide disasters management in Rio de Janeiro. *In*: PAN-AMERICAN SYMPOSIUM ON LANDSLIDES/ CONFERÊNCIA BRASILEIRA SOBRE ESTABILIDADE DE ENCOSTAS, 2., 1997, Rio de Janeiro. Proceedings/Anais [...]. Rio de Janeiro: ABMS/ABGE/ ISSMGE, 1997. v. 1, p. 209-212.

AYDAN, O.; HORIUCHI, K. Some considerations on the causes of cliff failures of Ryukyu Limestone in Ryukyu Archipelago. *In*: NATIONAL SYMPOSIUM ON ENGINEERING GEOLOGY AND GEOTECHNICS, ENGGEO 2019, Denizli. *Proceedings* [...]. Denizli, 2019. p. 607-614.

BARBOSA, A. S. "O Cerrado está extinto e isso leva ao fim dos rios e dos reservatórios de água". Entrevista. *Jornal Opção*, n. 2048, 4 out. 2014.

BIGARELLA, J. J.; BECKER, R. Topics for discussion: International Symposium on the Quaternary. *Boletim Paranaense de Geociências*, Curitiba, n. 33, p. 171-276, 1975.

BIGARELLA, J. J.; MOUSINHO, M. R.; SILVA, J. X. da. Considerações a respeito da evolução das vertentes. *Boletim Paranaense de Geografia*, Curitiba, n. 16/17, p. 85-116, 1965.

BISHOP, A. W. The use of slip circle in the stability analysis of earth slopes. *Géotechnique*, London, v. 4, p. 148-152, 1955.

BONGIOVANNI, L. A.; COSTA, L. A. N.; FUKUMOTO, M. M. Gestão municipal de riscos ambientais urbanos em São Bernardo do Campo-SP. In: CONGRESSO BRASILEIRO DE GEOLOGIA DE ENGENHARIA, 15., 2015, Bento Gonçalves. Anais [...]. São Paulo: ABGE, 2015.

BONGIOVANNI, L. A.; MALVESE, S. T. Gestão de risco como política pública prioritária na região do Grande ABC. In: CONGRESSO BRASILEIRO DE GEOLOGIA DE ENGENHARIA, 15., 2015, Bento Gonçalves. Anais [...]. São Paulo: ABGE, 2015.

BRASIL, K. Abalo sísmico provocou onda gigante no AM, diz estudo. *Folha de S.Paulo*, 18 mar. 2007.

BULL, W. B. Allometric changes of landforms. *Bulletin of the Geological Society of America*, v. 86, n. 11, p. 1489-1498, Nov. 1975.

CACHAPUZ, F. G. M. Estabelecimento de parâmetros geotécnicos para análise de estabilidade de taludes de corte a serem executados em terrenos virgens. In: CONGRESSO BRASILEIRO DE GEOLOGIA DE ENGENHARIA, 2., Rio de Janeiro, 1978. Anais [...]. ABGE: São Paulo, 1978. p. 157-172.

CAFARO, F.; COTECCHIA, F.; SANTALOIA, F.; VITONE, C.; LOLLINO, P.; MITARITONNA, G. Landslide hazard assessment and judgement of reliability: a geomechanical approach. *Bulletin of Engineering Geology and the Environment*, v. 76, n. 2, p. 397-412, May 2017.

CAILLEUX, A.; TRICART, J. Zonas fitogeográficas e morfoclimáticas do quaternário no Brasil. *Notícia Geomorfológica*, Campinas, v. 4, p. 12-17, ago. 1959.

CANIL, K.; OGURA, A. T.; BLANCO, M. J.; CORSI, A. C.; CAMPOS JUNIOR, E.; CARVALHO, E. Subsídios para elaboração de um plano de gerenciamento de áreas de risco do município de Caraguatatuba, SP. In: CONGRESSO BRASILEIRO DE GEOLOGIA DE ENGENHARIA, 13., 2011, São Paulo. Anais [...]. São Paulo: ABGE, 2011.

CARDOSO, F. T. V.; PICANÇO, J. L. de; MESQUITA, M. J. Análise geológica-geotécnica dos saprolitos envolvidos no *mudflow* do Morro da Caixa D'água em Antonina/PR. In: CONGRESSO BRASILEIRO DE GEOLOGIA DE ENGENHARIA, 15., 2015, Bento Gonçalves. Anais [...]. São Paulo: ABGE, 2015.

CARSON, M. A. *The mechanics of erosion*. London: Pion, 1971. 174 p.

CARSON, M. A.; KIRKBY, M. J. *Hillslope form and process*. Cambridge: Cambridge University Press, 1975. 475 p.

CASSINI, L.; FERLISI, S. Introduction to the thematic set of papers on the quantitative analysis of landslide risk. *Bulletin of Engineering Geology and the Environment*, v. 73, n. 2, p. 207-208, May 2014.

CASTRO JUNIOR; R. M.; BORTOLOTI, F. D.; GLORIA, K. da S.; ARPINI, B. P. Sistema integrado de gestão de risco e apoio à decisão como ferramenta para um plano preventivo de defesa civil no município de Vitória-ES: metodologia preliminar. In: CONGRESSO BRASILEIRO DE GEOLOGIA DE ENGENHARIA, 13., 2011, São Paulo. Anais [...]. São Paulo: ABGE, 2011.

CASTRO, L. A. M. Estimation of potential stress-induced damage initiation zones around deep openings. In: SILVA, L. A. A.; QUADROS, E. F.; GONÇALVES, H. H. S.

(ed.). *Design and Construction in mining, petroleum and civil engineering*. São Paulo: Epusp, 1998.

CEVASCO, A.; PEPE, G.; BRANDOLINI, P. The influence of geological and land use settings on shallow landslides triggered by intense rainfall event in a coastal terraced environment. *Bulletin of Engineering Geology and the Environment*, v. 73, n. 3, p. 869-875, Aug. 2014.

CHRISTARAS, B.; ARGYRIADIS, M.; MORAITI, E. Landslide in the marly slope of the Kapsali area in Kitila Island, Greece. *Bulletin of Engineering Geology and the Environment*, v. 73, n. 3, p. 839-844, Aug. 2014.

COROMINAS, J.; WESTEN, C. V.; FRATTINI, P.; L. CASCINI, L.; MALET, J.-P.; FOTOPOULOU, S.; CATANI, F.; EECKHAUT, M. V. D.; MAVROULI, O.; AGLIARDI, F.; PITILAKIS, K.; WINTER, M. G.; PASTOR, M.; FERLISI, S.; TOFANI, V.; HERVÁS, J.; SMITH, J. T. Recommendations for the quantitative analysis of landslide risk. *Bulletin of Engineering Geology and the Environment*, v. 73, n. 2, p. 209-263, May 2014.

CORREIA, S.; AMARAL, C.; CAMPOS, T. M. de; PORTOCARRERO, H. Megadesastre '11 da Serra Fluminense: o deslizamento da Prainha, em Nova Friburgo – resultados preliminares do mapeamento geológico e dos ensaios de campo. In: CONGRESSO BRASILEIRO DE GEOLOGIA DE ENGENHARIA, 13., 2011, São Paulo. *Anais* [...]. São Paulo: ABGE, 2011.

COZZOLINO, V. M.; MARTINATI, L. R.; BUONO, A. V. de A. Contribuição ao estudo dos movimentos tectônicos sin e pós-sedimentares na bacia de São Paulo a partir de evidências observadas nas escavações do túnel da Eletropaulo. *Solos e Rochas*, São Paulo, v. 17, n. 1, p. 13-19, abr. 1994.

CRUZ, O. *Serra do Mar e o litoral na área de Caraguatatuba-SP*: contribuição à geomorfologia litorânea tropical. 1974. 181 f. Tese (Doutorado) – Faculdade de Filosofia, Letras e Ciências Humanas, Universidade de São Paulo, São Paulo, 1974.

D'ORSI, R.; D'ÁVILA, C.; ORTIGÃO, J. A. R.; DIAS, A. Rio-Watch: The Rio de Janeiro landslide watch system. In: PAN AMERICAN SYMPOSIUM ON LANDSLIDES/ CONFERÊNCIA BRASILEIRA SOBRE ESTABILIDADE DE ENCOSTAS, 2., 1997, Rio de Janeiro. *Proceedings/Anais* [...]. Rio de Janeiro: ABMS/ABGE/ISSMGE, 1997. v. 1, p. 21-30.

DAS, B. M. *Advanced soil mechanics*. Washington: McGraw-Hill, 1985. 511 p.

DEERE, D. V.; PATTON, F. D. Slope stability in residual soil. In: PANAMERICAN CONFERENCE ON SOIL MECHANICS AND FOUNDATION ENGINEERING, 4., 1970, San Juan. *Proceedings* [...]. San Juan: ISSM, 1970. p. 87-170.

DeGRAFF, V. J. The geomorphology of some debris flows in the southern Sierra Nevada, California. *Geomorphology*, n. 10, p. 231-252, 1994.

DENARDI, L. Vegetação perdida no mapa. *Revista Pauta*, ano II, n. 7, p. 11, maio 1996.

DHAHRI, F.; BENASSI, R.; MHAMDI, A.; ZEYENI, K.; BOUKADI, N. Structural and geomorphological controls of the present-day landslide in the Moulares phosphate mines (wester-central Tunisia). *Bulletin of Engineering Geology and the Environment*, v. 75, n. 4, p. 1459-1468, Nov. 2016.

DI MATEO, L.; ROMEO, S.; KIEFFER, D. S. Rock fall analysis in na Alpine Area by using a reliable integrated monitoring system: results from the inselberg slope

(Salzburg Land, Austria). *Bulletin of Engineering Geology and the Environment*, v. 76, n. 2, p. 413-420, May 2017.

DIETRICH, W. E.; DORN, R. Significance of thick deposits of colluvium on hillslopes: a case study involving the use of pollen analysis in the coastal mountains of northern California. *The Journal of Geology*, Chicago, v. 92, n. 2, p. 147-158, Mar. 1984.

DIETRICH, W. E.; WILSON, C. J.; MONTGOMERY, D. R.; McKEAN, J. Analysis of erosion thresholds, channel networks and landscape morphology using a digital terrain model. *The Journal of Geology*, Chicago, v. 101, n. 2, p. 259-278, 1993.

DOMINGUEZ, J. M. L.; BITTENCOURT, A. C. da S. P.; LEÃO, Z. M. de A. N.; AZEVEDO, A. E. G. Geologia do Quaternário Costeiro do Estado de Pernambuco. *Revista Brasileira de Geociências*, São Paulo, v. 20, n. 1-4, mar./dez. 1990.

DUNCAN, J. M. State of the art: limit equilibrium and finite element analysis of slopes. *Journal of Geotechnical and Geoenvironmental Engineering*, ASCE, v. 122, n. 7, p. 577-596, 1996.

DUNCAN, J. M.; WRIGHT, S. G. The accuracy of equilibrium methods of slope stability analysis. *Engineering Geology*, v. 16, n. 1-2, p. 5-17, 1980.

DUNCAN, N. *Engineering Geology & Rock Mechanics*. London: Leonard Hill, 1969. v. 1, 252 p.

DURLO, M. A.; SUTILI, F. J. *Bioengenharia*: manejo biotécnico de cursos de água. Porto Alegre: Edições EST, 2005.

ENGEMIN. [*Memória descritiva*]. abr. 2016.

ENGEMIN. [*Projeto de reestabilização*]. 2011.

EVANS, S. G.; CLAGUE, J. J. Recent climatic changes and catastrophic geomorphic process in mountain environments. *Geomorphology*, n. 10, p. 107-128, 1994.

FELL, R.; COROMINAS, J.; BONNARD, C.; CASCINI, L.; LEROI, E.; SAVAGE, W. Z. Commentary – Guidelines for landslide susceptibility, hazard and risk zoning for land use planning. *Engineering Geology*, v. 102, n. 3-4, p. 85-98, 2008.

FELLENIUS, W. Calculations of the stability of earth dams. In: CONGRESS ON LARGE DAMS, 2., 1936, Washington. *Proceedings* [...]. Washington: [s. n.], 1936.

FERREIRA, F. S. *Análise da influência das propriedades físicas do solo na deflagração dos escorregamentos translacionais rasos na Serra do Mar (SP)*. Dissertação (Mestrado) – Universidade de São Paulo, São Paulo, 2013.

FIORI, A. P.; CARMIGNANI, L. *Fundamentos de mecânica dos solos e das rochas*: aplicações na estabilidade de taludes. Curitiba: Ed. da UFPR, 2001.

FLORES, J. A.; PELLERIN, J. R. G. M.; VILELA, J. H.; MACHADO, M. A.; MARTINS, M. As chuvas de janeiro de 2011 em Santa Catarina: desastre natural ofuscado pela catástrofe na região serrana do Rio de Janeiro. In: CONGRESSO BRASILEIRO DE GEOLOGIA DE ENGENHARIA, 13., 2011, São Paulo. *Anais* [...]. São Paulo: ABGE, 2011.

FONSECA, A. I. T; MENDES, A. C.; SILVA, E. F. da; MOTA, F. G. Análise multitemporal do fenômeno das terras caídas – Santarém/PA. In: CONGRESSO BRASILEIRO DE GEOLOGIA DE ENGENHARIA, 15., 2015, Bento Gonçalves. *Anais* [...]. São Paulo: ABGE, 2015.

FREDLUND, D. G.; RAHARDJO, H. Theoretical context for understanding unsaturated residual soil behavior. In: INTERNATIONAL CONFERENCE ON GEOMECHANICS IN

TROPICAL LATERITIC AND SAPROLITIC SOILS, 1., Brasília. *Proceedings* [...]. Brasília: ABMS, 1985. p. 295-306.

FREIRE, E. S. de M. Movimentos coletivos de solos e rochas e sua moderna sistemática. *Construção*, Rio de Janeiro, v. 8, n. 95, p. 10-18, mar. 1965.

FREUD, S. *Interpretação dos sonhos*. 1. ed. Tradução de Walderedo Ismael de Oliveira. São Paulo: Folha de S.Paulo, 2010. 363 p.

FÚLFARO, V. J.; PONÇANO, W. L. Recent tectonic features in the Serra do Mar region, State of São Paulo, Brazil, and its importance to engineering geology. *In*: INTERNATIONAL CONGRESS OF THE INTERNATIONAL ASSOCIATION OF ENGINEERING GEOLOGY, 2., 1974, São Paulo. *Proceedings* [...]. São Paulo: ABGE, 1974. p. II-7.1-II-7.7.

FÚLFARO, V. J.; PONÇANO, W. L; BISTRICHI, C. A.; STEIN, D. P. Escorregamentos de Caraguatatuba: expressão atual e registro na coluna sedimentar da planície costeira adjacente. *In*: CONGRESSO BRASILEIRO DE GEOLOGIA DE ENGENHARIA, 1., 1976, Rio de Janeiro. *Anais* [...]. São Paulo: ABGE, 1976. p. 341-350.

GALEANDRO, A; DOGLIONI, A; SIMEONE, V. Statistical analyses of inherent variability of soil strength and effects on engineering geology design. *Bulletin of Engineering Geology and the Environment*, v. 76, n. 2, p. 587-600, 2017.

GARNER, H. F. *The origin of landscapes*: a synthesis of geomorphology. New York: Oxford University Press, 1974.

GARZIONE, C. N.; HOKE, G. D.; LIBARKIN, J. C.; WITHERS, S.; MacFADDEN, B.; EILER, J.; GHOSH, P.; MULCH, A. Rise of the Andes. *Science*, v. 320, n. 5881, p. 1304-1307, 2008.

GAZETA DO POVO. *Queda de barreira interrompe tráfego na BR-277*. Curitiba, 31 out. 1991.

GEO-RIO – FUNDAÇÃO INSTITUTO DE GEOTÉCNICA DO MUNICÍPIO DO RIO DE JANEIRO. *Manual técnico de encostas*: análise e investigação. 2. ed. Rio de Janeiro: Geo-Rio, 2000. v. 1, 253 p.

GEO-RIO – FUNDAÇÃO INSTITUTO DE GEOTÉCNICA DO MUNICÍPIO DO RIO DE JANEIRO. *Manual técnico de encostas*: drenagem e proteção superficial. 2. ed. Rio de Janeiro: Geo-Rio, 2000. v. 2, 120 p.

GEO-RIO – FUNDAÇÃO INSTITUTO DE GEOTÉCNICA DO MUNICÍPIO DO RIO DE JANEIRO. *Manual técnico de encostas*: muros. 2. ed. Rio de Janeiro: Geo-Rio, 2000. v. 3, 182 p.

GEO-RIO – FUNDAÇÃO INSTITUTO DE GEOTÉCNICA DO MUNICÍPIO DO RIO DE JANEIRO. *Manual técnico de encostas*: ancoragens e grampos. 2. ed. Rio de Janeiro: Geo-Rio, 2000. v. 4, 190 p.

GEOSLOPE INTERNATIONAL. *Stability modeling with Slope/W*: an engineering methodology – student license. 2nd ed. May 2007.

GERRARD, J. The landslide hazard in the Himalayas: geological control and human action. *Geomorphology*, Amsterdam, Elsevier, n. 10, p. 221-230, 1994.

GILBERT, G. K. *Report on the geology of the Henry Mountains*. Washington, D.C.: U.S. Government Printing Office, 1877.

GOMES, C. L. R. *Retroanálise em estabilidade de taludes em solo*: metodologia para obtenção dos parâmetros de resistência ao cisalhamento. 146 f. Dissertação (Mestrado) – Faculdade de Engenharia, Universidade Estadual de Campinas, Campinas, 2003.

GOULD, S. J. *Seta do tempo, ciclo do tempo*: mito e metáforas na descoberta do tempo geológico. São Paulo: Companhia das Letras, 1991. 221 p.

GRAUX, D. *Fondations et excavations profondes*: géotechnique appliquée. Paris: Éditions Eyrolles, 1967. 430 p.

GUIDICINI, G.; IWASA, O. Y. Ensaio de correlação entre pluviosidade e escorregamentos em meio tropical úmido. *Construção Pesada*, São Paulo, v. 6, n. 72, p. 60-70, jan. 1977.

GUIDICINI, G.; NIEBLE, C. M. *Estabilidade de taludes naturais e de escavação*. São Paulo: Blucher; Edusp, 1976. 194 p.

HAEFELI, R. Creep problems in soils, snow and ice. In: ISSMFE INTERNATIONAL CONFERENCE ON SOIL MECHANICS AND FOUNDATION ENGINEERING, 3., 1953, Zurich. *Proceedings* [...]. Zurich, 1953. v. 3, p. 238-251.

HASUI, Y. Neotectônica e aspectos fundamentais da tectônica ressurgente no Brasil. In: WORKSHOP SOBRE NEOTECTÔNICA E SEDIMENTAÇÃO CENOZÓICA CONTINENTAL NO SUDESTE BRASILEIRO, 1., 1990, Belo Horizonte. *Anais* [...]. Belo Horizonte: SBG, 1990. 17 p.

HASUI, Y.; MIOTO, J. A. *Geologia estrutural aplicada*. São Paulo: ABGE; Votorantim, 1992. 459 p.

HASUI, Y.; SALAMUNI, E.; MORALES, N. (org.). *Geologia estrutural aplicada*. 2. ed. rev. São Paulo: ABGE, 2019. 478 p.

HOEK, E. *Estimando a estabilidade de taludes escavados em minas a céu aberto*. Trad. 4. São Paulo: APGA, 1972. 57 p.

HOEK, E. *Rock engineering*: the application of modern techniques to underground design. Organização: R. Kochen e P. Cella. São Paulo: CBMR/CBT/ABMS, 1998. 269 p.

JAKOBSON, B. The design of embankments on soft clays. *Géotechnique*, v. 1, n. 2, Dec. 1948.

JANBU, N. Application of composite slip surface for stability analysis. *Proceedings of the European Conference on Stability of Earth Slopes*, Stockholm, 1954

JESUS, A. C. de. *Retroanálise de escorregamentos em solos residuais não saturados*. Dissertação (Mestrado) – Universidade de São Paulo, São Paulo, 2008.

JONES, F. O. *Landslides of Rio de Janeiro and the Serra das Araras Escarpment, Brazil*. Washington: USGS, 1973. (Professional Paper, n. 697).

JTC-1 – TECHNICAL COMMITTEE ON LANDSLIDE AND ENGINEERED SLOPES. Guidelines for landslide susceptibility, hazard and risk zoning for land use planning. *Engineering Geology*, v. 102, n. 3-4, p. 85-98, 2008.

KANJI, M. A. *Resistência ao cisalhamento de contactos solo/rocha*. Tese (Doutorado) – Instituto de Geociências, Universidade de São Paulo, São Paulo, 1972.

KEEFER, D. K. The importance of earthquake-induced landslides to long-term slope erosion and slope-failure hazards in seismically active regions. *Geomorphology*, v. 10, n. 1-4, p. 265-284, 1994.

KILIC, R.; ULAMIS, K.; YURDAKUL, M.; KADIOGLU, Y. K. The alteration degree of the metacrystalline rocks based on UAI, Bolu (Turkey). *Bulletin of Engineering Geology and the Environment*, v. 73, n. 1, p. 193-201, Feb. 2014.

KING, L. C. A geomorfologia do Brasil Oriental. *Revista Brasileira de Geografia*, v. 18, n. 2, p. 147-205, 1956.

KING, L. C. Canons of landscape evolution. *Bulletin of the Geological Society of America*, v. 64, p. 721-752, July 1953.

LAGO, L.; AMARAL, C.; CAMPO, L. E. P. de; SILVA, L. E. Megadesastre '11 da Serra Fluminense: o deslizamento do Condomínio do Lago, em Nova Friburgo – análise preliminar dos condicionantes geológicos. *In*: CONGRESSO BRASILEIRO DE GEOLOGIA DE ENGENHARIA, 13., 2011, São Paulo. Anais [...]. São Paulo: ABGE, 2011.

LAMBE, T. W.; WHITMAN, R. V. *Soil Mechanics*: SI Version. New York: John Wiley & Sons, 1979. 553 p.

LARA NETO, A. P. de G.; BACELLAR, L. de A. P.; SOBREIRA, F. G. Análise preliminar da gênese de terracetes em regiões do estado de Minas Gerais. *In*: CONGRESSO BRASILEIRO DE GEOLOGIA DE ENGENHARIA, 14., 2013, Rio de Janeiro. Anais [...]. São Paulo: ABGE, 2013.

LCPC – LABORATOIRE CENTRAL DES PONTS ET CHAUSSÉES. *Stabilité des talus*: 1. Versants naturels. Numéro spécial II. Paris: LCPC, mars 1976.

LEHMANN, H. Observações morfoclimáticas na Serra da Mantiqueira e no Vale do Paraíba. *Notícia Geomorfológica*, Campinas, n. 5, p. 1-6, abr. 1960.

LIANG, C. Y.; ZHANG, Q. B.; LI, X.; XIN, P. The effect of specimen shape and strain rate on uniaxial compressive behavior of rock material. *Bulletin of Engineering Geology and the Environment*, v. 75, n. 4, p. 1669-1681, Nov. 2016.

LIMA, I. F.; AMARAL, C.; VARGAS Jr., E. A. Megadesastre '11 da Serra Fluminense: a corrida de massa do Vieira – dados preliminares para a definição do mecanismo de fluxo. *In*: CONGRESSO BRASILEIRO DE GEOLOGIA DE ENGENHARIA, 13., 2011, São Paulo. Anais [...]. São Paulo: ABGE, 2011.

LOLLINO, P.; GIORDAN, D.; ALLASIA, P. Assessment of the behavior of an active Earthslide by means of calibration between numerical analysis and field monitoring. *Bulletin of Engineering Geology and the Environment*, v. 76, n. 2, p. 421-435, May 2017.

LOPES, J. A. U. A evolução das encostas e a estabilidade dos taludes viários. *In*: REUNIÃO ANUAL DE PAVIMENTAÇÃO, 23., 1988, Florianópolis. Anais [...]. Florianópolis: ABPV, 1988. p. 383-408.

LOPES, J. A. U. Algumas considerações sobre a estabilidade de taludes em solos residuais e rochas sedimentares sub-horizontais. *In*: CONGRESSO BRASILEIRO DE GEOLOGIA DE ENGENHARIA, 3., 1981, Itapema. Anais [...]. São Paulo: ABGE, 1981. p. 167-186.

LOPES, J. A. U. Avaliação e mapeamento da suscetibilidade dos terrenos a escorregamentos: bases para uma metodologia alternativa de trabalho. *In*: CONGRESSO BRASILEIRO DE GEOLOGIA DE ENGENHARIA, 13., 2011, São Paulo. Anais [...]. São Paulo: ABGE, 2011.

LOPES, J. A. U. Considerations about the so called "Scars Method". *In*: NATIONAL SYMPOSIUM ON ENGINEERING GEOLOGY AND GEOTECHNICS, ENGGEO, 2019, Denizli. Proceedings [...]. Editors: Kumpar, Çelik, Çan, Mutlutürk. 2019. p. 217-234.

LOPES, J. A. U. O método das cicatrizes: avaliação crítica após meio século de utilização. *In*: CONGRESSO BRASILEIRO DE GEOLOGIA DE ENGENHARIA E AMBIENTAL, 17., 2022, Belo Horizonte. *Anais* [...]. São Paulo: ABGE, 2022a.

LOPES, J. A. U. *Os movimentos coletivos dos solos e a evolução das encostas naturais nas regiões tropicais e subtropicais úmidas.* Dissertação (Mestrado) – Universidade Federal do Paraná, Curitiba, 1995.

LOPES, J. A. U. Rupturas em rochas e solos: algumas considerações sobre os fatos observados e as teorias envolvidas. *In*: CONGRESSO BRASILEIRO DE GEOLOGIA DE ENGENHARIA E AMBIENTAL, 17., 2022, Belo Horizonte. *Anais* [...]. Belo Horizonte: ABGE, 2022b.

LOPES, J. A. U. Some remarks on the bases of landscape evolution theories. *Boletim Paranaense de Geociências*, Curitiba, n. 52, p. 77-93, 2003.

LOPES, J. A. U. The evolution and stability of tropical and subtropical hillslopes and their importance in the engineering geology practice. *In*: INTERNATIONAL CONGRESS OF THE INTERNATIONAL ASSOCIATION OF ENGINEERING GEOLOGY, 5., 1986, Buenos Aires. *Proceedings* [...]. Boston: A.A. Balkema, 1986. p. 2029-2038.

LOPES, J. A. U. The role of landslides in the landscape evolution: theoretical and practical aspects. *In*: PANAMERICAN SYMPOSIUM ON LANDSLIDES/CONFERÊNCIA BRASILEIRA SOBRE ESTABILIDADE DE ENCOSTAS, 2., 1997, Rio de Janeiro. *Proceedings/Anais* [...]. Rio de Janeiro: ABMS/ABGE/ISSMGE, 1997. v. 1, p. 91-100.

LU, K. L.; ZHU, D. Y. A three dimensional rigorous method for stability analysis and its application. *Bulletin of Engineering Geology and the Environment*, v. 75, n. 4, p. 1445-1457, Nov. 2016.

MAACK, R. *Geografia física do Estado do Paraná.* Curitiba, 1968. 350 p.

MACEDO, E. S. de; MARTINS, P. P. D. Análise do banco de dados de mortes por deslizamentos do Instituto de Pesquisas Tecnológicas (IPT). *In*: CONGRESSO BRASILEIRO DE GEOLOGIA DE ENGENHARIA, 15., 2015, Bento Gonçalves. *Anais* [...]. São Paulo: ABGE, 2015.

MACEDO, J. M. de; BACOCCOLI, G.; GAMBOA, L. A. P. O tectonismo meso-cenozóico da região Sudeste. *In*: SIMPÓSIO DE GEOLOGIA DO SUDESTE, 2., 1991, São Paulo. *Atas* [...]. São Paulo: SBG, 1991. p. 429-437.

MACEDO, J. M. de; LEMOS, M. A. M. de. *Introdução ao estudo da gênese dos minerais de argila.* Lisboa: Centro de Estudos de Pedologia Tropical, 1961. 81 p.

MAIGNIEN, R. *Review of research on laterites.* Paris: Unesco, 1966. 144 p. (Natural Resources Research, v. 4).

MARQUES FILHO, P. L.; CORREIA, P. C.; LEVIS, P.; ANDRADE, C. A. V. Caraterísticas usuais e aspectos peculiares do manto de alteração e transição solo-rocha em basaltos. *In*: CONGRESSO BRASILEIRO DE GEOLOGIA DE ENGENHARIA, 3., 1981, Itapema. *Anais* [...]. São Paulo: ABGE, 1981. p. 53-72.

MARTIN, L.; MORNER, N. A.; FLEXOR, J. M.; SUGUIO, K. *Reconstrução de antigos níveis marinhos do Quaternário.* São Paulo: SBG, 1982.

MASSUCHETTO, G. [*Relatório do acidente ocorrido em 31 de outubro de 1991 na BR-277*]. 1991.

MEIS, M. R. M de; MOURA, J. R. da S. de; SILVA, T. J. O. da. Os "complexos de rampa" e a evolução das encostas no planalto sudeste do Brasil. *Anais da Academia Brasileira de Ciências*, Rio de Janeiro, v. 53, n. 3, p. 605- 615, set. 1981.

MEIS, M. R. M. de; SILVA, J. X. da. Considerações geomorfológicas a propósito dos movimentos de massa ocorridos no Rio de Janeiro. *Revista Brasileira de Geografia*, Rio de Janeiro, v. 30, n. 1, p. 55-72, jan./mar. 1968.

MELLO, R. C. de; VAREJÃO, L. C.; DOURADO, F. Megadesastre '11 da Serra Fluminense: a corrida de massa do Vale do Cuiabá, em Itaipava/Petrópolis – análise preliminar dos condicionantes geológicos. In: CONGRESSO BRASILEIRO DE GEOLOGIA DE ENGENHARIA, 13., 2011, São Paulo. Anais [...]. São Paulo: ABGE, 2011.

MELLO, V. F. B de. *Apreciações sobre a engenharia de solos aplicáveis a solos residuais*. São Paulo: ABGE, 1978. 60 p. (trad. 9).

MELLO, V. F. B de. *Geotecnia do subsolo e de materiais terrosos-pedregosos construídos*: primórdios, questionamento, atualizações. São Paulo: Oficina de Textos, 2014. 246 p.

MIGUEL, M. G.; TEIXEIRA, R. S.; PADILHA, A. C. C. Curvas características de sucção do solo laterítico da região de Londrina/PR. *Revista de Ciência e Tecnologia*, v. 12, n. 34, p. 63-74, 2006.

MINEROPAR. *Caracterização da atividade mineral*: Programa Proteção da Floresta Atlântica – Paraná. Curitiba: Mineropar, 2002. v. I e II.

MORGENSTERN, N.; PRICE, V. E. The analysis of the stability of general slip surfaces. *Géotechnique*, v. 15, p. 79-138, 1965.

MOSCATELI, D. C. *Taludes estabilizados por retroanálise*: análise crítica e comparação com métodos tradicionais de análise de equilíbrio limite. Dissertação (Mestrado) – Universidade Federal do Paraná, Curitiba, 2017.

MOUGIN, J. P. *Les mouvements de terrain: recherches sur les apports mutuels des études géologique et mécanique à l'estimation de la stabilité des pentes*. Thèse (Docteur Ingénieur) – Universite Scientifique et Medicale de Grenoble, 1973.

MOUSINHO, M. R.; BIGARELLA, J. J. Movimentos de massa no transporte dos detritos da meteorização das rochas. *Boletim Paranaense de Geografia*, Curitiba, n. 16/17, p. 43-84, 1965.

NASCIMENTO, E. R. *Morfotectônica e origem das morfoestruturas da Serra do Mar paranaense*. Tese (Doutorado) – Universidade Federal do Paraná, Curitiba, 2013.

NOBRE, A. Desmatamento da Amazônia causa seca em SP, diz cientista. Entrevista. *Valor Econômico*, 31 out. 2014.

NOGUEIRA, F. R. *Gerenciamento de riscos ambientais associados a escorregamentos*: contribuição às políticas públicas municipais para áreas de ocupação subnormal. Tese (Doutorado) – Universidade Estadual Paulista, Rio Claro, 2002.

NOGUEIRA, S. Os mistérios de Jarau. *Pesquisa Fapesp*, n. 169, mar. 2010.

ODUM, E. *Ecologia*. Rio de Janeiro: Guanabara, 1983. 434 p.

PAIXÃO, R.; MOTTA, M.; SANTANA, M. Megadesastre '11 da Serra Fluminense: análise preliminar da corrida de massa do córrego D'Antas, em Nova Friburgo. In: CONGRESSO BRASILEIRO DE GEOLOGIA DE ENGENHARIA, 13., 2011, São Paulo. Anais [...]. São Paulo: ABGE, 2011.

PICHLER, E. Aspectos geológicos dos escorregamentos de Santos. *Boletim da Sociedade Brasileira de Geologia*, v. 6, n. 8, p. 69-77, 1957.

PILOT, G.; MOREAU, M.; PAUTE, J-L. Étude de la rupture Remblai de Lanester. *In*: LCPC –LABORATOIRE CENTRAL DES PONTS ET CHAUSSÉES. *Remblais sur sols compressibles*. Bull. de Liaison, Spécial T. Mai 1973. p. 194-206.

PINTO, C. de S. *Resistência ao cisalhamento dos solos*. São Paulo: DLP da Escola Politécnica da Universidade de São Paulo, 1975. 137 p.

PONÇANO, W. L.; PRANDINI, F. L.; STEIN, F. L. Condicionamentos geológicos e de ocupação territorial nos escorregamentos de Maranguape, Estado do Ceará, em 1974. *In*: CONGRESSO BRASILEIRO DE GEOLOGIA DE ENGENHARIA, 1., 1976, Rio de Janeiro. Anais [...]. São Paulo: ABGE, 1976. p. 323-339.

POZZOBON, M.; XAVIER, F. da F.; CARREIRÃO, H. M. C.; BALEN, A.; PERDONCINI, L. C.; FILHO, G. L.; BARBATO, A. M.; VALÉRIO, J. L. Gerenciamento de áreas de risco geológico: a experiência do município de Blumenau, Santa Catarina. *In*: CONGRESSO BRASILEIRO DE GEOLOGIA DE ENGENHARIA, 13., 2011, São Paulo. Anais [...]. São Paulo: ABGE, 2011.

PRANDINI, F. L. Tipos especiais de ravinas no mundo tropical: boçorocas – diagnose, fundamentos da solução. *In*: MESA-REDONDA SOBRE EROSÃO E PRÁTICAS DE CONTROLE. Curitiba: Alep, ago. 1984.

PRANDINI, F. L.; GUIDICINI, G.; BOTTURA, J. A.; PONÇANO, W. L; SANTOS, A. R. Resenha crítica da atuação da cobertura vegetal na estabilidade das encostas. *Construção Pesada*, São Paulo, v. 6, n. 69, p. 44-60, out. 1976.

PREVEDELLO, C. L. *O universo sobre os ombros de gigantes*: mistérios revelados. Curitiba: Ed. do Autor, 2011. 249 p.

QUEIROZ, R. C.; GAIOTO, N. Determinação do fator de segurança em taludes de cortes ferroviários por retroanálise. *In*: CONGRESSO BRASILEIRO DE GEOLOGIA DE ENGENHARIA, 5., 1987, São Paulo. Anais [...]. São Paulo: ABGE, 1987. p. 109-119.

RICCOMINI, C.; PELLOGIA, A. U. G.; SALONI, J. C. L.; KOHNKE, M. W.; FIGUEIRA, R. M. Neotectonic activity in the Serra do Mar rift system (southeastern Brazil). *Journal of South American Earth Sciences*, Oxford, v. 2, n. 2, p. 191-197, 1989.

RICCOMINI, C.; TESSLER, M. G.; SUGUIO, K. *Novas evidências de atividade tectônica moderna no sudeste brasileiro*: os depósitos falhados da Formação Pariquera-Açu. São Paulo: Associação Brasileira de Estudos do Quaternário, 1984. p. 29-42. (Publ. Avulsa, n. 2).

RODRIGUES, J. G.; AMARAL, C.; TUPINAMBÁ, M. Megadesastre '11 da Serra Fluminense: a corrida de massa do Vieira, em Teresópolis – análise preliminar dos condicionantes geológicos. *In*: CONGRESSO BRASILEIRO DE GEOLOGIA DE ENGENHARIA, 13., 2011, São Paulo. Anais [...]. São Paulo: ABGE, 2011.

ROGÉRIO, P. R. *Cálculo de estabilidade de taludes pelo método de Bishop simplificado*. São Paulo: Edgard Blucher, 1976. 153 p.

SAADI, A. Neotectônica da plataforma brasileira: esboço e interpretação preliminares. *Geonomos*, Belo Horizonte, v. 1, n. 1, p. 1-15, nov. 1993.

SACK, D. New wine in old bottles: the historiography of a paradigm change. *Geomorphology*, v. 5, n. 3-5, p. 251-263, 1992.

SALAMUNI, E *Tectônica da Bacia Sedimentar de Curitiba*. Tese (Doutorado) – Universidade Estadual Paulista, Rio Claro, 1998.

SALLES, R. O.; SILVA, A. F. da. Correlação entre as chuvas e os escorregamentos da RJ-116, no município de Nova Friburgo/RJ. *In*: CONGRESSO BRASILEIRO DE GEOLOGIA DE ENGENHARIA, 14., 2013, São Paulo. *Anais* [...]. São Paulo: ABGE, 2013.

SALVIANO, M. F.; ANTONELLI, T.; SANTOS, L. F. dos. Análise da relação da ocorrência de movimentos de massa com a precipitação mensal no evento de dezembro de 2013 no Espírito Santo e Minas Gerais. *In*: CONGRESSO BRASILEIRO DE GEOLOGIA DE ENGENHARIA, 15., 2015, Bento Gonçalves. *Anais* [...]. São Paulo: ABGE, 2015.

SANTOS, A. R. dos. *A grande barreira da Serra do Mar*: da trilha dos tupiniquins à Rodovia dos Imigrantes. São Paulo: O Nome da Rosa, 2004. 122 p.

SANTOS, A. R. dos. *Manual básico para elaboração e uso da carta geotécnica*. São Paulo: Rudder, 2014. 109 p.

SANTOS, A. R. dos. Por menos ensaios e instrumentações e por uma maior observação da natureza. *In*: CONGRESSO BRASILEIRO DE GEOLOGIA DE ENGENHARIA, 1., 1976, Rio de Janeiro. *Anais* [...]. São Paulo: ABGE, 1976. p. 177-185.

SANTOS, A. R. dos. Um Código Florestal próprio para as cidades. *Jornal da Ciência*, SBPC, 8 maio 2015.

SCHUMM, S. A. River response to baselevel change: implications for sequence stratigraphy. *The Journal of Geology*, Chicago, v. 101, n. 2, p. 279-294, Mar. 1993.

SCIARRA, M; COCO, L; URBANO, T. Assessment and validation of GIS-based landslide susceptibility maps: a case study from Feltrino stream basin (Central Italy). *Bulletin of Engineering Geology and the Environment*, v. 76, n. 2, p. 437-456, May 2017.

SHAORUI, S; PENGLEI, X; JIMIN, W.; JIHONG, W. Strength parameter identification and application of soil-rock mixture for steep-walled talus slopes in southwestern China. *Bulletin of Engineering Geology and the Environment*, v. 73, p. 123-140, Feb. 2014.

SILVA, L. J. R. O. B. da; MACHADO, M. J. M.; VIEIRA, L. O. M. Resultado do gerenciamento do risco geológico após 45 anos da Fundação Geo Rio. *In*: CONGRESSO BRASILEIRO DE GEOLOGIA DE ENGENHARIA, 13., 2011, São Paulo. *Anais* [...]. São Paulo: ABGE, 2011.

SILVA, N. de L.; SOBREIRA, F. G. Revisão dos estudos de correlação entre pluviosidade e movimentos de massa em território nacional. *In*: CONGRESSO BRASILEIRO DE GEOLOGIA DE ENGENHARIA, 14., 2013, Rio de Janeiro. *Anais* [...]. São Paulo: ABGE, 2013.

SMALL, R. J.; CLARK, M. J. *Slopes and weathering*. London: Cambridge University Press, 1982. 112 p.

SPANGLER, M. G.; HANDY, R. L. *Soil Engineering*. 3rd ed. New York: Intext International, 1973. 748 p.

SPINELLI, E. Avalanches no RJ chegaram a 180 km/h. *Folha de S.Paulo*, 16 fev. 2011.

STAGG, K. G; ZIENKIEWICZ, O. C. *Mecánica de rocas em la ingeniería práctica*. Madrid: Editorial Blume, 1970. 398 p.

SUGUIO, K.; MARTIN, L.; BITTENCOURT, A. C. S. P.; DOMINGUEZ, J. M. L.; FLEXOR, J. M.; AZEVEDO, A. E. G. Flutuações do nível relativo do mar durante o Quaternário

Superior ao longo do litoral brasileiro e suas implicações na sedimentação costeira. *Revista Brasileira de Geociências*, v. 15, n. 4, p. 273-286, dez. 1985.

SUI, W.; ZHENG, G. An experimental investigation on slope stability under drawdown conditions using transparent soils. *Bulletin of Engineering Geology and the Environment*, v. 77, p. 977-985, Aug. 2018.

SUN, P.; PENG, J.; CHEN, L.; LU, Q.; IGWE, O. An experimental study of the mechanical characteristics of fractured loess in western China. *Bulletin of Engineering Geology and the Environment*, v. 75, n. 4, p. 1639-1647, Nov. 2016.

TATIZANA, C.; OGURA, A. T.; CERRI, L. E. da S.; ROCHA, M. C. M. Análise de correlação entre chuvas e escorregamentos – Serra do Mar, Município de Cubatão. In: CONGRESSO BRASILEIRO DE GEOLOGIA DE ENGENHARIA, 5., 1987, São Paulo. *Anais* [...]. São Paulo: ABGE, 1987. p. 225-236.

TAYLOR, D. W. *Fundamentals of soil mechanics*. 2nd ed. New York: John Wiley & Sons, 1966. 700 p.

TERZAGHI, K. *Mecanismo dos escorregamentos de terra*. São Paulo: Epusp, 1967. 37 p.

TERZAGHI, K.; PECK, R. B. *Soil mechanics in engineering practice*. 2nd ed. New York: John Wiley & Sons, 1966. 566 p.

TIMOSHENKO, S. P. *Resistência dos materiais*. Rio de Janeiro: Ao Livro Técnico S.A. Editora, 1967. v. 1, 451 p.

TRICART, J.; CAILLEUX, A. *Introduction à la géomorphologie climatique*. Paris: Société D'Édition D'Enseignement Supérieur, 1965a. v. 1, 306 p.

TRICART, J.; CAILLEUX, A. *Le modelé des régions chaudes*: forêts et savanes. Paris: Société D'Édition D'Enseignement Supérieur, 1965b. v. 5, 322 p.

TSCHEBOTARIOFF, G. P. *Fundações, estruturas de arrimo e obras de terra*. São Paulo: McGraw-Hill do Brasil, 1978. 513 p.

ULUSAY, R.; KARAKUL, H. Assessment of basic friction angles of various rock types from Turkey under dry, wet and submerged conditions and some considerations on tilt testing. *Bulletin of Engineering Geology and the Environment*, v. 75, n. 4, p. 1683-1699, Nov. 2016.

USGS – UNITED STATES GEOLOGICAL SURVEY. *Relatório sobre os escorregamentos da Serra das Araras e Rio de Janeiro*. [197-].

VARGAS, M. *A história da matematização da natureza*. São Paulo: ABGE/ABMS/Becca, 2015. 444 p.

VARGAS, M. Engineering properties of residual soils from south-central region of Brazil. In: INTERNATIONAL CONGRESS OF THE INTERNATIONAL ASSOCIATION OF ENGINEERING GEOLOGY, 2., 1974, São Paulo. *Proceedings* [...]. São Paulo: ABGE, 1974. p. IV-PC-5.1-IV-PC-5-26.

VARGAS, M. *Introdução à mecânica dos solos*. São Paulo: McGraw-Hill do Brasil, 1981. 509 p.

VARGAS, M. *Resistência e compressibilidade de argilas residuais*. 146 f. Tese (Cátedra de Mecânica dos Solos e Fundações) – Escola Politécnica, Universidade de São Paulo, São Paulo, 1951.

VARGAS, R. Acidente fere 5 na Chapada dos Guimarães. *Folha de S.Paulo*, São Paulo, 22 abr. 2008.

VAZ, L. F. Classificação genética de solos e dos horizontes de alteração de rochas em regiões tropicais. *Solos e Rochas*, v. 19, n. 2, p. 117-136, 1996.

VEDOVELLO, R.; TOMINAGA, L. K.; BROLLO, M. J.; NYAKAS Jr., W. Gestão de riscos de desastres naturais no Estado de São Paulo. *In*: CONGRESSO BRASILEIRO DE GEOLOGIA DE ENGENHARIA, 15., 2015, Bento Gonçalves. *Anais* [...]. São Paulo: ABGE, 2015.

VESSIA, G.; COCO, L.; ROSSI, M. Introduction to a thematic set of papers on methods to assess the reliability of landslide hazard mapping. *Bulletin of Engineering Geology and the Environment*, v. 76, n. 2, p. 457-476, May 2017.

VESSIA, G.; PISANO, L.; TROMBA, G.; PARISE, M. Seismically induced slope instability maps validated at an urban scale by site numerical simulations. *Bulletin of Engineering Geology and the Environment*, v. 76, n. 2, p. 393-395, May 2017.

VIEIRA, L.; LOPES, J. A. U. Estudo de caso: projeto de estabilização de taludes rodoviários às margens do Rio Iguaçu em União da Vitória, PR. *In*: CONGRESSO BRASILEIRO DE GEOLOGIA DE ENGENHARIA E AMBIENTAL, 17., Belo Horizonte. *Anais* [...]. São Paulo: ABGE, 2022.

VILLWOCK, J. A.; TOMAZELLI, L. J.; LOSS, E. L.; DEHNHARDT, E. A.; HORN FILHO, N. O.; BACHI, F. A.; DEHNHARDT, B. A. Geology of the Rio Grande do Sul coastal province. *In*: RABASSA, J. (ed.). *Quaternary of South America and Antarctic Peninsula*. Rotterdam: Balkema, 1986. v. 4.

WOLLE, C. M.; CARVALHO, C. S. Deslizamentos em encostas na Serra do Mar-Brasil. *Solos e Rochas*, São Paulo, v. 12, n. único, p. 27-36, 1989.

YOUNG, A. *Slopes*. 3rd ed. London: Longman, 1978. 288 p.